土壤-地下水污染与修复

仵彦卿　编著

科学出版社

北京

内 容 简 介

土壤与地下水环境的变化性、地层结构的复杂性、污染物时空分布的高度离散性、隐蔽性、长期积累性、低剂量毒性释放性以及去除的缓慢性，使得土壤与地下水环境调查、监测、健康风险评估、管理以及污染修复方法不同于大气和地表水体环境。本书从土壤与地下水环境和污染的基本概念出发，重点介绍土壤与地下水环境和污染的基础理论、土壤与地下水污染源及污染物类型、土壤与地下水环境调查、监测、健康风险评估、管理以及污染修复技术与方法。

本书可作为环境科学与工程、土壤学、地下水科学与工程、环境岩土工程等学科的研究生教材以及场地环境调查、评价与污染修复工程技术人员和研究人员的参考书。

图书在版编目（CIP）数据

土壤-地下水污染与修复/仵彦卿编著. —北京：科学出版社，2018.6
ISBN 978-7-03-058073-3

Ⅰ.①土… Ⅱ.①仵… Ⅲ.①土壤污染-修复②地下水污染-修复
Ⅳ.①X52②X53

中国版本图书馆 CIP 数据核字（2018）第 133184 号

责任编辑：王腾飞 沈 旭/责任校对：彭 涛
责任印制：赵 博/封面设计：许 瑞

科 学 出 版 社 出版
北京东黄城根北街 16 号
邮政编码：100717
http://www.sciencep.com
北京凌奇印刷有限责任公司印刷
科学出版社发行 各地新华书店经销

*

2018 年 6 月第 一 版 开本：720×1000 1/16
2022 年 1 月第五次印刷 印张：23
字数：459 000
定价：149.00 元
（如有印装质量问题，我社负责调换）

前　言

　　土壤与地下水环境作为环境介质的一部分，与大气环境和地表环境进行物质和能量的交换。由于土壤与地下水环境的隐蔽性，人们对土壤与地下水污染的认识没有大气环境和地表环境污染直接和敏感，因此，对土壤与地下水环境的关注度滞后于大气和地表环境。通常人们认为土壤是地表松散的固体材料，土壤中的污染物是不移动的，可以与固体废弃物一样处理；地下水是液体，类似于河水，将地下水与地表水等同看待，这些认识是非科学的朴素认识。固体废弃物是人类活动的产物，是一种污染源，而土壤是天然的环境介质，土壤中的物质是变化的，土壤内存在各种矿物、微生物和微小生物、水分、各种养分、气体包括空气和有机挥发物质，能够生长植被，是一种多相多组分的复杂体系。土壤中的污染物随土壤环境的变化，污染物的形态和重金属的价态也随之发生变化；土壤中的污染物随降水入渗和土壤中水分迁移而向地下水迁移；土壤中的有机污染物经微生物分解可能变化成挥发性有机物排放到大气中，目标污染物也可能降解殆尽而转化成中间产物。因此，从科学的角度看，土壤中的污染物也是变化的、流动的。地下水处于岩土介质中，岩土介质沉积环境的不同，岩土介质的物理化学性质各异；地下水与岩土介质发生着物理、化学的相互作用，地下水环境变化(如抽水、注水及地下工程活动等)，地下水与岩土介质的相互作用发生变化，导致地下水中的各种物质发生变化。尤其是有机污染物进入地下环境，会发生溶解作用、吸附作用、水解作用、非生物转化作用、生物降解作用、对流和弥散作用，非水相的有机物难溶于地下水，大部分以吸附态、自由态和挥发态存在于地下环境中。对于大气和地表环境污染，一定存在人工污染源；而地下水污染不一定存在人工污染源，如天然岩土介质中存在某种重金属或放射性物质，在人类未改变地下环境的条件下，岩土介质中的重金属或放射性物质固定在固体相，当改变了地下环境后，岩土介质中的重金属或放射性物质就会溶解在地下水中，导致地下水重金属和放射性污染。因此，土壤与地下水中污染物的迁移转化十分复杂，调查、监测、风险评估以及修复技术的选择一定要考虑地层岩性、结构、水文地质条件、污染物的类型和历史。土壤污染不同于固体废弃物污染，地下水环境不同于地表水环境。由于土壤与地下水污染物相互转化，具有相同的地下环境，因此，国外将土壤与地下水环境作为一体进行研究。

　　土壤与地下水环境在自然和人类活动条件下，pH 和 Eh 不断变化，导致土壤与地下水中的环境要素发生变化，污染物的形态和重金属的价态也发生变化，地下环境中的固相和液相中的物质不断转换，这就是说土壤与地下水环境是变化的。由于土壤和赋存地下水的含水层的结构的复杂性，土壤与含水层成因的不同，土壤与地下水污染的高度离散性、隐蔽性、长期积累性、低剂量毒性释放性以及去除的缓慢性，土壤与地下水环境调查、监测、健康风险评估、管理以及污染修复方法不同于大气和地表水环境。本书从土壤与地下水环境和污染的基本概念出发，重点介绍土壤与地下水环境和污染的基础理论，土壤与地下水污染源及污染物类型，土壤与地下水环境调查、监测、健康风险评估、管理以及污染修复技术。第1章绪论，介绍中国土壤与地下水污染现状、土壤-地下水污染与修复的研究意义、土壤-地下水污染与修复的研究内容、土壤-地下水污染与修复的研究进展。第 2章介绍土壤与地下水的基本概念，包括定义、土壤的基本物理量、土壤生态系统、地下水的类型、地下水的重要参数、地下水渗流的基本概念以及地下水的化学组分。第3章介绍土壤与地下水污染物迁移转化的基础理论，包括土壤与地下水流运动的基本定律、土壤与含水层中水流运动的基本方程、定解条件、土壤与地下水污染物迁移转化的基本定理、对流-弥散方程、对流-弥散-吸附方程、对流-弥散-吸附-化学反应方程、双域模型、双重介质模型、变饱和土壤渗流与污染物迁移转化方程、土壤与地下水污染物迁移转化的数值模拟、地下水污染物迁移转化的数值模拟与预测以及土壤水分和污染物迁移转化的数值模拟。第4章土壤与地下水污染源及污染物类型，包括土壤中重金属的形态、土壤中有机污染物的形态、土壤中重金属的价态、地下水中污染物的存在状态。第5章土壤与地下水环境的复杂性，包括地下环境的复杂性、污染物进入到地下环境迁移转化的复杂性、人类活动影响的复杂性。第6章土壤与地下水污染管理问题，包括土壤与地下水污染管理体系建设和土壤与地下水污染管理制度建设。第7章土壤与地下水环境初步调查、详细调查、土壤与地下水环境监测、土壤与地下水环境监测网优化以及案例分析。第8章土壤与地下水污染修复标准，包括土壤与地下水环境质量标准、污染控制标准、污染修复标准的基本概念、国内外土壤与地下水污染修复标准等。第9章土壤与地下水污染风险评估方法，包括基本概念、污染土壤人体健康风险评价方法、污染地下水人体健康风险评价方法、生态系统(植被、环境、水循环系统等)健康风险评估方法以及案例分析。第10章土壤与地下水污染修复技术，包括土壤与地下水重金属和放射性污染修复技术、土壤与地下水有机污染修复技术、土壤与地下水污染修复技术的选择以及案例分析。第11章地下水污染预测及修复工程模拟设计，包括输油管线泄漏对地下水源污染预测、地下水六价铬污染修复工程模拟设计、地下水四氯乙烯污染修复工程模拟设计以及地下水苯污染修复工程模拟设计。第12章土壤与地下水污染相关问题，包括土壤与地下水一体化修复、地下环境复杂性、土壤与地下水环境调查监测方法、评估方法、污染标准和修复技术选择、修复费用、地下水采样等问题。

　　本书是作者从 2004 年开始在上海交通大学主讲的"土壤-地下水污染修复"研究生课程的基础上，经过多年的讲述和修改，并参考和引用了前人大量的研究成果，经过作者的理解、提炼和组织，同时也加入了作者的研究成果，形成了系统描述土壤与地下水环境和污染的基本概念、污染物迁移转化的基本原理、土壤与地下水环境调查与监测、健康风险评估与污染修复技术的著作——《土壤-地下水污染与修复》。感谢上海市科学技术委员会资助项目"地下水污染迁移规律与可渗透性反应墙修复技术研究"（15DZ1205803）和国家自然科学基金项目"非均质含水层中有机污染物迁移机理研究"（41272261）的资助。

　　衷心感谢在这一领域做出贡献的学者，没有他们的研究和长期积累，很难形成这一领域的理论和学科体系，也衷心感谢以各种方式对本书的编写提供过帮助的所有人。

　　由于时间有限，编写过程中错误在所难免，恳切希望读者批评指正。

仵彦卿

2017 年 4 月 20 日于上海

目　　录

第1章 绪　　论

1.1　中国土壤污染现状

根据《全国土壤污染状况调查公报》[1]，全国土壤总的点位超标率为 16.1%，其中耕地土壤点位超标率更是高达 19.4%。从污染分布情况看，南方土壤污染重于北方；长江三角洲、珠江三角洲、东北老工业基地等部分区域土壤污染问题较为突出，西南、中南地区土壤重金属超标范围较大；镉、汞、砷、铅 4 种无机污染物含量分布呈现从西北到东南、从东北到西南方向逐渐升高的态势。

耕地：土壤点位超标率为 19.4%，其中轻微、轻度、中度和重度污染点位比例分别为 13.7%、2.8%、1.8% 和 1.1%，主要污染物为镉、镍、铜、砷、汞、铅、滴滴涕和多环芳烃。

林地：土壤点位超标率为 10.0%，其中轻微、轻度、中度和重度污染点位比例分别为 5.9%、1.6%、1.2% 和 1.3%，主要污染物为砷、镉、六六六和滴滴涕。

草地：土壤点位超标率为 10.4%，其中轻微、轻度、中度和重度污染点位比例分别为 7.6%、1.2%、0.9% 和 0.7%，主要污染物为镍、镉和砷。

未利用地：土壤点位超标率为 11.4%，其中轻微、轻度、中度和重度污染点位比例分别为 8.4%、1.1%、0.9% 和 1.0%，主要污染物为镍和镉。

重污染企业用地：在调查的 690 家重污染企业用地及周边的 5846 个土壤点位中，超标点位占 36.3%，主要涉及黑色金属、有色金属、皮革制品、造纸、石油煤炭、化工医药、化纤橡塑、矿物制品、金属制品、电力等行业。

工业废弃地：在调查的 81 块工业废弃地的 775 个土壤点位中，超标点位占 34.9%，主要污染物为锌、汞、铅、铬、砷和多环芳烃，主要涉及化工业、矿业、冶金业等行业。

工业园区：在调查的 146 家工业园区的 2523 个土壤点位中，超标点位占 29.4%。其中，金属冶炼类工业园区及其周边土壤主要污染物为镉、铅、铜、砷和锌，化工类园区及周边土壤的主要污染物为多环芳烃。

固体废物集中处理处置场地：在调查的 188 处固体废物处理处置场地的 1351 个土壤点位中，超标点位占 21.3%，以无机污染为主，垃圾焚烧和填埋场有机污染严重。

采油区：在调查的 13 个采油区的 494 个土壤点位中，超标点位占 23.6%，主要污染物为石油烃和多环芳烃。

采矿区：在调查的 70 个矿区的 1672 个土壤点位中，超标点位占 33.4%，主要污染物为镉、铅、砷和多环芳烃。有色金属矿区周边土壤镉、砷、铅等污染较为严重。

污水灌溉区：在调查的 55 个污水灌溉区中，有 39 个存在土壤污染。在 1378 个土壤点位中，超标点位占 26.4%，主要污染物为镉、砷和多环芳烃。

干线公路两侧：在调查的 267 条干线公路两侧的 1578 个土壤点位中，超标点位占 20.3%，主要污染物为铅、锌、砷和多环芳烃，一般集中在公路两侧 150 m 范围内。

从中国土壤污染调查看，目前中国土壤污染比较严重，主要表现在以下几个方面：

(1) 农用耕地尤其是污水灌区土壤污染严重。大多数污水灌区的污水属于未处理的污水，由于污水的来源和种类不同，土壤污染物的类型不同，大多为难以降解的重金属和有机物，这些污染物通过食物链进入食品，造成人体健康风险。农田重金属不仅在农作物中累积，还进入人体威胁人体健康，而且造成农作物减产。

(2) 工业场地土壤污染严重。几乎所有流转工业场地均有不同程度的土壤和地下水污染。如上海市宝山区南大地区和普陀区桃浦地区(原化工行业场地)，场地土壤和地下水污染严重，土壤中有机污染物和重金属的浓度很高，每个地区土壤污染修复费用高达 15 亿元。

(3) 矿山开采区土壤污染严重。矿山开采区、尾矿坝、尾矿库及其下游流域土壤和地下水均有不同程度污染。受采矿污染的土地面积大约为 200 万 hm^2，并且以每年 3.3 万～4.7 万 hm^2 的速度递增。湖南、江西、云南、四川、广西的有色金属矿区的重金属污染尤为严重。

(4) 垃圾和电子废弃物堆场及其附近土壤污染严重。

(5) 土壤重金属背景值高的地区超标。云南、贵州、广西土壤中镉、铅、锌、铜和砷等的背景值远远高于全国土壤背景值，主要是岩石风化过程释放的重金属富集到土壤中。上海地区(长江流域沉积物)土壤中铊和钴背景值过高。全国不同地区土壤中重金属的背景值存在差异，主要与土壤成因有关。

2016 年 5 月，国务院印发了《土壤污染防治行动计划》[2]，提出开展土壤污染状况详查工作，并规定 2018 年年底前查明农用地土壤污染情况，2020 年年底前掌握重点行业企业用地中的污染情况。面对严峻的土壤污染状况，目前我国在土壤污染研究方面基础十分薄弱，表现在标准规范不健全，土壤环境调查评估、风险管控、污染修复技术等方面缺乏可操作的标准和技术规范。

土壤不同于固体污染物，它是一种复杂的、高度离散的，由矿物、有机物质、水、气、生物组成的多相多组分环境介质。污染物进入到变化环境的土壤介质中，发生时空分布、形态和价态的变化。因此，土壤污染调查点(平面和深度上的采样点)的代表性至关重要。土壤污染是一个长期的累积过程，污染修复也不是短时期能够彻底解决的。对于土壤污染的修复，针对土地的不同用途和污染源的不同类型，土壤环境调查、监测、健康风险评估的污染修复方法是不同的，目前我国针对城市工业场地、农用地和矿山土地三类土壤开展环境调查、监测、健康风险评估和污染修复工作。

1.2 中国地下水污染状况

根据《2016 中国环境状况公报》[3]，以潜水为主的浅层地下水和承压水为主的中深层地下水为对象，国土资源部对全国 6124 个监测点包括 1000 个国家级监测点开展了地下水水质监测，监测结果显示：水质为优良级、良好级、较好级、较差级和极差级的监测点分别占 10.1%、25.4%、4.4%、45.4%和 14.7%。地下水质超标占 60.1%，主要超标指标为总硬度、溶解性总固体、铁、锰、"三氮"(亚硝酸盐氮、硝酸盐氮和氨氮)、氟化物、硫酸盐等，个别监测点有砷、铅、汞、六价铬、镉等重(类)金属超标现象。根据《2015 中国环境状况公报》[4]，全国 202 个地市级行政区的 5118 个监测井，其中国家级监测点 1000 个，地下水水质监测结果显示：水质呈优良、良好、较好、较差和极差级的监测井比例分别为 9.1%、25.0%、4.6%、42.5%和 18.8%。其中，3322 个以潜水为主的浅层地下水水质监测井中，水质呈优良、良好、较好、较差和极差级的监测井比例分别为 5.6%、23.1%、5.1%、43.2%和 23.0%；1796 个以承压水为主(其中包括部分岩溶水和泉水)的中深层地下水水质监测井(点)中，水质呈优良、良好、较好、较差和极差级的监测井比例分别为 15.6%、28.4%、3.7%、41.1%和 11.2%。超标指标主要包括总硬度、溶解性总固体、pH、COD、"三氮"(亚硝酸盐氮、硝酸盐氮和铵氮)、氯离子、硫酸盐、氟化物、锰、砷、铁等，个别水质监测点存在铅、六价铬、镉等重(类)金属超标现象。

2016 年水利部针对松辽平原、黄淮海平原、陕西及西北地区盆地和平原、江汉平原重点区域进行浅层地下水质监测，2104 个监测站点地下水质综合评价结果显示：水质优良和良好的测站分别占 2.9%和 21.2%，无较好测站，水质较差和极差的测站分别占 56.2%和 19.8%，全国 76%的浅层地下水污染，其中松花江流域地下水质较差和极差占 87.1%，辽河流域地下水质较差和极差占 89.4%，海河流域地下水质较差和极差占 68.9%，黄河流域地下水质较差和极差占 74.6%，淮河流域地下水质较差和极差占 75.9%，长江流域地下水质较差和极差占 80%，内陆河流域地下水质较差和极差占 74%。

　　根据《2016 年中国水资源公报》[5]，许多浅层地下水存在有机污染物的污染，而原有的《地下水质量标准》（GB/T 14848—1993）[6]中只有 39 个指标，没有有机污染物，所以说，《地下水质量标准》（GB/T 14848—1993）不适合目前地下水污染评价，需要修改，修改后的《地下水质量标准》（GB/T 14848—2017）[7]中增加了 54 种有机污染物，该标准 2018 年 5 月 1 日实施。另外，目前监测地下水水质是检测溶解在地下水中的指标，而有机污染物进入到地下水中大部分不溶解在地下水中，而是吸附在含水层和以自由态形式存在于含水层中，只要检出地下水中的非水相的污染物（NAPLs），说明在地下环境中存在较多的 NAPLs，这些 NAPLs会长期释放进入到地下水中，因此，在检测出地下水中含有 NAPLs（尽管未超标）时，应该同时采集含水层土壤样品进行分析，追溯污染源。

　　根据 118 个城市地下水污染调查，64% 为重度污染，33% 为轻度污染，3% 为未污染，说明目前我国地下水污染情况不容乐观。东北地区重工业和油田开发区地下水污染严重。东北地区的地下水污染，不同地区有不同特点。松嫩平原的主要污染物为亚硝酸盐氮、氨氮、石油类等，下辽河平原硝酸盐氮、氨氮、挥发性酚、石油类等污染较普遍。

　　华北地区地下水污染普遍呈加重趋势，主要污染组分有硝酸盐氮、氰化物、铁、锰、石油类等。此外，该区地下水总硬度和矿化度超标严重，大部分城市和地区水的总硬度超标。

　　南方地区地下水局部污染严重。西南地区的主要污染指标有亚硝酸盐氮、氨氮、铁、锰、挥发性酚等，污染组分呈点状分布于城镇、乡村居民点，污染程度较轻，范围较小。中南地区主要污染指标有亚硝酸盐氮、氨氮、汞、砷等，污染程度轻。东南地区主要污染指标有硝酸盐氮、氨氮、汞、铬、锰等，地下水总体污染轻微，但城市及工矿区局部地域污染较重，特别是长江三角洲地区、珠江三角洲地区经济发达，浅层地下水污染普遍。

　　西北地区地下水污染总体较轻。内陆盆地地区的主要污染组分为硝酸盐氮；黄河中游、黄土高原地区的主要污染物有硝酸盐氮、亚硝酸盐氮、铬、铅等，以点状、线状分布于城市和工矿企业周边地区[8]。

　　从以上中国地下水污染状况可以看出，中国浅层地下水污染严重，浅层地下水的污染源主要来自于工业场地化学品污染、加油站石油类污染、污染土壤渗漏、污染地表水体渗流、矿山开发污染源、农业面源污染源等。为了对地下水污染进行防治与控制，国务院 2011 年通过了《全国地下水污染防治规划（2011—2020）》[9]，投入大量资金进行地下水污染调查，实施污染防控工程以及污染修复工程。

1.3 土壤-地下水污染与修复的研究意义

土壤与地下水是人类赖以生存的重要资源，地球上大多数国家的饮用水源为地下水，如亚太地区(印度农村 80%、菲律宾 60%、泰国 50%、尼泊尔 60%、澳大利亚 21%)、欧洲(丹麦 100%、德国 75%、荷兰 75%、比利时 83%、英国 27%)、拉丁美洲、美国(农村)、突尼斯、摩洛哥的饮用水中地下水占的比例分别为 32%、75%、29%、51%(96%)、95%、75%。我国 18% 的供水为地下水源，北方地区主要供水水源为地下水；浅部土壤是维持植被和农作物生长的基础，提供人类和动物生存的食物。

土壤与地下水也是生态系统的一部分，维持生态系统的生存，地表的显性生态系统和地表以下的隐性生态系统的生长依赖土壤和地下水，地下水流系统通过水分循环、养分循环和碳循环，将地表显性生态系统和地表以下隐性生态系统联系起来，因此，土壤与地下水污染不仅直接危害人类健康，而且通过食物链和损伤生态系统威胁人类安全。土壤污染引起农作物中某种元素含量超标，并通过食物链富集到人体和动物中，危害人畜健康，引发人类癌症和其他疾病等。另外，土壤受到污染后，含污染物质浓度较高的污染表土容易在风力和水力作用下分别进入到大气和地表水体中，导致大气污染、地表水和地下水污染以及生态系统退化等其他次生生态环境问题。人类产生的污染物最终会通过各种途径进入到地下，从而污染土壤和地下水。地下水污染物通过水流转化到地表水体，污染河流、湖泊和海洋，进而污染水生生物，通过食物链影响人体健康；土壤和地下水挥发和半挥发性有机污染物转化成气体，直接影响人体健康；土壤污染物转移到作物中，影响食品安全；土壤与地下水污染，影响饮用水源，从而影响人类健康；污染严重的工业场地转化成商用或民用建筑，会通过地基和建筑物底部裂隙或空隙通道，挥发性气态污染物进入到房间，影响人体健康；土壤与地下水污染影响地下空间环境质量，从而影响人体健康。因此，土壤-地下水污染与修复研究，具有重要的科学研究意义和现实的应用价值。

1.4 土壤-地下水污染与修复的研究内容

土壤-地下水污染与修复的主要研究内容有：地表以下岩土介质的物理、化学和生物特性，地下环境的复杂性及其变化规律、污染物进入变化的地下环境中的迁移转化过程、土壤与地下水环境调查、监测、风险评估方法以及污染修复技术等。具体的研究内容如下：

1.4.1　土壤与地下水的基本概念研究

从资源的角度和从环境的角度定义土壤和地下水是有区别的。从资源的角度定义土壤，主要关注的土壤中营养物质组成和水分迁移规律；从环境的角度定义土壤，要考虑污染物进入土壤后的形态和重金属价态的变化，对土壤中的生物的影响、对植被的影响以及通过食物链对人体健康的影响，挥发性污染物通过各种途径对人体健康的影响等。从水资源的角度定义地下水，仅考虑地下水的可利用量和溶解在水中的物质不能超过水资源用途的标准；从环境的角度定义地下水，不仅考虑溶解在地下水中的物质对生态环境的影响，也要考虑污染物在变化的环境介质(土壤与含水层)中的不同形态(气态、液态、自由态、吸附态)和迁移转化规律以及含水层和隔水层的定义不同、地下水采样方法不同等。

1.4.2　土壤与地下水污染物迁移转化规律研究

污染物进入到土壤与地下水后不是不变的，而是在土壤与地下水中不断地迁移转化；不同的污染物在土壤与地下水中的迁移转化不同，同一种污染物在不同土壤与含水层介质中的迁移转化也不同。对于重金属污染物来说，进入到土壤与含水层中会发生络合作用和离子交换作用，形成铁锰氧化物结合态、碳酸盐结合态、硫化物结合态和有机物结合态，这些结合态的重金属在 pH 和 Eh 发生变化时会溶出，向地下水迁移，土壤中离子态的重金属可能被植被吸收，也可能进入到地下水中。有机污染物有两种，分别是比水轻的非水相轻液(LNAPLs)和比水重的非水相重液(DNAPLs)，有机污染物进入土壤，在向地下迁移过程中发生形态变化，部分为挥发态、部分为吸附态、部分为自由态、部分为溶解态，进入到地下水中的溶解态有机污染物随地下水流迁移，同时发生化学和生物反应的转化过程。因此，土壤与地下水污染物迁移转化规律研究的内容包括不同污染物(重金属、放射性物质、非水相轻液、非水相重液)在不同类型土壤与含水层(孔隙型、裂隙型、溶隙型)、非均质各向异性土壤与含水层中迁移的物理过程、化学过程、生物过程研究，多相多组分多场耦合系统研究，以及数学模型构建和数值方法研究等。

1.4.3　土壤与地下水污染源和污染物的类型研究

由于土壤与地下水的隐蔽性和高度的离散性，污染源的类型不同，如面源污染、点源污染和线源污染等，污染物在土壤与地下水中的分布差异较大。污染物的类型不同，如重金属、无机污染物(氮、氰化物、氟化物等)、放射性物质、有机污染物(LNAPLs 和 DNAPLs)等，污染物进入到土壤与地下水中的形态、重金属价态、迁移转化不同。另外，由于地下水处于含水层中，存在水-岩(土)相互作用过程，一方面，污染物进入到土壤与地下水中，不仅发生污染物的迁移转化，也会改变水-岩(土)相互作用过程,改变水-岩(土)之间的物质平衡。另一方面,不存在污染源的情况下,如果改变土壤与地下水的环境,如灌溉、抽水、地下工程活动、土地利用方式变化以及污染修复工程等,将会改变土壤中的微生物、pH和 Eh,使得原本络合态的重金属变成离子态而迁移到地下水中,导致地下水重金属污染。

1.4.4　土壤与地下水环境监测方法研究

由于土壤与含水层所处的地质环境的复杂性,土壤与地下水环境调查、监测、风险评估、污染修复过程中监测点的布设和采样方法至关重要,设计的监测点能否找到污染源,是评价和修复土壤与地下水污染的关键。因此,土壤与地下水环境监测方法研究包括监测目的、监测点的空间布设方法(采样点的平面布设和垂向布设)、采样时间间隔、监测要素选择、检测分析方法、监测方式(在线监测、离线监测)选择以及监测网的优化设计方法等。针对监测目的和监测的阶段性,如场地土壤与地下水环境监测、初步环境调查阶段监测、详细环境调查阶段监测、修复阶段监测和后评估阶段监测;区域土壤与地下水环境初步和详细调查;农田土壤与地下水初步和详细调查。不同监测目的,不同监测阶段,监测点的布设和优化方案的制定都不相同。

1.4.5　土壤与地下水环境的相关标准研究

土壤与地下水污染的评判是依据相关标准确定的,标准的制定要考虑不同的用途、污染物对生态环境和人体健康的危害、技术水平和经济承受能力等。土壤与地下水环境标准包括以下方面。

(1)目标值(无污染的值,也称为基准值),有时也称为背景值。但要注意:有的地区的土壤与地下水背景值超出了人体健康的风险控制值,这些地区的背景值不应该作为目标值。

(2)土壤与地下水质量标准值。这是反映土壤与地下水环境状况的值,该标准值分为几种类型,根据用途选择类型,如地下水质量标准包括五类,Ⅲ类水质标准符合饮用水质标准,Ⅳ类水符合农业灌溉水质标准;土壤质量标准根据农田适用类型,如林地、草地、稻田、果林等不同,标准也有所不同。

(3)土壤与地下水筛选值(或干预值)。根据土地用途可分为建设用地和农业用地,建设用地按照人体健康风险评价土壤的污染风险,该标准依据人体健康风险计算得出;农业用地既要考虑人体健康风险,又要考虑生态健康风险,还要考虑土壤与地下水污染物扩散到邻近水域,对生态环境健康造成影响,如深层土壤污染对人体健康影响的途径较长,人体健康风险较小,风险控制值往往大于筛选值,但深层土壤污染物可能处于饱和带或非饱和带会扩散到地下水中,如果地下水作为饮用水(按饮用水质量标准),就会造成人体健康风险增大,如果地下水不作为饮用水(按地下水用途采用不同的标准,如地下水作为农业灌溉用水,按农用水标准;如果地下水转化成地表水,按地表水质量标准),但地下水与地表水相互转化,会影响地表水质量,因此,按照风险评估方法制定的标准,一定要综合考虑潜在风险。筛选值或干预值属于低风险控制标准,不是环境质量标准值。

(4)土壤与地下水污染修复标准,该标准称为修复目标值。对于人体健康高风险的土壤与地下水污染,必须进行修复,该标准的制定,要考虑土壤与地下水的用途、风险控制值、修复技术水平和经济可承受能力。根据风险高低和经济承受能力分阶段进行修复,因此,可以制定分阶段的修复目标。

(5)后评估标准。对于修复的土壤与地下水需要长期监测,如果发现按照修复标准修复的土壤与地下水对生态环境造成一定影响,必须修订修复标准,后评估标准不是某一个值,而是一个修复标准的修正值。

1.4.6　土壤与地下水污染防治对策研究

土壤与地下水一旦污染,修复时间和经费投入巨大,因此,土壤与地下水污染以防控为主(污染源的管理),风险管控和修复(土壤与地下水污染修复工程同样会带来次生污染或污染转移)为次,土壤与地下水污染管控尤为重要。土壤与地下水污染防治对策研究包括:土壤与地下水污染防治法规制定、土壤与地下水污染防治法规执行程序、土壤与地下水污染防治管理机构、土壤与地下水污染治理的市场化、金融保障(建立土壤与地下水污染修复基金)以及信息透明与数据共享等,做到土壤与地下水污染的防控与修复的全过程管理,包括后续监测管理。

1.4.7　土壤与地下水污染修复技术研究

土壤与地下水污染修复技术包括原位修复技术和异位修复技术。各种修复技术在欧美国家使用了几十年,大部分修复技术比较成熟,但技术的适用性具有很大的差异,这是由于土壤与地下水环境的差异性,全世界任何地方的地下环境都是不同的。因此,在土壤与地下水污染修复技术选择时,一定要考虑该地区的自然条件和地下环境的岩土性质、地层结构与水文地质条件以及技术水平和经济可承受能力。

土壤与地下水污染修复技术研究,不仅研究修复技术本身,还要研究不同污染物在不同土壤与含水层介质中的存在形式、地下环境特征、地层结构和岩性、修复工程与地下环境的兼容性等,综合考虑修复工程改变地下环境诱发的污染、修复药剂对地下环境的影响、有机物降解中间有毒有害产物对地下环境的影响以及过高的能耗等,做到绿色修复。

1.4.8　土壤与地下水环境一体化研究

传统地下水(groundwater)是指潜水面以下饱和带含水层中的重力水,而现代地下水(subsurface water)是指地表以下岩土层中的水,包括土壤非饱和水和含水层饱和水以及岩土介质中气态水、非混溶态水和深部超临界水等。当降水和农业灌溉时,地下水位升高,原本非饱和的土壤变成饱和的土壤,当植被吸水、潜水面蒸发、人工抽水、工程排水时,地下水位降低,原本的饱和含水层变成非饱和土壤,而土壤中的污染物随地下水流迁移,地表污染物通过土壤下渗进入地下水,地下水污染物大多来源于土壤渗滤(除地表水与地下水转化外);在土壤污染物原位修复(化学修复、表面活性剂修复、土壤淋洗修复、土壤加电或加热)时,土壤中的污染物扩散,可能迁移到地下水中;污染物进入到潜水面以下,不仅溶解在地下水中,而且吸附在含水层颗粒表面或以自由态充填在含水层空隙中。因此,大多数情况下,土壤环境和土壤污染修复不应该与地下水分开考虑,地下水环境和地下水污染不应该与含水层(松散层含水层为广义土壤)修复分开考虑,应该一体化研究污染物在土壤与地下水中的迁移转化和进行修复。对于土壤渗透性强的砂土和地下水位埋深较浅的地区,一定要考虑一体化的土壤与地下水环境调查、监测、风险评估和污染修复,地下水污染修复不仅要求溶解在地下水中的污染物被去除,而且必须去除地下环境中吸附相和自由相污染物。

1.5　土壤-地下水污染与修复的研究进展

土壤与地下水污染的基础问题研究比较早,最早的地下水基本理论是由法国工程师 Henry Philibert Gaspard Darcy 1856 年通过室内砂柱实验获得的达西定律[10],Jacob[11]建立了地下水运动的基本偏微分方程,奠定了地下水渗流理论。最早的土壤渗流理论是 1931 年的 Richards 方程[12],前者研究饱和多孔介质渗流问题,即地下水在含水层中渗流的基本定律;后者研究非饱和多孔介质渗流的基本规律,即土壤中水分运动的基本偏微分方程。对于土壤与地下水中污染物迁移的基本理论,是在渗流理论的基础上发展起来的,将溶解在地下水中的污染物考虑为溶质运移问题,Scheidegger[13]依据菲克定律(Fick law)提出了多孔介质对流-弥散方程,并定义了弥散度参数。De Josselin De Jong[14]及 Ogata 和 Banks[15]提出了纵向弥散度(longitudinal dispersion)、横向弥散度(transverse dispersion)和扩散(diffusion)的概念。Clough[16]把有限元引用到地下水流数值计算中,贝尔(Bear)[17]把弥散张量引入多孔介质溶质依赖速度扩散的宏观描述,Freeze[18]首次利用随机方法解决一维非均质含水层中地下水流问题,为地下水溶质迁移随机模拟奠定了基础。

　　对于非溶解态的有机污染物在土壤与地下水中的迁移转化研究，将考虑多相多组分的迁移转化问题。有机污染物在地下环境迁移的多相流模型有三类：第一类为多相流的单相模型，该类模型基本假设非混溶相的 NAPL 不发生迁移，忽略饱和度对水相相对渗透率的影响。对于 NAPL 区域，溶质迁移方程中引入相间一阶质量传输[19]。第二类为多相流的半多相模型，这一类模型同样仅考虑混溶相 NAPL 随水相的流动，只考虑非混溶相的饱和度对水相流动的影响，NAPL 从非移动非浸润相向移动浸润相迁移过程中，非移动相的饱和度影响移动水相的相对渗透率，从而影响水相的流动，该类模型在单相模型的基础上考虑了渗透率的变化。Geller 和 Hunt[20]使用 Wyllie 函数来估计水相基于饱和度的相对渗透率，并根据不断消耗的 NAPL 质量更新每一个时间步长内的相间面积；Imhoff 和 Miller[21]、Imhoff 等[22]考虑了弥散相。第三类为多相多组分模型。Grant 和 Gerhard[23]使用 DNAPL3D 代码和 MT3D 模拟 NAPL 溶解实验，使用了三种不同的方法模拟相间质量传输：①局部平衡态方法；②明确考虑界面间面积的有限速率质量传输方法；③没有明确考虑界面间面积(比如将界面间面积糅合在质量传输系数中)的有限速率质量传输方法。Pope 和 Nelson[24]开发了 UTCHEM 模拟器(University of Texas Chemical Compositional Simulator)，用来模拟表面活性剂和聚合物增强采油过程。Bhuyan 等[25]在该模型中加入其他化学过程、多种水-岩相互作用的地球化学反应。美国得克萨斯奥斯丁大学(2000 年)将该模型扩展成 UTCHEM 3D-9.0 软件，该软件可以模拟非均质多孔介质中多组分多相化学、物理迁移转化问题。Bacon 等[26]开发的 STORM 软件，可以模拟多孔介质等温、多相流和化学反应迁移问题。Pruess[27]和 Pruess 等[28]开发了 TOUGH2 软件，可以模拟地下环境等温、多相流和化学反应迁移问题。Xu 等[29]在 TOUGH2 的基础上开发的 TOUGHREACT 模型，该模型耦合地下环境水流和地球化学迁移过程，既可以进行地下环境多相流模拟，也可以进行 CO_2 地质储存模拟评价。这些软件是目前该领域研究成果的应用，更基础的研究问题并没有涵盖，如非混溶有机物在多孔介质中的迁移过程，自由相区和吸附相区渗透系数、孔隙率和水动力系数等的变化规律。

　　1977 年，美国缅因州 Gray 镇有 16 眼饮用水井关闭，在 16 眼饮用水井中发现 8 种以上人工合成有机物。在 1986 年，美国饮用水井中至少检出 33 种有机化合物[30]。从污染范围来看，美国 50 个州均有微量有机污染的报道。美国地质调查局对美国农村地区 1926 眼生活饮用水井在 1986～1999 年间的监测资料进行了收集整理，其中至少有一种 VOCs(包括 BTEX 和 CHC)检出的井为 232 眼，检出率为 12 %，其中检出率最高的有机污染物是三氯甲烷、四氯乙烯等[31]。20 世纪 80 年代，荷兰对 232 个地下水抽水站进行监测，多于 100 种有机物被检出，三氯乙烯检出率高达 67%[32]。Flordward 对英国 209 眼供水井的研究显示，三氯乙烯(TCE)和四氯乙烯(PCE)是主要的污染组分[33]。日本环境省从 1974 年开始组织了全国范围的化学品环境安全性综合调查，在地下水中发现有三氯乙烯(TCE)存在[33]。欧盟是世界上农药(600 种以上农药)最大的消费地区，欧洲国家的地下水中阿特拉津均有检出，其检出浓度超出欧盟饮用水标准(0.1μg/L)的 10～100 倍[33]。

为了对土壤与地下水污染进行有效防控，美国 1976 年通过了《资源保护和恢复法案》(Resource Conservation and Recovery Act, RCRA)，1980 年通过了《综合环境响应、赔偿与责任法案》(Comprehensive Environmental Response, Compensation and Liability Act, CERCLA, commonly known as Superfund)，依据该法案，政府还建立了一个名为"超级基金"的信托基金，旨在对实施这部法律提供一定的资金支持，因此该法案又称《超级基金法》。2011 年又补充制定了《小型企业责任免除和棕色地块振兴法案》。此外，美国的《固体废物处置法》《清洁水法》《安全饮用水法》《有毒物质控制法》等法律也涉及土壤保护，形成了较为完备的土壤保护和污染土壤治理法规体系。美国的"超级基金"的启动，推动了土壤与地下水污染修复工作的全面开展，起初超级基金总投资 16 亿美元进行 400 个污染场地的修复，平均每个场地的修复费用为 360 万美元。1990 年，美国国家环境保护局估计投入 270 亿美元，平均每个场地修复费用为 2600 万美元。美国国家环境保护局提出国家优先清单估计 2000 多个场地，总投资 1000 亿～5000 亿美元。美国计划投资 10000 亿美元进行土壤与地下水污染修复，包括国防部(DOD)、能源部(DOE)、州政府以及私人场地等[34]。

美国各州也制定了详细的地方法规，并有细致的管理体系、执行程序和细则、工业修复市场、金融保障、信息公开和透明等一系列规定。

美国土壤与地下水污染防治的融资途径主要通过超级基金税，超级基金税包括：440 多个企业缴纳原油和石油产品税(运至美国炼油厂的原油每桶 8.2 美分税、美国进口石油产品每桶 8.2 美分税、美国境内使用或出口的原油每桶 11.7 美分税)、700 多个企业缴纳化学品税(对 42 种原料化学品的税率进行了规定，如每吨硝酸 0.24 美元税，每吨苯 4.87 美元税)、14500 多个企业缴纳的企业环境保护税、大规模盈利公司收入的一部分提取 0.12%税。各州有相应的融资途径。加利福尼亚州每年 5000 万美元：对使用、产生、存贮或者实施与危险材料有关活动的企业收取费用；按照企业雇员人数收取费用；罚款；普通基金；国防部和环保总局提供的资金。亚利桑那州每年 1500 万美元：对加工、存贮、废弃、运输和产生危险废物的企业收取费用，另外，对使用化肥、使用杀虫剂、用水、抽取地下水以及排放污水的个人收取费用；普通基金；国防部和环保局提供的资金。夏威夷州每年 350 万美元：按照石油用量征税；普通基金；国防部和环保局提供的资金。内华达州每年 750 万美元：按照废物废弃量征收费用，收费范围从每吨 1.50 美元(无危险废物)到每吨 33.14 美元(危险废物)不等；按照提炼或进口天然气、柴油和燃料油的量收取费用，每加仑(1 加仑=3.78541 升)收 0.0075 美元；罚款；国防部和环保局提供的资金。

在评价标准方面，美国主要是基于风险评估标准体系，包括三个导则：用于指导保护人体健康的筛选值(SSL)土壤筛选导则、基于生态风险的土壤筛选值(Eco-SSL)导则、污染土壤初始修复目标值(PRG)。

在土壤与地下水污染修复方面，依据污染修复方法分为物理修复技术、化学修复技术、生物修复技术以及联合修复技术。物理修复技术是利用各种物理手段将污染物从土壤中去除或分离的技术，包括热脱附、高温热解、微波加热、蒸汽抽提、玻璃化技术等技术。欧美国家已将土壤热脱附、蒸汽抽提技术工程化，广泛应用于高污染的场地有机污染土壤的异位或原位修复。我国在利用热脱附技术、土壤蒸汽抽提(SVE)技术方面开展了部分场地污染修复工程。污染地下水抽水-处理技术，这是传统的地下水污染异位修复技术，该技术对于均质渗透性强的砂层含水层中污染地下水处理效果较好；对于非均质含水层中污染地下水处理，存在拖尾现象，难以达到处理目标；对于低渗透性含水层中污染地下水的处理，该技术不适用。化学修复技术包括固定化/稳定化、淋洗、高级氧化、原位还原、电动力学修复等技术。固定化/稳定化技术是将污染物在土壤中固定，使其处于长期稳定状态，是较普遍应用于土壤重金属污染的快速控制修复方法。国际上已有利用水泥固定化/稳定化处理有机与无机污染土壤，而我国一些冶炼企业场地重金属污染土壤和铬渣清理后的堆场污染土壤也采用了这种技术。近年来，我国也先后开展了铜、铬等重金属，菲和五氯酚等有机污染土壤的电动修复技术研究，电动修复速度较快、成本较低，适用于小范围多种重金属污染低渗透土壤和可溶性有机物污染土壤的修复。生物修复技术包括植物修复、微生物修复、生物联合修复等技术。植物修复技术包括植物超富集提取、植物稳定修复、植物降解修复、植物挥发修复以及植物与根际圈微生物组合修复等技术，可应用于重金属、农药、石油和持久性有机污染物、炸药、放射性核素等污染土壤的修复。重金属污染土壤的植物超富集提取修复技术在国内外都得到了广泛研究，已经应用于砷、镉、铜、锌、镍、铅等重金属以及与多环芳烃复合污染土壤的修复。我国已构建了农药高效降解菌筛选技术、微生物修复剂制备技术和农药残留微生物降解田间应用技术，筛选了大量的石油烃降解菌对石油类污染土壤进行有效修复。有机污染地下水的微生物修复技术，国内外有大量的研究文献介绍。联合修复技术包括微生物/动物-植物联合修复技术、化学/物化-生物联合修复技术、化学淋洗-生物联合修复技术、电动力学-微生物修复技术、土壤物理-化学联合修复技术、抽水-微生物联合修复技术、渗透性反应墙微生物-零价铁联合修复等。

地下水污染生物修复技术主要针对有机污染场地中的 LNAPLs 和 DNAPLs污染，包括生物氧化技术和生物还原技术，对于非水相轻液(LNAPLs)，如 BTEX，利用生物氧化技术；对于非水相重液(DNAPLs)，如氯代溶剂类(PCE、TCE、TCA等)，采用生物还原技术。

地下水污染的渗透性反应墙(反应带)技术：在过去的几十年里，发达国家采取传统的抽出异位处理法来修复被污染的地下水，该方法主要是对污染源(区)的控制，运行和维持费用极高，并且对非水相污染物不起作用，因而已逐渐被原位修复技术所取代。渗透性反应墙(permeable reactive barriers, PRB)技术和渗透性反应带(permeable reactive zone, PRZ)技术，是一种有效可行的地下水原位修复技术之一。PRB技术是在20世纪90年代由加拿大滑铁卢大学提出并申请专利，其原理是通过氧化还原反应等化学反应或者物理作用、生物作用等对污染物质进行降解、吸附或沉淀，从而达到对污染物的原位处理。依据美国国家环境保护局的定义，渗透性反应墙是一种原位被动修复技术，一般安装在垂直于地下水流方向的含水层中。当被污染的地下水流在自身水力梯度作用下通过渗透性反应墙时，污染物与墙体中活性材料发生物理的、化学的和生物的作用而被去除，从而达到地下水污染修复的目的。由于污染组分是在天然水力梯度作用下流经渗透性反应墙，经过活性材料的化学反应、生物降解、物理或化学吸附等作用而被去除，因而该方法具有经济投入小、简便、可持续性强等优点，但也有很多缺陷，如易发生副反应、存在单质铁腐蚀现象、金属离子的沉淀物易附着在零价 Fe 的表面而降低铁的反应活性、对高氧化态物质有效而对低氧化态物质降解效果差等。

综上所述，国外土壤与地下水污染修复技术相对较为成熟，我国在修复工程方面才刚刚开始，亟须土壤与地下水污染修复的质量标准、修复技术和修复工程。由于我国特殊的地层、岩土性质、地质构造及水文地质条件、复合污染物特征，不同于世界各国的问题，因此，构建一套土壤与地下水污染修复技术和管理体系十分迫切。土壤与地下水污染问题的研究，尽管已经开展了半个世纪，由于地下环境的复杂性，该问题的研究还需要进一步深入，涉及以下几个方面。

1.5.1　土壤与地下水污染机理研究

土壤与地下水处于地表以下环境之中，土中有水，水中有土，水-土(岩)不断相互作用。土壤属于非饱和带，而地下水处于饱和带含水层中，饱和带与非饱和带中地下水由于农业灌溉和大气降水、抽水和工程排水而交替变化。因此，土壤与地下水中污染物相互转换，尤其对土壤渗透性强的地区和南方地下水位埋深很浅的地区，土壤与地下水中物质交换密切。深入研究土壤与地下水污染机理，如重金属容易在土壤中被络合而被固定，在 pH-Eh 变化时又溶出，易迁移到地下水中；有机污染物在土壤中容易被微生物降解，因此，研究土壤中污染物的迁移转化要考虑土壤的岩性、厚度、土壤物理化学组分、微生物、植被状况，污染物的类型、污染物源的类型以及污染历史等，深入研究多孔介质中多组分多相流问题，构建土壤与地下水污染物迁移转化规律和数学模型，开展土壤与地下水污染一体化修复技术研究等。

1.5.2　地下环境复杂性研究

由于地下岩土介质性质、成因和结构的复杂性，污染物进入到地下环境后的形态、价态、迁移、转化和归趋的不同，污染物在地下的存在位置也不同。污染物的类型不同，污染物在地下环境的迁移转化不同，因此，复杂结构地下环境中环境要素的采样方法、监测点布设、污染修复技术选择、地下环境污染物迁移转化归趋等，均需要考虑地下环境的复杂性和污染物的类型。

1.5.3　土壤与地下水污染物类型问题

在土壤与地下水污染修复中，不仅要考虑目标污染物的修复，还要考虑目标污染物修复过程产生的中间产物，尤其是有机污染物降解过程中目标污染物被降解，同时会产生大量中间产物，如四氯乙烯降解过程会产生三氯乙烯、二氯乙烯、氯乙烯、氯乙烷等，其中氯乙烯的毒性最大，降解难度大。对于土壤重金属的调查评价，不仅要关注土壤中重金属总量，而且要关注重金属的价态和形态，如三价铬的毒性远远小于六价铬，五价砷的毒性远远小于三价砷，土壤中重金属的形态反映重金属在土壤中的迁移转化特性，对于生物可利用态的重金属很容易被植物吸收(这对于土壤重金属的植物修复是有利的，但对于农作物是不利的)；对于络合态的重金属，作物或植物难以吸收利用(这对于土壤重金属的植物修复是不利的，但对于农作物是有利的)。对于重金属和有机污染物复合污染的土壤与地下水修复时，要考虑单项修复的前后次序，达到一体化修复之目的。运用固化/稳定化技术修复重金属污染土壤，要考虑固化/稳定化的环境要素。在固化/稳定化土壤利用时，要考虑环境变化使其固化/稳定化土壤重金属重新溶出。

1.5.4　土壤与地下水污染评价和修复标准问题

要考虑土壤与地下水的用途，以风险控制为手段，以改善土壤与地下水环境质量为目的，同时考虑技术水平和经济承受能力，制定不同类型、不同用途的土壤与地下水污染修复标准。对于饮用地下水污染评价与修复标准，必须用饮用水质标准评价与修复；对于非饮用水地下水污染评价与修复，用人体健康风险、环境和生态健康风险以及地下水污染扩散范围受体影响风险评价，提出合理的地下水污染修复标准。

1.5.5　土壤与地下水污染风险评价方法

对于土壤和地下水污染风险的评价，不仅要考虑人体健康风险，还要考虑生态环境健康风险。尤其对深层污染土壤和地下水,由于暴露途径较远,可能对人体健康影响较小,但考虑污染物的迁移转化,土壤中污染物迁移到地下水中,污染地下水转化成地表水,对地表水源直接造成影响和对生态环境系统直接或间接影响甚大;对于农田,要考虑污染土壤中重金属累积到农作物中,通过食物链进入人体,影响人体健康等,一定要综合系统地考虑风险评估方法;对于地下水作为饮用水源的污染评估,必须应用饮用水标准进行评价,不能用筛选值或健康风险控制值;对于地下水作为农业灌溉用途,按农田灌溉水质标准进行评价;对于地下水与地表水转化,地下水的污染会导致地表水污染,按地表水环境质量标准评价地下水质;对于非混溶性地下水有机污染的评价,不仅要考虑溶解在地下水中有机污染物,还考虑吸附在含水层颗粒上的有机物和存在孔隙中的自由态有机物。

1.5.6 土壤与地下水污染修复问题

从 20 世纪 80 年代开始,欧美国家进行了大量的土壤与地下水修复技术研究和现场应用,大部分已经商业化了,土壤与地下水修复技术本身基本成熟。由于不同地区的地质条件和岩土性质不同,污染物类型和污染历史不同,修复技术的选择不同,同一技术在某一地区修复成功,但在另一个地区修复不一定适合。由于水文地质条件的差异,污染物在地下环境中的时空分布差异甚大。土壤与地下水污染是一种长期累积过程,污染修复需要较长的时间,现在国内土壤与地下水污染修复时间过短,目前城市场地土壤与地下水污染修复一般为 3~6 个月,采用的修复技术过于简单,对于有机污染物大多采用异位化学氧化修复、化学氧化原位注入技术、热脱附技术等,对于重金属采用化学钝化稳定化技术,缺乏对修复技术的后评估以及污染物的转化、形态和价态变化研究等。土壤与地下水环境处于水-岩(土)相互作用的动态变化状态,污染修复技术要考虑工程活动对地下环境的改变,打破水-岩(土)平衡状态,原本矿化状态的重金属可能溶出,富集到地下水中,导致地下水污染。

1.5.7 土壤与地下水环境调查和监测方法研究

目前的采样和布点未考虑污染物在地下环境中的变化和空间分布状况,尤其是有机污染物进入地下环境中,在不同土层(性质、结构、化学和生物特征以及含水状况)中的迁移和滞留状况不同,有机污染物的历史不同,污染物在地下环境中的存在位置和污染物的种类(由于长时间土壤微生物降解作用,可能目标污染物已经降解,产生一系列中间产物)不同,因此,平面采样点的布设一定要考虑污染源和污染物的扩散状况,不能均匀布点;地层深度上采样一定要考虑地层岩土性质和地层结构,不能规定统一的深度采样;对于有机污染地下水的采样深度,要考虑 LNAPLs 和 DNAPLs，这些有机污染物难溶解在地下水中，目前采集地下水样测得的地下水有机污染物浓度只是很少溶解在地下水中的有机物浓度，非溶解的大量有机物存在于地下环境中，部分在扰动采样过程中变成挥发物挥发掉，大部分吸附在含水层颗粒或以自由态残留在含水层中，因此，除取水样外，还要考虑取饱和土壤样品(饱和土壤采集要考虑土层性质和结构，在 DNAPLs 可能滞留的地方采集饱和土壤样，DNAPLs 一般会滞留在相对渗透性差的土层上部)。在地下水中采集 DNAPLs 与采样深度关系不大，因为溶解在地下水中的 DNAPLs 基本上混合充分了，在任意深度采集地下水样品，溶解在水中的有机污染物的浓度变化不大，而非溶解状态的有机污染物存在于含水层中，随着时间推移逐渐溶解在地下水中；对于 LNAPLs，容易富集在潜水面附近，随地下水流迁移，在潜水面附近非扰动采样(地下水样品和含水层土壤样品)就可以采集到挥发态、自由态和溶解态的 LNAPLs，由于 LNAPLs 在地下潜水面附近并随地下水流向下游迁移，因此，要考虑地下水的流速和流向，分析 LNAPLs 在地下的扩散范围(采样点要控制这个范围)。

1.5.8 裂隙化和岩溶地下环境中污染物迁移转化研究

对于连续多孔介质(沉积盆地松散沉积层)，污染物迁移规律的研究相对比较成熟，但对于非连续介质(裂隙介质、岩溶介质)的含水层中污染地下水的迁移转化研究还存在不足，尤其对于基岩和岩溶地区地下水环境调查、监测、评估和污染修复，难度极大，这是由于地质条件和水文地质条件的复杂性，污染物进入这些地下环境中，污染物在裂隙化或岩溶含水层中存在高度离散性，难以准确设计采样位置。由于地下渗流通道复杂，污染物的迁移路径复杂，因此，污染物在裂隙化或岩溶含水层的时空分布随机性大，需要从两方面深入研究，一是运用地球物理勘探和钻探技术，揭示地下环境的结构；二是深入研究裂隙化或岩溶含水层中不同污染物的迁移转化规律，构建其污染物迁移数学模型，进行地下环境污染物迁移转化的数值模拟分析，用于地下水环境调查、监测、风险评估和污染修复方案的设计以及定量化评价。

第2章　土壤与地下水的基本概念

2.1　土壤的基本概念

广义土壤的定义：是指地球表面松散的沉积物，包括农作物根系能够达到的土层(耕作层)、天然植被根系能够达到的土层、渗滤带(vadose zone)土层、毛细管带(capillary fringe)土层以及松散的饱水带土层，包括含水层(aquifer)、弱透水层、相对隔水层等。

狭义土壤(soil)的定义：是指地表由各种颗粒状矿物质、有机物质、水分、空气、微小生物、细菌和植根系等组成，能生长植物的松散土层。如图 2-1 所示，狭义土壤是指图中土壤带的土层，属于非饱和带，土壤水压力小于大气压力，处于负压状态，其含水量(θ)大于植被凋萎含水量(θ_p)而小于孔隙率($\theta_p \leqslant \theta \leqslant \phi$)。植被根系能到的深度为狭义土壤层厚度，取决于植被类型和气候特征。干旱且地下水位埋深大地区的植被根系深(如梭梭直根系深度可达 35 m)，因而这些地区土壤厚度大；湿润地区且地下水位埋深浅地区的植被根系侧根系发达(水平扩展范围大)，但深度小，因而这些地区土壤厚度较小。农业耕作层较浅，一般在 60～80 cm，因此，农田土壤层厚度一般小于 100 cm。在基岩地区一般风化带厚度为土壤层厚度。

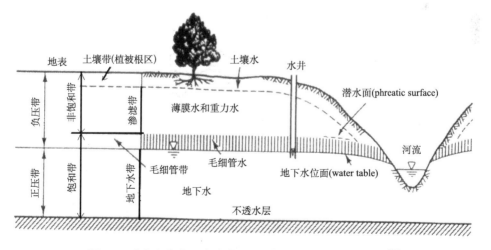

图 2-1　狭义土壤带、渗滤带、毛细管带和地下水带剖面图[35]

　　土壤是一种多组分三相体系，土壤中存在多种矿物、有机物、气体(包括空气、CO_2 和挥发性有机物等)、液体(包括水、非水相的有机物、各种化学组分溶解相的液体)以及大量的微小生物和微生物，能够维持植被生长，具有非饱和的多相流特点。土壤作为土壤圈的一部分，具有四种功能：植物生长的介质、储存和传输降水的介质、提供生物生存的水分以及净化水。土壤作为地球的表皮是岩石圈、水圈、生物圈和大气圈之间的界面。土壤中存在大量可降解的有机物(organic matters)、微小生物(microoganisms)和微生物(microbes)，这些微生物也能够降解有机污染物，常常在土壤污染自然衰减修复和微生物修复技术中用到土著微生物。土壤受到大气过程、人类活动、地质过程、地表水体、生态系统等作用改造，其土壤环境随时发生变化，土壤内的环境也发生变化，使得土壤中的重金属的形态也发生变化，因此，研究土壤污染问题时，一定要考虑这些变化问题和土壤内环境变化会导致土壤中污染物的重金属形态和价态发生变化，由于微生物对有机污染物的降解作用会产生中间产物，使得土壤中有机污染物的种类和组分发生变化。

　　土壤的类型与气候条件和成因密切相关。如寒冷地区冻融作用产生的岩石机械风化作用形成颗粒较粗的风化沉积物、风成作用形成的黄土，南方湿热地区化学风化作用形成的红土，湿地沼泽地区还原环境下形成的黑土等。

　　土壤按成因可分为原生土壤和次生土壤：原生风化土壤，如各种岩石风化壳上的土壤；次生土壤是经过多种地质营力作用形成的土壤，如坡积土壤、冰积土壤、冲积土壤、湖积土壤、洪积土壤等。由于土壤的沉积环境和成因不同，土壤中的金属物质背景值存在较大差异。

　　土壤是一种变化的环境介质，不断经历着物理过程、化学过程和生物过程，导致其中的各种元素和物质组分发生变化，人类活动作用又使得这些过程复杂化。土壤科学有两个分支：土壤生态学(edaphology)和土壤学(pedology)。土壤学主要研究土壤的成因、土壤的分类以及土壤的结构和形态等，土壤生态学主要研究土壤中有机体(如植被、微生物、微小生物)及其对土壤结构和性质的影响等。

　　土壤污染(soil contamination)：当土壤中含有害物质过多，超过土壤的自净能力，就会引起土壤的组成、结构和功能发生变化，微生物活动受到抑制，有害物质或其分解产物在土壤中逐渐积累，通过"土壤→植物→人体"生物链系统，或通过"土壤→水→人体"生态环境系统间接地被人体吸收，达到危害人体健康的程度。传统的土壤污染是指人类污染源进入土壤中导致土壤污染，广义土壤污染是指土壤中某种物质超出某一用途的标准值，超出人体健康和生态环境健康风险的接受水平。

　　土壤污染有直接污染和间接污染。直接污染是指土壤体周边存在污染源，如工业的点源、农业的面源、道路径流引起的线源；还有通过其他介质进入到土壤中的污染物，如大气中污染物通过干湿沉降进入土壤中，污染的地表水与土壤相互交换引起土壤污染，污染地下水与土壤水交换引起土壤污染等。间接污染是指人类活动改变土壤环境，农业灌溉改变土壤水动力条件、酸雨入渗导致土壤 pH降低、土壤源热泵系统使得土壤中温度升高以及地下工程活动等，这些会改变土壤中水-土-微生物的相互作用过程，改变土壤水分循环、养分循环和碳循环过程，可能导致土壤中络合态的重金属变成生物可利用态或离子可交换态，或转化成毒性更大的价态(如三价铬转化成六价铬，五价砷变成三价砷)；土壤温度升高，可能导致土壤中微生物种群增多，加速分解有机物，土壤中有机污染物可能会变成VOCs 进入大气，土壤碳汇变成碳源向大气中贡献温室气体。农业灌溉会增加土壤中的碳源，碳源增加也会使土壤中微生物繁盛，从而使得土壤中微生物与污染物的作用强度增大，会改变土壤中重金属的形态和价态，也会加速土壤有机污染物的分解。

土壤污染风险控制(risk control for soil contamination)：根据土壤的用途、暴露情景以及人体健康和生态环境健康可接受风险水平，对污染土壤进行管理的一种手段。

土壤风险控制值(risk control values for soil)：根据土壤用途、暴露情景和可接受风险水平，在土壤环境调查数据的基础上，计算获得的土壤中污染物的含量限值和地下水中污染物的浓度限值。

土壤污染修复(contamination remediation for soil)：利用物理、化学、生物以及联合修复技术和方法，对土壤中污染物进行物理隔离、吸附、降解和转化去除，或使得土壤中污染物浓度降低到风险可接受水平，或将有毒有害的污染物转化成为无害的物质的过程称为土壤污染修复。

渗滤带(vadose zone)：广义渗滤带是指地表面(land surface)至潜水面(water table)之间的土层，通常所说的渗滤带是指土壤带底部与毛细管带顶部之间的土层，是土壤水到地下水之间的过渡带，属于非饱和带，含水量小于土壤孔隙率(度)，渗透系数是含水量的函数。渗滤带中水为结合水、薄膜水、毛细水、过路的重力水，渗滤带中水压力小于大气压力，处于负压状态，其含水量大于土壤持水率(度)(θ_r)而小于孔隙率(度)($\theta_r \leqslant \theta \leqslant \phi$)。

毛细管带(capillary zone)：是指由毛细力作用使得地下水从潜水面向上渗流到充满孔隙的地下土层，毛细管带孔隙充满水是由于饱和张力作用，这个毛细管带饱和部分一般小于总的毛细上升高度，这是因为土层非均质性导致毛细管带土层孔隙大小混杂。如果毛细管带土层为均质土层，毛细管带土层孔隙完全饱和，毛细带土壤含水量就等于土壤孔隙率(度)，毛细管带孔隙压力小于 0，处于负压状态，其含水量等于孔隙率(度)($\theta = \phi$)。毛细厚度与毛细管带土壤物理性质有关，土壤颗粒越细(孔隙小而孔隙率大)，毛细管带厚度越大，毛细管带厚度一般为 0~304.8cm，土层为砾石层的毛细管带厚度几乎为 0；土层为砂层的毛细管带厚度大约为 0~7.62 cm，平均 5.08 cm；土层为粉土层的毛细管带厚度大约为 1.27~152.4 cm，平均 30.48 cm；土层为黏土层的毛细管带厚度为 152.4~304.8cm，平均为 152.4 cm。毛细管带在农田土壤水动力学研究和土壤污染健康风险评估研究中具有重要价值。如果农业灌溉使得地下水位抬升毛细高度达到地表，在蒸发作用下，地表土壤中的水分蒸发掉，盐分留在土壤中，导致土壤盐渍化。场地土壤与地下水污染人体健康风险评估中，土壤中毛细管带厚度大小影响污染物传输暴露途径的长短，毛细管带越接近地表，人体健康风险越大。

2.2　土壤的基本物理量

土壤质地(soil texture)：土壤中的泥(或黏粒)砂比例称为土壤质地。土壤颗粒直径小于 0.01mm 的土称为泥(或黏粒)；直径在 0.01~1mm 的土称为砂，直径大于 1mm 的称为砾石。根据土壤质地的不同将土壤分为砂土、黏土、壤土。砂土地土壤中含砂量大于 80%，土壤干密度为 1.4~1.7g/cm³，该种土壤渗透性强，有机质含量低，微生物较少。黏土地土壤中含泥(或黏粒)量大于 60%，土壤孔隙率(度)大(40%~55%)，渗透性差，土壤中有机质含量较多，微生物多。壤土中泥(或黏粒)砂比例适中，一般砂粒占 40%~55%，黏粒占 45%~60%，土壤干密度为 1.1~1.4g/cm³。

土壤结构(soil structure)：土壤形成团聚体的性能，称为土壤结构，凡土壤颗粒胶结成直径 1~10mm 的团粒状结构，称为团粒结构。土壤团粒结构的形成条件一是胶结物，二是外界挤压力。土壤中的胶结物主要是黏粒，还有土壤中的有机质、微生物及其代谢物，这些物质与土壤中钙胶结在一起，形成了具有多孔性、不易被水泡散的水稳性团粒结构。

土壤含水量(soil water content or moisture content)是指土壤中含有水的量。由于测试方法的不同，土壤含水量可分为体积含水量(volumetric water content)和质量含水量(mass water content)。

土壤体积含水量(量纲 $[L^3L^{-3}]$，单位 m^3m^{-3})定义为土壤总体积与土壤中水的体积之比，即

$$\theta = \frac{U_w}{U} \tag{2-1}$$

式中，θ 为土壤体积含水量(m^3m^{-3})；U_w 为土壤中水的体积(m^3)；$U = U_w + U_a + U_p + U_s$ 为土壤总体积(m^3)，包括土壤中水体积(U_w)、空气体积(U_a)、植被根系体积(U_p)、土壤颗粒体积(U_s)。

土壤质量含水量(单位 g^3g^{-3})定义为土壤总质量与土壤中水的质量之比，即

$$\theta = \frac{m_{\mathrm{w}}}{m_{\mathrm{wet}}} \tag{2-2a}$$

式中，θ 为土壤质量含水量；m_{w} 为土壤中水的质量；m_{wet} 为土壤湿质量或土壤总质量。在岩土工程中土壤含水量的计算式为

$$\theta' = \frac{m_{\mathrm{w}}}{m_{\mathrm{dry}}} \tag{2-2b}$$

式中，m_{dry} 为土壤干质量。

土壤含水量的直接测定方法：土壤体积含水量的测定，首先对土壤样品称总质量（m_{wet}），再放入烘箱烘烤 24 h，温度控制在 105℃，之后称土壤干质量（m_{dry}），按下式计算土壤水的体积：

$$U_{\mathrm{w}} = \frac{m_{\mathrm{w}}}{\rho_{\mathrm{w}}} = \frac{m_{\mathrm{wet}} - m_{\mathrm{dry}}}{\rho_{\mathrm{w}}} \tag{2-2c}$$

最后测定土壤样品总体积，结合式（2-2c）计算土壤体积含水量，即

$$\theta = \frac{U_{\mathrm{w}}}{U} = \frac{m_{\mathrm{wet}} - m_{\mathrm{dry}}}{U \rho_{\mathrm{w}}} \tag{2-2d}$$

式中，ρ_{w} 为土壤中水的密度。

土壤质量含水量的测定：称重方法同上，可按下式计算：

$$\theta = \frac{m_{\mathrm{wet}} - m_{\mathrm{dry}}}{m_{\mathrm{wet}}} \tag{2-2e}$$

在岩土工程中经常按下式计算土壤质量含水量，即

$$\theta' = \frac{m_{\mathrm{wet}} - m_{\mathrm{dry}}}{m_{\mathrm{dry}}} \tag{2-2f}$$

土壤孔隙率（度）（porosity）是表征土壤孔隙部分的物理量，定义为土壤孔隙体积与土壤总体积的比率，其值为 0～1，用百分数表示为 0～100%，即

$$\phi = \frac{U_{\mathrm{v}}}{U} \times 100\% \tag{2-3a}$$

式中，ϕ 为土壤孔隙率（度）；U_{v} 为土壤中孔隙体积；U 为土壤总体积。

有效孔隙率（度）（effective porosity）：在土壤多孔介质中常常存在连通孔隙和非连通孔隙或死端孔隙（dead-end pore），由于连通孔隙才能允许液体进入，从应用的角度，多将土壤连通孔隙所占体积与土壤总体积的比值定义为有效孔隙率（度），有效孔隙率（度）小于等于总孔隙率（度）。有效孔隙率（度）可表示为

$$\phi_{\mathrm{e}} = \frac{U_{\mathrm{f}}}{U} \times 100\% \tag{2-3b}$$

式中，ϕ_{e} 为土壤有效孔隙率（度）；U_{f} 为土壤中连通孔隙体积；U 为土壤总体积。

土壤孔隙比(void ratio of soil)定义为土壤孔隙体积与土壤颗粒体积之比，即

$$e = \frac{U_v}{U_s} \tag{2-3c}$$

式中，e 为土壤孔隙比，由于土壤总体积 $U = U_v + U_s$，则土壤孔隙比与孔隙率(度)之间关系为

$$\phi = \frac{e}{1+e}; \quad e = \frac{\phi}{1-\phi} \tag{2-3d}$$

土壤孔隙率(度)的值也可以通过土壤的密度和土壤颗粒密度计算得出，即

$$\phi = 1 - \frac{\rho_b}{\rho_s} \tag{2-3e}$$

式中，$\rho_s = \dfrac{m_s}{U_s}$ 为土壤颗粒密度(particle density)，m_s 为土壤颗粒质量，U_s 为土壤颗粒体积，土壤的颗粒密度约为 2.65g/cm³；$\rho_b = (1-\phi)\rho_s$ 为土壤体密度(bulk density)或表观密度(apparent density)。典型的砂土的表观密度 $\rho_b = 1.5 \sim 1.7\,\text{g/cm}^3$，可以求得砂土的孔隙率(度)为 0.43～0.36，典型的黏土的表观密度 $\rho_b = 1.1 \sim 1.3\,\text{g/cm}^3$，求得孔隙率(度)为 0.58～0.51。

土壤体密度又分为土壤干体密度(ρ_b'，dry bulk density)和土壤湿体密度(ρ_{wet}，wet bulk density)两种。土壤干体密度为土壤颗粒质量与土壤总体积之比，即

$$\rho_b' = \frac{m_s}{U} = \frac{m_s}{U_s + U_v} = \frac{m_s}{U_s + U_w + U_a} \tag{2-4a}$$

式中，$U = U_s + U_v = U_s + U_w + U_a$，为土壤总体积；$U_v$ 为土壤中孔隙体积；U_w 为土壤中水的体积；U_a 为土壤中空气体积。

土壤湿体密度也称为土壤总体密度(total bulk density)，它定义为土壤湿质量与土壤总体积之比，即

$$\rho_{wet} = \frac{m_{wet}}{U} = \frac{m_{wet}}{U_s + U_v} = \frac{m_s + m_w}{U_s + U_w + U_a} = \rho_b + \frac{m_w}{U_s + U_w + U_a} = \rho_b + \frac{m_w}{U} \tag{2-4b}$$

式中，m_w 为土壤中水的质量。

土壤的孔隙率(度)和密度受土壤结构、成因、土壤性质以及埋藏深度的影响，土壤孔隙率(度)随深度增加而变小；土壤密度受土壤紧密或疏松程度影响，随深度增加而密度增大。

土壤饱和度(water saturation or degree of saturation)定义为土壤中水的体积与孔隙体积之比，即

$$S_w = \frac{U_w}{U_v} = \frac{U_w}{U\phi} = \frac{\theta}{\phi} \tag{2-5a}$$

式中，S_w 为土壤饱和度。

土壤有效饱和度(effective saturation)是由 van Genuchten 定义的无量纲含水量，即

$$S_e = \frac{\theta - \theta_r}{\theta_s - \theta_r} = \frac{\theta - \theta_r}{\phi - \theta_r} \tag{2-5b}$$

式中，S_e 为土壤有效饱和度；θ_s 为土壤饱和含水量，等于土壤孔隙率(度)；θ_r 为土壤中残留含水量，等于土壤持水率(度)，定义为 $\dfrac{d\theta}{dh_c} = 0$ 的含水量，这里

$h_c = \dfrac{P_c}{\rho_w g} = -\dfrac{P_w}{\rho_w g}$ 为土壤中毛细管测压高度，P_c 为土壤中毛细管压力，P_w 为土壤中水压。

土壤毛细力(capillary force)：土壤中水分子相互吸引产生表面张力。当两种不混溶流体(immiscible fluid)(这里指水和空气)接触时，一个不连续的压力存在于接触面上，这种压力的突变值之大小，取决于该点处界面的曲率。这个压力差(P_c)称为毛细管压力(capillary pressure)，即

$$P_c = P_{nw} - P_w{}' = \sigma_{gl}\left(\frac{1}{r_1} + \frac{1}{r_2}\right) = \frac{2\sigma_{gl}}{r^*} \tag{2-6}$$

式中，σ_{gl} 表示水-气界面张力；r_1, r_2 表示主曲率半径(principal radii of curvature)；r^* 为平均曲率半径，$\dfrac{2}{r^*} = \dfrac{1}{r_1} + \dfrac{1}{r_2}$；$P_{nw}$ 为非湿润相的压力，也称为大气压力；$P_w{}'$ 是湿润相的压力，当液体为水时，也称为水压力。在弯曲面之下的水中压力 P_w 表述为

$$P_c = P_a - P_w; P_w = -P_c; P_a = 0 \tag{2-7}$$

沿毛细管向下直至 $P_w = 0$ 的液面处是负压力。

对毛细管中施加在水柱上的力进行平衡分析，可以得出下列关系：

$$h_c \pi R^2 \rho g = 2\pi R T \cos\theta \tag{2-8a}$$

则毛细管压力高度(水头)为

$$h_c = \frac{2T\cos\theta}{R\rho g} \tag{2-8b}$$

式中，T 为表面张力(surface tension)；$\rho = \rho_w$ 为水的密度；R 为毛细管弯曲面半径；g 为重力加速度。

由于毛细管中平均曲率半径 $r^* = R/\cos\theta$，$T = \sigma_{gl}$，则

$$P_c = \frac{2T\cos\theta}{R} = \rho g h_c \tag{2-9}$$

与毛细管压强相联系的另一个概念是毛细管压力水头（h_c），其定义为

$$h_c = \frac{P_c}{\rho g} = -\frac{P_w}{\rho g}，\quad P_a = 0 \tag{2-10}$$

式中，P_a 为大气压力；h_c 为毛细管压力水头（capillary pressure head）。

与地下水饱和渗流中的测压水头的定义类似（$H = z + \dfrac{P_w}{\rho g}$），在非饱和土壤渗流中，对均质等温不可压缩液体，其流域内任意一点的测压水头（H）表示为

$$H = z + \frac{P_w}{\rho g} = z - \frac{P_c}{\rho g} = z - h_c; P_c > 0, P_a = 0 \tag{2-11}$$

由于 $h_c > 0$，则 $H < z$，即某点的测压水头 H 总小于该点的位置高度 z，这是非饱和土壤渗流中重要的特点。在非饱和土壤渗流中，测压水头又称为毛细管水头。

在非饱和-饱和带中，地下水渗流的测压水头统一表达为

$$H = z + \frac{P_w}{\rho g} \tag{2-12}$$

式中，$P_w \begin{cases} > 0, & \text{地下水} \\ = 0, & \text{潜水面} \\ < 0, & \text{土壤水} \end{cases}$。

对于毛细压力水头而言，则有

$$h_c \begin{cases} > 0, & \text{土壤水} \\ = 0, & \text{潜水面} \end{cases}。$$

土壤中水的形态：土壤中存在气态水、固态水、弱结合水、强结合水、毛细水、重力水以及岩土晶格骨架中的结晶水等，从土壤污染角度考虑，这里我们不关注结晶水。

（1）气态水：以水蒸气的形式存在于土壤和含水层中，在温度变化时气态水会变化。

（2）固态水：在 0℃ 以下土壤和含水层中的水以冰的形式存在于重力水中，这种现象常常出现在寒冷地区的季节性冻土或永久性冻土地区。

（3）弱结合水（薄膜水）：受岩土颗粒表面引力大于水分子自身重力引起的附着在土壤颗粒表面的水，该水不能在自身重力作用下移动，但能传递静水压力，当静水压力大于弱结合水的抗剪强度时，薄膜水可以移动。在双域模型中将结合水作为非移动水处理。

(4)强结合水：以单独的水分子状包围在土壤颗粒表面的水，水分子排列紧密，不能流动，没有溶解能力，具有极大的黏滞性和弹性，不导电，不传递静水压力。

(5)毛细水：在土壤毛细孔隙中或孔道狭窄部分的水，受毛细力的作用，毛细管越细，毛细管上升高度越大。毛细水分为支持毛细水(地下水面支持下存在的，随地下水位升降而变化)、悬挂毛细水(细颗粒与粗颗粒交互层之间，在一定条件下，由于上下弯液面毛细力的作用，在细颗粒层中保留下的与地下水面不相连接的毛细水)、孔角毛细水(悬留于包气带中颗粒接触点上的毛细水)。

(6)重力水(自由水)：在重力作用下能自由运动的水，称为重力水。

2.3　土壤生态系统

土壤中的生物(植物根系、微小生物、微生物)和土壤环境(非生物)的组合，构成了土壤生态系统。由于土壤生态系统处于地表以下，具有隐蔽性，常常被人们忽略，如常规的生态调查和评价，仅仅考虑地表以上动植物。我们也将土壤生态系统称为隐性生态系统。

土壤是一种多组分多相非生物和生物体系，土壤能生长植物。植物靠吸收土壤中的水分和养分生长，而土壤中繁多的微小生物和微生物能够将植物难以吸收的有机质转化成植物可利用的营养，因此，土壤中微生物与植物相互合作。土壤中蕴藏着丰富的微生物，被称为地球关键元素循环过程中的引擎，是联系大气圈、水圈、岩石圈、土壤圈和生物圈物质与能量交换的重要纽带，维持着人类和地球生态系统的可持续发展。我们将地表人们看到的植被和动物及其生境的综合称为显性生态系统，将地表以下的生物和地下环境的综合称为隐性生态系统，显性生态系统与隐性生态系统的联系靠地下水流系统的水分、养分和碳分传输，而地下微生物在两大系统中起着关键作用。

土壤中巨大的微生物与复杂的地下环境总称为土壤微生物组(soil microbiome)。土壤微生物组是地球上最重要的分解者，具有多重生态与环境功能。前面已谈到，微生物是土壤-植被系统中生源要素迁移转化的引擎，土壤中有机质的分解和积累、"三氮"转化均是微生物的功劳，这是传统土壤微生物学研究的重点。土壤微生物组是地球污染物消纳的净化器，进入到土壤中的污染物通过土壤中的植被根系和微生物的组合降解污染物或将污染物转化成无害物质，微生物通过其代谢和共代谢过程，使土壤中的污染物得以转化、吸收或彻底分解矿化，这就是在土壤污染物修复中常用的微生物降解技术(微生物氧化技术和微生物还原技术)、微生物矿化/固化重金属、监测自然衰减技术以及植物修复技术(植物与其根际微生物组合修复土壤中污染物)。

2.4　地下水的基本概念

广义地下水的定义：赋存于地表以下岩土介质中的水(subsurface water)，包括非饱和带、毛细带和饱和带中各种形态的水。

狭义地下水的定义：赋存于地表以下岩土介质中的饱和重力水(groundwater)，这一定义是从水资源利用的角度定义的地下水。

从环境角度定义地下水：赋存于地表以下岩土介质中的不同形态的水，包括土壤水和地下水(气态、液态、固态、非混溶态、超临界态、多组分水)。这里气态包括气态水、CO_2、空气和挥发性有机物；液态包括地下水和溶解在地下水中的污染物；固态包括冻土地区的地下冰和非移动的水(含水层颗粒表面的结合水)；非混溶态是指非溶解在地下水中的污染物，包括自由态的有机污染物；超临界态是指 CO_2 深部地质储存、核废料深埋处置以及地热能开发中的深部高压和高温地下水状态；多组分水是指由于污染物的进入，使得地下水的天然组分发生变化，存在各种化学和生物组分的地下水。

地下水污染：指人类活动引起地下水化学成分、物理性质和生物学特性发生改变而使地下水质量下降的现象。在英文文献中通常出现两种地下水污染词汇，即 groundwater contamination 和 groundwater pollution。Groundwater contamination 是指任何不良物质的浓度(如微生物、化学、废水或污水进入到地下水中，这些物质不属于地下水中的正常物质)超出了地下水预期用途的质量标准。Groundwater pollution 是指污染物添加到地下水中，损害了地下水的使用目的。

地下水污染不同于地表水污染，其存在直接污染和间接污染。直接污染是指具有明确的污染源，如工业活动、农业活动、矿山开发、市政工程等产生的污染物进入地下水中，导致地下水污染；间接污染是指不存在污染源，通过抽水、注水、工程活动(包括土壤与地下水修复工程)等，改变了地下水环境，使得含水层中有害物质富集到地下水中，导致地下水污染，如滨海地区过量开采地下水，导致海水入侵到地下水中；农业灌溉增加了土壤中的碳源，土壤中微生物繁盛，铁还原菌和硫酸盐菌等会将岩土介质中的重金属解析出来，溶解于地下水中；抽取地下水使得地下水位下降，原有的地下水变动带由还原的厌氧环境变成氧化环境，使得地下水质发生变化。地下水不同于地表水，它存在于岩土体中，不断发生水–岩(土)相互转化作用，当地下水环境改变时，会导致水–岩(土)相互作用发生变化，地下水中的化学组分浓度发生变化。

地下水脆弱性(vulnerability of groundwater)：指地下水系统固有的敏感性，取决于人类活动和自然系统的影响程度。地下水赋存于岩土介质中，地下水的脆弱性与地下水位埋深(非饱和带厚度)、非饱和带岩土性质、地下水渗透性能(渗透系数、孔隙率、水力梯度)、地下水补给强度、与地表水的相互作用等有关。在地下水资源评价的前期,需要考虑地下水的脆弱性,分析地下水源地潜在的受污染程度,以保护地下水资源。地下水资源对污染物的脆弱性取决于地下水的固有敏感性、天然和人为污染源的位置和类型、井的位置以及污染物的迁移转化。地下水资源决策者通常面临两种选择,一是根据地下水固有敏感性管理地下水资源;二是根据地下水系统的脆弱性管理地下水资源。目前科学家根据地下水的赋存条件和运动规律,综合全面分析地下水的脆弱性,提供给地下水资源决策者对地下水资源进行科学管理。地下水脆弱性有以下评价方法。

(1) DRASTIC 方法:该方法是美国国家环境保护局(USEPA)提出的[36],评价指标分别考虑了地下水位埋深(depth to the water table)、含水层的净补给(net recharge)、含水层的岩性(aquifer material)、土壤类型(soil type)、地形坡度(topography)、非饱和带的影响(impact of the unsaturated zone)和含水层渗透系数(hydraulic conductivity)。根据每个因子的变化范围或其内在属性建立评分体系,又根据评分体系中每个因子对地下水脆弱性影响的重要程度给予固定权重赋值,各因子加权之和就是 DRASTIC 指数,其表达式为

$$\text{DRASTIC Index} = D_r D_w + R_r R_w + A_r A_w + S_r S_w + T_r T_w + I_r I_w + C_r C_w \qquad (2\text{-}13)$$

式中,D 为地下水埋深;R 为地下水净补给量;A 为含水层岩性;S 为土壤类型;T 为地形坡度;I 为非饱和带影响;C 为含水层渗透系数;下标 r 为评价体系的等级;w 为权系数。可以结合模糊综合评判和层次分析等方法,在 GIS 平台下绘制地下水脆弱程度分区。

(2) PI 方法[37]:该方法的概念模型基于“来源-路径-目标”模型。将地表面作为“来源”,含水层的潜水位为“目标”,“路径”为地表面与潜水位之间的地层(非饱和带)。该方法选取的评价因子有防护性盖层(protective cover)和入渗条件(infiltration conditions),在 GIS 平台下绘制地下水固有脆弱性图,地下水的防护性考虑土壤的有效田间持水容量、土壤粒度分布、土壤岩性、空隙(孔隙、裂隙、溶隙)分布和孔隙率、所有土层厚度、平均补给量以及含水层自流水压力。地下水防护性分 5 级,P=1 代表防护性极低,P=5 代表防护性极高(防护性盖层非常厚);入渗条件(I)考虑垂向入渗条件,包括地表坡度、地表植被、地表渗坑、土壤的渗透性、降水补给强度、地表水体等,以及水平侧向进入含水层的地下水流流速和流量等。

(3) GOD 方法[38]:该方法适用于对松散沉积物潜水和承压水的脆弱性评价。主要考虑了地下水类型(潜水或承压水)G(ground water occurrence)、全部含水层或弱透水层的岩性 O(overall lithology of aquifer or aquitard)、地下水位埋深 D(depth to groundwater table),所计算的 GOD 指数是以上 3 个指标评分值的乘

积。当评价承压水时，忽略 O 因子。

(4) EPIK 方法[39]：EPIK 方法是基于特定的地质、地貌和水文地质条件，在 GIS 平台下进行地下水脆弱性的评价方法，EPIK 评价指标包括地表和地下岩溶带发育特征 E(epikarst)、防护性盖层 P(protective cover)(土壤厚度的分布)、入渗条件 I(infiltration condition)(流域内不同土地利用方式与斜坡的关系)、岩溶网络发育程度 K(karst network)。根据每个评价因子的相对重要性赋予相应的权重值，通过权重值与评价因子的乘积计算获得 EPIK 的指数。

(5) COP 方法[40]：该方法考虑了三种指标，即地下水流特征 C(the accumulation of groundwater flow)、非饱和带土层的性质 O(the characteristics of strata overlying the groundwater level)和降水因子 P(precipitation)，取决于非饱和带岩石类型和性质、断裂、裂隙、节理等的发育程度、各层的厚度以及含水层的封闭程度。径流特征因子 C 用以区分具有不同入渗条件的区域。降水因子 P 包括降水量、降水强度和影响入渗速率的因素，影响降水入渗的因素应考虑地形、坡度和地表植被分布状况。地下水脆弱性 COP 指数=C×O×P。

(6) AVI 方法[41]：该方法考虑了两个因子，即最上层饱和含水层之上的每个沉积层的厚度(d)以及每个沉积层的估算渗透系数(K)，通过它们可计算得到水力阻力(c)。AVI 方法间接考虑了 DRASTIC 方法所采用的评价因子，除了地形坡度和含水层的岩性。DRASTIC 方法指定给含水层的岩性的权重也是基于物理理论，但未考虑地下水污染在含水层中的侧向运移。

(7) PaPRIKa 方法[42]：是一种针对岩溶含水层地下水固有脆弱性的评价方法，包括 4 个因子：含水层的防护层 P(upper layers of groundwater protection)，考虑渗透层、土壤盖层(土壤结构、构造和厚度)、含水层的岩溶发育特征、非饱和带岩性和裂隙(断层、节理、裂隙)的组合；饱和带的岩石类型 R(rock type in saturation zone)，考虑含水层的岩性和裂隙率；地表入渗 I(surface infiltration)，考虑地表入渗的扩散状况和地表坡度；岩溶发育特征 Ka(karstic features)，考虑岩溶管网和排泄量。对于非岩溶带集水区的脆弱性，只评估以上 4 个评估因子中的 2 个，即 0.5P+0.5I。对于岩溶带，在脆弱性评价中应侧重因子 I，因为该因子考虑了地表向地下水的快速入渗。PaPRIKa 指数按下列公式计算：

$$PaPRIKa\ Index = 0.2P + 0.2R + 0.4I + 0.2Ka \tag{2-14}$$

(8) SINTACS 方法：该方法是由 Civita[43]开发的，是 DRASTIC 方法的演化，考虑了 7 个评价因子：地下水位埋深 S(depth to groundwater)、有效入渗 I(effective infiltration)是指补给含水层的降水量、关注影响地下水质的物理和水文地球化学过程的非饱和带的自净能力 N(unsaturated zone attenuation capacity)、土壤/表土的自净能力 T(soil/overburden attenuation capacity)、含水层的水文地质特征

A(hydrogeologic characteristics of the aquifer)、含水层的渗透系数 C(hydraulic conductivity range of the aquifer)、关注地形表面径流的地形坡度 S(hydrological role of the topographic slope)。根据以上评价因子在整个脆弱性评价中的重要性指定其评分数值(1～10)，并乘以各个因子在不同水文地质情况下对应的权重值，从而最终计算获得固有脆弱性指数。

地下水污染敏感性(groundwater contamination susceptibility)：指地下水无法抗拒污染物对地下水质量的影响的能力，也就是说含水层的自净能力比较差，它与土壤性质和厚度、渗滤带性质、含水层岩性、地下水渗透系数、含水层厚度以及地下水的补给、径流、排泄条件有关。地下水敏感性用其指数描述，基于地下水污染模型的地下水敏感性指数是由明尼苏达污染控制机构提出的[44]。

地下水潜在污染(potential contamination of groundwater)：指由一种特定污染物或特定污染源污染到敏感性的地下水的现象。对于敏感性地下水系统，如果地表存在污染源或地表水体受污染，该敏感性地下水存在潜在污染，地下水的污染时间、污染程度取决于地下水位以上包气带的厚度、岩性、空隙率和渗透性，以及地下水的渗透系数。

地下环境(subsurface environment)：指地表以下土壤、渗滤带、毛细带，含水层中固、液、气、有机物、矿物质、微生物等的状态及其变化的总称。地下环境的变化会影响地下水质量的变化，对于非水相的有机污染物来说，一般难于溶解在地下水中，通常监测地下水化学成分时，仅采集地下水样品，采集到的地下水中有机污染物属于少量的溶解态有机污染物，大部分有机污染物存在于地下环境中(自由态和吸附态)，因此，传统的地下水采样方法难以获得地下水中非水相有机污染物的信息，需要在采集地下水样的同时，采集含水层尤其相对弱透水层的饱和土壤样品，即分析地下环境中污染物的分布状况。

地下水环境(groundwater environment or subsurface water environment)：指地下水及其赋存空间环境在地质作用和人为活动作用、生态系统、地表水系统影响下所形成的状态及其变化的总称。地下水环境的变化也会改变地下水质量，而导致地下水环境变化的因素不仅是人为活动，也包括地质作用。一般来说，地质过程比较漫长，如沉积过程、地貌改造、风化作用、地震、火山等。地下水中重金属大部分来源于沉积过程和风化过程。生态系统变化尤其是土地利用方式变化会改变潜水含水层的蒸散发作用和地下水补给方式，也会改变土壤中的有机质含量和微生物状况，从而影响地下水质量。地表水系统对地下水的影响，取决于地表水与地下水转化关系，地下水的补给一是大气降水通过土壤入渗，二是通过地表水的补给。对于一个流域来说，地表水与地下水转化比较频繁，洪水期地表水补给地下水，枯水期地下水补给地表水，傍河水源地开采地下水，就是利用地表水补给地下水来获取水资源。在地表水和地下水之间的潜流带，由于地下水位随地表水补给与排泄状况变化而变化，该带为氧化和还原变化带，该带的微生物为好氧和厌氧微生物，微生物和地球化学作用的变化，导致地下水质量变化。

含水层(aquifer)：指含有一定量的水并具有允许足够水量透过的地质体，该地质体可以是松散沉积层，也可以是坚硬岩层或岩组。Todd[45]追溯英文含水层aquifer来源于拉丁文中的 aqua(水的)与 ferre(含有)中的 fer 的组合，其意为含有水的地层，这里并没有提及允许透过水的意思。

隔水层(aquiclude)：与含水层相反，指含有一定量的水或不含水并且不允许透过足够量水的地质体。从实用观点看，隔水层也称为不透水层(impervious formation or layer)，如黏土层含有大量的水，但不能透过足够量的水，从地下水资源利用角度，黏土层是一种隔水层，但是，从环境角度，黏土层能够透过污染物，黏土层就不能定义为隔水层，属于低渗透层，如上海的潜水含水层大部分为黏土层。

弱透水层(aquitard)：指具有弱透水性能的含水地质体，它虽允许水透过，但透过速度比一般含水层小得多。在人工强烈抽水条件下，在大范围内它是沟通相邻含水层之间水力联系的纽带。因此，常把弱透水层称为越流层(leaky formation)或半透水层(semi-pervious formation)。

不透水层(aquifuge，impervious formation)：指不允许水流透过的地质体，该地质体可能不含水也可能含水。

这里谈到的含水层、弱透水层、不透水层和隔水层的定义，是从地质体中获取足够水资源量的观点定义的。从严格的环境学意义上讲，自然界的地质体几乎没有不透水层或隔水层。如在深部花岗岩地层中存储核废料，非常低渗透性(小于 10^{-12} cm/s)的花岗岩(从水资源利用角度看为隔水层)地层不能看作隔水层，在高温高压状态下，地下水会在花岗岩中渗透，并会使核素在花岗岩地层中迁移；地下水中有 DNAPLs 存在时，由于 DNAPLs 的渗透性极弱，在某场地，地下水下渗1.8m 厚的黏土防渗墙约需要 50 年，而氯代脂肪烃类污染物仅仅需要几个月就能穿透[46-49]。还有一些隔水层在人工干扰下会变成透水层或含水层。

多孔介质(porous medium)：通俗的多孔介质是指具有空隙(孔隙、裂隙、溶隙)的介质，自然界的大多数物质和人工材料均是多孔介质，土壤与含水层属于多孔介质，所以，土壤与地下水的基础理论来源于多孔介质理论。从科学角度上多孔介质的定义包含三层意思：①多孔介质由固体骨架(solid matrix)和空隙空间(void space)或孔隙空间(pore space)组成，空隙空间至少有一种流体，或水，或水-气混合；②空隙彼此连通，以保证多孔介质中的流体畅通流动；③空隙空间比较狭窄，保证多孔介质中流体流动缓慢，为低雷诺数(Re 数)层流。这个定义的多孔介质流体流动遵循达西定律。土壤和含水层属于典型的多孔介质，多孔介质理论可用于土壤与地下水流和污染物迁移的基础。有了多孔介质的定义，研究土壤与地下水运动规律还要用到连续介质方法。我们都知道，土壤和含水层内存在大量空隙或孔隙，孔隙中充填水或气体。人们无法准确地知道土壤中物质的迁移转化，只有通过有限的监测数据来推演其内部规律，这种推演方法的基础就是高等数学中的导数，即

$$\frac{\mathrm{d}f}{\mathrm{d}x} = \lim_{\Delta x \to 0} \frac{f(x + \Delta x)}{\Delta x} \quad \text{或} \quad \frac{\partial f}{\partial x} = \lim_{\Delta x \to 0} \frac{f(x + \Delta x)}{\Delta x} \tag{2-15}$$

式(2-15)反映三层物理意义：①人们对自然界的观测获得的数据均是离散数据，通过在一定尺度下的极限作用，将离散问题转化为连续问题，通过连续问题分析推演研究对象的物理规律；②这里所说的一定尺度是指式(2-15)中的 $\Delta x \to 0$，这个尺度点为数学点(mathematical point)，在现实中数学点几乎不存在，人们寻求研究对象中无限小点来代替数学点，这就引出了尺度转化问题，不同尺度下观测研究对象的连续性不同，在更小尺度下观测研究对象可能是非连续的，但在大一些的尺度下观测研究对象可能就是连续的；③对于复杂的研究对象(如土壤和含水层)来说，建立的偏微分方程难以求得解析解，大多数情况下要将连续的微分方程或偏微分方程转化成数值方程，有限差分方程就是利用式(2-15)去掉极限的右端项近似代替左端微分项，将连续问题转化成有限差分问题，即偏微分方程变成数值方程。

要将现实复杂的物理问题用抽象的连续数学方法来研究，就涉及如何将非连续问题经过尺度转化变成连续问题。对于土壤与地下水问题，涉及流体连续介质和多孔连续介质的问题，前者是以微观尺度(质点)为基础的流体连续介质方法；后者是以宏观尺度(表征体元)为基础的连续多孔介质方法。从分子尺度观测流体时，流体为非连续介质体系，但从微观尺度观测流体时，流体就成为连续介质体系，此时，微观尺度下流体中微小体积相对整个流体近似为零，这个称为质点(physical point)。从微观尺度观测土壤与含水层时，土壤和含水层属于非连续介质体系，但从宏观尺度观测土壤与含水层时，土壤与含水层就属于连续介质体系，此时，宏观尺度下土壤与含水层中微小体积相对整个土壤与含水层近似为零，这个称为表征体元(representative elementary volume, REV)。

流体连续介质(fluid continuum)：由质点组成的流体属于连续流体，质点为微观尺度的物质点，相对分子尺度流体来说，包含众多的流体分子；相对宏观尺度的流体来说，质点为无限小点。由无限小的质点组成的流体为连续流体。流体力学理论是以质点为基础，在微观尺度下建立的连续方程式。这样就可以用连续的微积分理论研究流体的运动规律。

流体力学中的分子尺度下的密度(非连续的)，经过对质点体积(ΔU)积分平均后获得微观尺度下的密度(连续的)，即

$$\bar{\rho}(x,y,z,t) \equiv \rho = \frac{1}{(\Delta U)} \int_{(\Delta U)} \rho'(x,y,z,t)\mathrm{d}(\Delta U) \tag{2-16a}$$

式中，$\bar{\rho}(x,y,z,t)$ 为流体连续介质（微观尺度）中流体的密度（连续的），为微观量；$\rho'(x,y,z,t)$ 为分子尺度下的流体密度（非连续的）；ΔU 为流体质点体积。

流体力学中的分子尺度下的流速（非连续的），经过对质点体积（ΔU）积分平均后获得微观尺度下的流速（连续的），即

$$\bar{u}(x,y,z,t) \equiv u = \frac{1}{(\Delta U)} \int_{(\Delta U)} u'(x,y,z,t)\mathrm{d}(\Delta U) \tag{2-16b}$$

式中，$\bar{u}(x,y,z,t)$ 为流体连续介质（微观尺度）中流体的速度（连续的），为微观量；$u'(x,y,z,t)$ 为分子尺度下的流体速度（非连续的）。

流体力学中用到的流体物理量均为微观量（由质点组成的连续流体）。

多孔连续介质（porous continuum）：由表征体元组成的多孔介质体系属于连续多孔介质体系，表征体元为宏观尺度的物质点，相对微观尺度的多孔介质体系，包含众多的小孔隙，相对研究区域的多孔介质体系来说，表征体元为无限小体积，由无限小体积的表征体元组成的多孔介质体系为连续多孔介质。土壤与地下水理论是建立在多孔连续介质的基础上，多孔介质连续方程的尺度为宏观尺度。这样就可以用连续的微积分理论研究多孔介质流体运动规律，构建多孔介质渗流和污染物迁移转化的偏微分方程，这就是构建土壤与地下水污染物迁移转化的基础概念。

多孔介质中的微观尺度下的孔隙率（非连续的），经过对表征体积（ΔU_0）积分平均后，获得宏观尺度下的多孔介质的孔隙率（连续的），即

$$\bar{\phi}(x,y,z,t) \equiv \phi = \frac{1}{(\Delta U_0)} \int_{(\Delta U_0)} \phi'(x,y,z,t)\mathrm{d}(\Delta U_0) \tag{2-17a}$$

式中，$\bar{\phi}(x,y,z,t)$ 为多孔连续介质（宏观尺度）中多孔介质的孔隙率（连续的），为宏观量；$\phi'(x,y,z,t)$ 为微观尺度下多孔介质的孔隙率（非连续的）；ΔU_0 为多孔介质体系中表征体元体积。

多孔介质中的微观尺度下的渗流速度（非连续的），经过对表征体积（ΔU_0）积分平均后，获得宏观尺度下的渗流速度（连续的），即

$$\bar{V}(x,y,z,t) \equiv V = \frac{1}{(\Delta U_0)} \int_{(\Delta U_0)} V'(x,y,z,t)\mathrm{d}(\Delta U_0) \tag{2-17b}$$

式中，$\bar{V}(x,y,z,t)$ 为多孔连续介质（微观尺度）中流体的渗流速度（连续的），为宏观量；$V'(x,y,z,t)$ 为微观尺度下的多孔介质体系中流体渗流速度（非连续的）。

多孔介质渗流模型中用到的所有物理量均为宏观量（由表征体元组成的多孔

连续介质)。

2.5 地下水的类型

2.5.1 按照地下水赋存条件分类

按地下水赋存条件将地下水分为三类：孔隙型地下水、裂隙型地下水和岩溶型地下水。

1. 孔隙型地下水

孔隙型地下水包括松散沉积层地下水、砂岩孔隙地下水、杏仁状玄武岩孔隙地下水等。对于松散沉积层来说，沉积物的成因不同，孔隙分布不同，如风化沉积物、坡积物、湖积物、洪积物、河流冲积物、冰积物等。孔隙型含水层中颗粒形状、颗粒排列方式、颗粒物的分选程度、磨圆程度、胶结物类型、固结程度等，对地下水的赋存和渗透性能具有重要影响。对于松散孔隙型含水层，颗粒分选良好、颗粒磨圆程度好，该层地下水孔隙率(度)和渗透率比较大，在补给条件好时，地下水质量良好。对于孔隙型岩石含水层，胶结物为钙质的地下水量相对较大，胶结物为泥质和硅质的地下水量相对较小。孔隙型含水层介质一般为非均质各向同性介质。孔隙型含水层的物理性质可以用孔隙率(度)和渗透率表示。

孔隙型含水层的孔隙率(度)可表述为

$$\phi = \frac{U_v}{U} \times 100\% \tag{2-18}$$

有效孔隙率(度)是指相互连通的孔隙体积与总体积之比。现实中，影响孔隙率(度)大小的因素有：①含水层颗粒排列方式，立方体均匀紧密排列的含水层颗粒，孔隙率(度)大，四面体松散排列的含水层颗粒，孔隙率(度)大；②含水层颗粒分选程度，分选程度高者孔隙率(度)大，粗细颗粒混合的含水层孔隙率(度)小；③颗粒形状，颗粒形状不规则，孔隙率(度)小，颗粒形状规则且均匀细小，孔隙率(度)大，如黏土孔隙率(度)最大。

孔隙型含水层的渗透率可表述为

$$k = cd^2 \tag{2-19}$$

式中，k 为含水层固有渗透率，$[L^2]$；c 为常数；d 为含水层颗粒直径，$[L]$。

孔隙型含水层的渗透系数可表述为

$$K = \frac{\rho g}{\mu} k = \frac{\rho g}{\mu} cd^2 \tag{2-20}$$

式中，K 为含水层渗透系数，$[LT^{-1}]$；g 为重力加速度；ρ 为地下水密度；μ 为地下水动力黏滞系数。

2. 裂隙型地下水

裂隙型地下水包括各种沉积岩、变质岩和岩浆岩以及部分裂隙化黏土、裂隙化黄土层地下水。裂隙型地下水，一般地下水沿着裂隙储存和流动，属于非均质各向异性介质，裂隙型地下水状况取决于岩体断层、裂隙、节理、裂纹等的分布状况、断层的性质(压性断层、张性断层、剪切性断层)、裂隙的张开程度、裂隙面的粗糙度和裂隙中充填状况以及岩土体性质等。另外，在裂隙含水层中，常常存在双重介质，即裂隙为导水，裂隙之间的岩块为孔隙储水，形成裂隙型双重介质地下水。裂隙型含水层的物理性质可以用裂隙率和渗透率表示。

裂隙型含水层的裂隙率可表述为

$$\phi_f = \frac{U_f}{U} \times 100\% \tag{2-21}$$

式中，ϕ_f 为含水层裂隙率；U_f 为含水层中裂隙占据的体积(连通裂隙体积)。

裂隙型含水层的渗透率可表述为

$$k_f = \lambda b^2 \tag{2-22}$$

式中，k_f 为含水层裂隙渗透率，$[L^2]$；b 为含水层中裂隙隙宽，$[L]$；λ 为与裂隙面粗糙程度有关的系数，对于平直光滑裂隙面来说，$\lambda = 1/12$；对于粗糙裂隙面来说，$\lambda \leqslant 1/12$。

平直光滑裂隙型含水层的渗透系数可表述为

$$K = \frac{\rho g}{\mu} k = \frac{\rho g}{12\mu} b^2 \tag{2-23}$$

3. 岩溶型地下水

岩溶型地下水是指赋存和运移在岩溶含水层中的地下水。中国的岩溶型地下水分为北方岩溶型地下水和南方岩溶型地下水。前者主要分布在山西、河北、北京西山、山东、河南、安徽北部、陕西部分地区、辽宁等地区，北方岩溶大多为溶蚀裂隙，溶洞比较少，地表岩溶不发育。南方岩溶主要分布在贵州、广西、云南、湖南、湖北、重庆、广州等地区。南方岩溶地貌景观明显，如岩溶丛峰、石林、大型溶洞、地下暗河等。从地表向地下分为岩溶垂直渗流带和水平渗流带。北方岩溶地下水的特点为裂隙水流和双重介质水流。南方岩溶地下水的特点为裂隙水流、暗河水流、裂隙-暗河-溶洞耦合水流等。岩溶型含水层的物理性质可以用溶隙或溶洞率和渗透率表示。

岩溶型含水层的溶隙或溶洞率可表述为

$$\phi_k = \frac{U_k}{U} \times 100\% \tag{2-24}$$

式中，ϕ_k 为含水层溶隙或溶洞率；U_k 为含水层中溶隙或溶洞占据的体积(连通溶隙或溶洞体积)。

不同岩土介质的孔隙率和渗透系数的经验值可参考表 2-1。

表 2-1　岩土介质的孔隙率和渗透系数经验值

土壤/含水层岩性	粒径/mm	孔隙率/%	渗透系数/(m/s)
砾石	>2	25~40	$10^0 \sim 10^{-3}$
砂	0.05~2	25~50	$10^{-2} \sim 10^{-6}$
粉土	0.002~0.05	35~50	$10^{-5} \sim 10^{-9}$
黏土	<0.002	40~70	$10^{-8} \sim 10^{-12}$
石灰岩	—	0~40	$10^{-2} \sim 10^{-9}$
砂岩	—	5~30	$10^{-5} \sim 10^{-10}$
花岗岩	—	0~10	$10^{-10} \sim 10^{-14}$
页岩	—	0~10	$10^{-9} \sim 10^{-16}$

2.5.2　按照地下水埋藏条件分类

按照地下水的埋藏条件可分为上层滞水、潜水、承压水、存在越流含水层的多层承压水。

1. 上层滞水

上层滞水(perched water)是指分布在地下水潜水面之上岩土介质中的局部黏土层或隔水层之上的重力水。在浅层裂隙化岩体中局部渗透性弱的岩层之上的重力水，具有季节性变化；在浅层岩溶化岩体中局部溶蚀性差的岩层之上的重力水，也具有季节性变化。

2. 潜水

潜水含水层(phreatic aquifer)(或称非承压含水层)是指潜水面作为上部边界的含水层。存在于潜水层中的水称为潜水，由多个观测井中潜水位组成一个潜水面(phreatic surface or water table)，该潜水面为自由曲面，潜水面上的压力等于大气压力，潜水面上的压力定义为零，所以，潜水面水位等于位置高程，这就是说，潜水面的形状与地形等势面形状一致。潜水含水层直接接受地表入渗补给，潜水含水层中地下水以重力排水形式排水，潜水含水层容易遭受污染，其脆弱性与地下水补给强度、地下水埋深、包气带岩性和厚度、含水层渗透性以及与地表水的联系程度等有关。

3. 承压水

承压含水层(confined aquifer)是指顶底由相对隔水层限制的含水层,含水层中地下水位高于顶部相对隔水层的位置,若钻井刚好揭露这类含水层时,井中水位将上升到顶部相对隔水层的底面之上。这个水位称为测压水头(piezometric head),多个同一承压含水层观测井中地下水位组成一个测压面(piezometric surface)。当井中水位高出地表面时,地下水就会喷出地表,这样的井称为自流井(artesian well),这样的含水层称为自流含水层(artesian aquifer),它也是承压含水层的一种。存在于承压含水层中的水称为承压水。

4. 越流含水层

越流含水层(leaky aquifer or semipervious formation)是指处于含水层之间的弱透水层,它能够将其上部或下部含水层中的水渗透到下部或上部含水层,该层地下水一般是垂向运动。位于弱透水层之上的潜水含水层称为越流的潜水含水层,位于弱透水层之下的承压含水层称为越流的承压含水层。

2.6　地下水渗流的基本概念[35]

2.6.1　渗透与渗流

渗透(permeation, infiltration, percolation):在重力的作用下水流通过土层孔隙、岩石裂隙或岩溶管道的运动现象,称为渗透。渗透是水流在岩石空隙或多孔介质中的运动,这种运动是在弯曲的通道中,运动轨迹在各点处不同。

渗流(seepage flow):是多孔介质中的假象流体流动,不考虑岩土介质的固体骨架和地下水的实际运动途径,只考虑岩土介质中地下水总的流动方向,但具有实际水流的运动特点(流量、水头、压力、渗透阻力),并连续充满整个含水层空间的一种假象水流,称为渗流。渗流应该满足以下三个条件:

(1)在地下水渗流的任一断面上的渗流流量等于实际渗透流量;

(2)在地下水渗流的任一面积上的渗透水压力等于实际水压力;

(3)在地下水渗流的任一体积上的渗流阻力等于实际水流阻力。

渗流场(flow field in porous media):假想水流所占据的空间区域,包括空隙和岩石颗粒所占的全部空间。

2.6.2　过水断面、渗透速度、渗流速度、渗流量及单宽流量

过水断面(flow cross-section)：指渗流场中垂直于渗流方向的任意一个多孔介质体的截面，包括空隙面积和固体颗粒所占据的面积。渗流平行流动时为平面，弯曲流动时为曲面。

渗透速度(averaged pore velocity，mean actual velocity，mean real velocity)：通过多孔介质空隙的流体平均孔隙速度，也称为平均实际速度，用 u 表示，是多孔介质中流体通过空隙面积的平均速度；地下水流通过含水层过水断面的平均流速，其值等于流量除以过水断面上的空隙面积，单位 m/d，量纲[LT^{-1}]。它描述地下水锋面在单位时间内运移的距离，是渗流场空间坐标的离散函数。

渗流速度(seepage velocity，specific discharge)：通过多孔介质单位过水断面的流量，称为渗流速度，也称为比流量。

渗流量(seepage discharge)：指单位时间内通过过水断面的水体积。

单宽流量(unit width flux)：渗流场中过水断面单位宽度的渗流量，等于总流量与宽度之比。

2.6.3　渗透压强、测压高度、位置高度、测压水头及总水头

渗透压强：指单位面积上的渗透水压力 P。

测压高度($H_p = \dfrac{P}{\rho g}$)：任一点上单位质量的压力能(pressure energy)，也称作压力水头(pressure head)。

位置高度(z)：指地下水所处的位置高程，也称为高程水头(elevation head)，它反映的是单位质量位能。

测压水头(piezometric head)：指地下水的位置高度与测压高度之和，也称为水力水头(hydraulic head)(H)，即

$$H = z + \frac{P}{\rho g} \tag{2-25}$$

总水头(total head)：指地下水的位置高度、测压高度和流速高度三者之和，即

$$H = z + \frac{P}{\rho g} + \frac{\alpha V^2}{2g} \tag{2-26}$$

式中，$\dfrac{\alpha V^2}{2g}$ 为流速高度；α 为与渗流速度有关的系数。由于地下水渗流速度比较小，地下水渗流理论中忽略流速高度，也就是说，测压水头等于总水头。

2.6.4 水力坡度、等水头面和等水头线

水力坡度($J = -\nabla H$)：渗流中某点的水力坡度(hydraulic slope)定义为渗流通过该点单位渗流途径长度上的水头损失，也就是水流沿流程克服阻力而消耗的机械能，等于水力梯度(hydraulic gradient)的负值。

等水头面(groundwater equipotential surface)：渗流场中水头值相同的各点相互连接所形成的一个面，称为等水头面。可以是平面也可为曲面。

等水头线(groundwater equipotential line)：等水头面与某一平面的交线，称为等水头线。等水头面上任意一条线上的水头都相等。等水头面(线)在渗流场中是连续的，不同大小的等水头面(线)不能相交。地下水位等水头线若与边界垂直相交，说明该边界为隔水边界；地下水位等水头线若与边界斜交，说明该边界为补给边界，补给量大小取决于交叉角度大小、等水头线的疏密程度，该边界可以是水头边界，也可以是流量边界；地下水位等水头线若与边界平行，说明该边界为水头边界。

2.6.5 流线与迹线

流线(streamline)：曲线上任一点的切线方向与流体在该点的速度一致的线，称为流线。流线是互不相交的光滑曲线，流线的法向方向通量等于零。在均质各向同性含水层中，地下水位等水头线与流线垂直；在各向异性含水层中，地下水位等水头线与流线斜交(非垂直)。流线的长短代表流速的大小，地下水中污染物沿着流线方向迁移。

迹线(path line)：同一水流质点在不同时刻移动的轨迹称为迹线。在稳定流中，流线与迹线重合，在非稳定流中，流线和迹线一般不重合，但在等径圆直管承压流中，等厚承压含水层完整井流中的流线与迹线重合。

2.6.6 稳定流与非稳定流

稳定流(steady flow)：在渗流场中任一点处，渗流的运动要素(P, V, ϕ, ρ, T, C)不随时间变化的状态称为稳定流。

非稳定流(unsteady flow, transient flow)：在渗流场中任一点处，渗流的运动要素(P, V, ϕ, ρ, T, C)随时间变化的状态称为非稳定流。

2.6.7 有压流与无压流

有压流：在多孔介质饱和渗流中，渗流场中任一点处的压强$P > P_a$(大气压强)时(即不存在自由面)，这个渗流称为有压流(pressure flow)，或称为承压水流(confined flow)。

无压流：在多孔介质饱和渗流中，渗流场中存在自由面，在自由面处的压强 $P = P_a$（大气压强），这个渗流称为无压流（non-pressure flow），或称为潜水（phreatic water）。

2.6.8　缓变流与急变流

缓变流（flat flow）：流线沿流程变化的曲率很小，流线近于平行的水流状态，称为缓变流。

急变流（rapidly varied flow）：流线沿流程变化的曲率较大的水流状态，称为急变流。

2.6.9　层流与紊流

层流（laminar flow）：水流流束彼此不相混杂、运动迹线呈近似平行的流动，称为层流。

紊流（turbulent flow）：水流流束相互混杂、运动迹线呈不规则的流动，称为紊流。

2.6.10　一维流、二维流与三维流

一维流（one-dimensional flow）：水流各运动要素仅随一个空间坐标（直线坐标或曲线坐标）而变化的流动，称为一维流。垂向一维流（vertical one-dimensional flow）一般为土壤地下水流问题，土壤接受大气降水入渗，在重力的作用下土壤中的水沿垂直方向流向地下水，这一过程通常用垂向一维渗流方程描述；平面一维流（horizontal one-dimensional flow）一般为岩溶地区地下管道流和一些裂隙流、地下排水管道流等。

二维流（two-dimensional flow）：水流各运动要素仅随两个空间坐标（平面坐标或曲面坐标）而变化的流动，称为二维流。二维流包括平面二维流和剖面二维流。平面二维流（horizontal two-dimensional flow）是由两个水平速度分量所组成的二维流。大多数情况下，地下水流问题可用平面二维地下水流方程描述；剖面二维流（two-dimensional flow on vertical profile）是由一个垂直速度分量和一个水平速度分量组成的二维流。在研究区域地下水流场时，通常用到剖面二维地下水流方程；在研究边坡渗流问题时，也用剖面二维地下水流方程等。

三维流（three-dimensional flow）：水流各运动要素随三维空间坐标而变化的流动，称为三维流。对于多层含水层地下水问题，通常用三维地下水流方程式描述。

2.6.11　流线折射定律

流线折射定律是研究在非均质介质界面上发生的流线折射现象，用下式表

示为

$$\frac{K_1}{K_2} = \frac{\tan\theta_1}{\tan\theta_2} \tag{2-27}$$

从式(2-27)可以看出：①当 $K_1 = K_2$ 时，则 $\theta_1 = \theta_2$，即在均质含水层中流线不发生折射。②当 $K_1 \neq K_2$，$\theta_1 = 0$ 时，则 $\theta_2 = 0$，即当渗流垂直流经非均质含水层界面时，流线不发生折射。③当 $K_1 \neq K_2$，$\theta_1 = 90°$ 时，渗流沿非均质含水层界面时，流线不发生折射。④当 $K_1 \neq K_2$ 时，渗流方向与含水层界面斜交时，流线发生折射。K_1 与 K_2 相差越大，则 θ_1 与 θ_2 相差越大。如 $\frac{K_1}{K_2} = \frac{1}{100}$，当 $\theta_1 = 3°$，则 $\theta_2 = 79°$；如 $\frac{K_1}{K_2} = \frac{1}{200}$，当 $\theta_1 = 3°$，则 $\theta_2 = 85°$。这说明非均质界面以上的渗流近似垂向流时，而在界面下渗流基本为水平流。

2.7　地下水的化学组分[50]

由于地下水赋存在地质体中，不同成因的地质体内含有不同的化学元素，在长期的水-岩相互作用(溶解/沉淀、氧化/还原、酸碱、水解、络合等作用)下，地下水中产生不同的化学元素，因此，地下水中的化学成分取决于岩石类型和岩石性质、风化条件、pH 和 Eh 条件土壤中微生物状况、地下水流状况以及地下水与地表水的交换状况等。

地下水主要化学组分：钙(Ca)、镁(Mg)、钠(Na)、碳酸氢根(HCO_3^-)、氯(Cl^-)、硫酸根(SO_4^{2-})、二氧化硅(SiO_2)。

地下水中次要化学组分：钾(K)、铁(Fe)、锰(Mn)、锶(Sr)、硼(B)、氟(F)、碳酸根(CO_3^{2-})、硝酸根(NO_3^-)。

地下水中痕量组分：铝(Al)、砷(As)、钼(Mo)、钡(Ba)、镉(Cd)、镍(Ni)、铬(Cr)、钴(Co)、铜(Cu)、锌(Zn)、铅(Pb)、汞(Hg)、银(Ag)、硒(Se)、金(Au)、磷酸根(PO_4^{3-})、硫化氢(H_2S)、硫氢根(HS^-)。

地下水中放射性元素：镭(Ra)、氡(Rn)、银(Ag)、铀(U)、钍(Th)、氚(^3H)。

地下水中化学组分来源于岩石的长期风化和溶解过程，与地形地貌、气候、植被以及岩石类型密切相关。天然情况下，由于地下水中化学组分的不同，地下水类型及其分布也不同。

(1)HCO_3-Ca 型水：其形成作用为石灰岩和砂岩中钙质胶结物、钙质土壤等风化溶滤作用；侵入岩中钙长石在有 CO_2 存在下风化溶解作用，库尔洛夫式为

$$M_{0.24}\frac{HCO_{3\,95}^3[SO_5^4]}{Ca_{81}Mg_{11}[Na_8]}。$$

(2)HCO_3-Mg 型水:在白云质岩或白云质灰岩地区常常为 HCO_3-Mg-Ca 型水或 HCO_3-Ca-Mg 型水,库尔洛夫式为

$$M_{0.38} \frac{HCO_{91}^3[SO_5^4 Cl_4]}{Mg_{80}Ca_{17}[Na_3]}。$$

(3)SO_4-Ca 型水:含石膏的沉积物地区,一般为淡水或微咸水,单纯硫酸钙水少见,由溶滤而形成;硫化矿床地区,围岩为石灰岩;侵入岩(含钙长石)经硫酸盐风化作用形成;当 SO_4-Na 水或 SO_4-Mg 水通过含吸附态离子 Ca^{2+} 的黏土或黑土时形成。库尔洛夫式为

$$M_{4.2} \frac{SO_{65}^4 Cl_{31}}{Na_{50}Ca_{30}Mg_{20}}; \quad M_{1.8} \frac{SO_{90}^4[HCO_9^3 Cl_1]}{Ca_{82}Na_{15}[Mg_3]}。$$

(4)SO_4-Mg 型水:含镁基性岩(辉长石、橄榄石)在含 SO_4^{2-} 水参与下风化形成;含黄铁矿等硫化物的沉积岩(白云岩)遇硫酸盐水相混合而成;在海水及盐湖中为一组成成分,由于溶滤交替等作用形成。

(5)SO_4-Na 型水:含钠长石的侵入岩经硫酸盐风化,在风化壳形成;含石膏及芒硝的岩盐矿区经溶滤而成;与沉积岩有关的 SO_4-Na 水为次生的,因交代作用、混合作用及阳离子交替作用形成;硫化物金属矿区及煤矿区的地下水多为 SO_4-Na 型水。

(6)Cl-Na 型水:干旱气候条件下,天然水经蒸发浓缩形成;含盐沉积物及盐矿区溶滤作用形成;由 Na_2SO_4 水、$NaHCO_3$ 水与 $CaCl_2$ 水相混合而成;阳离子交替作用可形成 Cl-Na 型水;侵入岩风化壳含有一定数量 NaCl,形成 Cl-Na 型水;大型盆地深部含水层地下水多为矿化度高的 Cl-Na 型水,可作为 CO_2 地质储存的重要层位。

以上为天然条件下地下水的化学成分及地下水类型,在人类活动作用下,地下水的化学组分会有很大变化。一方面,人类活动改变地下水环境(工程排水、地下水抽水和注水、矿山开采、基坑开挖、地下深部隧道工程、地表水系统变化、地表植被系统变化、土地利用方式变化等),使得地下水系统发生改变,导致水-岩作用过程发生变化,地下水化学成分也会变化;另一方面,由于人类活动产生污染物或酸雨等,如垃圾填埋、污水处理、核废料深埋处置以及工业场地活动等,污染物进入到含水层,导致地下水化学成分发生变化,或导致污染,如大量的有机污染物属于人工制造的,天然地下水中不存在这些物质,而且这些有机物属于难溶解于水的有机物,一旦地下水中检出,说明地下水遭受污染。另外,人类活动产生的氨氮、亚硝酸氮、硝酸氮、氰化物、重金属、放射性物质、病毒等,通过土壤或地表水渗入到地下水中,改变地下水中的化学组分,导致地下水污染。

第3章 土壤与地下水污染物迁移转化的基础理论

3.1 概　　述

在土壤与地下水环境调查、监测、风险评估和污染修复过程中，污染物在地下环境中的存在形式、迁移途径等，关系到土壤与地下水污染场地的采样点布设、采样深度确定、采样方法等；关系到土壤与地下水污染风险评估和修复目标的确定；关系到土壤与地下水污染修复技术方案的确定和修复工程的设计。污染物进入地下环境之后，由于地下水流作用，污染物在复杂的地下环境中的空间分布随时变化，有限的监测点采样数据难以涵盖整个场地或研究域内污染物的分布状况，只有依据现有监测点数据、地质及水文地质条件、气象水文条件、地形地貌等，构建水文地质概念模型、土壤与地下水流模型、土壤与地下水污染物迁移模型，模拟场地或研究域内土壤与地下水污染物的时空分布，预测污染物在场地或研究域内的扩散状况，才能正确地指导土壤与地下水环境调查、监测、风险评估和污染修复工作。

土壤与地下水污染物迁移转化的基础理论是要研究污染物在地下环境中的迁移转化过程、机理和定量化关系式，即描述污染物在地下环境中的物理过程、化学过程和生物过程。物理过程包括对流(随地下水流运动)、分子扩散(分子热随机运动)、弥散(由不同孔隙流动路径产生的扩散运动)、地表蒸发、过滤、气化等。物理作用并不改变污染物的总量，只是空间位置和空间范围的变化。在物理迁移过程中发生稀释过程，污染物的浓度会减小。化学过程包括溶解与沉淀、氧化还原、吸附与解吸附、离子交换、络合、水解等。化学过程会改变污染物的浓度，减少或增加污染物的种类等。生物过程包括植被蒸腾、微生物呼吸、衰减以及细胞合成等，导致污染物生物降解或转化。这些过程在土壤和地下水环境中是不同的，这是由于土壤和地下水环境不同，如图3-1所示。

广义地下水定义为地表以下岩土体中各种形态的水，包括土壤水和含水层中的水。污染物在地下岩土介质中的迁移转化相对其他环境介质来说尤其复杂，这是因为含水层的隐蔽性、高度离散性和非均质性。土壤属于非饱和介质，存在水、气、固三相，含水层中的水为饱和状态，根据地下水的赋存条件分为承压含水层地下水和非承压含水层地下水(包括潜水)；根据含水层结构特征，将地下水分为孔隙型地下水、裂隙型地下水和岩溶型地下水。污染物在土壤与含水层中的迁移

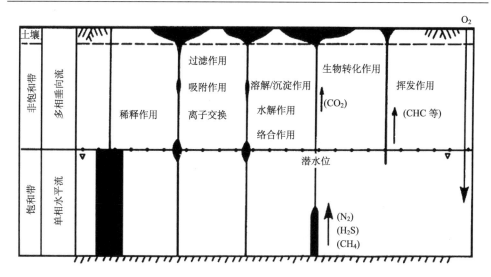

图 3-1　土壤与地下水中污染物的迁移过程

转化取决于两个方面：一是土壤与含水层的性质和结构特征；二是污染物的类型和浓度，尤其是非水相的有机污染物。研究土壤与地下水污染问题，必须考虑以下三方面问题。

(1) 土壤与含水层中地下水流问题：地下水流动过程将污染物扩散到另一个地方，地下水流问题是土壤与地下水污染物迁移的基础，模拟地下水在土壤与含水层中的运动过程，地下水流在污染物迁移过程中起着最重要的作用。

多组分多相流，对于非水相有机污染物来说，进入土壤与含水层中的非水相有机污染物与地下水处于非混溶状态：一种是水和非水相轻液(如汽油、BTEX、MBTE)；另一种是水和非水相重液(如 PCE、TCE)。数值模拟过程要考虑多组分多相流问题。

溶解在地下水中的污染物，以离子态和溶解态的污染物，地下水作为溶剂，污染物作为溶质，一起组成溶液，污染物迁移转化可以用地下水溶质迁移模型描述，主要考虑对流、弥散、吸附、生物化学作用等。

(2) 地下水流问题：在地下水流模型中的变量是水力水头，影响地下水流动的因素是水头差，导致水头差的因素有温度势、溶质势、电势、重力势、化学势等。如抽水井抽水会在井的周围降低水势而形成降落漏斗，井水位降低的结果使得含水层中地下水向井方向流动；注水井则相反，井水向含水层远处流动。大气降水或其他地下水补给会抬升地下水位，使得地下水流从地下水补给向外流动；地下水蒸发则相反。

在实际的地下水流系统中，存在区域水流和局地水流子系统，地下水流模式取决于渗透系数分布，即渗透系数分布(含水层的非均质性和各向异性)的变化会改变地下水流性质，土壤中水分含量的变化会影响土壤渗透系数，从而影响土壤污染物的迁移。

(3) 多组分多相流问题：当含水层中存在的不仅仅是水，而是多组分流体时，地下水和这些流体是不混溶的，如有机溶剂(PCE、TCE)、石油类污染物(汽油)和一些化学污染物等，这样使得土壤与含水层中流体的运动复杂化。这是因为这些污染物和地下水的运动速度和运动方向不同；这些污染物的特征参数不再是常数，如在同一孔隙空间内相对渗透率随地下水分量变化而变化，若地下水占的分量小则相对渗透率小，若地下水占的分量大则相对渗透率大。

土壤与地下水的污染，不仅会影响食品安全、城市生活供水、工业供水以及农业供水，而且会造成严重的环境问题。由于地表水(河流、湖泊、水库、地表景观水体、湿地、海洋等)与土壤和地下水相互联系、相互转化，地表水的污染会导致土壤和地下水的污染；地下水的污染也会引起土壤和地表水的污染。一方面会威胁水源安全；另一方面也会影响食品安全，如土壤污染会导致植物及果实的污染物富集，地表水体的污染会导致水生生物的污染物富集，同时，也会导致生态与环境系统的恶化。

污染物在土壤与含水层中迁移涉及多种因素，如温度、酸碱度、污染物的浓度、污染物的组分、微生物的活动、植物的吸收、多孔介质的非均质性和各向异性以及岩体中的裂隙、节理、断层、岩溶管道等。污染物在岩土多孔介质中的迁移转化主要与岩土介质发生水-岩相互作用，这种作用过程主要有物理过程、化学过程以及生物过程。

3.2　土壤与地下水流运动的基本原理

3.2.1　基本定律

要进行土壤与地下水污染物迁移与转化分析，土壤与地下水流是污染物迁移的基础。土壤水赋存于土壤非饱和多孔介质中，地下水赋存于含水层饱和多孔介质中，土壤与地下水流运动同样遵循达西定律，在饱和状态下的达西定律中的渗透系数属于饱和渗透系数，而在非饱和土壤中渗透系数 K 是含水量的函数，即 $K = K(\theta)$。

1856 年，法国学者亨利·达西(Henry Darcy)结合法国第戎(Dijon)市的喷泉，研究了均匀砂柱中的地下水渗流问题。达西渗流实验结果表明：单位时间内流过砂柱的水量 Q 与过水断面 A 和水头差 $(h_1 - h_2)$ 值成正比，与渗流路径 L 成反比，这就是著名的达西定律，其表达式为[10]

$$Q = KA\frac{h_1 - h_2}{L} \tag{3-1}$$

式中，Q 为通过砂柱断面的水流流量，$[L^3T^{-1}]$；A 为过水断面面积或称多孔介质的总面积，$[L^2]$；K 为经验系数或比例系数、水力传导率或渗透系数，$[LT^{-1}]$；h 为测压水头，$[L]$；$h_1 - h_2$ 为水头差，$[L]$；L 为渗透路径，$[L]$。

达西定律遵循能量守恒定律，类似水力学中的伯努利方程，它反映的是地下水在饱和含水层中的运动规律，其运动速度可用渗流速度描述。

渗流速度的定义：单位时间内垂直于水流方向单位过水断面流过水的体积为比流量(specific discharge)，即

$$V = \frac{Q}{A} = -K\frac{h_2 - h_1}{L} = KJ \tag{3-2a}$$

式中，V 为比流量，通常称为有效渗流速度，$[LT^{-1}]$；J 为地下水水力坡度。

达西定律的另一个表达式为

$$\frac{\mathrm{d}P}{\mathrm{d}x} = \frac{\mu V}{k} \tag{3-2b}$$

式中，P 为渗透水压力；μ 为地下水动力黏滞系数，$[ML^{-1}T^{-1}]$；k 为含水层渗透率(permeability)；$\mathrm{d}x$ 为空间变量 x 的全微分，$[L]$。

所谓比流量是指由于过水断面不同于常规的过水断面，该过水断面内存在固体颗粒和孔隙，实际上固体颗粒不透水，水流只是通过孔隙流动，这里假定该过水断面全部通过水流，因此，比流量也是假象流动速度，即渗流速度。假定在过水断面 A 中任意一点存在水流(包括固体骨架上也存在水流)，实际上，过水断面 A 中有两部分：一部分为固体骨架，另一部分为孔隙空间，水流仅通过孔隙空间流动，任意一点孔隙流速的平均值称为渗透速度，也称平均孔隙速度(averaged pore velocity)或平均实际速度(mean real velocity)。因此，可供水流通过的面积为 ϕA（ϕ 为孔隙率(度)），则渗透速度 u 可表述为

$$u = \frac{Q}{\phi A} = \frac{V}{\phi} \tag{3-3a}$$

孔隙空间中也存在非连通的死端孔隙，致使水流不能通过。同时，在孔隙空间中，由于土壤和含水层细颗粒的表面吸附作用，在颗粒表面存在结合水和薄膜水，这些水一般不能移动而占用一部分孔隙空间。因此，存在着有效孔隙，实际上土壤与含水层中水流仅通过有效孔隙流动。此时有效过水断面面积为 $\phi_e A$，则渗透速度为

$$u = \frac{Q}{\phi_e A} = \frac{V}{\phi_e} \tag{3-3b}$$

式中，ϕ_e 为有效孔隙率(度)(effective porosity)。

　　达西定律是一种线性渗流定律，适用于等温、层流(雷诺数为 1～10)、均质各向同性多孔介质的渗流问题。对于低渗透岩土介质、高速渗透岩土介质，一般达西定律不适合，称为非达西渗流(non-Darcian flow)，非达西渗流是一种非线性流。

　　当地下水流速比较大时，含水层中地下水将不遵循达西线性定律，Forchheimer[51]提出非达西定律，即

$$\frac{\mathrm{d}P}{\mathrm{d}x} = \frac{\mu V}{k} + \beta\rho V^2 \tag{3-4a}$$

式中，ρ 为地下水密度；β 为非达西渗流系数(non-Darcian flow coefficient)、惯性阻力因子(inertial resistance factor)、湍流因子(turbulence factor)或惯性系数(inertial coefficient)，该系数与含水层渗透率和孔隙率(度)有关，其经验公式如下[52]：

$$\beta = \frac{48511}{k^{0.5}\phi^{5.5}} \tag{3-4b}$$

　　Zeng 等[53]测定了美国三个地区岩石的渗透率、孔隙率(度)与惯性系数，其数据如表 3-1 所示。

表 3-1　美国三个地区岩石的渗透率、孔隙率(度)与惯性系数测定值

参数	达科他砂岩	印第安纳灰岩	贝雷砂岩
k, $10^{-15}\mathrm{m}^2$	3.48	21.6	196
β, $10^8\mathrm{m}^{-1}$	157.88	36.00	2.88
ϕ	0.14	0.15	0.18

　　Lombard 和 Longeron[54]依据试验数据获得惯性系数经验公式为

$$\beta_{\mathrm{g}} = \frac{0.05}{k_{\mathrm{g}}^{0.5}\phi^{5.5}(1-S_{\mathrm{w}})} \tag{3-4c}$$

式中，k_{g} 为气体的渗透率，单位为 m^2；β_{g} 为气体的惯性系数，单位为 m^{-1}；S_{w} 为束缚水饱和度。

　　Tek 等[55]提出了改进的非达西渗流系数，其值可表示为

$$\beta = \frac{C_{\beta}}{k^{5/4}\phi^{3/4}} \tag{3-4d}$$

式中，k 为含水层的渗透率，单位为 m^2；ϕ 为孔隙率；C_{β} 为非达西渗流常数，单位为 $\mathrm{m}^{3/2}$；β 为非达西渗流系数，单位为 m^{-1}。

　　当土壤与含水层为各向同性介质时，土壤与地下水流运动的达西定律可表

述为

$$V = KJ = -K\nabla H \tag{3-5}$$

式中，V 为多孔介质渗流速度矢量，单位为 m/d，对于非饱和土壤来说渗流速度是含水量的函数；J 为水力坡度矢量；H 为地下水水力水头，单位为 m，由于土壤中没有明显的水头，处于负压状态，需要转换成毛细管压力水头；K 为渗透系数（hydraulic conductivity,coefficient of permeability），单位为 m/d，也称作有效水力传导率，对于非饱和土壤来说，渗透系数是含水量的函数。

对于非饱和土壤中气相来说，其渗流速度可描述为

$$V_{ai}(\theta) = -K_a(\theta_a)\frac{\partial H_a}{\partial x_i}, i = x, y, z; x_x = x, x_y = y, x_z = z \tag{3-6}$$

式中，$V_{ai}(\theta)$ 为 $i = x, y, z$ 方向上的非饱和土壤中气体的渗流速度分量，它是含水量的函数；$K_a(\theta_a)$ 为非饱和土壤中气体的渗透系数；θ_a 为非饱和土壤中的含气率；H_a 为非饱和土壤中气体的测压水头。

式 (3-5) 还可以写成

$$V = -KK_r(\theta)\nabla H \tag{3-7}$$

式中，K 为土壤饱和渗透系数，$[LT^{-1}]$；$K_r(\theta)$ 为土壤的相对渗透系数（relative hydraulic conductivity），当 $\theta = \phi$（孔隙率）时，$K_r(\theta) = 1$，为饱和状态，土壤的相对渗透系数值为

$$K_r(\theta) = \frac{K(\theta)}{K}$$

式中，$K(\theta)$ 为非饱和土壤的渗透系数，$[L^2]$。

当土壤与含水层为各向异性介质时，达西定律也可表述为

$$V = K \cdot J = -K \cdot \nabla H \tag{3-8}$$

式中，K 为土壤与含水层的渗透系数张量，也称为有效水力传导率张量，对于非饱和土壤来说，它的每一个元素都是含水量 θ 的函数。当坐标轴方向与各向异性的主方向一致，且用土壤毛细管压力水头表示时，式 (3-8) 可写成下列分量形式：

$$\begin{cases} V_x(\theta) = -K_{xx}(\theta)\dfrac{\partial H}{\partial x} = K_{xx}(\theta)\dfrac{\partial h_c}{\partial x} \\[2mm] V_y(\theta) = -K_{yy}(\theta)\dfrac{\partial H}{\partial y} = K_{yy}(\theta)\dfrac{\partial h_c}{\partial y} \\[2mm] V_z(\theta) = -K_{zz}(\theta)\dfrac{\partial H}{\partial z} = K_{zz}(\theta)\dfrac{\partial h_c}{\partial z} - K_{zz}(\theta) \end{cases} \tag{3-9}$$

式中，h_c 为土壤毛细管压力水头。

非饱和土壤中渗透系数是含水量的函数，在土壤水分迁移模型计算中常常需

要给出它们之间的关系式，应用比较多的非饱和土壤渗透系数与含水量的关系式参阅文献[56]～文献[60]。

Brooks 和 Corey[56]提出下列经验公式：

$$S_e = \begin{cases} |\alpha h_c|^{-n}, h_c < -\dfrac{1}{\alpha} \\ 1 \qquad, h_c \geqslant -\dfrac{1}{\alpha} \end{cases} \tag{3-10a}$$

$$K(S_e) = K S_e^{2/n+l+2} \tag{3-10b}$$

式中，S_e 为有效饱和度(effective saturation)，其值为

$$S_e = \frac{\theta - \theta_r}{\theta_s - \theta_r} \tag{3-10c}$$

式中，θ_r 为残余含水量(residual moisture content)，也是持水率；θ_s 为饱和含水量(saturated water content)；α 为进气值(或气泡压力)的倒数；n 为孔隙大小分布指数；l 为孔隙连通参数，假定为 2.0[56]；α, n, l 为待定经验系数。

van Genuchten[57]的经验公式为

$$\theta(h_c) = \begin{cases} \theta_r + (\theta_s - \theta_r)(1 + |\alpha h_c|^n)^{-m}, h_c < 0 \\ \theta_s, h_c \geqslant 0 \end{cases} \tag{3-11a}$$

$$K(h_c) = K S_e^{l}\left[1 - \left(1 - S_e^{\frac{1}{m}}\right)^m\right]^2, \left(m = 1 - \frac{1}{n} \text{ 且 } n > 1\right) \tag{3-11b}$$

式中，K 为土壤饱和渗透系数；m、n、α 为待定系数，细颗粒土壤中 $1 < n < 1.3$；$l = 0.5$；$\theta_r, \theta_s, \alpha, n, K$ 为 5 个待求参数；孔隙连通参数假定为 0.5[61]。

Vogel 和 Císlerová[58]的经验公式为

$$\theta(h_c) = \begin{cases} \theta_a + (\theta_m - \theta_a)(1 + |\alpha h_c|^n)^{-m}, h_c < h_s \\ \theta_s, h_c \geqslant h_s \end{cases} \tag{3-12a}$$

$$K(h_c) = \begin{cases} K K_r(h_c), h_c \leqslant h_s \\ K_k + \dfrac{(h_c - h_k)(K - K_k)}{h_s - h_k}, h_k < h_c < h_s \\ K, h_c \geqslant h_s \end{cases} \tag{3-12b}$$

式中，

$$K_r = \frac{K_k}{K}\left(\frac{S_e}{S_{ek}}\right)\left[\frac{F(\theta_r) - F(\theta)}{F(\theta_r) - F(\theta_{kr})}\right]^2 \; ; \; F(\theta) = \left[1 - \left(\frac{\theta - \theta_a}{\theta_m - \theta_a}\right)^{1/m}\right]^m \; ; \; S_{ek} = \frac{\theta_k - \theta_r}{\theta_s - \theta_r} \; ; \; K_r$$

为相对土壤渗透系数，$[LT^{-1}]$；h_s 为 Brook 和 Corey 土壤水分特征函数中的进气值，$[L]$，这里 $h_s = -2\text{cm}$；$K_k = K_k(\theta)$ 为非饱和土壤渗透系数在 θ_k 处的测量值，$[LT^{-1}]$，K_k 小于饱和渗透系数 K；θ_k 为对应 K_k 的体积含水量，$[L^3L^{-3}]$，$\theta_k \leqslant \theta_s$；$\theta_a$ 为土壤水分特征函数中的参数，$[L^3L^{-3}]$，$\theta_a \leqslant \theta_r$；$\theta_m$ 为土壤水分特征函数中的参数，$[L^3L^{-3}]$。式（3-12）适用于黏性土壤。

3.2.2　基本方程

根据质量守恒定律和达西定律，当地下水流方向与坐标方向一致时，地下水流运动方程为

$$\frac{\partial}{\partial x}\left(K_x \frac{\partial H}{\partial x}\right) + \frac{\partial}{\partial y}\left(K_y \frac{\partial H}{\partial y}\right) + \frac{\partial}{\partial z}\left(K_z \frac{\partial H}{\partial z}\right) = S_s \frac{\partial H}{\partial t} \tag{3-13a}$$

也可以表述成一般形式：

$$\nabla \cdot (\boldsymbol{K} \cdot \nabla H) = S_s \frac{\partial H}{\partial t} \quad \text{或} \quad \frac{\partial}{\partial x_i}\left(K_{ij} \frac{\partial H}{\partial x_j}\right) = S_s \frac{\partial H}{\partial t} \tag{3-13b}$$

式中，$\boldsymbol{K}, K_{ij}$ 为含水层的渗透系数张量；t 为时间变量。

非饱和土壤中地下水流运动方程为

$$\frac{\partial}{\partial x}\left[K(\theta)\frac{\partial H}{\partial x}\right] + \frac{\partial}{\partial y}\left[K(\theta)\frac{\partial H}{\partial y}\right] + \frac{\partial}{\partial z}\left[K(\theta)\frac{\partial H}{\partial z}\right]\frac{\partial \theta}{\partial t} \tag{3-14}$$

这就是著名的 Richards[12]方程。在式(3-14)中有两个未知数——土壤测压水头 H 和含水量 θ。一个方程存在两个未知变量不能求解，因此，需要进一步消去一个未知数，才能求解并应用于实际问题中。由于土壤中含水量比较容易测量，实际中常用以含水量表示的土壤水分运动方程，即

$$\frac{\partial \theta}{\partial t} = \frac{\partial}{\partial x}\left[D_h(\theta)\frac{\partial \theta}{\partial x}\right] + \frac{\partial}{\partial y}\left[D_h(\theta)\frac{\partial \theta}{\partial y}\right] + \frac{\partial}{\partial z}\left[D_h(\theta)\frac{\partial \theta}{\partial z}\right] + \frac{dK(\theta)}{d\theta}\frac{\partial \theta}{\partial z} \tag{3-15a}$$

式中，$D_h(\theta)$ 为扩散系数或毛细管扩散系数（capillary diffusion coefficient），$[L^2T^{-1}]$，定义为

$$D_h(\theta) = \frac{K(\theta)}{C_h(\theta)} = -K(\theta)\frac{dh_c}{d\theta} \tag{3-15b}$$

这里，$C_h(\theta)$ 为土壤容水度（water capacity），$C_h(\theta)$ 也称为非饱和土壤的储水率，$[L^{-1}]$，定义为

$$C_h(\theta) = -\frac{d\theta}{dh_c} \quad \text{或} \quad \frac{1}{C_h(\theta)} = -\frac{dh_c}{d\theta} \tag{3-15c}$$

容水度的定义：在非饱和土壤中，毛细管压力水头变化一个单位时，单位体

积土壤中水分含量的变化量。当 h_c 增大(水头 H 降低)时，θ 变小，土壤释水；当 h_c 减小(水头 H 增大)时，θ 变大，土壤贮水。

现实中，常常用到以含水量表示的土壤水分运动方程，因为土壤中含水量容易测得，且投入成本低，精度高。经常将土壤水分运动看成垂向一维流问题，尤其是研究耦合土壤-地下水污染物迁移模型时。一维土壤水分运动方程为

$$\frac{\partial \theta}{\partial t} = \frac{\partial}{\partial z}\left[D_h(\theta)\frac{\partial \theta}{\partial z}\right] + \frac{dK(\theta)}{d\theta}\frac{\partial \theta}{\partial z} + \varepsilon \tag{3-15d}$$

式中，ε 为土壤源(或汇)项，$[T^{-1}]$，当 ε 表示降水强度时为正值，表示蒸发强度时为负值。

1. 潜水含水层水流方程

潜水含水层三维稳定和非稳定水流方程分别可表述为

$$\frac{\partial}{\partial x}\left(K_x\frac{\partial H}{\partial x}\right) + \frac{\partial}{\partial y}\left(K_y\frac{\partial H}{\partial y}\right) + \frac{\partial}{\partial z}\left(K_z\frac{\partial H}{\partial z}\right) + W(x,y,z,t) = 0 \tag{3-16a}$$

或

$$\frac{\partial}{\partial x_i}\left(K_{ij}\frac{\partial H}{\partial x_j}\right) + W(x,y,z,t) = 0 \tag{3-16b}$$

方程(3-16a)为渗流主方向与笛卡儿坐标方向一致时的非均质各向异性潜水含水层地下水渗流方程；方程(3-16b)为非均质各向异性潜水含水层地下水渗流方程。当 $\frac{\partial H}{\partial t} = 0$ 时，方程(3-16)变成潜水含水层稳定流方程；一般来说，潜水面升降属于重力给水，弹性释水很小，即弹性释水率 $S_s \approx 0$，方程右端 $S_s\frac{\partial H}{\partial t} = 0$。此时 $\frac{\partial H}{\partial t} \neq 0$，方程(3-16)属于三维潜水非稳定问题，时间变量反映在潜水面边界上(潜水面水位随着时间变化)或源汇项中。

当潜水含水层为均质各向同性时，$K_x = K_y = K_z = K$ 为常数，上式变成

$$\frac{\partial^2 H}{\partial x^2} + \frac{\partial^2 H}{\partial y^2} + \frac{\partial^2 H}{\partial z^2} = 0 \quad \text{或} \quad \nabla^2 H = 0 \tag{3-17}$$

当潜水含水层底板水平时，潜水含水层平面(xoy)二维地下水流方程可以表述为

$$\mu_s\frac{\partial h}{\partial t} = \frac{\partial}{\partial x}\left(K_x h\frac{\partial h}{\partial x}\right) + \frac{\partial}{\partial y}\left(K_y h\frac{\partial h}{\partial y}\right) \tag{3-18}$$

当存在源(或汇)项 $W(x,y)$ 且潜水含水层底板高程变化时，则

$$\mu_s \frac{\partial h}{\partial t} = \frac{\partial}{\partial x}\left[K_x(h-M_2)\frac{\partial h}{\partial x}\right] + \frac{\partial}{\partial y}\left[K_y(h-M_2)\frac{\partial h}{\partial y}\right] + W(x,y) \tag{3-19}$$

式中，h 为潜水含水层水位高程，也称为潜水水层厚度，单位为 m；M_2 为潜水含水层底板高程，单位为 m；$W(x,y)$ 为源（或汇）项，单位为 m/s；μ_s 为含水层给水度。

2. 承压含水层水流方程

当三维承压含水层为均质各向同性含水层时，$K=$ 常数，则地下水流方程可简化为

$$\frac{\partial^2 H}{\partial x^2} + \frac{\partial^2 H}{\partial y^2} + \frac{\partial^2 H}{\partial z^2} = \frac{S_s}{K}\frac{\partial H}{\partial t} \quad \text{或} \quad \nabla^2 H = \frac{S_s}{K}\frac{\partial H}{\partial t} \tag{3-20}$$

对于稳定流 $\dfrac{\partial H}{\partial t}=0$，则地下水流方程可简化为

$$\frac{\partial}{\partial x}\left(K_x \frac{\partial H}{\partial x}\right) + \frac{\partial}{\partial y}\left(K_y \frac{\partial H}{\partial y}\right) + \frac{\partial}{\partial z}\left(K_z \frac{\partial H}{\partial z}\right) = 0 \quad \text{或} \quad \nabla \cdot (K\nabla H) = 0 \tag{3-21}$$

当渗透系数 K 为常数时，则

$$\nabla^2 H = 0 \tag{3-22}$$

这就是拉普拉斯方程。

对于非均质各向异性三维承压含水层来说，当地下水流域内存在源或汇时，地下水流方程可以描述为

$$\frac{\partial}{\partial x_i}\left(K_{ij}\frac{\partial H}{\partial x_j}\right) + W(x,y,z,t) = S_s \frac{\partial H}{\partial t} \tag{3-23}$$

对于平面(xoy)二维承压含水层地下水流来说，只要对方程(3-13a)两边在 $0\sim M$ 之间求积，得

$$\frac{\partial}{\partial x}\left(T_x \frac{\partial H}{\partial x}\right) + \frac{\partial}{\partial y}\left(T_y \frac{\partial H}{\partial y}\right) = S \frac{\partial H}{\partial t} \tag{3-24}$$

式中，$T_x = K_x M$，$T_y = K_y M$ 为含水层的导水系数，导水系数是指单位水力梯度通过整个含水层厚度上的单宽流量；$S = S_s M$ 为储水系数，指整个含水层厚度上的储水率；M 为含水层厚度，[L]。

当承压含水层为非均质各向异性时，平面二维地下水流方程为

$$\frac{\partial}{\partial x}\left(T_{xx}\frac{\partial H}{\partial x} + T_{xy}\frac{\partial H}{\partial y}\right) + \frac{\partial}{\partial y}\left(T_{yx}\frac{\partial H}{\partial x} + T_{yy}\frac{\partial H}{\partial y}\right) = S \frac{\partial H}{\partial t} \quad \text{或} \quad \frac{\partial}{\partial x_i}\left(T_{ij}\frac{\partial H}{\partial x_j}\right) = S \frac{\partial H}{\partial t}$$

$$\tag{3-25a}$$

式中，T_{ij} 为承压含水层的导水系数张量。

剖面二维非均质各向异性含水层地下水渗流方程为

$$\frac{\partial}{\partial x}\left(K_x \frac{\partial H}{\partial x}\right) + \frac{\partial}{\partial z}\left(K_z \frac{\partial H}{\partial z}\right) = S_s \frac{\partial H}{\partial t} \tag{3-25b}$$

当承压含水层为均质各向同性时，平面二维地下水流方程为

$$\frac{\partial^2 H}{\partial x^2} + \frac{\partial^2 H}{\partial y^2} = a\frac{\partial H}{\partial t} \quad \text{或} \quad \nabla^2 H = a\frac{\partial H}{\partial t} \tag{3-26}$$

式中，$a = S/T$ 为承压含水层的导压系数。

3. 土壤与地下水中多组分渗流方程

污染物进入土壤与地下水中时，尤其是有机污染物(大部分有机污染物难溶解于水)，存在两种状态：一种溶解在水中，称为混溶状态(miscible liquids)；另一种不溶于水，这些不溶于水的有机污染物进入土壤与地下水中，呈现非混溶(immiscible liquids)状态。

对于溶解于水中的污染物的渗流方程，与土壤-地下水流方程相同；对于非混溶体系中的渗流方程，需要分别描述水分渗流和污染物渗流问题，即用两个方程来描述非混溶体系的渗流问题，每一种流体的连续方程式如下：

对于土壤与地下水流来说，其水流方程为

$$-\left[\frac{\partial(\rho_w V_{wx})}{\partial x} + \frac{\partial(\rho_w V_{wy})}{\partial y} + \frac{\partial(\rho_w V_{wz})}{\partial z}\right] = \frac{\partial}{\partial t}(\theta\rho_w) \tag{3-27}$$

式中，θ 为土壤中的含水量，对于地下水来说，$\theta = \phi$；$V_{wx} = -\dfrac{kk_{rw}}{\mu_w}\dfrac{\partial P_w}{\partial x}$；

$V_{wy} = -\dfrac{kk_{rw}}{\mu_w}\dfrac{\partial P_w}{\partial y}$；$V_{wz} = -\dfrac{kk_{rw}}{\mu_w}\left(\dfrac{\partial P_w}{\partial z} + \rho_w g\right)$；这里，$k$ 为土壤与含水层中地下水的饱和渗透率，$[L^2]$；$k_{rw} = \dfrac{k(\theta)}{k}$ 为土壤中水的相对渗透率(relative permeability)，$k(\theta)$ 为土壤的非饱和渗透率，对于含水层地下水来说，$k_{rw} = 1$；μ_w 为水的动力黏滞系数；ρ_w 为水的密度；g 为重力加速度；P_w 为地下水的渗透压力。

对于污染物：

$$-\left[\frac{\partial(\rho_p V_{px})}{\partial x} + \frac{\partial(\rho_p V_{py})}{\partial y} + \frac{\partial(\rho_p V_{pz})}{\partial z}\right] = \frac{\partial}{\partial t}(\phi S_p \rho_p) \tag{3-28}$$

式中，$V_{px} = -\dfrac{kk_{rp}}{\mu_p}\dfrac{\partial P_p}{\partial x}$；$V_{py} = -\dfrac{kk_{rp}}{\mu_p}\dfrac{\partial P_p}{\partial y}$；$V_{pz} = -\dfrac{kk_{rp}}{\mu_p}\left(\dfrac{\partial P_p}{\partial z} + \rho_p g\right)$，这里，$k$ 为

土壤与地下水中污染物的饱和渗透率；$k_{rp} = \dfrac{k_p(\theta)}{k}$ 为土壤中污染物的相对渗透率，$k_p(\theta)$ 为土壤中污染物的非饱和渗透率，对于含水层来说，$k_{rp} = 1$；μ_p 为污染物的动力黏滞系数；S_p 为污染物的饱和度；ρ_p 为污染物的密度；P_p 为污染物的渗透压力。

土壤与地下水中两组分非混溶流体的渗流方程如下：

对于土壤与地下水流，其方程式为

$$\frac{\partial}{\partial x}\left(\frac{k\rho_w k_{rw}}{\mu_w}\frac{\partial P_w}{\partial x}\right) + \frac{\partial}{\partial y}\left(\frac{k\rho_w k_{rw}}{\mu_w}\frac{\partial P_w}{\partial y}\right) + \frac{\partial}{\partial z}\left[\frac{k\rho_w k_{rw}}{\mu_w}\left(\frac{\partial P_w}{\partial z} + \rho_w g\right)\right] = \frac{\partial}{\partial t}(\theta\rho_w)$$

（3-29）

对于土壤与地下水中污染物，其方程式为

$$\frac{\partial}{\partial x}\left(\frac{k\rho_p k_{rp}}{\mu_p}\frac{\partial P_p}{\partial x}\right) + \frac{\partial}{\partial y}\left(\frac{k\rho_p k_{rp}}{\mu_p}\frac{\partial P_p}{\partial y}\right) + \frac{\partial}{\partial z}\left[\frac{k\rho_p k_{rp}}{\mu_p}\left(\frac{\partial P_p}{\partial z} + \rho_p g\right)\right] = \frac{\partial}{\partial t}(\phi S_p \rho_p)$$

（3-30）

3.2.3　定解条件

1. 初始条件

非饱和土壤渗流的初始条件（initial condition）为

$$\theta(x,y,z,t) = \theta_0(x,y,z), (x,y,z) \in \Omega, t = 0 \qquad (3\text{-}31)$$

式中，Ω 为土壤水分运动的研究域；$\theta_0(x,y,z)$ 为土壤初始含水量分布。

地下水渗流的初始条件为

$$H(x,y,z,0) = H_0(x,y,z), (x,y,z) \in \Omega, t = 0 \qquad (3\text{-}32)$$

式中，$H_0(x,y,z)$ 为地下水流域内的已知水头分布。

2. 边界条件

1）第一类边界条件

对于地下水来说，边界上水头已知的边界称为第一类边界，其表达式为

$$H(x,y,z,t) = H_1(x,y,z,t), (x,y,z) \in \Gamma_1, t \geqslant 0 \qquad (3\text{-}33)$$

式中，Γ_1 为第一类边界；$H_1(x,y,z,t)$ 为第一类边界上的已知水头分布。

对于土壤水来说，边界上含水量已知，即

$$\theta(x,y,z,t) = \theta_1(x,y,z,t), t \geqslant 0, (x,y,z) \in \Gamma_1 \qquad (3\text{-}34)$$

式中，$\theta_1(x,y,z,t)$ 为已知边界上的含水量分布。

2) 第二类边界条件

对于地下水来说，垂直于边界上的流量分布已知的边界条件称为第二类边界条件，也称给定流量边界条件，第二类边界几何形状不同，第二类边界条件的表达式有所区别。

设边界面形状方程为 $F = F(x, y, z, t) = 0$，当边界为移动边界时，按照质量守恒原理得

$$\frac{\mathrm{d}F}{\mathrm{d}t} \equiv \frac{\partial F}{\partial t} + \boldsymbol{V}^* \cdot \nabla F = 0$$

进一步得

$$-\frac{\partial F}{\partial t} = \boldsymbol{V}^* \cdot \nabla F \tag{3-35}$$

式中，$\boldsymbol{V}^*$ 为边界面上所有点的移动速度矢量。由于垂直于 $F(x, y, z, t) = 0$ 边界曲面外法线的单位矢量为

$$\boldsymbol{n} = \frac{\nabla F}{|\nabla F|} \tag{3-36}$$

根据水流连续性和质量守恒原理，第二类边界条件可描述为

$$(\boldsymbol{V} - \boldsymbol{V}^*) \cdot \boldsymbol{n} = f(x, y, z, t) \text{ 或 } \boldsymbol{V}_r \cdot \boldsymbol{n} = f(x, y, z, t), \quad (x, y, z) \in \Gamma_2, t \geqslant 0 \tag{3-37}$$

式中，$\boldsymbol{V}$ 为渗流速度矢量；$\boldsymbol{V}_r$ 为第二类边界上相对移动速度矢量；$f(x, y, z, t)$ 为第二类边界上已知流量分布；$\boldsymbol{n}$ 为第二类边界曲面外法线的单位法向矢量；Γ_2 为第二类边界。

当研究域内边界固定不动时，第二类边界条件为

$$\boldsymbol{V} \cdot \boldsymbol{n} = f(x, y, z, t) \text{ 或 } \boldsymbol{V} \cdot \nabla F = |\nabla F| f(x, y, z, t), \quad (x, y, z) \in \Gamma_2, t \geqslant 0 \tag{3-38a}$$

或用水头表示为

$$-\boldsymbol{K} \cdot \nabla H \cdot \nabla F = |\nabla F| f(x, y, z, t) \text{ 或 } -K_{ij} \frac{\partial H}{\partial x_j} \cdot \frac{\partial F}{\partial x_i} = |\nabla F| f(x, y, z, t), \ (x, y, z) \in \Gamma_2, t \geqslant 0$$

$$\tag{3-38b}$$

对于不透水边界 $f(x, y, z, t) = 0$，边界条件可简化为

$$-\boldsymbol{K} \cdot \nabla H \cdot \nabla F = 0 \text{ 或 } -K_{ij} \frac{\partial H}{\partial x_j} \cdot \frac{\partial F}{\partial x_i} = 0, \ (x, y, z) \in \Gamma_2, t \geqslant 0 \tag{3-38c}$$

对于各向异性含水层，地下水主渗透方向与坐标方向一致时，则

$$K_x \frac{\partial H}{\partial x} \frac{\partial F}{\partial x} + K_y \frac{\partial H}{\partial y} \frac{\partial F}{\partial y} + K_z \frac{\partial H}{\partial z} \frac{\partial F}{\partial z} = 0, \quad (x, y, z) \in \Gamma_2, t \geqslant 0 \tag{3-38d}$$

对于各向异性含水层，坐标轴 x, y, z 与主渗透方向不一致时，则

$$\left(K_{xx}\frac{\partial H}{\partial x}+K_{xy}\frac{\partial H}{\partial y}+K_{xz}\frac{\partial H}{\partial z}\right)\frac{\partial F}{\partial x}+\left(K_{yx}\frac{\partial H}{\partial x}+K_{yy}\frac{\partial H}{\partial y}+K_{yz}\frac{\partial H}{\partial z}\right)\frac{\partial F}{\partial y}$$

$$+\left(K_{zx}\frac{\partial H}{\partial x}+K_{zy}\frac{\partial H}{\partial y}+K_{zz}\frac{\partial H}{\partial z}\right)\frac{\partial F}{\partial z}=0,(x,y,z)\in\varGamma_2,t\geqslant0 \tag{3-38e}$$

对于各向同性含水层，则

$$\frac{\partial H}{\partial x}\frac{\partial F}{\partial x}+\frac{\partial H}{\partial y}\frac{\partial F}{\partial y}+\frac{\partial H}{\partial z}\frac{\partial F}{\partial z}=0，\quad(x,y,z)\in\varGamma_2,t\geqslant0 \tag{3-38f}$$

对于各向同性介质来说，非稳定三维渗流问题的第二类边界条件可描述为

$$-K\frac{\partial H}{\partial n}=f(x,y,z,t),(x,y,z)\in\varGamma_2,t\geqslant0 \tag{3-38g}$$

式中，$\varGamma_2$ 为第二类边界。

对于土壤水来说，经常存在地表降水入渗或农田灌溉入渗。假定地表入渗强度为 ε，其矢量为 $\boldsymbol{\varepsilon}$，则

$$\boldsymbol{\varepsilon}\cdot\boldsymbol{n}=\boldsymbol{V}\cdot\boldsymbol{n} \tag{3-39}$$

当已知土壤中的含水量时，地表第二类边界条件为

$$\varepsilon=D_{\mathrm{h}}(\theta)\frac{\partial\theta}{\partial z}+K(\theta) \tag{3-40}$$

当地表无入渗时，$\varepsilon=0$，则地表第二类边界条件为

$$D_{\mathrm{h}}(\theta)\frac{\partial\theta}{\partial z}=-K(\theta) \tag{3-41}$$

当地表蒸发时，其蒸发强度为 E，则

$$E=-\left\{D_{\mathrm{h}}(\theta)\frac{\partial\theta}{\partial z}+K(\theta)\right\} \tag{3-42}$$

3) 第三类边界条件

对于地下水来说，地下水系统中水头和流量的组合分布在边界上已知的边界称为第三类边界条件，也称为混合边界条件。

当地下水与地表水体(湖泊、河流等)之间存在水力联系，它们之间的介质为弱透水层时，当已知地表水体的水头 H_{s}、弱透水层的渗透系数 K_1、厚度 M_1，根据达西定律，得出地表水体与地下水交换流量为(地下水中水头为 H)

$$Q=K_1A\frac{H_{\mathrm{s}}-H}{M_1} \tag{3-43}$$

地表水体通过弱透水层越流到含水层中的地下水流速可表述为

$$V=K_1\frac{H_{\mathrm{s}}-H}{M_1} \tag{3-44}$$

由达西定律知

$$-K\frac{\partial H}{\partial n}\Big|_{\varGamma_3} = K_1\frac{H_s - H}{M_1} \tag{3-45}$$

整理后，得

$$\left(K\frac{\partial H}{\partial n} + \alpha H\right)\Big|_{\varGamma_3} = \beta \tag{3-46}$$

式中，$\alpha = -\dfrac{K_1}{M_1}$；$\beta = -\dfrac{K_1}{M_1}H_s$；$n$ 为边界法向方向。

对于土壤水来说，当地表存在水池或稳定水头，且地表某一厚度土壤为弱透水层时，该边界可作为第三类边界条件处理。

根据水流连续原理，得

$$V \cdot n = \frac{H_1 - H_0}{c'} \tag{3-47}$$

式中，H_0 和 H_1 分别为弱透水层顶和底部的测压水头；c' 为水流阻力，即 $c' = \dfrac{M'}{K'}$，K' 为饱和土壤弱透水层渗透系数；M' 为土壤弱透水层的厚度。

对于水平边界和各向同性土壤介质来说，式(3-47)边界条件可写成下列形式：

$$K(h_c)\frac{\partial h_c}{\partial z} - K(h_c) + \frac{h_c}{c'} = -\frac{M' + D}{c'} \tag{3-48}$$

从式(3-48)可以看出，非饱和土壤水分运动方程中的变量和其梯度(或通量)的组合在边界上已知，该边界称为第三类边界条件，也称为 Cauchy 边界条件。

3.3　土壤与地下水污染物迁移转化的基本原理

3.3.1　污染物迁移的物理过程

土壤与地下水中污染物迁移的物理过程包括污染物随水流一起迁移的对流现象，这一过程不改变污染物的总量和体积，仅空间位置发生移动，称为对流作用；污染物在迁移过程中由于孔隙流速和平均流速的差异导致污染物在土壤与含水层中的空间分异现象，这一过程污染物总量不变，但体积扩大，该过程称为弥散作用。扩散作用是指地下水中水分子的热运动引起的分异现象。

1. 对流作用

土壤与地下水中污染物的迁移主要靠土壤与地下水流流动，土壤与地下水流动过程把溶解在地下水中的污染物从一个地方迁移到另一个地方的过程，称为对流作用(advection)。其对流通量与污染物的浓度和渗流速度(或孔隙平均速度)成

正比，对于非饱和土壤来说，其污染物迁移的对流通量可表述为

$$\boldsymbol{J}_\theta = \theta C u(\theta) \quad 或 \quad \boldsymbol{J}_\theta = V(\theta) C \tag{3-49}$$

式中，$\boldsymbol{J}_\theta$ 为非饱和土壤中污染物迁移的对流通量；θ 为土壤的含水量；$u(\theta)$ 为土壤水孔隙平均流速矢量，也称渗透速度矢量，它是含水量的函数；$V(\theta)$ 为土壤水流速度矢量，它是含水量的函数；C 为地下水中的溶质浓度。

对于饱和含水层中的地下水来说，其污染物迁移的对流通量可表述为

$$\boldsymbol{J}_v = \phi C u \quad 或 \quad \boldsymbol{J}_v = VC \tag{3-50}$$

式中，$\boldsymbol{J}_v$ 为地下水中污染物迁移的对流通量。

由于土壤与地下水流速度为

$$V(\theta) = \theta u(\theta) = -\boldsymbol{K}(\theta)\nabla H \quad 或 \quad V = \phi u = -\boldsymbol{K}\nabla H$$

对流引起污染物在土壤与地下水中的迁移通量，即对流通量可表述为

$$\boldsymbol{J}_\theta = -C\boldsymbol{K}(\theta)\nabla H \quad 或 \quad \boldsymbol{J}_v = -\boldsymbol{K}C\nabla H \tag{3-51}$$

2. 扩散作用

菲克定律(Fick law)：单位时间内通过垂直于扩散方向的单位截面积的扩散物质通量(diffusion flux)与该截面处的物质浓度梯度成正比，即

$$J = -Aj = -AD\frac{\mathrm{d}C}{\mathrm{d}x} \tag{3-52a}$$

式中，J 为物质扩散通量；j 为物质单位面积的扩散通量；A 为物质扩散通过的截面积；D 为物质的扩散系数；C 为物质的浓度；x 为扩散距离；$\dfrac{\mathrm{d}C}{\mathrm{d}x}$ 为沿 x 轴方向物质浓度的梯度。在物质扩散过程中，菲克第一定律没有考虑对流，单位面积下的物质扩散通量描述为

$$J = -D\frac{\mathrm{d}C}{\mathrm{d}x} \tag{3-52b}$$

这就是德国学者菲克(Adolf Fick)提出的第一定律。

土壤与地下水中污染物的扩散作用(diffusion)是指土壤与地下水中水分子的热运动引起的污染物在土壤与地下水中的分散现象。土壤与地下水中污染物扩散通量遵循菲克定律，即土壤与地下水污染物扩散通量与污染物的浓度梯度成正比，即

$$\boldsymbol{J}_s = -\theta \boldsymbol{D}_s(\theta)\nabla C \quad 或 \quad \boldsymbol{J}_m = -\phi \boldsymbol{D}_m\nabla C \tag{3-53}$$

式中，$\boldsymbol{J}_s$，$\boldsymbol{J}_m$ 分别为土壤与地下水中污染物扩散通量，单位为 $\mathrm{mol/(m^2 s)}$；θ 为非饱和土壤的含水量，单位为 $\mathrm{m^3/m^3}$；ϕ 为含水层的孔隙率；$\boldsymbol{D}_s(\theta)$，$\boldsymbol{D}_m$ 分别为非饱和土壤和地下水中污染物分子扩散系数矩阵，单位为 $\mathrm{m^2/s}$；∇C 为污染物的浓度梯度。

非饱和土壤中的分子扩散系数 D_s 一般小于饱和含水层地下水中的分子扩散系数 D_0，因为在土壤中的分子扩散系数 D_s 除与含水量有关外，还与土壤孔隙弯曲度 $(L/L_e)^2$、带电荷颗粒对水的黏滞度 (α) 以及阴离子排斥作用对负电荷颗粒附近水流的阻滞 (γ) 作用等有关，Olsen 等[62]提出土壤污染物扩散系数的经验表达式为

$$D_s = \theta\alpha\gamma\left(\frac{L}{L_e}\right)^2 D_0 \tag{3-54a}$$

式中，L 为宏观平均扩散路径长度；L_e 为实际弯曲路径长度。

在实际应用过程中，由于式(3-53)中的参数过多，难以获得，应用中常用下式：

$$D_s = D_0\tau \tag{3-54b}$$

式中，τ 为土壤的弯曲因子，无量纲，对于多数土壤来说，$\tau = 0.3 \sim 0.7$[63]。

3. 弥散作用

污染物在土壤与含水层中的空间分散性除分子扩散外，还存在机械弥散作用 (mechanical dispersion)。土壤与地下水中污染物的机械弥散作用(也称作弥散，dispersion)是指微观尺度土壤与含水层孔隙流速和污染物浓度与宏观尺度土壤与含水层孔隙流速和浓度的差值，导致污染物在土壤与地下水中的分异现象，如图 3-2 所示。

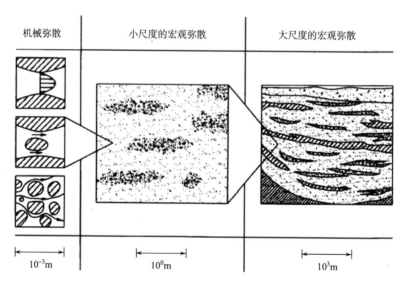

图 3-2　土壤与地下水中不同尺度的机械弥散现象

　　土壤与地下水中污染物的机械弥散通量同样遵循菲克定律，其机械弥散通量与污染物的浓度梯度成正比，且与土壤含水量或含水层孔隙率成正比：

$$\boldsymbol{J}_h = -\theta \boldsymbol{D}_d(\theta)\nabla C \text{ 或 } \boldsymbol{J}_h = -\phi \boldsymbol{D}_d \nabla C \tag{3-55}$$

式中，$\boldsymbol{D}_d(\theta)$ 为非饱和土壤中污染物的机械弥散系数矩阵，它是含水量的函数；$\boldsymbol{D}_d$ 为地下水中污染物机械弥散系数矩阵；$\boldsymbol{J}_h$ 为机械弥散通量矢量。

　　机械弥散系数 D_d 是反映土壤与含水层中孔隙扩散性能和流体扩散性能的参量。机械弥散也称为弥散，反映土壤与含水层孔隙扩散性能的参量为土壤与含水层的弥散度（α），而反映土壤与含水层中流体弥散性能的参量为孔隙平均流速（u）。对于二维土壤与地下水污染物迁移来说，其弥散系数可以表述为

$$D_{xx} = \frac{\alpha_T u_y{}^2 + \alpha_L u_x{}^2}{u} \tag{3-56a}$$

$$D_{xy} = D_{yx} = (\alpha_L - \alpha_T)\frac{u_x u_y}{u} \tag{3-56b}$$

$$D_{yy} = \frac{\alpha_T u_x{}^2 + \alpha_L u_y{}^2}{u} \tag{3-56c}$$

　　若土壤与地下水中水流为均匀流（$u_x = u_y$），且弥散方向与坐标轴方向一致时（$D_{xy} = D_{yx} = 0$，$D_{xx} = D_L$，$D_{yy} = D_T$），则

$$D_L = \alpha_L u, \quad D_T = \alpha_T u \tag{3-56d}$$

　　地下水弥散系数张量取决于渗透速度矢量 $\boldsymbol{u}$、佩克莱数（Peclet number，Pe）和含水层的特性。佩克莱数（Pe）是一个无量纲的数，可按下式计算：

$$Pe = \frac{ud}{D_0} \tag{3-57}$$

式中，$u = |\boldsymbol{u}| = \sqrt{u_x{}^2 + u_y{}^2 + u_z{}^2}$ 为地下水实际孔隙平均速度；d 为含水层颗粒的平均粒径。

　　Bear 采用形如毛细管网络的简化模型，推导出下列求解地下水弥散系数张量的公式，即

$$(D_d)_{ij} = \alpha_{ijkm}\frac{u_k u_m}{u} f(Pe, \delta) \tag{3-58}$$

式中，$f(Pe, \delta) = \dfrac{Pe}{2 + Pe + 4\delta^2}$，无量纲；$\delta$ 为含水层孔隙单个通道的特征长度（L）与其横断面的水力半径（r）之比（L/r），无量纲；u_k, u_m 分别为 $\boldsymbol{u}$ 在 k, m 坐标上的投影；α_{ijkm} 为（几何）弥散度张量，[L]。

　　对于各向异性含水层来说，弥散度（dispersivity）可表示为

$$\alpha_{ijkm} = \alpha_T \delta_{ij}\delta_{km} + \frac{\alpha_L - \alpha_T}{2}(\delta_{ik}\delta_{jm} + \delta_{im}\delta_{jk}) \tag{3-59}$$

式中，α_{ijkm} 为含水层的弥散度张量；α_T 为含水层的横向弥散度，[L]；α_L 为含水层的纵向弥散度，[L]；$\delta_{ij} = \begin{cases} 1, & i=j \\ 0, & i \neq j \end{cases}$ 为克罗内克 (Kronecker) 常数。

当地下水渗透速度 u 相当大，Pe 也相当大时 ($0 < Pe < 100$)，有 $f(Pe,\delta) \approx 1$，那么，各向异性含水层中地下水弥散系数张量可表述为

$$
\begin{aligned}
(D_d)_{ij} &= \alpha_{ijkm}\frac{u_k u_m}{u} = \left[\alpha_T \delta_{ij}\delta_{km} + \frac{\alpha_L - \alpha_T}{2}(\delta_{ik}\delta_{jm} + \delta_{im}\delta_{jk}) \right]\frac{u_k u_m}{u} \\
&= \alpha_T \delta_{ij}\delta_{km}\frac{u_k u_m}{u} + \frac{\alpha_L - \alpha_T}{2}(\delta_{ik}\delta_{jm} + \delta_{im}\delta_{jk})\frac{u_k u_m}{u} \\
&= \frac{\alpha_T \delta_{ij}(\delta_{km}u_k)u_m}{u} + \frac{\alpha_L - \alpha_T}{2u}(\delta_{ik}\delta_{jm} + \delta_{im}\delta_{jk})u_k u_m \\
&= \frac{\alpha_T \delta_{ij}(u_m)u_m}{u} + \frac{\alpha_L - \alpha_T}{2u}(\delta_{ik}u_k\delta_{jm}u_m + \delta_{im}u_m\delta_{jk}u_k) \\
&= \frac{\alpha_T \delta_{ij}u^2}{u} + \frac{\alpha_L - \alpha_T}{2u}(u_i u_j + u_i u_j) = \alpha_T u\delta_{ij} + \frac{\alpha_L - \alpha_T}{u}(u_i u_j)
\end{aligned}
$$

整理后，得

$$(D_d)_{ij} = \alpha_T u \delta_{ij} + (\alpha_L - \alpha_T)\frac{u_i u_j}{u} \tag{3-60}$$

4. 水动力弥散作用

机械弥散和分子扩散作用使得土壤与地下水中污染物在空间呈现出分散和混合现象，在实际应用中弥散和分子扩散难以区别，往往是一种共同作用的结果，所以，通常把分子扩散和机械弥散的联合作用称为水动力弥散作用 (hydrodynamic dispersion)。水动力弥散通量也遵循菲克定律，即水动力弥散通量与污染物的浓度梯度成正比，即

$$\boldsymbol{J}_w = -\theta \boldsymbol{D}_w(\theta)\nabla C \text{ 或 } \boldsymbol{J}_w = -\phi \boldsymbol{D}_w \nabla C \tag{3-61}$$

式中，$\boldsymbol{J}_w$ 为水动力弥散通量矢量；$\boldsymbol{D}_w(\theta), \boldsymbol{D}_w$ 分别为土壤和地下水中水动力弥散系数张量，前者是含水量的函数，常用的水动力弥散系数 (hydrodynamic dispersion coefficient) 可以表述为

$$D_w(\theta) = D_d(\theta) + D_s(\theta) = D_d(\theta) + D_0\tau \text{ 或 } D_w = D_d + D_m = D_d + D_0\tau \tag{3-62}$$

对于二维土壤与地下水污染物迁移来说，其水动力弥散系数可以表述为

$$(D_w)_{xx} = \frac{\alpha_T u_y^2 + \alpha_L u_x^2}{u} + D_0\tau \tag{3-63a}$$

$$\left(D_{\mathrm{w}}\right)_{xy} = \left(D_{\mathrm{w}}\right)_{yx} = \left(\alpha_{\mathrm{L}} - \alpha_{\mathrm{T}}\right)\frac{u_x u_y}{u} + D_0 \tau \tag{3-63b}$$

$$\left(D_{\mathrm{w}}\right)_{yy} = \frac{\alpha_{\mathrm{T}} u_x{}^2 + \alpha_{\mathrm{L}} u_y{}^2}{u} + D_0 \tau \tag{3-63c}$$

3.3.2 污染物迁移转化的基本方程

1. 对流-弥散方程

研究土壤与地下水污染物迁移的数学模型,应该考虑污染物在土壤与地下水中迁移的物理过程(对流作用、扩散作用和机械弥散作用)、化学过程,包括吸附作用、溶解和沉淀、氧化还原等以及生物降解作用。土壤与地下水污染物迁移方程以物理过程为基础,介绍土壤与地下水污染物迁移的对流-弥散方程(advection-dispersion equation, ADE),将化学过程和生物过程作为源汇项,加入到对流-弥散方程中,形成土壤与地下水污染物迁移的对流-弥散-吸附-生物化学过程耦合方程(advection-dispersion-adsorption-biologic-chemical reaction equation, ADABCAE),再组合初始条件和边界条件,形成土壤与地下水污染物迁移的数学模型。根据质量守恒定律和污染物扩散的菲克定律,土壤和地下水中溶质(水与溶解在水中的污染物)迁移的对流-弥散方程可分别表述为

$$\frac{\partial(\theta C)}{\partial t} = \frac{\partial}{\partial x}\left(\theta D_{\mathrm{w}x}(\theta)\frac{\partial C}{\partial x}\right) + \frac{\partial}{\partial y}\left(\theta D_{\mathrm{w}y}(\theta)\frac{\partial C}{\partial y}\right) + \frac{\partial}{\partial z}\left(\theta D_{\mathrm{w}z}(\theta)\frac{\partial C}{\partial z}\right)$$
$$- \left[\frac{\partial}{\partial x}(\theta u_x(\theta)C) + \frac{\partial}{\partial y}(\theta u_y(\theta)C) + \frac{\partial}{\partial z}(\theta u_z(\theta)C)\right] \tag{3-64}$$

$$\frac{\partial(\phi C)}{\partial t} = \frac{\partial}{\partial x}\left(\phi D_{\mathrm{w}x}\frac{\partial C}{\partial x}\right) + \frac{\partial}{\partial y}\left(\phi D_{\mathrm{w}y}\frac{\partial C}{\partial y}\right) + \frac{\partial}{\partial z}\left(\phi D_{\mathrm{w}z}\frac{\partial C}{\partial z}\right)$$
$$- \left[\frac{\partial}{\partial x}(\phi u_x C) + \frac{\partial}{\partial y}(\phi u_y C) + \frac{\partial}{\partial z}(\phi u_z C)\right] \tag{3-65}$$

式(3-65)是在污染物运动方向与坐标轴方向一致条件下推导出来的。若选取的坐标轴方向与渗流主方向不一致时,可得到土壤与地下水污染物迁移的对流-弥散方程的一般式分别为

$$\frac{\partial}{\partial x_i}\left(\theta D_{\mathrm{w}ij}(\theta)\frac{\partial C}{\partial x_j}\right) - \frac{\partial}{\partial x_i}(\theta u_i(\theta)C) = \frac{\partial(\theta C)}{\partial t}, i,j = x,y,z; x_x = x; x_y = y; x_z = z \tag{3-66a}$$

$$\frac{\partial}{\partial x_i}\left(\phi D_{\mathrm{w}ij}\frac{\partial C}{\partial x_j}\right) - \frac{\partial}{\partial x_i}(\phi u_i C) = \frac{\partial(\phi C)}{\partial t}, i,j = x,y,z; x_x = x; x_y = y; x_z = z \tag{3-66b}$$

或者土壤污染物迁移的对流-弥散方程表示为

$$\frac{\partial}{\partial x_i}\left(\theta D_{wij}(\theta)\frac{\partial C}{\partial x_j}\right) - V_i(\theta)\frac{\partial C}{\partial x_i} - C\frac{\partial V_i(\theta)}{\partial x_i} = \frac{\partial(\theta C)}{\partial t}$$

$$i, j = x, y, z; x_x = x; x_y = y; x_z = z \tag{3-67a}$$

$$\frac{\partial}{\partial x_i}\left(\theta D_{wij}(\theta)\frac{\partial C}{\partial x_j}\right) + K_{ij}(\theta)\frac{\partial H}{\partial x_j}\frac{\partial C}{\partial x_i} + C\frac{\partial}{\partial x_i}\left(K_{ij}(\theta)\frac{\partial H}{\partial x_j}\right) = \frac{\partial(\theta C)}{\partial t}$$

$$i, j = x, y, z; x_x = x; x_y = y; x_z = z \tag{3-67b}$$

或者地下水污染物迁移的对流-弥散方程表述为

$$\frac{\partial}{\partial x_i}\left(\phi D_{wij}\frac{\partial C}{\partial x_j}\right) - V_i\frac{\partial C}{\partial x_i} - C\frac{\partial V_i}{\partial x_i} = \frac{\partial(\phi C)}{\partial t}$$

$$i, j = x, y, z; x_x = x; x_y = y; x_z = z \tag{3-68a}$$

$$\frac{\partial}{\partial x_i}\left(\phi D_{wij}\frac{\partial C}{\partial x_j}\right) + K_{ij}\frac{\partial H}{\partial x_j}\frac{\partial C}{\partial x_i} + C\frac{\partial}{\partial x_i}\left(K_{ij}\frac{\partial H}{\partial x_j}\right) = \frac{\partial(\phi C)}{\partial t}$$

$$i, j = x, y, z; x_x = x; x_y = y; x_z = z \tag{3-68b}$$

当含水层中孔隙率为常数时，地下水污染物迁移的对流-弥散方程为

$$\frac{\partial}{\partial x_i}\left(D_{wij}\frac{\partial C}{\partial x_j}\right) - u_i\frac{\partial C}{\partial x_i} - C\frac{\partial u_i}{\partial x_i} = \frac{\partial C}{\partial t}$$

$$i, j = x, y, z; x_x = x; x_y = y; x_z = z \tag{3-69a}$$

$$\frac{\partial}{\partial x_i}\left(D_{wij}\frac{\partial C}{\partial x_j}\right) + \frac{K_{ij}}{\phi}\frac{\partial H}{\partial x_j}\frac{\partial C}{\partial x_i} + \frac{C}{\phi}\frac{\partial}{\partial x_i}\left(K_{ij}\frac{\partial H}{\partial x_j}\right) = \frac{\partial C}{\partial t}$$

$$i, j = x, y, z; x_x = x; x_y = y; x_z = z \tag{3-69b}$$

在现实地下环境的非均质性条件下，常常用对流-弥散方程（ADE）处理土壤与地下水污染物迁移问题，在考虑非均质结构变化时，可以建立随机模型，包括蒙特卡罗（Monte Carlo）方法、摄动和谱分析方法。污染物迁移的多数特征，尤其在强非均质性区域内出现随尺度变化的弥散问题（scale-dependent dispersion）。而传统的对流-弥散假定流场和水动力弥散系数为常数，而现实高度非均质介质中，污染物的弥散迁移（dispersive transport）是时间和距离的函数，这种依赖尺度的行为称作非菲克迁移（non-Fickian transport）。非菲克迁移问题大多针对高度非均质依赖尺度变化的多孔介质污染物迁移、变形多孔介质污染物迁移、动力吸附多孔介质污染物迁移、微观尺度污染物迁移，研究方法常采用随机模型和连续时间随机步行方法（continuous time random walk，CTRW）。

2. 对流–弥散–吸附方程

液相污染物被吸附到土壤–含水层颗粒表面而脱离液相的这个过程称作吸附 (adsorption)，也就是在固–液界面的固相表面上的物质 (如污染物) 质量增加的现象；而土壤–含水层颗粒表面的离子脱离束缚进入地下水中的这一过程称作解吸 (desorption) 或溶解，也就是在固–液界面处固体面上的物质 (如污染物) 质量减少的现象。吸附与解吸附的本质是固相和流体相相互交换的过程，如果液体的溶质浓度降低，固相成分增加 (孔隙减小)，这个过程称为吸附过程或沉淀过程；如果固相成分减少 (孔隙增大)，流体溶质浓度增加，则这个过程称为解吸附过程或溶解过程。吸附与解吸附过程有以下两种。

(1) 瞬态 (instantaneous) 或平衡等温吸附 (equilibrium isotherm adsorption)：假定固体面上的组分物质量与邻近溶液中组分质量变化处于连续平衡状态，它们中的一方浓度的任意变化，将导致另一方产生瞬态变化，包括线性等温吸附、非线性 Freundlich 等温吸附以及非线性 Langmuir 等温吸附。

(2) 化学动力学吸附 (kinetic adsorption) 或非平衡等温吸附 (nonequilibrium isotherm adsorption)：假定固体面上的组分物质量与邻近溶液中组分质量变化不能达到瞬态平衡，但可以逐渐达到某一吸附速率，它取决于固相的吸附量 C_s 和液相的溶液浓度 C。

土壤与地下水污染物迁移的对流–弥散–吸附的一般方程式分别为

$$\frac{\partial(\theta C)}{\partial t} + \rho_b \frac{\partial C_s}{\partial t} = \nabla \cdot (\theta \cdot \boldsymbol{D}_w(\theta) \cdot \nabla C - \theta \cdot \boldsymbol{u}(\theta) \cdot C) \tag{3-70a}$$

$$\frac{\partial(\phi C)}{\partial t} + \rho_b \frac{\partial C_s}{\partial t} = \nabla \cdot (\phi \boldsymbol{D}_w \nabla C - \phi \boldsymbol{u} C) \tag{3-70b}$$

或者写成

$$\frac{\partial}{\partial t}(\theta R_d(\theta)C) = \nabla \cdot (\theta \cdot \boldsymbol{D}_w(\theta) \cdot \nabla C - \theta \cdot \boldsymbol{u}(\theta) \cdot C) \tag{3-70c}$$

$$\frac{\partial}{\partial t}(\phi R_d C) = \nabla \cdot (\phi \boldsymbol{D}_w \nabla C - \phi \boldsymbol{u} C) \tag{3-70d}$$

式中，ρ_b 为土壤或含水层的干密度；C_s 为土壤或含水层固相吸附量；$R_d(\theta)$ 和 R_d 分别为土壤和地下水中的阻滞因子或阻滞系数，前者是含水量的函数，其表达式为

$$R_d(\theta) = 1 + \frac{\rho_b}{\theta} \frac{\partial C_s}{\partial C} \text{ 或 } R_d = 1 + \frac{\rho_b}{\phi} \frac{\partial C_s}{\partial C} \tag{3-71}$$

由于不同介质的吸附特性不同，因此吸附量 C_s 是温度、浓度和介质特性的函数，下面介绍几种等温吸附的例子。

在等温线性吸附条件下，土壤与地下水吸附量与污染物浓度成正比，分别表述为

$$C_s = S_w K_d C \ 和 \ C_s = K_d C \qquad (3-72)$$

式中，K_d 为土壤或含水层固相与液相吸附分配系数(distributed coefficient)；$S_w = f(\theta)$ 为土壤的饱和度，土壤的饱和度是含水量的函数。

于是，非饱和土壤和地下水的吸附量的变化量分别为

$$\frac{\partial(\rho_b C_s)}{\partial t} = \frac{\partial}{\partial t}[S_w \rho_b K_d C] 或 \frac{\partial(\rho_b C_s)}{\partial t} = \frac{\partial}{\partial t}[f(\theta)\rho_b K_d C] \qquad (3-73a)$$

$$\frac{\partial(\rho_b C_s)}{\partial t} = \frac{\partial}{\partial t}[\rho_b K_d C] \qquad (3-73b)$$

则非饱和土壤和地下水污染物迁移的吸附-对流-弥散方程分别为

$$\frac{\partial}{\partial t}\left\{\theta C\left[1 + \frac{f(\theta)\rho_b}{\theta}K_d\right]\right\} = \nabla \cdot \left\{\theta[\boldsymbol{D}_w(\theta) \cdot \nabla C - \boldsymbol{u}(\theta)C]\right\}$$

$$\frac{\partial}{\partial t}\left\{\phi C\left[1 + \frac{\rho_b}{\phi}K_d\right]\right\} = \nabla \cdot \left\{\phi[\boldsymbol{D}_w \nabla C - \boldsymbol{u}C]\right\}$$

简写成

$$\frac{\partial}{\partial t}[\theta R_d(\theta) \cdot C] = \nabla \cdot \left\{\theta[\boldsymbol{D}_w(\theta) \cdot \nabla C - \boldsymbol{u}(\theta) \cdot C]\right\} \qquad (3-74a)$$

$$\frac{\partial}{\partial t}[\phi R_d C] = \nabla \cdot \left\{\phi[\boldsymbol{D}_w \nabla C - \boldsymbol{u}C]\right\} \qquad (3-74b)$$

当孔隙率为常数时，式(3-74b)变成

$$R_d \frac{\partial C}{\partial t} = \nabla \cdot \left\{(\boldsymbol{D}_w \nabla C - \boldsymbol{u}C)\right\} \qquad (3-74c)$$

式中，$R_d(\theta) = \left(1 + \frac{f(\theta)\rho_b}{\theta}K_d\right)$ 和 $R_d = \left(1 + \frac{\rho_b}{\phi}K_d\right)$。这里，$R_d(\theta)$ 为非饱和土壤的阻滞系数。

等温非线性 Langmuir 吸附是指在等温非线性吸附条件下，土壤-含水层的吸附量与地下水污染物浓度呈非线性关系，即

$$C_s = K_L \frac{S_m C}{1 + K_L C} \qquad (3-74d)$$

式中，K_L 为非线性 Langmuir 等温吸附分配系数；S_m 为最大吸附量。

那么，土壤-含水层中等温非线性 Langmuir 吸附的阻滞因子为

$$R_d = 1 + \frac{\rho_b}{\phi}K_L S_m\left[\frac{1}{1 + K_L C} - \frac{K_L C}{(1 + K_L C)^2}\right] \qquad (3-74e)$$

等温非线性 Freundlich 吸附是指在等温非线性吸附条件下，土壤-含水层中的吸附量与地下水污染物浓度呈幂指数关系，即

$$C_s = K_F C^N \tag{3-74f}$$

式中，K_F 为非线性 Freundlich 等温吸附分配系数；N 为待定系数，$N=1$ 时，可简化为线性等温吸附。

那么，土壤-含水层中等温非线性 Freundlich 吸附的阻滞因子为

$$R_F = 1 + \frac{\rho_b}{\phi} K_F N C^{N-1} \tag{3-74g}$$

3. 对流-弥散-吸附-化学反应方程

1）氧化还原反应

$$N^+ + R \rightarrow N + R^+ \tag{3-75a}$$

式中，N^+ 为氧化剂；R 为还原剂；R^+ 为被氧化的还原剂；N 为被还原的氧化剂。其热动力学关系为

$$E = E^0 + RT \ln\left[\frac{\{R^+\}\{N\}}{\{R\}\{N^+\}}\right] \tag{3-75b}$$

式中，E 为势，单位为 V；E^0 为标准势，单位为 V；$R=1.99\times10^{-3}\,\text{kal/(mol·K)}$ 为气体常数；T 为绝对温度，单位为 K。

氧化还原反应的动力学速率可表述为

$$\left(\frac{dC}{dt}\right)_{red} = -k_{red}[N^+][R] \tag{3-76}$$

式中，$\left(\dfrac{dC}{dt}\right)_{red}$ 为氧化还原反应导致地下水溶质中单位体积的损失或获得的速率，$[MT^{-1}]$；k_{red} 为单位体积氧化还原反应速率系数，$[M^{-1}T^{-1}]$。

从而得出，土壤与地下水污染物迁移的对流-弥散-吸附-氧化还原反应方程分别表述为

$$\frac{\partial}{\partial t}[\theta R_d(\theta) \cdot C] = \nabla \cdot \{\theta[\boldsymbol{D}_w(\theta) \cdot \nabla C - \boldsymbol{u}(\theta) \cdot C]\} - k_{red}[N^+][R] \tag{3-77a}$$

$$\frac{\partial}{\partial t}[\phi R_d C] = \nabla \cdot \{\phi[\boldsymbol{D}_w \nabla C - \boldsymbol{u}C]\} - k_{red}[N^+][R] \tag{3-77b}$$

当孔隙率为常数时，式（3-77b）变成

$$R_d \frac{\partial C}{\partial t} = \nabla \cdot \{(\boldsymbol{D}_w \nabla C - \boldsymbol{u}C)\} - k_{red}[N^+][R] \tag{3-77c}$$

2) 酸碱过程

$$HA = H^+ + A^- \tag{3-78a}$$

式中，HA 为酸；H^+ 为氢离子；A^- 为 HA 的结合碱或阴离子。其热动力学关系为

$$\frac{\{H^+\}\{A^-\}}{\{HA\}} = k_a \tag{3-78b}$$

式中，k_a 为酸碱离解常数。

酸碱过程的动力学速率可表述为

$$\left(\frac{dC}{dt}\right)_{ab} = -\left(\frac{k_a}{[HA]+[A^-]}\right)\left(\frac{d([HA]+[A^-])}{dt}\right) \tag{3-79}$$

式中，$\left(\dfrac{dC}{dt}\right)_{ab}$ 为单位体积由于酸碱反应形成 A^- 离子的速率。

从而得出，土壤与地下水污染物迁移的对流-弥散-吸附-酸碱反应方程分别表述为

$$\frac{\partial}{\partial t}[\theta R_d(\theta) \cdot C] = \nabla \cdot \{\theta[\boldsymbol{D}_w(\theta) \cdot \nabla C - \boldsymbol{u}(\theta) \cdot C]\} - \left(\frac{k_a}{[HA]+[A^-]}\right)\left(\frac{d([HA]+[A^-])}{dt}\right) \tag{3-80a}$$

$$\frac{\partial}{\partial t}[\phi R_d C] = \nabla \cdot \{\phi[\boldsymbol{D}_w \nabla C - \boldsymbol{u}C]\} - \left(\frac{k_a}{[HA]+[A^-]}\right)\left(\frac{d([HA]+[A^-])}{dt}\right) \tag{3-80b}$$

当孔隙率为常数时，式 (3-80b) 变成

$$R_d \frac{\partial C}{\partial t} = \nabla \cdot \{(\boldsymbol{D}_w \nabla C - \boldsymbol{u}C)\} - \left(\frac{k_a}{[HA]+[A^-]}\right)\left(\frac{d([HA]+[A^-])}{dt}\right) \tag{3-80c}$$

3) 沉淀溶解作用

$$C^+ + A^- = CA(固) \tag{3-81a}$$

式中，C^+ 为阳离子；A^- 为阴离子；CA 为沉淀物。其热动力学关系为

$$\{C^+\}\{A^-\} = k_{sp} \tag{3-81b}$$

式中，k_{sp} 为溶度积 (solubility product)。

沉淀动力学速率为

$$\left(\frac{dC}{dt}\right)_p = -k_p A(1 - Q/k_{sp})[C^+]^n \tag{3-82}$$

式中，$\left(\dfrac{dC}{dt}\right)_p$ 为沉淀形成 $[C^+]$ 的损失率，$[MT^{-1}]$；k_p 为沉淀速率系数；A 为固体

的比表面积，$[L^2]$；$n \geqslant 1$ 为指数；Q 为溶质吸附在固相上的吸附密度。

从而得出，土壤与地下水污染物迁移的对流-弥散-吸附-沉淀反应方程分别表述为

$$\frac{\partial}{\partial t}[\theta R_{\mathrm{d}}(\theta) \cdot C] = \nabla \cdot \left\{ \theta[\boldsymbol{D}_{\mathrm{w}}(\theta) \cdot \nabla C - \boldsymbol{u}(\theta) \cdot C] \right\} - k_{\mathrm{p}} A(1 - Q/k_{\mathrm{sp}})[\mathrm{C}^+]^n \quad (3\text{-}83\mathrm{a})$$

$$\frac{\partial}{\partial t}[\phi R_{\mathrm{d}} C] = \nabla \cdot \left\{ \phi[\boldsymbol{D}_{\mathrm{w}} \nabla C - \boldsymbol{u} C] \right\} - k_{\mathrm{p}} A(1 - Q/k_{\mathrm{sp}})[\mathrm{C}^+]^n \quad (3\text{-}83\mathrm{b})$$

当孔隙率为常数时，式(3-83b)变成

$$R_{\mathrm{d}} \frac{\partial C}{\partial t} = \nabla \cdot \left\{ (\boldsymbol{D}_{\mathrm{w}} \nabla C - \boldsymbol{u} C) \right\} - k_{\mathrm{p}} A(1 - Q/k_{\mathrm{sp}})[\mathrm{C}^+]^n \quad (3\text{-}83\mathrm{c})$$

溶解动力学速率为

$$\left(\frac{\mathrm{d}C}{\mathrm{d}t} \right)_{\mathrm{d}} = -k_{\mathrm{d}} A(1 - Q/k_{\mathrm{sp}})[\mathrm{C}^+]^n \quad (3\text{-}84)$$

式中，$\left(\dfrac{\mathrm{d}C}{\mathrm{d}t} \right)_{\mathrm{d}}$ 为溶解形成的$[\mathrm{C}^+]$速率，$[\mathrm{MT}^{-1}]$；k_{d} 为溶解速率系数。

从而得出，土壤与地下水污染物迁移的对流-弥散-吸附-溶解反应方程分别表述为

$$\frac{\partial}{\partial t}[\theta R_{\mathrm{d}}(\theta) \cdot C] = \nabla \cdot \left\{ \theta[\boldsymbol{D}_{\mathrm{w}}(\theta) \cdot \nabla C - \boldsymbol{u}(\theta) \cdot C] \right\} - k_{\mathrm{d}} A(1 - Q/k_{\mathrm{sp}})[\mathrm{C}^+]^n \quad (3\text{-}85\mathrm{a})$$

$$\frac{\partial}{\partial t}[\phi R_{\mathrm{d}} C] = \nabla \cdot \left\{ \phi[\boldsymbol{D}_{\mathrm{w}} \nabla C - \boldsymbol{u} C] \right\} - k_{\mathrm{d}} A(1 - Q/k_{\mathrm{sp}})[\mathrm{C}^+]^n \quad (3\text{-}85\mathrm{b})$$

当孔隙率为常数时，式(3-85b)变成

$$R_{\mathrm{d}} \frac{\partial C}{\partial t} = \nabla \cdot \left\{ (\boldsymbol{D}_{\mathrm{w}} \nabla C - \boldsymbol{u} C) \right\} - k_{\mathrm{d}} A(1 - Q/k_{\mathrm{sp}})[\mathrm{C}^+]^n \quad (3\text{-}85\mathrm{c})$$

4) 络合作用

$$\mathrm{C}^+ + \mathrm{L}^- = \mathrm{CL} \quad (3\text{-}86\mathrm{a})$$

式中，L^- 为配合基(ligand)；CL 为络合物。其热动力学关系为

$$\frac{\{\mathrm{CL}\}}{\{\mathrm{C}^+\}\{\mathrm{L}^-\}} = k_{\mathrm{st}} \quad (3\text{-}86\mathrm{b})$$

式中，k_{st} 为稳定性常数。

络合作用的动力学速率可表述为

$$\left(\frac{\mathrm{d}C}{\mathrm{d}t} \right)_{\mathrm{com}} = -k_{\mathrm{com}}[\mathrm{C}^+][\mathrm{L}^-] \quad (3\text{-}87)$$

式中，$\left(\dfrac{\mathrm{d}C}{\mathrm{d}t} \right)_{\mathrm{com}}$ 为形成络合物的速率；k_{com} 为络合速率系数。

　　从而得出，土壤与地下水污染物迁移的对流-弥散-吸附-络合反应方程分别表述为

$$\frac{\partial}{\partial t}[\theta R_d(\theta) \cdot C] = \nabla \cdot \{\theta[\boldsymbol{D}_w(\theta) \cdot \nabla C - \boldsymbol{u}(\theta) \cdot C]\} - k_{com}[C^+][L^-] \tag{3-88a}$$

$$\frac{\partial}{\partial t}[\phi R_d C] = \nabla \cdot \{\phi[\boldsymbol{D}_w \nabla C - \boldsymbol{u}C]\} - k_{com}[C^+][L^-] \tag{3-88b}$$

当孔隙率为常数时，式(3-88b)变成

$$R_d \frac{\partial C}{\partial t} = \nabla \cdot \{(\boldsymbol{D}_w \nabla C - \boldsymbol{u}C)\} - k_{com}[C^+][L^-] \tag{3-88c}$$

5) 水解/置换作用

$$RX + N = RN + X \tag{3-89a}$$

其热动力学关系为

$$\frac{\{RN\}\{X\}}{\{RX\}\{N\}} = k_{su} \tag{3-89b}$$

式中，k_{su} 为置换常数。

　　水解/置换作用的动力学速率可表述为

$$\left(\frac{dC}{dt}\right)_{sub} = -k_T[RX] \tag{3-90}$$

式中，$\left(\dfrac{dC}{dt}\right)_{sub}$ 为损失速率；$k_T = k_H[H^+] + k_{OH}[OH^-] + k_N$ 为总置换速率系数，$[J^{-1}]$；k_H 为单位体积酸催化速率系数，$[M^{-1}T^{-1}]$；k_{OH} 为单位体积碱催化速率系数，$[M^{-1}T^{-1}]$；k_N 为中性速率常数，$[T^{-1}]$。

　　从而得出，土壤与地下水污染物迁移的对流-弥散-吸附-水解/置换反应方程分别表述为

$$\frac{\partial}{\partial t}[\theta R_d(\theta) \cdot C] = \nabla \cdot \{\theta[\boldsymbol{D}_w(\theta) \cdot \nabla C - \boldsymbol{u}(\theta) \cdot C]\} - k_T[RX] \tag{3-91a}$$

$$\frac{\partial}{\partial t}[\phi R_d C] = \nabla \cdot \{\phi[\boldsymbol{D}_w \nabla C - \boldsymbol{u}C]\} - k_T[RX] \tag{3-91b}$$

当孔隙率为常数时，式(3-91b)变成

$$R_d \frac{\partial C}{\partial t} = \nabla \cdot \{(\boldsymbol{D}_w \nabla C - \boldsymbol{u}C)\} - k_T[RX] \tag{3-91c}$$

6) 生物降解或转化

　　生物降解或转化是以生物为媒介的生物化学反应(厌氧和好氧)，把有害有机物转化成二氧化碳和无害物质。有两种主要类型的反应方程：一阶衰减方程和

Monod 化学动力学方程。

通常用一阶衰减模型描述生物降解过程，即

$$\left(\frac{dC}{dt}\right)_{bio} = -k_b C \tag{3-92}$$

式中，k_b 为一阶生物降解速率系数，$[d^{-1}]$。

则土壤与地下水污染物迁移的对流-弥散-吸附-生物降解方程分别表述为

$$\frac{\partial}{\partial t}[\theta R_d(\theta) \cdot C] = \nabla \cdot \{\theta[\boldsymbol{D}_w(\theta) \cdot \nabla C - \boldsymbol{u}(\theta) \cdot C]\} - k_b C \tag{3-93a}$$

$$\frac{\partial}{\partial t}[\phi R_d C] = \nabla \cdot \{\phi[\boldsymbol{D}_w \nabla C - \boldsymbol{u} C]\} - k_b C \tag{3-93b}$$

当孔隙率为常数时，式(3-93b)变成

$$R_d \frac{\partial C}{\partial t} = \nabla \cdot \{(\boldsymbol{D}_w \nabla C - \boldsymbol{u} C)\} - k_b C \tag{3-93c}$$

Monod 生物化学动力学模型为

$$\left(\frac{dC}{dt}\right)_{bio} = -\frac{k_{max} X_a S_f}{k_s + S_f} \tag{3-94}$$

式中，$\left(\dfrac{dC}{dt}\right)_{bio}$ 为单位体积有机底物降解速率，$[T^{-1}]$；k_{max} 为有机底物的最大比降解速率，$[T^{-1}]$；X_a 为地下水中有机污染物的浓度，$[ML^{-3}]$；S_f 为有机底物浓度，$[ML^{-3}]$；k_s 为 $\dfrac{1}{2}k_{max}$ 时的底物的浓度，$[ML^{-3}]$，也称为半饱和常数。

则土壤与地下水污染物迁移的对流-弥散-吸附-生物降解方程分别表述为

$$\frac{\partial}{\partial t}[\theta R_d(\theta) \cdot C] = \nabla \cdot \{\theta[\boldsymbol{D}_w(\theta) \cdot \nabla C - \boldsymbol{u}(\theta) \cdot C]\} - \frac{k_{max} X_a S_f}{k_s + S_f} \tag{3-95a}$$

$$\frac{\partial}{\partial t}[\phi R_d C] = \nabla \cdot \{\phi[\boldsymbol{D}_w \nabla C - \boldsymbol{u} C]\} - \frac{k_{max} X_a S_f}{k_s + S_f} \tag{3-95b}$$

当孔隙率为常数时，式(3-95b)变成

$$R_d \frac{\partial C}{\partial t} = \nabla \cdot \{(\boldsymbol{D}_w \nabla C - \boldsymbol{u} C)\} - \frac{k_{max} X_a S_f}{k_s + S_f} \tag{3-95c}$$

从上述可以看出，地下水污染物迁移的基本方程为

$$\frac{\partial}{\partial t}(\phi R_d C) = \nabla \cdot (\phi \boldsymbol{D} \cdot \nabla C - VC) + \left[\frac{d((1-\phi)C)}{dt}\right]_s + RC_R - PC + \left[\frac{d(\phi C)}{dt}\right]_r \tag{3-96}$$

式中，$\left[\dfrac{d((1-\phi)C)}{dt}\right]_s$ 为含水层固相化学组分的反应速率或放射性物质衰变速率；

$\left[\dfrac{\mathrm{d}(\phi C)}{\mathrm{d}t}\right]_{\mathrm{r}}$ 为地下水污染物生物降解速率或化学反应速率，与上述化学反应类型和生物降解动力学关系有关；RC_{R} 为研究域点源排放强度；PC 为抽水井抽取污染物的强度。

4. 双域模型

土壤与含水层颗粒的吸附作用，常常遇到不移动的水，它虽然不流动，但和邻近的液相发生物质的交换，类似固相与液相的相互物质交换。由于这些滞留水具有非常低的渗流速度或速度等于零，所以，一般假定不移动的水体无对流和水动力弥散作用。然而，这些水体与周围的水通过分子扩散作用进行污染物的交换，因此，把这部分水作为源（或汇）相处理（类似固相）。

假定发生在滞留水中的污染物浓度的变化可以用类似于固相吸附作用的方程式的连续模型来描述。设 $\theta_{\mathrm{im}}(=\phi S_{\mathrm{im}})$（$\theta=\theta_{\mathrm{im}}+\theta_{\mathrm{m}}=\phi S_{\mathrm{w}}$）和 ϕ_{im}（$\phi=\phi_{\mathrm{im}}+\phi_{\mathrm{m}}$）分别为滞留水占据的土壤与含水层体积分量，$C_{\mathrm{im}}$ 表示其浓度，其土壤与地下水中污染物的质量平衡式分别描述为

$$\frac{\partial(\theta_{\mathrm{im}}C_{\mathrm{im}})}{\partial t}=-f_{\mathrm{im}}+\left[\frac{\mathrm{d}(\theta_{\mathrm{im}}C)}{\mathrm{d}t}\right]_{\mathrm{s}} \tag{3-97a}$$

$$\frac{\partial(\phi_{\mathrm{im}}C_{\mathrm{im}})}{\partial t}=-f_{\mathrm{im}}+\left[\frac{\mathrm{d}(\phi_{\mathrm{im}}C)}{\mathrm{d}t}\right]_{\mathrm{s}} \tag{3-97b}$$

式中，f_{im} 为单位土壤与含水层体积上污染物离开不移动水的净速率；S_{im} 为土壤中不移动相的饱和度；S_{w} 为土壤水的饱和度；θ_{im} 为土壤中不移动相含水量；θ_{m} 为土壤中移动相含水量；ϕ_{im} 为含水层中不移动相孔隙率；ϕ_{m} 为含水层中移动相的孔隙率。

对于土壤与含水层中的移动水来说，其污染物的质量平衡式分别描述为

$$\frac{\partial(\theta_{\mathrm{m}}C_{\mathrm{m}})}{\partial t}=-\nabla\cdot\theta_{\mathrm{m}}(C_{\mathrm{m}}\boldsymbol{u}(\theta_{\mathrm{m}})-\boldsymbol{D}_{\mathrm{w}}(\theta_{\mathrm{m}})\cdot\nabla C_{\mathrm{m}})+f_{\mathrm{im}}+\left[\frac{\mathrm{d}(\theta_{\mathrm{m}}C)}{\mathrm{d}t}\right]_{\mathrm{r}} \tag{3-98a}$$

$$\frac{\partial(\phi_{\mathrm{m}}C_{\mathrm{m}})}{\partial t}=\nabla\cdot\phi_{\mathrm{m}}(\boldsymbol{D}_{\mathrm{w}}\nabla C_{\mathrm{m}}-C_{\mathrm{m}}\boldsymbol{u})+f_{\mathrm{im}}+\left[\frac{\mathrm{d}(\phi_{\mathrm{m}}C)}{\mathrm{d}t}\right]_{\mathrm{r}} \tag{3-98b}$$

单位土壤与含水层体积上污染物离开不移动水的净速率 f_{im} 表述为

$$f_{\mathrm{im}}=\alpha^{*}(C_{\mathrm{im}}-C_{\mathrm{m}}) \tag{3-99}$$

式中，α^{*} 为转换系数，它取决于分子扩散系数的大小和移动水与不移动水接触面的几何形状；C_{m} 为土壤中移动相浓度。

当在固-移动水、固-不移动水的接触面上发生吸附作用时，假定总的固-液接触面分量（它本身也是含水量 θ 的函数）分别由固-移动水分量（a）和固-不移动

水接触面分量$(1-a)$构成，则对应的等温吸附量可分别表述为

$$C_{sm} = aK_d C_m; \qquad C_{sim} = (1-a)K_d C_{im} \qquad (3\text{-}100)$$

式中，C_{sm} 表示单位土壤与含水层体积上污染物从移动水中吸附的污染物质量；C_{sim} 为单位土壤与含水层体积上污染物从不移动水中吸附的污染物质量。

那么，单位土壤与含水层体积上固相从总液相中吸附的污染物总质量为

$$C_s = C_{sm} + C_{sim} = aK_d C_m + (1-a)K_d C_{im} = K_d(C_m + C_{im}) = K_d C \qquad (3\text{-}101)$$

当在固-不移动水界面上存在污染物吸附作用时，非饱和土壤中固-不移动水界面上质量守恒关系式为

$$\frac{\partial(\theta_{im}C_{im})}{\partial t} + \rho_b \frac{\partial C_{sim}}{\partial t} = -f_{im} \qquad (3\text{-}102a)$$

$$\frac{\partial(\theta_{im}C_{im})}{\partial t} + \rho_b(1-a)K_d \frac{\partial C_{im}}{\partial t} = \alpha^*(C_m - C_{im}) \qquad (3\text{-}102b)$$

$$\frac{\partial}{\partial t}\left[\theta_{im}C_{im}\left(1 + \frac{\rho_b(1-a)K_d}{\theta_{im}}\right)\right] = \alpha^*(C_m - C_{im}) \qquad (3\text{-}102c)$$

$$\frac{\partial}{\partial t}\left[\theta_{im}C_{im}R_{dim}\right] = \alpha^*(C_m - C_{im}) \qquad (3\text{-}102d)$$

式中，$R_{dim} = 1 + \dfrac{\rho_b(1-a)K_d}{\theta_{im}}$。

饱和含水层中固-不移动水界面上质量守恒关系式为

$$\frac{\partial(\phi_{im}C_{im})}{\partial t} + \rho_b \frac{\partial C_{sim}}{\partial t} = -f_{im} \qquad (3\text{-}103a)$$

$$\frac{\partial(\phi_{im}C_{im})}{\partial t} + \rho_b(1-a)K_d \frac{\partial C_{im}}{\partial t} = \alpha^*(C_m - C_{im}) \qquad (3\text{-}103b)$$

$$\frac{\partial}{\partial t}\left[\phi_{im}C_{im}\left(1 + \frac{\rho_b(1-a)K_d}{\phi_{im}}\right)\right] = \alpha^*(C_m - C_{im}) \qquad (3\text{-}103c)$$

$$\frac{\partial}{\partial t}\left[\phi_{im}C_{im}R_{dim}\right] = \alpha^*(C_m - C_{im}) \qquad (3\text{-}103d)$$

式中，$R_{dim} = 1 + \dfrac{\rho_b(1-a)K_d}{\phi_{im}}$。

当在固-移动水界面上存在污染物吸附作用时，土壤与含水层地下水的双域方程分别为

$$\frac{\partial}{\partial t}\left[\theta_m C_m R_{dm}\right] = \alpha^*(C_{im} - C_m) - \nabla \cdot \theta_m\left[C_m \boldsymbol{u}(\theta_m) - \boldsymbol{D}_w(\theta_m)\nabla C_m\right] \qquad (3\text{-}104a)$$

$$\frac{\partial}{\partial t}\left[\phi_m C_m R_{dm}\right] = \alpha^*(C_{im} - C_m) + \nabla \cdot \phi_m\left[C_m \boldsymbol{u} - \boldsymbol{D}_w \nabla C_m\right] \qquad (3\text{-}104b)$$

5. 双重介质模型

我国许多地区土壤存在双重介质，如黄土地区垂向裂隙发育，水平方向渗透系数小于垂向渗透系数，灌溉水沿垂向快速下渗；四川盆地大多为裂隙化土壤，对于基岩裂隙含水层来说，裂隙导水，岩块孔隙储水，属于双重介质地下水流系统。

对于双重介质土壤来说，假定土壤团聚体系和大孔隙或裂隙体系为均质各向同性介质，其垂向一维污染物对流-弥散-吸附迁移方程可用下列方程组描述（该方程是在 Gerke 和 van Genuchten[64]研究的基础上增添了吸附项）：

$$\frac{\partial}{\partial t}(\theta_f R_f C_f) = \frac{\partial}{\partial z}\left[\theta_f (D_{sd})_f \frac{\partial C_f}{\partial z} - \theta_f u_f C_f\right] - \frac{\Gamma_c}{w_f} \tag{3-105a}$$

$$\frac{\partial}{\partial t}(\theta_m R_m C_m) = \frac{\partial}{\partial z}\left[\theta_m (D_{sd})_m \frac{\partial C_m}{\partial z} - \theta_m u_m C_m\right] + \frac{\Gamma_c}{1-w_f} \tag{3-105b}$$

$$\Gamma_c = (1-d)\Gamma_w \Phi_f C_f + d\Gamma_w \Phi_m C_m \tag{3-105c}$$

$$d = 0.5\left(1 - \frac{\Gamma_w}{|\Gamma_w|}\right), \Gamma_w = \alpha_w (H_f - H_w) \neq 0 \tag{3-105d}$$

$$w_f = U_{t,f}/U_t \tag{3-105e}$$

$$\theta_f = U_{w,f}/U_{t,f}, \theta_m = U_{w,m}/U_{t,m}, \theta = \theta_f + \theta_m \tag{3-105f}$$

$$\Phi_f = w_f \frac{\theta_f}{\theta}, \Phi_m = (1-w_f)\frac{\theta_m}{\theta} \tag{3-105g}$$

式中，下标 f 为土壤大孔隙或裂隙或渗透性强的通道；下标 m 为土壤团聚体系或称为相对渗透性弱的块体；Γ_c 为土壤污染物质量迁移量；Γ_w 为土壤水分迁移量；w_f 为土壤团聚体系总孔隙占孔隙的比例；α_c 为土壤中污染物的质量迁移系数；α_w 为土壤中水的质量迁移系数；$R_m = 1 + \frac{\rho_{bm}}{\theta_m}\frac{\partial C_{sm}}{\partial C_m}$ 为土壤团聚体系的阻滞因子；ρ_{bm} 为土壤团聚体系的密度；C_{sm} 为土壤团聚体系的吸附容量，取决于土壤团聚体系的吸附特性；$R_f = 1 + \frac{\rho_{bf}}{\theta_f}\frac{\partial C_{sf}}{\partial C_f}$ 为土壤大孔隙或裂隙的阻滞因子；ρ_{bf} 为土壤大孔隙或裂隙的密度；C_{sf} 为土壤大孔隙或裂隙的吸附容量，取决于大孔隙或裂隙的吸附特性；H_f 为土壤裂隙中的测压水头；H_w 为土壤孔隙中的测压水头；$U_t, U_{t,f}, U_{t,m}$ 分别为土壤总孔隙体积、大孔隙或裂隙体积、团聚体的总体积；$U_{w,f}, U_{w,m}$ 分别为土壤大孔隙或裂隙体系和团聚体系中水的体积。

6. 变饱和土壤与含水层渗流与污染物迁移方程

1) 变饱和土壤与含水层渗流方程

对于土壤与地下水来说，其三维变饱和渗流方程可表述为[65]

$$\frac{\partial}{\partial x_i}\left(K_{ij}K_r\frac{\partial(H_p+z)}{\partial x_j}\right)+q_n=S_wS_s\frac{\partial H_p}{\partial t}+\theta_s\frac{\partial S_w}{\partial t},i,j=x,y,z \tag{3-106}$$

式中，K_{ij} 为饱和含水层渗透系数张量(saturated hydraulic conductivity tensor)，$[LT^{-1}]$；$K_r=K_r(S_w)=\dfrac{K(S_w)}{K}$ 为土壤的相对渗透系数，当 $S_w=1$ 时，$K_r=1$，当 $S_w<1$ 时，$K_rK_{ij}=K_{ij}(S_w)$；$H_p=H_p(x_i,t)=\dfrac{P(x_i,t)}{Pg}$ 为压力水头(pressure head)，$[L]$；z 为位置高程，$[L]$；q_n 为源汇项，$[L^{-1}]$；θ_s 为土壤饱和含水量(saturated soil moisture)；S_s 为储水率(specific storage coefficient)，$[L^{-1}]$。

2) 变饱和土壤与含水层污染物迁移方程

对于土壤-含水层中第 m 种污染物组分来说，液相对流-弥散和气相扩散迁移的三维方程可表述为[66]

$$\frac{\partial(\theta_wC_w^m+\theta_aC_a^m+\rho_bC_s^m)}{\partial t}+\frac{\partial}{\partial x_i}(V_iC_w^m)-\frac{\partial}{\partial x_i}\left(\theta_w(D_w^m)_{ij}\frac{\partial C_w^m}{\partial x_j}+\theta_a(D_a^m)_{ij}\frac{\partial C_a^m}{\partial x_j}\right)$$

$$+\lambda^m(C_w,X)=0,i,j=x,y,z \tag{3-107}$$

式中，$C_w=C_w^m,m=1,2,\cdots,N_R$ 为土壤-含水层中液相浓度矢量，$[ML^{-3}]$；N_R 为土壤-含水层中移动组分数；C_s^m 为土壤-含水层中 m 组分的固相浓度；C_a^m 为土壤-含水层中 m 组分的气相浓度，$[ML^{-3}]$；$\theta_w=\theta_sS_w$ 为土壤体积含水量；$\theta_a=\theta_s-\theta_w$ 为土壤体积含气量；ρ_b 为土壤-含水层干密度，$[ML^{-3}]$；V_i 为土壤-含水层渗流速度。由达西定律知

$$V_i=-K_{ij}K_r\frac{\partial(H_p+z)}{\partial x_j} \tag{3-108}$$

土壤含水量与液相弥散系数张量的积 $\theta_w(D_w^m)_{ij}$ 可表述为

$$\theta_w(D_w^m)_{ij}=(\alpha_L-\alpha_T)\frac{V_iV_j}{|V|}+\alpha_T|V|\delta_{ij}+\theta_w\left(\frac{\theta_w^{7/3}}{\theta_s^2}\right)(D_w^m)_0\delta_{ij} \tag{3-109}$$

式中，$(D_w^m)_0$ 为第 m 种组分溶液的自由扩散系数，$[L^2T^{-1}]$；δ_{ij} 为 Kronecher delta 常数张量；$|V|=\sqrt{V_x^2+V_y^2+V_z^2}$；$\theta_s=\phi$。

土壤含气量与气相弥散系数张量的积 $\theta_a(D_a^m)_{ij}$ 可表述为[67]

$$\theta_{\mathrm{a}}(D_{\mathrm{a}}^{m})_{ij} = \theta_{\mathrm{a}}\left(\frac{\theta_{\mathrm{a}}^{7/3}}{\theta_{\mathrm{s}}^{2}}\right)(D_{\mathrm{a}}^{m})_{0}\delta_{ij} \tag{3-110}$$

式中，$(D_{\mathrm{a}}^{m})_{0}$ 为第 m 种组分空气自由扩散系数，$[\mathrm{L}^{2}\mathrm{T}^{-1}]$。

式(3-107)中最后一项为生物地球化学反应项，这个反应项是液相浓度和非移动组分浓度的函数，$X = X_{i}, i = 1, 2, \cdots, N_{M}$，$[\mathrm{ML}^{-3}]$；$N_{M}$ 为非移动组分数。

为了简化上述方程，假定将气相和液相分开研究局部平衡问题，对于气-液相来说，应用无量纲的亨利(Henry)定律系数：$H^{m} = C_{\mathrm{a}}^{m}/C_{\mathrm{w}}^{m}$ 用在稀释液相中；对于液-固相来说，应用等温线性吸附，其分配系数 $K_{\mathrm{d}}^{m} = C_{\mathrm{s}}^{m}/C_{\mathrm{w}}^{m}$，则式(3-107)变成

$$\frac{\partial\left(\theta_{\mathrm{w}} + \theta_{\mathrm{a}}H^{m} + \rho_{\mathrm{b}}K_{\mathrm{d}}^{m}\right)C_{\mathrm{w}}^{m}}{\partial t} + V_{i}\frac{\partial}{\partial x_{i}}\left(C_{\mathrm{w}}^{m}\right) - \frac{\partial}{\partial x_{i}}\left(\left(\theta_{\mathrm{w}}(D_{\mathrm{w}}^{m})_{ij} + \theta_{\mathrm{a}}H^{m}(D_{\mathrm{a}}^{m})_{ij}\right)\frac{\partial C_{\mathrm{w}}^{m}}{\partial x_{j}}\right)$$

$$+\lambda^{m}(\boldsymbol{C}_{\mathrm{w}}, X) = 0, i, j = x, y, z \tag{3-111}$$

对于生物地球化学反应，可用多个 Monod 方程表达，即

$$\lambda^{m}(\boldsymbol{C}_{\mathrm{w}}, X) = \sum_{p}\lambda_{\mathrm{p}}r_{\mathrm{p}}^{m} \tag{3-112}$$

式中，r_{p}^{m} 为适当的化学计量系数。

$$\lambda_{\mathrm{p}} = (k_{\mathrm{p}})_{\max}X_{i}F(X_{M})\left(\frac{C_{1}}{C_{1} + K_{1\mathrm{p}}}\right)\left(\frac{C_{2}}{C_{2} + K_{2\mathrm{p}}}\right)\cdots\left(\frac{C_{N_{R}}}{C_{N_{R}} + K_{N_{R}\mathrm{p}}}\right)F(C_{I}) \tag{3-113}$$

式中，$(k_{\mathrm{p}})_{\max}$ 为 p 过程最大初级基质利用率；X_{i} 为第 i 种生物量；$C_{1}, C_{2}, \cdots, C_{N_{R}}$ 为液相生物种的浓度；$K_{1\mathrm{p}}, K_{2\mathrm{p}}, \cdots, K_{N_{R}\mathrm{p}}$ 为半饱和常数。

$$F(C_{I}) = \frac{K_{C_{1}}}{K_{C_{1}} + C_{I}} \tag{3-114}$$

式中，C_{I} 为生物抑制种的液相浓度；$K_{C_{1}}$ 为抑制系数，$[\mathrm{ML}^{3}]$。

$$\frac{\mathrm{d}X_{i}}{\mathrm{d}t} = \lambda_{\mathrm{p}}Y_{i} - X_{i}k_{i}^{d} \tag{3-115}$$

式中，Y_{i} 为对于细菌 i 的微生物生产系数；k_{i}^{d} 为比生物量衰减常数，$[\mathrm{T}^{-1}]$。

$$F(X_{i}) = \frac{K_{b_{i}}}{K_{b_{i}} + X_{i}} \tag{3-116}$$

式中，$K_{b_{i}}$ 为经验生物量抑制常数，$[\mathrm{ML}^{3}]$。

7. 垂向一维土壤污染物迁移方程

在现实中，非饱和土壤理论主要用在土壤水动力和污染物迁移研究中，土壤入渗和污染物迁移与饱和的含水层地下水流与污染物迁移耦合研究时，土壤水分

运动和污染物迁移问题一般简化为垂向一维问题。在非饱和土壤中，要考虑固相、气相和液相三相物质浓度的变化和转化问题，其方程式可表述为

$$\frac{\partial}{\partial t}(\theta_w C_w) + \frac{\partial}{\partial t}(\theta_a C_a) + \frac{\partial}{\partial t}\left[\rho_b C_s\right] = \frac{\partial}{\partial z}\left(\theta_w D_w \frac{\partial C_w}{\partial z}\right) + \frac{\partial}{\partial z}\left(\theta_a D_a \frac{\partial C_a}{\partial z}\right)$$

$$-\frac{\partial}{\partial z}(V_w C_w) - \frac{\partial}{\partial z}(V_a C_a) - k_a \theta_a C_a - k_s \rho_b C_s - k_w \theta_w C_w \quad (3\text{-}117)$$

式中，C_w 为在液相(水)中污染物的浓度，单位为 mg/L；C_a 为在气相(空气)中污染物的浓度，单位为 mg/L；C_s 为在固相中的污染物的浓度，单位为 mg/L；$\theta_w = \dfrac{U_w}{U}$ 为体积含水量，单位为 m^3/m^3；$\theta_a = \dfrac{U_a}{U}$ 为土壤中体积含气量，单位为 m^3/m^3；ρ_b 为土壤的干密度，单位为 kg/m^3；V_w 为液相(水)的渗流速度，单位为 m/s；V_a 为气相(空气)的渗流速度，单位为 m/s；D_w 为孔隙水中液相污染物的弥散系数，单位为 m^2/s；D_a 为孔隙空气中气相的弥散系数，单位为 m^2/s；k_w 为在水相中污染物的一阶衰减速率，单位为 s^{-1}；k_a 为在气相中污染物的一阶衰减速率，单位为 s^{-1}；k_s 为在固相中污染物的一阶衰减速率，单位为 s^{-1}；通常假定 $k_s = k_w = k_a = k_c$；z 为垂向坐标，单位为 m，向下为正；t 为时间，单位为 s。

当含水量和弥散系数为常数时，上式可简化为

$$\theta_w \frac{\partial C_w}{\partial t} + \theta_a \frac{\partial C_a}{\partial t} + (1-\phi\rho_s)\frac{\partial C_s}{\partial t} = \theta_w D_w \frac{\partial^2 C_w}{\partial z^2} + \theta_a D_a \frac{\partial^2 C_a}{\partial z^2}$$

$$-V_w \frac{\partial C_w}{\partial z} - V_a \frac{\partial C_a}{\partial z} - k_a \theta_a C_a - k_s \rho_s C_s - k_w \theta_w C_w \quad (3\text{-}118)$$

假定污染物在各相中分配为瞬态平衡，并符合瞬态平衡线性关系，即液-固相瞬态平衡关系为

$$C_s = K_d C_w \quad (3\text{-}119)$$

式中，K_d 为固相和液相之间的分配系数，单位为 mL/g，按经验公式，K_d 可表述为

$$K_d = K_{oc} f_{oc} \quad (3\text{-}120)$$

式中，K_{oc} 为土壤有机碳与水之间的分配系数，单位为 mL/g；f_{oc} 为土壤有机碳的分数，单位为 g/g。

液-气相瞬态平衡关系为

$$C_a = HC_w \quad (3\text{-}121)$$

式中，H 为空气相和水相之间的分配系数，无量纲，可表述为

$$H = \frac{K_H}{RT} \quad (3\text{-}122)$$

式中，K_H 为 Henry 常数（atm·m³/mol）；T 为热力学温度；R 为气体常数（$R = 8.2 \times 10^{-5}\,\text{atm·m}^3/(\text{mol·K})$）。

非饱和土壤中液相的弥散系数 D_w 是平均孔隙速度 u 的线性函数，即

$$D_w = \alpha_L u = \alpha_L \frac{V_w}{\theta_w} \tag{3-123}$$

式中，α_L 为非饱和土壤中纵向弥散度(longitudinal dispersivity)，单位为 m，其值可按下列经验公式计算。

当 $L_u \leqslant 2\text{m}$ 时，可按下列公式计算[68,69]，即

$$\ln \alpha_L = -4.933 + 3.811 \ln L_u \tag{3-124}$$

当 $L_u > 2\text{m}$ 时，可按下列公式计算[68,69]，即

$$\ln \alpha_L = -2.727 + 0.584 \ln L_u \tag{3-125}$$

式中，L_u 为从污染源到观测点的垂向距离，单位为 m。

土壤中气相弥散系数 D_a 可按 Mollington 模型中改进的自由空气扩散系数来计算[70]，即

$$D_a = D_{air} \frac{(\phi - \theta_w)^{10/3}}{\phi^2} \tag{3-126}$$

式中，D_{air} 为在自由空气中污染物的扩散系数；ϕ 为土壤的孔隙率；θ_w 为土壤中体积含水量。

当忽略非饱和土壤中的空气渗流速度（$V_a = 0$）时，并将式(3-119)和式(3-121)代入式(3-118)，土壤污染物迁移方程可简化为

$$(\theta_w + \theta_a H + \rho_b K_d) \frac{\partial C_w}{\partial t} = \frac{\partial}{\partial z} \left[(\theta_w D_w + \theta_a D_a H) \frac{\partial C_w}{\partial z} \right]$$
$$- \frac{\partial}{\partial z}(V_w C_w) - k_c (\theta_w + \theta_a H + \rho_b K_d) C_w \tag{3-127}$$

如果令 R_θ 和 D_θ 分别为

$$R_\theta = \theta_w + \theta_a H + \rho_b K_d \tag{3-128}$$

$$D_\theta = \theta_w D_w + \theta_a D_a H \tag{3-129}$$

则式(3-127)进一步简化为

$$R_\theta \frac{\partial C_w}{\partial t} = \frac{\partial}{\partial z}\left(D_\theta \frac{\partial C_w}{\partial z} \right) - \frac{\partial}{\partial z}(V_w C_w) - k_c R_\theta C_w \tag{3-130}$$

则式(3-130)可以变成

$$R_\theta \frac{\partial C_w}{\partial t} = D_\theta \frac{\partial^2 C_w}{\partial z^2} + \left(\frac{\partial D_\theta}{\partial z} - V_w \right) \frac{\partial C_w}{\partial z} - \left(\frac{\partial V_w}{\partial z} - k_c R_\theta \right) C_w \tag{3-131}$$

8. 土壤与地下水多相多组分污染物迁移方程

当土壤-含水层为非均质各向异性的变饱和状态,等温吸附、k 种污染物组分,存在水相、气相和非混溶的 NAPL(non-aqueous phase liquid)相,考虑对流-弥散作用、线性和非线性平衡吸附作用、一阶生物化学降解作用、有机污染物降解链或放射性衰减链时,土壤与地下水多相多组分污染物迁移方程可描述为[71]

$$\frac{\partial}{\partial x_i}\left(\phi(D_{ij}^k)_{\text{eff}}\frac{\partial C^k}{\partial x_j}\right) - \frac{\partial}{\partial x_i}(V_i C^k) = \frac{\partial}{\partial t}(\phi S_{\text{eff}} C^k) + \frac{\partial}{\partial t}(\rho_b C_s^k) + \phi(\lambda^k S)_{\text{eff}} C^k$$

$$+\lambda_s^k \rho_b C_s^k - RC_R^k + \Gamma^k - \sum_{j=1}^{\text{NPAR}}\xi_{kj}\phi(\lambda^j S)_{\text{eff}} C^j - \sum_{j=1}^{\text{NPAR}}\xi_{kj}\phi\lambda_s^j \rho_b C_s^j, i,j = x,y,z \quad (3\text{-}132\text{a})$$

式中,C^k 为主动流体相中 k 组分的溶质浓度;C_s^k 为吸附到固体骨架上的主动流体相中 k 组分的浓度;λ_s^k 为土壤与地下水中 k 组分的一阶阻滞系数;j 为发生生物化学反应或放射性衰减的父辈分量;NPAR 为发生生物化学反应或放射性衰减的父辈分量总数;ξ_{kj} 为父辈分量 j 转换成 k 组分的分数;R 为单位含水层孔隙体积上的源(或汇)的体积流量;C_R^k 为源(或汇)的溶质浓度;Γ^k 为从主动流体相到被动流体相的物质转换量,当仅有主动流体相时为 0;V 为渗流速度;ϕ 为含水层的有效孔隙率,对于非饱和土壤来说,将公式中 ϕ 用含水量 θ 代替;$(D_{ij}^k)_{\text{eff}}$ 为有效弥散系数张量,即

$$(D_{ij}^k)_{\text{eff}} = D_{ij}^k + K_{\text{pa}}^k(D_{ij}^k)_{\text{p}} + K_{\text{na}}^k(D_{ij}^k)_{\text{n}} \quad (3\text{-}132\text{b})$$

式中,D_{ij}^k、$(D_{ij}^k)_{\text{p}}$、$(D_{ij}^k)_{\text{n}}$ 分别为主动流体相、被动流体相和 NAPL 相中 k 组分的弥散系数张量;K_{pa}^k 为主动流体相相对被动流体相的 k 污染物的分配系数。

当地下水是主动流体相时,则

$$K_{\text{pa}}^k = K_{\text{aw}}^k, K_{\text{aw}}^k = \frac{C_a^k}{C_w^k} \quad (3\text{-}132\text{c})$$

式中,C_a^k 为气相中 k 污染物的浓度;C_w^k 为地下水相中 k 污染物的浓度;K_{aw}^k 为气相相对水相的 k 污染物的分配系数。

当气体是主动流体相时:

$$K_{\text{pa}}^k = \frac{1}{K_{\text{aw}}^k} \quad (3\text{-}132\text{d})$$

当地下水是主动流体相时:

$$K_{\text{na}}^k = K_{\text{aw}}^k \quad (3\text{-}132\text{e})$$

式中,K_{na}^k 为主动流体相相对 NAPL 相的 k 组分的分配系数。

当气体是主动流体相时:

$$K_{na}^k = \frac{K_{nw}^k}{K_{aw}^k} \tag{3-132f}$$

$$S_{eff} = S_a + K_{pa}^k S_p + K_{na}^k S_n \tag{3-132g}$$

式中，S_{eff} 为有效饱和度；S_a, S_p, S_n 分别为主动流体相、被动流体相、NAPL 相的饱和度。

$$(\lambda^k S)_{eff} = \lambda_a^k S_a + \lambda_p^k K_{pa}^k S_p + \lambda_n^k K_{na}^k S_n \tag{3-132h}$$

式中，$\lambda_a^k, \lambda_p^k, \lambda_n^k$ 分别为主动流体相、被动流体相和 NAPL 相中 k 组分的一阶阻滞系数。

当三相系统中发生生物化学反应或放射性衰减时，则

$$(\lambda^j S)_{eff} = \lambda_a^j S_a + \lambda_p^j K_{pa}^j S_p + \lambda_n^j K_{na}^j S_n \tag{3-132i}$$

9. 土壤与地下水密度变化时的污染物迁移方程

当 $\rho = \rho(C)$ 或者 $\rho = \rho(P, C)$，由于对流作用中土壤与地下水流速度与密度有关，所以，确定污染物迁移时，要先求解土壤与地下水流方程，土壤与地下水流与污染物迁移方程为(对流-弥散-吸附)

$$\frac{\partial}{\partial t}(\phi R_d C) = \nabla \cdot \phi(\boldsymbol{D} \cdot \nabla C - C\boldsymbol{u}) \tag{3-133a}$$

$$\boldsymbol{u} = -\frac{\boldsymbol{k}}{n\mu}(\nabla P + \rho g \nabla z) \tag{3-133b}$$

$$\phi \frac{\partial \rho}{\partial t} + \nabla \cdot (\phi \rho \boldsymbol{u}) = 0 \tag{3-133c}$$

$$\rho = \rho(P, C) \tag{3-133d}$$

式中，ϕ 为含水层的有效孔隙率，对于非饱和土壤来说，将公式中 ϕ 用含水量 θ 代替。

3.3.3　定解条件

1. 初始条件

初始时刻的浓度值，可用下面的关系式表示：

$$C(x, y, z, t) = C_0(x, y, z), (x, y, z) \in \Omega, t = 0 \tag{3-134}$$

式中，$C_0(x, y, z)$ 为初始时刻 $(t = 0)$ 渗流域 (Ω) 内流体中已知污染物的浓度分布。

2. 边界条件

1) 第一类边界条件

第一类边界条件，也称为 Dirichlet 边界条件。在边界上的污染物浓度为已知，

即

$$C(x,y,z,t) = C_1(x,y,z,t), t \geq 0, (x,y,z) \in \Gamma_1 \qquad (3\text{-}135)$$

式中，$C_1(x,y,z,t)$ 为任意时刻（$t \geq 0$）地下水渗流域内第一类边界（Γ_1）上流体中已知污染物的浓度分布。

2）第二类边界条件

第二类边界条件，也称 Neumann 边界条件，其一般边界条件为

$$\{\phi \boldsymbol{D} \cdot \nabla C\} \cdot \boldsymbol{n} = f_2(x,y,z,t), (x,y,z) \in \Gamma_2, t \geq 0 \qquad (3\text{-}136a)$$

或

$$\left(\theta \boldsymbol{D}(\theta) \cdot \nabla C\right) \cdot \boldsymbol{n} = f_2(x,y,z,t), (x,y,z) \in \Gamma_2, t \geq 0 \qquad (3\text{-}136b)$$

式中，$f_2(x,y,z,t)$ 为第二类边界上已知污染物的弥散通量分布；(x,y,z) 为空间变量矢量；$\boldsymbol{n}$ 为法向矢量。

当边界固定不动时，一般第二类边界条件为

$$\{\phi \boldsymbol{D} \cdot \nabla C\} \cdot \boldsymbol{n} = f_2(x,y,z,t) \qquad (3\text{-}137a)$$

或

$$\left(\theta \boldsymbol{D}(\theta) \cdot \nabla C\right) \cdot \boldsymbol{n} = f_2(x,y,z,t), (x,y,z) \in \Gamma_2, t \geq 0 \qquad (3\text{-}137b)$$

也可以写成

$$(\phi \boldsymbol{D} \cdot \nabla C) \cdot \nabla F = |\nabla F| f_2(x,y,z,t) \qquad (3\text{-}137c)$$

或

$$\left(\theta \boldsymbol{D}(\theta) \cdot \nabla C\right) \cdot \nabla F = |\nabla F| f_2(x,y,z,t), (x,y,z) \in \Gamma_2, t \geq 0 \qquad (3\text{-}137d)$$

式中，$F = F(x,y,z,t)$ 为边界形状函数，其边界方程为 $F(x,y,z,t) = 0$。

当边界固定不动，且为隔水边界，即边界上的弥散通量为 0 时，一般第二类边界条件为

$$(\phi \boldsymbol{D} \cdot \nabla C) \cdot \nabla F = 0 \text{ 或} \left(\theta \boldsymbol{D}(\theta) \cdot \nabla C\right) \cdot \nabla F = 0, (x,y,z) \in \Gamma_2, t \geq 0 \qquad (3\text{-}138)$$

在实际应用中，边界条件不是用函数表示的，常常是分段连续的或离散分布的，当边界上的污染物浓度在法线方向上的变化率（即弥散通量）已知，其第二类边界条件为

$$D_{xx} \frac{\partial C}{\partial x} n_x + D_{yy} \frac{\partial C}{\partial y} n_y + D_{zz} \frac{\partial C}{\partial z} n_z = f_2(x,y,z,t), t \geq 0, (x,y,z) \in \Gamma_2 \qquad (3\text{-}139a)$$

式中，n_x, n_y, n_z 为边界法向 $\boldsymbol{n}$ 的方向余弦；$f_2(x,y,z,t)$ 为任意时刻（$t \geq 0$）地下水渗流域内第二类边界（Γ_2）上流体中已知污染物的弥散通量分布。

若边界上无物质交换，则 $f_2(x,y,z,t) = 0$，即

$$D_{xx}\frac{\partial C}{\partial x}n_x + D_{yy}\frac{\partial C}{\partial y}n_y + D_{zz}\frac{\partial C}{\partial z}n_z = 0, t \geqslant 0, (x,y,z) \in \Gamma_2 \qquad (3\text{-}139b)$$

3) 第三类边界条件

第三类边界条件也称为混合边界，在弥散和对流共同作用下，通过边界上的污染物的对流-弥散通量 $f_3(x,y,z,t)$ 为已知量，即

$$\{C(V - V^*) - \phi \boldsymbol{D} \cdot \nabla C\} \cdot \boldsymbol{n} = f_3(x,y,z,t), t \geqslant 0, (x,y,z) \in \Gamma_3 \qquad (3\text{-}140a)$$

或

$$\left[C(V - V^*) - \theta \boldsymbol{D}(\theta) \cdot \nabla C\right] \cdot \boldsymbol{n} = f_3(x,y,z,t), t \geqslant 0, (x,y,z) \in \Gamma_3 \qquad (3\text{-}140b)$$

式中，V^* 为边界面的移动速度矢量；$\boldsymbol{n} = \dfrac{\nabla F}{|\nabla F|}$ 为法向矢量；$f_3(x,y,z,t)$ 为第三类边界上已知污染物的对流-弥散通量分布；(x,y,z) 为空间变量矢量。

当边界固定不动时，且渗流速度 V 已知，则一般第三类边界条件为

$$\{CV - \phi \boldsymbol{D} \cdot \nabla C\} \cdot \nabla F = |\nabla F| f_3(x,y,z,t), t \geqslant 0, (x,y,z) \in \Gamma_3 \qquad (3\text{-}141a)$$

或

$$\left[CV(\theta) - \theta \boldsymbol{D}(\theta) \cdot \nabla C\right] \cdot \nabla F = |\nabla F| f_3(x,y,z,t), t \geqslant 0, (x,y,z) \in \Gamma_3 \qquad (3\text{-}141b)$$

式中，$F = F(x,y,z,t)$ 为边界形状函数，其边界方程为 $F(x,y,z,t) = 0$。

当土壤与含水层中水力水头 H 已知时，上式进一步展开为

$$(C\boldsymbol{K} \cdot \nabla H + \phi \boldsymbol{D} \cdot \nabla C) \cdot \nabla F = -|\nabla F| f_3(x,y,z,t), t \geqslant 0, (x,y,z) \in \Gamma_3 \qquad (3\text{-}141c)$$

或

$$\left[C\boldsymbol{K}(\theta) \cdot \nabla H + \theta \boldsymbol{D}(\theta) \cdot \nabla C\right] \cdot \nabla F = -|\nabla F| f_3(x,y,z,t), t \geqslant 0, (x,y,z) \in \Gamma_3 \qquad (3\text{-}141d)$$

当边界固定不动，且为隔水边界，即对流-弥散通量为 0，且渗流速度 V 已知，则一般第三类边界条件为

$$(CV - \phi \boldsymbol{D} \cdot \nabla C) \cdot \nabla F = 0 \text{ 或 } \left[CV(\theta) - \theta \boldsymbol{D}(\theta) \cdot \nabla C\right] \cdot \nabla F = 0, t \geqslant 0, (x,y,z) \in \Gamma_3$$

$$(3\text{-}142)$$

当土壤与含水层中水力水头 H 已知时，式(3-142)进一步展开为

$$C\boldsymbol{K} \cdot \nabla H \cdot \nabla F + \phi \boldsymbol{D} \cdot \nabla C \cdot \nabla F = 0 \text{ 或 } C\boldsymbol{K}(\theta) \cdot \nabla H \cdot \nabla F + \theta \boldsymbol{D}(\theta) \cdot \nabla C \cdot \nabla F = 0,$$

$$t \geqslant 0, (x,y,z) \in \Gamma_3 \qquad (3\text{-}143)$$

上述初始条件、边界条件和土壤与地下水污染物迁移方程构成土壤与地下水污染物迁移转化的数学模型。在实际问题中，要构建土壤与地下水污染物迁移转化的数学模型，必须结合具体的水文地质条件、土壤与含水层结构、土壤与地下水污染源和污染物类型、土壤与地下水环境监测数据等，选择合适的、符合实际物理背景的土壤与地下水污染物迁移方程、确定初始污染物浓度分布，确定边界

条件。选用数值模拟方法（常用有限差分法和有限单元法，可参阅相关著作，也可以运用专业软件：Hydrus-1D（http://www.pc-progress.com/en/Default.aspx? hydrus-1d）、MODFLOW（http://water.usgs.gov/software）、GMS 和 FEFLOW（http://www. wasy. de/）等）；运用地下水环境监测数据进行模型校正，确定土壤与含水层参数，再进行土壤与地下水污染物迁移的模拟分析，预测不同情景下的土壤与地下水污染物的时空分布；进行土壤与地下水污染修复方案的数值对比优化，提供工程设计的优化方案。

3.4　土壤与地下水污染物迁移转化的数值模拟

3.4.1　数值模拟方法

土壤与地下水环境数学模型建立之后，需要对其数学模型进行求解。数学模型求解方法有解析解法和数值解法两种。解析解法要求含水层均质各向同性，具有简单几何形状、简单的初始条件和简单规则的边界条件。现实的地质条件复杂，如非均质性、各向异性、几何形状复杂、地质结构复杂，初始条件和边界条件复杂，难以求得复杂水文地质条件下的土壤与地下水环境数学模型的解析解，多数情况下需要用数值法求解数学模型。常见的数值法有有限差分法、有限元法、有限体积法、有限分析法、流形元法、边界元法等，这里主要介绍最常用的有限差分法和有限元法。有限差分法代表软件为 MODFLOW，有限元法代表软件为FEFLOW。

1. 有限差分法

有限差分方法是数值模拟最早采用的方法，至今仍被广泛运用。该方法将求解域划分为差分网格，用有限个网格节点代替连续的求解域。有限差分法以 Taylor 级数展开等方法，把控制方程中的导数用网格节点上的函数值的差商代替进行离散，从而建立以网格节点上的值为未知数的代数方程组。该方法是一种直接将微分问题变为代数问题的近似数值解法，数学概念直观，表达简单，是发展较早且比较成熟的数值方法。

已知 $H(x,y,z)$ 是 x,y,z 的函数，在空间任一点 (x,y,z) 处 $H(x,y,z)$ 对 x 的偏微分可以定义为

$$\frac{\partial H}{\partial x} = \lim_{\Delta x \to 0} \frac{H(x+\Delta x,y,z)-H(x,y,z)}{\Delta x}$$

同样，在空间任一点 (x,y,z) 处 $H(x,y,z)$ 对 y 的偏微分可以定义为

$$\frac{\partial H}{\partial y} = \lim_{\Delta y \to 0} \frac{H(x, y + \Delta y, z) - H(x, y, z)}{\Delta y}$$

同样，在空间任一点 (x, y, z) 处 $H(x, y, z)$ 对 z 的偏微分可以定义为

$$\frac{\partial H}{\partial z} = \lim_{\Delta z \to 0} \frac{H(x, y, z + \Delta z) - H(x, y, z)}{\Delta z}$$

有限差分有三种差分格式。

向前差分： $\dfrac{\partial H}{\partial x} \approx \dfrac{H(x + \Delta x) - H(x)}{\Delta x}$ ；

向后差分： $\dfrac{\partial H}{\partial x} \approx \dfrac{H(x) - H(x - \Delta x)}{\Delta x}$ ；

中心差分： $\dfrac{\partial H}{\partial x} \approx \dfrac{H(x + \Delta x) - H(x - \Delta x)}{2\Delta x}$ 。

1) 垂向一维土壤污染物迁移的有限差分方程

由于一维土壤污染物迁移方程为

$$R_\theta \frac{\partial C_w}{\partial t} = D_\theta \frac{\partial^2 C_w}{\partial z^2} + \left(\frac{\partial D_\theta}{\partial z} - V_w \right) \frac{\partial C_w}{\partial z} - \left(\frac{\partial V_w}{\partial z} - k_c R_\theta \right) C_w \tag{3-144}$$

式中, C_w 为土壤中液相污染物的浓度； $R_\theta = \theta_w + \theta_a H + \rho_s K_d$ ； $D_\theta = \theta_w D_w + \theta_a D_a H$ 。

将方程 (3-144) 中各项变成差分项，即

$$C_w = \frac{C_i^{m+1} + C_i^m}{2}$$

$$\frac{\partial C_w}{\partial t} = \frac{C_i^{m+1} - C_i^m}{\Delta t}$$

$$\left(\frac{\partial C_w}{\partial z} \right)^m = \frac{1}{2} \left(\frac{C_{i+1}^m - C_i^m}{\Delta z} + \frac{C_i^m - C_{i-1}^m}{\Delta z} \right) = \frac{1}{2\Delta z} \left(C_{i+1}^m - C_{i-1}^m \right)$$

$$\frac{\partial^2 C_w}{\partial z^2} = \frac{1}{2} \left\{ \left(\frac{\partial^2 C_w}{\partial z^2} \right)^{m+1} + \left(\frac{\partial^2 C_w}{\partial z^2} \right)^m \right\}$$

$$= \frac{1}{2(\Delta z)^2} \left(C_{i+1}^{m+1} - 2C_i^{m+1} + C_{i-1}^{m+1} + C_{i+1}^m - 2C_i^m + C_{i-1}^m \right)$$

$$\frac{\partial D_\theta}{\partial z} = \frac{1}{2\Delta z} (D_{\theta i+1} - D_{\theta i-1})$$

$$\frac{\partial V_w}{\partial z} = \frac{1}{2\Delta z} (V_{i+1} - V_{i-1})$$

从而得到方程 (3-144) 的有限差分方程为

$$C_i^{m+1} - \frac{\Delta t}{2R_{\theta i}(\Delta z)^2}\left(C_{i+1}^{m+1} - 2C_i^{m+1} + C_{i-1}^{m+1}\right) = \frac{\Delta t}{2R_{\theta i}(\Delta z)^2}\left(C_{i+1}^m - 2C_i^m + C_{i-1}^m\right)$$

$$+ \frac{\Delta t}{R_{\theta i}}\left\{\frac{1}{2\Delta z}(D_{\theta i+1} - D_{\theta i-1}) - V_i\right\}\left\{\frac{1}{4\Delta z}\left(C_{i+1}^{m+1} - C_{i-1}^{m+1} + C_{i+1}^m - C_{i-1}^m\right)\right\}$$

$$- \frac{\Delta t}{R_{\theta i}}\left\{\frac{1}{2\Delta z}(V_{i+1} - V_{i-1}) + k_c R_{\theta i}\right\}\left\{\frac{C_i^{m+1} + C_i^m}{2}\right\} + \frac{R_{\theta i}}{\Delta t}C_i^m$$

$$2 \leqslant i \leqslant N-1; m = 1, 2, \cdots, T_m \tag{3-145}$$

进一步将式(3-145)变成下列矩阵形式：

$$\left(-M_i + M_i' - N_i\right)C_{i-1}^{m+1} + \left(1 + 2M_i + N_i + I_i\right)C_i^{m+1} + \left(-M_i - M_i' + N_i\right)C_{i+1}^{m+1}$$

$$= \left(M_i - M_i' + N_i\right)C_{i-1}^m + \left(1 - 2M_i - N_i' - I_i\right)C_i^m + \left(M_i + M_i' - N_i\right)C_{i+1}^m \tag{3-146}$$

式中，$M_i = \dfrac{\Delta t D_{\theta i}}{2R_{\theta i}(\Delta z)^2}$；$M_i' = \dfrac{\Delta t}{2R_{\theta i}(\Delta z)^2}\dfrac{D_{\theta i+1} - D_{\theta i-1}}{4}$；$N_i = \dfrac{\Delta t}{4\Delta z}\dfrac{V_i}{R_{\theta i}}$；$I_i = \dfrac{\Delta t}{2}k_c$；

$N_i' = \dfrac{\Delta t}{4\Delta z}\dfrac{1}{R_{\theta i}}\left(V_{i+1} - V_{i-1}\right)$。

有限差分方程(3-146)可以用线性代数方程组求解的追赶法求解。土壤水流-溶质运移模拟软件参见 VLEACH 和 UnSat Suite Plus(https://www.waterloohy-drogeologic. com/)。

2) 三维地下水流有限差分方程

三维地下水流偏微分方程表述为

$$\frac{\partial}{\partial x}\left(K_x \frac{\partial H}{\partial x}\right) + \frac{\partial}{\partial y}\left(K_y \frac{\partial H}{\partial y}\right) + \frac{\partial}{\partial z}\left(K_z \frac{\partial H}{\partial z}\right) - W = S_s \frac{\partial H}{\partial t} \tag{3-147}$$

式中，K_x, K_y, K_z 分别为 x, y, z 方向上的渗透系数，$[LT^{-1}]$；H 为地下水水头，$[L]$；W 为源(或汇)项，$[T^{-1}]$；S_s 为储水率，$[L^{-1}]$；t 为时间，$[T]$。

则三维地下水流有限差分方程为

$$T_{i,j,k+1/2}\left(H_{i,j,k+1}^n - H_{i,j,k}^n\right) + T_{i,j,k-1/2}\left(H_{i,j,k-1}^n - H_{i,j,k}^n\right) + T_{i-1/2,j,k}\left(H_{i-1,j,k}^n - H_{i,j,k}^n\right)$$

$$+ T_{i+1/2,j,k}\left(H_{i+1,j,k}^n - H_{i,j,k}^n\right) + T_{i,j+1/2,k}\left(H_{i,j+1,k}^n - H_{i,j,k}^n\right) + T_{i,j-1/2,k}\left(H_{i,j-1,k}^n - H_{i,j,k}^n\right)$$

$$+ P_{i,j,k}H_{i,j,k}^n + Q_{i,j,k} = SS_{i,j,k}\Delta x_i \Delta y_j \Delta z_k \frac{H_{i,j,k}^n - H_{i,j,k}^{n-1}}{t_n - t_{n-1}} \tag{3-148}$$

当给定初始条件，$H_{i,j,k}^0$ 已知，根据初始时刻的水头值计算第一时刻的水头值 $H_{i,j,k}^1$，以此类推，可以计算出每一时刻的水头值。

由于式(3-148)中未知数较多，需要用迭代方法求解。将其变换成

$$T_{i,j,k+1/2}H^n_{i,j,k+1} + T_{i,j,k-1/2}H^n_{i,j,k-1} + T_{i-1/2,j,k}H^n_{i-1,j,k} + T_{i+1/2,j,k}H^n_{i+1,j,k} + T_{i,j+1/2,k}H^n_{i,j+1,k}$$

$$+T_{i,j-1/2,k}H^n_{i,j-1,k} - \left(T_{i,j,k+1/2} + T_{i,j,k-1/2} + T_{i-1/2,j,k} + T_{i+1/2,j,k} + T_{i,j+1/2,k} + T_{i,j-1/2,k}\right)H^n_{i,j,k}$$

$$-\frac{SV_{i,j,k}}{t_n - t_{n-1}}H^n_{i,j,k} + P_{i,j,k}H^n_{i,j,k} = -Q_{i,j,k} - \frac{SV_{i,j,k}}{t_n - t_{n-1}}H^{n-1}_{i,j,k} \tag{3-149}$$

式中，$SV_{i,j,k} = SS_{i,j,k}\Delta x_i \Delta y_j \Delta z_k$。令式(3-149)中的余差为

$$\mathrm{Res}_{i,j,k} = -\left(Q_{i,j,k} + \frac{SV_{i,j,k}}{t_n - t_{n-1}}H^{n-1}_{i,j,k}\right)$$

$$\mathrm{HP}_{i,j,k} = P_{i,j,k} - \frac{SV_{i,j,k}}{t_n - t_{n-1}}H^{n-1}_{i,j,k}$$

那么，式(3-149)变成

$$T_{i,j,k+1/2}H^n_{i,j,k+1} + T_{i,j,k-1/2}H^n_{i,j,k-1} + T_{i-1/2,j,k}H^n_{i-1,j,k} + T_{i+1/2,j,k}H^n_{i+1,j,k+1} + T_{i,j+1/2,k}H^n_{i,j+1,k}$$

$$+T_{i,j-1/2,k}H^n_{i,j-1,k} - \left(T_{i,j,k+1/2} + T_{i,j,k-1/2} + T_{i-1/2,j,k} + T_{i+1/2,j,k} + T_{i,j+1/2,k} + T_{i,j-1/2,k}\right)H^n_{i,j,k}$$

$$+HP_{i,j,k}H^n_{i,j,k} = \mathrm{Res}_{i,j,k} \tag{3-150}$$

可根据式(3-150)进行计算机编程，计算机 FORTRAN 语言的编程程序可参看 MODFLOW(http://water.usgs.gov/software/lists/groundwater)。

3)三维地下水污染物迁移的有限差分方程

三维地下水污染物迁移的数学模型可以表述为

$$R\theta\frac{\partial C}{\partial t} = \frac{\partial}{\partial x_i}\left(\hat{D}_{ij}\frac{\partial C}{\partial x_j}\right) - \frac{\partial}{\partial x_i}(v_i C) + q_s C_s - q'_s C - \lambda_1\theta C - \lambda_2\rho_b F \tag{3-151}$$

式中，$\hat{D}_{ij} = \theta D_{ij}$ 为表观水动力弥散系数张量；对于非饱和土壤 θ 为含水量；对于饱和含水层 $\theta = \phi$。

地下水污染物迁移的一般有限差分方程为

$$A^1_{i,j,k}C^{n+1}_{i,j,k} + A^2_{i,j,k}C^{n+1}_{i,j,k-1} + A^3_{i,j,k}C^{n+1}_{i,j,k+1} + A^4_{i,j,k}C^{n+1}_{i-1,j,k} + A^5_{i,j,k}C^{n+1}_{i+1,j,k} + A^6_{i,j,k}C^{n+1}_{i,j-1,k}$$

$$+A^7_{i,j,k}C^{n+1}_{i,j+1,k} + A^8_{i,j,k}C^{n+1}_{i-1,j,k-1} + A^9_{i,j,k}C^{n+1}_{i,j-1,k-1} + A^{10}_{i,j,k}C^{n+1}_{i,j+1,k-1} + A^{11}_{i,j,k}C^{n+1}_{i+1,j,k-1}$$

$$+A^{12}_{i,j,k}C^{n+1}_{i-1,j,k+1} + A^{13}_{i,j,k}C^{n+1}_{i,j-1,k+1} + A^{14}_{i,j,k}C^{n+1}_{i,j+1,k+1} + A^{15}_{i,j,k}C^{n+1}_{i+1,j,k+1} + A^{16}_{i,j,k}C^{n+1}_{i,j-1,k-1}$$

$$+A^{17}_{i,j,k}C^{n+1}_{i-1,j+1,k} + A^{18}_{i,j,k}C^{n+1}_{i+1,j-1,k} + A^{19}_{i,j,k}C^{n+1}_{i+1,j+1,k} = b_{i,j,k} \tag{3-152}$$

式中，A 为与参数有关的系数矩阵；b 为含有所有已知量的矢量，具体计算方法请参考文献[72]，FORTRAN 程序请参看 MODFLOW(http://water.usgs.gov/ software/ lists/groundwater)。

2. 有限元法

有限元法的基础是变分原理和加权余量法，其基本求解思想是把计算域划分为有限个互不重叠的单元，在每个单元内，选择一些合适的节点作为求解函数的插值点，将微分方程中的变量改写成由各变量或其导数的节点值与所选用的插值函数组成的线性表达式，借助于变分原理或加权余量法，将微分方程离散求解。采用不同的权函数和插值函数形式，便构成不同的有限元方法。

考虑三维土壤-地下水污染物迁移的对流-弥散方程为

$$\frac{\partial(\theta C)}{\partial t} = \frac{\partial}{\partial x}\left(\theta D_{xx}\frac{\partial C}{\partial x}\right) - \frac{\partial}{\partial x}(\theta u_x C) + \frac{\partial}{\partial y}\left(\theta D_{yy}\frac{\partial C}{\partial y}\right) - \frac{\partial}{\partial y}(\theta u_y C)$$

$$+ \frac{\partial}{\partial z}\left(\theta D_{zz}\frac{\partial C}{\partial z}\right) - \frac{\partial}{\partial z}(\theta u_z C) + I \tag{3-153}$$

式中，θ 对于非饱和带地下水为含水量，对于饱和带地下水为孔隙率；x, y, z 为表示空间的变量；I 为源汇项；$C(x, y, z, t)$ 为地下水中污染物的浓度；D_{xx}, D_{yy}, D_{zz} 为主渗透方向上的水动力弥散系数；u_x, u_y, u_z 为主渗透方向上的含水层孔隙平均渗透速度。

取试探函数：

$$\tilde{C}(x, y, z, t) = \sum_{i=1}^{NN} C_i(t)\Phi_i(x, y, z) \tag{3-154}$$

令

$$L(\tilde{C}) = \frac{\partial(\theta\tilde{C})}{\partial t} - \frac{\partial}{\partial x}\left(\theta D_{xx}\frac{\partial\tilde{C}}{\partial x}\right) + \frac{\partial}{\partial x}(\theta u_x\tilde{C}) - \frac{\partial}{\partial y}\left(\theta D_{yy}\frac{\partial\tilde{C}}{\partial y}\right)$$

$$+ \frac{\partial}{\partial y}(\theta u_y\tilde{C}) - \frac{\partial}{\partial z}\left(\theta D_{zz}\frac{\partial\tilde{C}}{\partial z}\right) + \frac{\partial}{\partial z}(\theta u_z\tilde{C}) - I \tag{3-155}$$

则

$$\iiint_{\Omega} L(\tilde{C})\Phi_i(x, y, z)\mathrm{d}x\mathrm{d}y\mathrm{d}z = 0, i = 1, 2, \cdots, NN \tag{3-156}$$

将式 (3-155) 代入式 (3-156)，得

$$\iiint_{\Omega}\left\{\frac{\partial(\theta\tilde{C})}{\partial t} - \frac{\partial}{\partial x}\left(\theta D_{xx}\frac{\partial\tilde{C}}{\partial x}\right) + \frac{\partial}{\partial x}(\theta u_x\tilde{C})\right\}\Phi_i\mathrm{d}x\mathrm{d}y\mathrm{d}z$$

$$- \iiint_{\Omega}\left\{\frac{\partial}{\partial y}\left(\theta D_{yy}\frac{\partial\tilde{C}}{\partial y}\right) + \frac{\partial}{\partial y}(\theta u_y\tilde{C})\right\}\Phi_i\mathrm{d}x\mathrm{d}y\mathrm{d}z$$

$$- \iiint_{\Omega}\left\{\frac{\partial}{\partial z}\left(\theta D_{zz}\frac{\partial\tilde{C}}{\partial z}\right) + \frac{\partial}{\partial z}(\theta u_z\tilde{C}) + I\right\}\Phi_i\mathrm{d}x\mathrm{d}y\mathrm{d}z, \, i = 1, 2, \cdots, NN \tag{3-157}$$

假如只存在第二类边界条件，使用格林公式消去二阶导数项后，式(3-157)变为

$$\iiint_{\Omega}\left\{\frac{\partial(\theta\tilde{C})}{\partial t}+\frac{\partial}{\partial x}(\theta u_x\tilde{C})+\frac{\partial}{\partial y}(\theta u_y\tilde{C})+\frac{\partial}{\partial z}(\theta u_z\tilde{C})-I\right\}\varPhi_i\mathrm{d}x\mathrm{d}y\mathrm{d}z$$

$$-\iiint_{\Omega}\left\{\left(\theta D_{xx}\frac{\partial\tilde{C}}{\partial x}\right)\frac{\partial\varPhi_i}{\partial x}+\left(\theta D_{yy}\frac{\partial\tilde{C}}{\partial y}\right)\frac{\partial\varPhi_i}{\partial y}+\left(\theta D_{zz}\frac{\partial\tilde{C}}{\partial z}\right)\frac{\partial\varPhi_i}{\partial z}\right\}\mathrm{d}x\mathrm{d}y\mathrm{d}z$$

$$-\iint_{\varGamma_2}\left\{\theta D_{xx}\frac{\partial\tilde{C}}{\partial x}n_x+\theta D_{yy}\frac{\partial\tilde{C}}{\partial y}n_y+\theta D_{zz}\frac{\partial\tilde{C}}{\partial z}n_z\right\}\varPhi_i\mathrm{d}\varGamma=0, i=1,2,\cdots,NN \quad (3\text{-}158)$$

将第二类边界条件代入式(3-158)，得

$$\iiint_{\Omega}\left\{\frac{\partial(\theta\tilde{C})}{\partial t}+\frac{\partial}{\partial x}(\theta u_x\tilde{C})+\frac{\partial}{\partial y}(\theta u_y\tilde{C})+\frac{\partial}{\partial z}(\theta u_z\tilde{C})-I\right\}\varPhi_i\mathrm{d}x\mathrm{d}y\mathrm{d}z$$

$$-\iiint_{\Omega}\left\{\left(\theta D_{xx}\frac{\partial\tilde{C}}{\partial x}\right)\frac{\partial\varPhi_i}{\partial x}+\left(\theta D_{yy}\frac{\partial\tilde{C}}{\partial y}\right)\frac{\partial\varPhi_i}{\partial y}+\left(\theta D_{zz}\frac{\partial\tilde{C}}{\partial z}\right)\frac{\partial\varPhi_i}{\partial z}\right\}\mathrm{d}x\mathrm{d}y\mathrm{d}z$$

$$-\iint_{\varGamma_2}q_2\varPhi_i\mathrm{d}\varGamma=0, i=1,2,\cdots,NN \quad (3\text{-}159)$$

将式(3-154)代入式(3-159)得

$$\iiint_{\Omega}\sum_{j=1}^{NN}\left\{\frac{\partial\theta}{\partial t}+\left[\frac{\partial(\theta u_x)}{\partial x}+\frac{\partial(\theta u_y)}{\partial y}+\frac{\partial(\theta u_z)}{\partial z}\right]\right\}\varPhi_j\varPhi_i C_j(t)\mathrm{d}x\mathrm{d}y\mathrm{d}z$$

$$+\iiint_{\Omega}\sum_{j=1}^{NN}\left\{u_x\frac{\partial\varPhi_j}{\partial x}+u_y\frac{\partial\varPhi_j}{\partial y}+u_z\frac{\partial\varPhi_j}{\partial z}\right\}\varPhi_i\theta C_j(t)\mathrm{d}x\mathrm{d}y\mathrm{d}z$$

$$-\iiint_{\Omega}\sum_{j=1}^{NN}\left\{D_{xx}\frac{\partial\varPhi_j}{\partial x}\frac{\partial\varPhi_i}{\partial x}+D_{yy}\frac{\partial\varPhi_j}{\partial y}\frac{\partial\varPhi_i}{\partial y}+D_{zz}\frac{\partial\varPhi_j}{\partial z}\frac{\partial\varPhi_i}{\partial z}\right\}\theta C_j(t)\mathrm{d}x\mathrm{d}y\mathrm{d}z$$

$$+\iiint_{\Omega}\sum_{j=1}^{NN}\theta\varPhi_j\varPhi_i\frac{\mathrm{d}C_j(t)}{\mathrm{d}t}\mathrm{d}x\mathrm{d}y\mathrm{d}z-\iint_{\varGamma_2}q_2\varPhi_i\mathrm{d}\varGamma-\iiint_{\Omega}I\varPhi_i\mathrm{d}x\mathrm{d}y\mathrm{d}z=0$$

$$i=1,2,\cdots,NN \quad (3\text{-}160)$$

把这一方程组用向量矩阵写出，即

$$\boldsymbol{P}\{C\}+\boldsymbol{E}\left\{\frac{\mathrm{d}C}{\mathrm{d}t}\right\}=\{G\} \quad (3\text{-}161)$$

式中，$\boldsymbol{P}$ 为与渗透系数张量和离散单元几何形状有关的矩阵，其分量表示为

$$P_{ij} = \iiint_{\Omega} \sum_{j=1}^{NN} \left\{ \frac{\partial \theta}{\partial t} + \left[\frac{\partial(\theta u_x)}{\partial x} + \frac{\partial(\theta u_y)}{\partial y} + \frac{\partial(\theta u_z)}{\partial z} \right] \right\} \Phi_j \Phi_i \mathrm{d}x\mathrm{d}y\mathrm{d}z$$

$$+ \iiint_{\Omega} \sum_{j=1}^{NN} \left\{ u_x \frac{\partial \Phi_j}{\partial x} + u_y \frac{\partial \Phi_j}{\partial y} + u_z \frac{\partial \Phi_j}{\partial z} \right\} \Phi_i \theta \mathrm{d}x\mathrm{d}y\mathrm{d}z$$

$$- \iiint_{\Omega} \sum_{j=1}^{NN} \left\{ D_{xx} \frac{\partial \Phi_j}{\partial x}\frac{\partial \Phi_i}{\partial x} + D_{yy} \frac{\partial \Phi_j}{\partial y}\frac{\partial \Phi_i}{\partial y} + D_{zz} \frac{\partial \Phi_j}{\partial z}\frac{\partial \Phi_i}{\partial z} \right\} \theta \mathrm{d}x\mathrm{d}y\mathrm{d}z \qquad (3\text{-}162a)$$

E 为与储水率和离散单元几何形状有关的矩阵，其分量表示为

$$E_{ij} = \iiint_{\Omega} \theta \Phi_i \Phi_j \mathrm{d}x\mathrm{d}y\mathrm{d}z \qquad (3\text{-}162b)$$

$\{C\}$ 为地下水污染物浓度列向量，其分量为

$$\{C\} = (C_1, C_2, \cdots, C_{NN})^{\mathrm{T}} \qquad (3\text{-}162c)$$

$\left\{\dfrac{\mathrm{d}C}{\mathrm{d}t}\right\}$ 为地下水污染物浓度变化量的列向量，其分量为

$$\left\{\frac{\mathrm{d}C}{\mathrm{d}t}\right\} = \left(\frac{\mathrm{d}C_1}{\mathrm{d}t}, \frac{\mathrm{d}C_2}{\mathrm{d}t}, \cdots, \frac{\mathrm{d}C_{NN}}{\mathrm{d}t}\right)^{\mathrm{T}} \qquad (3\text{-}162d)$$

$\{G\}$ 为与源汇项和边界条件有关的常数列向量，其中元素分别为

$$G_i = -\iint_{\Gamma_2} q_2 \Phi_i \mathrm{d}\Gamma - \iiint_{\Omega} I\Phi_i \mathrm{d}x\mathrm{d}y\mathrm{d}z \qquad (3\text{-}162e)$$

对时间域采用隐式差分格式，即

$$\frac{\mathrm{d}C}{\mathrm{d}t} = \frac{C^{n+1} - C^n}{\Delta t} \qquad (3\text{-}163)$$

只要选定了基函数 $\{\Phi_i\}$，这些变量都能算出，于是可由式(3-161)解出 $C_i(t)$，代入式(3-154)便可求出近似解 $\tilde{C}(x, y, z, t)$。

土壤与地下水模拟的有限单元法软件可参见 FEFLOW (http://www.wasy. de/)，土壤一维水流-溶质运移-热-植被吸收耦合模拟软件参见 Hydrus-1D (http:// www. pc-progress.com/en/Default.aspx?hydrus-1d)。

3.4.2　地下水污染物迁移转化的数值模拟与预测

地下水流和污染物迁移数值模拟包括模型前处理(各种数据准备包括初始条件、边界条件、源汇项、研究区水文地质图、观测井位置和观测数据等)、研究区的空间离散化、选择地下水流和溶质运移方程(地下水流稳定流、非稳定流方程(达西定律和质量守恒方程)；地下水溶质运移方程(菲克定律和溶质迁移方程))、定义参数性质、边界条件、初始条件和源汇项；计算结果地下水流变量为水头和流

量、地下水污染物迁移变量为污染物浓度；稳定流或非稳定流模型校正、溶质运移模型校正；模型验证和敏感性分析、设定多个情景进行地下水流和溶质运移模型预测；最后进行计算结果后处理(地下水流场、地下水流量、地下水污染物浓度场、不同情境地下水流和溶质运移的预测方案等)。

1. 数值模拟设计

1)水文地质概念模型

水文地质概念模型(hydrogeological conceptual model)是指在复杂的水文地质条件的基础上，抽象出地下水流的本质信息，形成定量描述地下水流和溶质运移数学模型需要的几何模型。水文地质概念模型构建工作旨在通过收集相关资料，分析地下水环境状况调查结果，概化评估区水文地质条件，识别评估区内造成地下水污染的主要污染指标及其污染范围，概化评估区污染状况，构建水文地质概念模型，作为地下水流和污染物迁移模型计算的基础。

2)计算机程序选择

计算机程序选择(selection of computer code)是指在研究区水文地质概念模型构建的基础上，选择地下水流与污染物迁移模型的数值分析方法，包括有限差分法、有限单元法、有限体积法、有限分析法等，不同的数值方法，其数值计算格式和程序编码等不同；选择地下水流(稳定流或非稳定流；二维流、三维流；达西流、裂隙流)、污染物迁移问题(单向流、多相流、多组分流；对流-弥散方程；对流-弥散-吸附方程；对流-弥散-吸附-生物化学反应方程等)。

3)模型几何形状

模型几何形状(model geometry)是指根据研究区水文地质平面和剖面图，概化模型的几何形状，包括平面几何形状和空间几何形状。对于二维流问题，模型几何形状为平面几何形状。几何形状中包括观测井的位置，内部河流、湖泊等的形状，如果存在污染源(点源、线源、面源、体积源)，模型几何形状也包括污染源的几何形状、边界的几何形状等。

4)网格选择

网格选择是指对连续空间域离散格式。对于有限差分法，一般采用矩形(体)或正方形(体)网格；对于有限元法，一般采用三角形网格、四边形网格、六面体网格、八面体网格等。

5)模型参数

模型参数(model parameters)是指描述土壤与地下水环境的本质参量。对于地下水流模型参数，其包括渗透系数(各向同性或各向异性渗透系数、非均质分区渗透系数)、二维问题为导水系数，需要给定含水层顶板高程和底板高程；弹性储水率、弹性储水系数；对于地下水污染物迁移对流-弥散模型参数，其包括含水层孔隙率、纵向水动力弥散系数、横向水动力弥散系数；如果考虑吸附作用和生物化学反应，还要考虑阻滞因子、降解速率(或衰减系数)等。

6) 边界条件

边界条件(boundary conditions)是指给定要求解的数学模型的边界形状、性质和状态值。边界条件包括第一类、第二类和第三类边界条件，根据水文地质概化模型选择边界条件。对于地下水流模型，第一类边界条件为水头边界，可以是定水头边界(边界水头不随时间变化)，也可以是变水头边界(边界水头随时间变化)；第二类边界为流量边界，可以是定流量边界，也可以是变流量边界；第三类边界为河流边界，需要给定河流水位、河床底部弱透水层厚度和渗透系数。对于污染物迁移模型，第一类边界条件为浓度边界，可以是定浓度边界，也可以是变浓度边界；第二类边界条件为弥散通量边界，可以是零通量边界，也可以是给定通量边界；第三类边界条件为对流-弥散通量已知边界。边界条件的确定一是根据自然边界状况确定；二是根据初始流场(垂直于等水位线的边界为隔水边界)和初始浓度场分析确定。

7) 初始条件

初始条件(initial conditions)是指给定要求解的数学模型初始时刻的研究域土壤与地下水环境系统状态值。模型空间离散化后必须给定研究区内初始时刻每个节点的水头和浓度值，由于研究区内观测点有限，无法对每一剖分节点给定实际观测值，只有根据有限实际观测井的水头和浓度值，运用一定的插值方法估算出每一节点的水头和浓度值，同时计算插值方差，方差越大，说明插值精度越低。插值方法不同，初始流场和浓度场存在差异，插值方法有 Kriging 法、反距离法等。现实中，以观测井数据为基础，根据水文地质条件分析，人工绘制地下水流场，根据人工地下水流场，补充一些地下水数据，作为初始流场模拟。初始条件的确定在地下水模拟中尤为重要，一定要将有限的观测资料和水文地质条件分析结合。

8) 源/汇项

源/汇项(source/sink stresses)是指给定研究域外部输入状态值。地下水流的源项包括大气降水入渗、农业灌溉入渗、人工地下水补给等；汇项包括地下水抽水、地下工程排水、潜水面蒸发、植被根系吸水等。地下水污染物迁移模型的源项包括点源、线源和体积源补给，土壤污染物下渗补给、污染物井下回注、污水灌溉下渗、土壤污染淋洗等；汇项包括地下水污染抽出。

2. 地下水污染概念模型构建

将复杂的水文地质物理实体概化成数学模型定量化的条件，是复杂的水文地质过程的本质的抽象化过程。该部分内容参考了中华人民共和国环境保护部《地下水污染模拟预测评估工作指南(试行)》(2014 年 10 月)[73]。

1)资料收集与评述

收集研究区地质及水文地质条件(地层岩性、含水层性质以及地下水的补给、径流、排泄等)、污染源情况(污染源类型、污染物类型、污染历史等)、地下水污染评价结果等相关资料,评述地下水污染源的属性及污染排放特征、污染途径、污染源与潜在受体间关系、污染物迁移转化相关参数等内容。

2)主要污染指标识别

基于地下水质量评价和污染评价成果对评估区主要污染指标进行识别。筛选出超过《地下水质量标准》Ⅲ类水标准和《生活饮用水卫生标准》的指标,如果现有标准缺失污染物,可参考国外相关标准。如果筛选出的污染指标属于"主要危害污染物",则直接将该指标确定为主要污染指标。此外,地下水污染责任人、环境保护主管部门、公众等利益相关方认为应当进行评估的污染指标亦考虑为主要污染指标。结合研究区污染源类型、地下水污染物的时空分布,验证主要污染指标的指示性。

3)水文地质条件概化

水文地质条件概化是分析和研究一定范围内地下水系统的内部结构与动态特征的过程。通过适当简化和合理假设,对地下水的补给、径流和排泄关系、含水层性质和空间结构、边界条件及源汇项、地下水运动状态及参数分布特征等进行定性表达。水文地质条件概化包括以下方面。

(1)研究区范围概化。根据研究区地下水流特征、污染源分布、污染物的潜在扩散范围、天然水文地质边界等概化研究区范围,如果考虑这些条件下的研究区范围为独立的水文地质单元,研究区范围采用独立水文地质单元,否则,要根据上述条件进行人为概化研究区范围。

(2)边界条件概化。边界条件的概化考虑两方面情况,一是考虑天然水文地质条件,如隔水层的分布、地质构造边界上的地下水流特征、地下水与地表水的水力联系等,对于天然隔水边界(压性断层、隔水岩层)作为零流量边界,对于河流边界可作为水头边界或第三类混合边界;二是根据地下水位监测资料绘制的地下水流场图分析,对于等水位线与边界垂直的边界定为零流量边界,对于等水位线与边界斜交的边界定为流量边界或水头边界,对于等水位线与边界平行的边界定为水头边界。

(3)内部结构概化。根据水文地质平面图和剖面图进行研究区内部结构概化。如果研究区含水层为单层含水层,一般将其概化成二维流问题,如果是具有稳定隔水层顶板的含水层,概化成二维承压水流问题;如果单层含水层为没有相对隔水顶板的含水层,概化成二维潜水流问题;如果存在多层含水层,则概化成三维水流问题。根据含水层的岩性和空间分布,概化含水层各向同性或各向异性非均质渗透性空间分布，根据初始流场中等水位线的疏密状况，估算含水层的渗透系数，作为模型校正的初始探测值，根据水文地质剖面图中相对隔水层或弱透水层的分布，概化各含水层的顶底板高程(三维流要用到)。

(4)地下水运动状态概化。根据地下水流特征，确定地下水水流为稳定流或非稳定流；根据含水层的岩性确定孔隙型地下水流、基岩裂隙型地下水流和岩溶地下水流。对于一般含水层水流状态为达西层流，在局部溶洞发育处或宽大裂隙中，水流运动一般为非线性流或紊流，应用非达西定律，但对于发育较均匀的裂隙、岩溶含水层中的地下水运动，可概化为达西流，按照松散孔隙含水层水流运动的方式处理。在大区域上，北方岩溶水运动近似满足达西定律，含水介质可概化为非均质、各向异性。

(5)水文地质参数概化。水文地质参数包括渗透系数或导水系数、储水率或储水系数、给水度、孔隙率、水动力弥散系数、阻滞因子。水文地质参数概化包括参数初步选择的数值范围，水平和垂向的初步分区方案等。对于参数的空间分布规律，常采用离散化的参数概化方法(即参数分区或参数化)来确定。参数分区依据抽水(注水或压水)试验资料计算所得参数；根据含水层厚度、岩性、基岩裂隙区构造分布及岩溶发育规律、天然地下水流场进行参数分区；最终水文地质参数的确定通过模型校正确定。

(6)地下水污染状况概化。地下水污染状况概化是在水文地质概念模型的基础上，明确污染源-污染物迁移途径-目标受体特征及相互关系的过程。地下水污染状况包括污染源、污染物、污染物在地下水中的物理、化学和生物迁移转化过程以及对研究区敏感受体(地下水源地、地表水源地、农村民井区、湿地、自然生态保护区)的影响情况。根据地下水环境调查资料，分析研究区污染源和污染物；根据研究区示踪试验和污染物的类型特征(重金属地下水大多以离子态存在,有机污染物存在溶解态、吸附态、自由态和挥发态)，确定地下水污染物迁移模型，如对流-弥散模型、对流-弥散-吸附模型、对流-弥散-吸附-生物化学反应模型以及多组分多相污染物迁移模型等。

3. 地下水模型校正

模型校正是通过调整模型输入参数，直到模型输出变量与野外观测值的误差达到精度要求的过程。模型输出变量可以从水头、流量、浓度、污染物运移时间、污染物去除率等指标中选择。

当数据资料较丰富时可进行模型验证。使用校正后的模型以稳定流或非稳定流的形式在新的时间段运行，使用预测结果与野外观测值进行对比，如误差无法达到精度要求，需对模型进一步校正。

模型校正方法有直接法和间接法两种。直接法也称为逆问题解法，是从联系水头和水文地质参数的偏微分方程或其离散形式出发，将水头的实际观测值作为已知数，将水文地质参数作为待求的未知数直接求解。直接解法是一种最优化方法，是将地下水流数值模型与最优化模型耦合，以地下水观测值与模型模拟值之差的和最小作为目标函数。最优化方法有线性规划、非线性规划、神经网络算法、遗传算法、蚂蚁寻优法、粒子群算法、罚函数法、支持向量机等。间接解法也称正问题解法或拟合-校正法，其基本思想是先假设一组水文地质参数(根据抽水试验资料、初始流场等水位线的疏密程度、含水层岩性等分析)作为初值，用数值法计算水头，求出计算水头值和实测水头值之间的误差，不断修正水文地质参数值，反复计算水头值，直到计算水头值与实测水头值很好地拟合为止，此时的水文地质参数就是要求的水文地质参数，也就是说该模型被校正好了。

模型校正与验证依据：①模拟的地下水流场要与实际地下水流场基本一致；②模拟的地下水动态过程要与实测动态过程基本相似；③从均衡的角度出发，模拟的地下水均衡变化与实际要素基本相符；④校正后的水文地质参数要符合实际水文地质条件。

(1)鉴于目前逆问题的直接解法在数值计算中稳定性差，一般可采用间接解法通过拟合-校正法反求水文地质参数，校正和验证数值模型。

(2)校正和验证是建立数值模型的两个阶段，必须使用相互独立的不同时间段的资料分别完成。采用校正阶段的资料反求水文地质参数，即校正模型；采用验证阶段的资料，即验证模型。

在模型校正过程中，要考虑以下情况：

(1)水文地质参数可根据含水层的特征分区给出初始估计值；也可以根据抽水试验井点参数，运用 Kriging 插值方法估计每一节点的参数值，作为研究区非均质水文地质参数初值。

(2)在模型校正过程中，原则上不同水文地质参数分区中和第一类边界上均应有控制观测井的实测地下水水位及水质资料，作为拟合的依据。

(3)一般情况下，原则上观测井地下水水位的实际观测值与模拟计算值的拟合误差应小于拟合计算期间内水位变化值的10%。水位变化值较小(<5m)的情况下，水位拟合误差一般应小于 0.5m。

(4)要求地下水位计算曲线与实际观测值曲线的年际、年内变化趋势一致，以水位拟合均方差小于允许误差作为解收敛的判断标准。地下水模拟流场应与实测流场形态一致，地下水的流向应相同。

(5)要求地下水中污染物浓度计算值与观测值的穿透曲线吻合，变化趋势一致。一般情况下，计算值与观测值进行拟合，相关系数需大于 0.85。

(6)结合具体预测目标，对于进行详细预测且影响到重大地下水环境管理决策的评估对象，需提高模型校正的要求，对于一般预测和验证性的模拟预测，可适当降低校正目标。

4. 地下水污染趋势预测

地下水污染趋势预测旨在预测研究区地下水污染时空分布特征和变化趋势，推断污染扩散的范围，量化污染扩散的速率，分析污染受体受影响程度等。

校正和验证完善的模型可用于预测研究区地下水污染在时间和空间上的变化趋势和分布特征，以及推测可能的污染途径。模型预测工作的核心是设计合理的模拟情景，因此需要明确评估目标，确认评估所关注的关键问题。常见的模拟情景有精确预测情景和保守预测情景。精确预测情景即将模型参数做可能范围内的最精确估计，参数取值最大限度反映评估区的真实情况。保守预测情景即模型参数取最保守的值，反映最不利状态下的污染趋势。精确预测情景和保守预测情景之间的差别反映了模型结果的不确定性程度。

5. 地下水模型敏感性分析

敏感性分析是分析构建的模型对输入参数不确定性的敏感程度，表征各模型参数对模型的相对影响能力。敏感性分析是在合理的范围内(模型参数值的不确定范围)改变模型输入参数，并观察模型响应变化的过程。衡量模型响应的指标主要包括水头、流速、污染物浓度等。

6. 地下水模型不确定性分析

模型不确定性分析是指分析列举出由于模型建立在一定的假设基础上，即使经过良好校正的模型，由于数据的不充足和对模拟过程的过度简化或过度复杂化，地下水水流或污染物运移模型的运算结果仍然会存在一定的误差或者不确定性。如果地下水模拟预测结果对规划和设计有重要意义，必须对模型的不确定性予以分析，从而评估模型预测结果的可靠性。常用的评价不确定性的方法有敏感性分析、Monte Carlo 方法、一阶误差分析等。通过对参数不确定性的分析，模拟结果可以表达为可能结果的区间或概率置信区间，从而反映模拟参数的不确定性。

7. 地下水数值模拟成果表述

根据地下水数值模拟结果撰写研究报告，研究报告应该包括研究问题的背景，研究区自然地理、气象水文、区域地质及水文地质概况，研究区水文地质条件、研究区水文地质概念模型、地下水流和污染物迁移数学模型和数值求解方法、研究区空间离散化、初始流场、边界条件、模型校正、地下水污染预测包括情景设计、预测结果分析以及地下水污染防治措施，并附以图件。

(1)水文地质条件概化平面图和剖面图。图中应包括最大污染深度以上岩性结构及水文地质特征、主要污染源及主要污染物特征、主要污染物在水土介质中的分布特征等。单层地下水污染浓度垂向变化显著或存在多个受污染含水层时，需结合水文地质条件对污染分布进行空间三维展示。

(2)污染趋势预测成果图件。模型计算区网格剖分图、水文地质参数分区图、初始流场和拟合流场图、初始浓度场和拟合浓度场图、观测点水头和污染物浓度拟合曲线图及误差情况图，预测流场和浓度场图，观测井预测水头和浓度的时间变化曲线等。最终成果中还可包括可视化视频。

3.4.3　土壤水分和污染物迁移转化的数值模拟

关于土壤污染物迁移数值模拟基本上与地下水相同，大部分地下水环境数值模拟软件包括土壤(作为非饱和带)环境数值模拟，对于垂向一维土壤污染物迁移的数值模拟可以单独进行计算，下边界为地下水，大多作为排泄边界处理，也就是计算土壤污染物迁移对地下水的贡献。

第4章　土壤与地下水污染源及污染物类型

4.1　土壤与地下水污染源

天然土壤中的重金属来源于岩石风化，一般作为痕量元素出现，很少存在毒理效应(分布分数性大)。但在一些沉积盆地，由于地质营力的再搬运过程，可能使得风化土壤中痕量的重金属富集，背景值也可能超过健康风险值，如上海土壤铊的健康风险筛选值：敏感用地为 0.2 mg/kg，非敏感用地为 1.6 mg/kg，而上海市土壤地球化学铊的背景值的中位数为 0.58 mg/kg，算术平均数为 0.62 mg/kg，几何平均数为 0.58 mg/kg，95%置信度范围值为 0.29～1.17 mg/kg；上海土壤钴的健康风险筛选值：敏感用地为 3.8 mg/kg，非敏感用地为 7.1 mg/kg，而上海市土壤地球化学钴的背景值的中位数为 11.6 mg/kg，算术平均数为 12.7 mg/kg，几何平均数为 11.2 mg/kg，95%置信度范围值为 4.0～31.2 mg/kg。由于人类活动的干扰，加速了土壤中重金属的地球化学循环和积累，大多数城乡土壤环境中积累了较多的重金属，并且超过了当地土壤环境的背景值，重金属基本上成为土壤环境中的污染物，导致对人类健康、植物、动物、生态系统或其他介质的风险。

土壤中的重金属来源有天然岩石风化产物、大气沉降、肥料源、农业化学源、有机废物源(包括动物粪便、生物死体)、金属矿山尾矿、含铅汽油和油漆、工业活动排放到土壤中的污染源、其他无机污染源、农作物秸秆燃烧、污泥以及垃圾填埋场渗滤等。

城市土壤污染大多是由于工业活动引起土壤中重金属污染，这些污染源大多属于点源污染；污染河流通过土壤水的交换形成线源污染；工业大气排放(如燃煤中汞)通过干湿沉降进入土壤中，属于面源污染。

农业土壤污染大多属于面源污染。农作物生长不仅需要大量宏观营养物氮(N)、磷(P)、钾(K)、钙(Ca)和镁(Mg)，而且需要微量营养物。一些土壤中缺少植物生长必需的重金属，如钴(Co)、铜(Cu)、铁(Fe)、锰(Mn)、钼(Mo)、镍(Ni)和锌(Zn)，在农作物生长期间，通过叶喷或向土壤中施加这些重金属，以保证作物健康生长。施加大量化肥到土壤中，以提供农作物生长所需的氮、磷、钾，由于化肥中含有痕量重金属，如镉(Cd)、铅(Pb)、汞(Hg)，化肥的长期使用，也会造成重金属的累积。

在农用杀虫剂中含有 Cu、Hg、Mn、Pb 或 Zn，还有含砷化合物，这些杀虫剂的长期使用，也会造成土壤中重金属的累积。

大量的畜禽粪便、堆肥、市政污泥和河流底泥等的不合理使用，导致土壤中重金属砷(As)、镉(Cd)、铬(Cr)、铜(Cu)、铅(Pb)、汞(Hg)、镍(Ni)、硒(Se)、钼(Mo)、锌(Zn)、铊(Tl)、锑(Sb)等的累积。农业中产生的家禽粪便、家畜粪便常常用于农作物和果园的肥料，尽管这些生物粪便是一种有价值的肥料，但在这些家禽和家畜工业养殖中，饲料里常常加入 Cu、Zn 和 As，以保证牲畜的健康生长，使用这些有机肥料的过程，也增加了土壤中这些重金属的积累。

来源于污水处理厂的市政污泥主要是有机产物，能够有效地循环利用，一些国家将市政污泥用作堆肥，美国大约有 560 万 t 干污泥用于土地，欧盟有 30%的污泥用于农业肥料。在这些生物固体废物中含有 Pb、Ni、Cd、Cr、Cu 和 Zn，长期使用这些生物固体废料作为肥料，也会增加土壤中重金属的累积，也可能会使这些重金属迁移到地下水，引起地下水重金属污染。

镉常常用于金属电镀和覆膜，包括运输设备、机械和烘烤搪瓷、摄影以及电视荧光粉，镉也用在镍-镉和太阳能电池、染料中，作为塑料和合成产品的稳定剂；作为合金材料，也用在许多类型的焊接中。硒广泛地用在玻璃、染料、橡胶、金属合金、纺织品、石油、医药治疗剂以及照相乳胶等制造和生产中。二氧化硒广泛地用在硒化学工业中，二氧化硒在药物和其他化学制造中作为氧化剂，在有机合成中用作催化剂，在润滑油中用作抗氧化剂。银用于珠宝和银器、摄影、牙合金、焊接合金、电触头、大容量银锌和银镉电池、镜子和造币中。硝酸银广泛地用在摄影中，碘化银可用于人工降雨，氯化银具有光学性质而被用于制造透明材料。金属钡可用作吸气剂，以去除真空管和显像管中的痕量气体。钡最重要的化合物有过氧化钡、硫酸钡、氯化钡、碳酸钡、硝酸钡和氯酸钡。过氧化钡用作漂白剂，在染色、烟花、曳光弹、点火器和焊接材料中使用。硫酸钡用于油漆、X射线诊断工作，以及玻璃制造工艺中的耐久白，并与硫酸锌一起用作着色剂。重晶石(硫酸钡矿石)粉广泛用于钻井流体中的湿润剂；碳酸钡用作杀鼠剂，而硝酸钡和氯酸钡在烟花中赋予色彩。所有钡的化合物具有水溶性和酸溶性，并且具有毒性。

因此，在这些工业活动和废物处理场地，会存在这些重金属的污染风险。

过去农业利用市政和工业废水灌溉，由于废水中含有重金属和有机污染物，也会导致土壤和地下水重金属和有机污染物污染。

矿山开采和尾矿直接排放到天然盆地、河流或周围湿地中，会造成这些地区土壤和地下水的污染。铅锌矿开采和冶炼导致土壤污染，诱发人体和生态环境健康风险。

另外，纺织、制革、石油化工、制药、杀虫剂生产等工业活动也是土壤重金属的重要污染来源。一些重金属进入土壤中一部分被植物吸收利用，一部分滞留在土壤中，一部分迁移到地下水中，浓度可能超过污染控制标准或风险控制值，因此，也要关注土壤与地下水中这些重金属的变化。

地下水的污染源大多是通过土壤渗滤进入地下水中，导致地下水污染，除此之外，地下水还有一些特殊的污染源。

天然污染源：一些地区存在高砷、高氟、高碘、高矿化度地下水，这些地区地下水的背景值就超出了地下水环境质量标准值或超出了生态环境和人体健康风险控制值，如果作为饮用水，必须进行处理达到生活饮用水卫生标准，方可利用，不能因为背景值高就不作处理。

滨海地区过度抽取地下水，导致海水入侵，使得地下水咸化，或改变地下水环境，使得水-岩(土)相互作用过程发生变化，引起含水层中的有害物质富集到地下水中，引起地下水污染；过度开采地下水导致地下水水质恶化；地下水人工补给也会导致地下环境变化，可能引起地下水中某些元素富集，水质恶化；污水地下灌注引起地下水污染，垃圾渗滤液渗漏引起地下水污染；河流污染通过地表水与地下水相互作用，导致地下水污染。突然性污染事件，如有害液体泄漏等；地下化粪池渗漏、地下石油储罐泄露等，导致地下水污染。

总之，土壤与地下水的污染源包括天然污染源、人类活动诱发的污染源以及人类以各种形式排放到土壤与地下水中的污染源。人类排放污染源主要有以下三类，如图 4-1 所示。

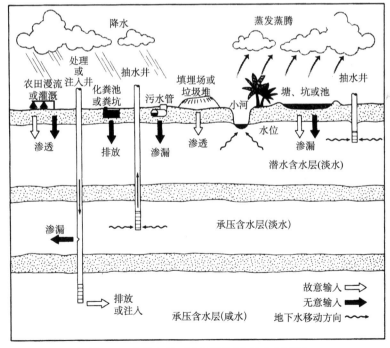

图 4-1　土壤与地下水污染源类型示意图[35]

第一类为点源污染：城市垃圾和工业废弃物堆放，如垃圾卫生填埋场和非法堆放；市政固体废弃物处置，如电子废弃物拆解、污泥堆肥、家电拆解等，市政污水处理厂污水池渗漏，石油及化学物质输送管道和储存罐渗漏或溢出，化粪池系统的渗漏，液体废物的深井排放，地下管线渗漏，家畜家禽废物，用于木材防腐中的化学物质，矿山尾矿，放射性废物的处置，燃煤工厂的飞灰，石油加工厂浆液排放区，坟地，道路盐储存区，高速公路或铁路车载有害物质事故，煤的地下气化，铀矿地浸开采，沥青产品和清洗场地等。

第二类为线源污染：污染的河流对地下水的污染，铁路污染源对地下水的污染，公路或高速公路盐或化学物质在降水径流下的渗漏补给等。

第三类为非点源污染或称面源污染：农田污水灌溉、农田施化肥和农药的渗滤、降雨（如酸雨）、降雪及大气干湿沉降等。

4.2 土壤与地下水污染物类型

4.2.1 非金属类无机污染物

土壤与地下水中非金属类无机污染物包括 10 项：氨氮、硝酸盐氮、亚硝酸盐氮、硫化物、氰化物、氟化物、碘化物、阴离子合成洗涤剂、挥发性酚类（以苯酚计）、石棉等。

4.2.2 放射性污染物

在某些工业场地或混合废弃物处置场地出现放射性污染物，场地中典型的放射性污染物包括镅（americium）-241、碘（iodine）-129,-131、钌（ruthenium）-103, -106、钡（barium）-140、氪（krypton）-85、银（silver）-110、碳（carbon）-14、钼（molybdenum）-99、锶（strontium）-89, -90、铈（cerium）-144、镎（neptunium）-237、锝（technetium）-99、铯（cesium）-134, -137、钚（plutonium）-238、-239,-241、碲（tellurium）-132、钴（cobalt）-60、钋（polonium）-210、钍（thorium）-228, -230, -232、锔（curium）-242,-244、镭（radium）-224, -226、氡（radon）-222、氚（tritium）、铕（europium）-152, -154, -155、铀（uranium）-234, -235, -238 等。

大多数放射性污染物类似于重金属，难溶于水且不挥发，但部分放射性污染物如氡-222、铯-137、铀-238 具有挥发性，镭-226 易溶解在水中。因此，放射性污染物的性质不同，土壤与地下水中的放射性污染物的修复方法不同。

由于放射性污染物不能降解，也不能毁掉，因此，土壤与地下水中放射性污染物的修复一般采用分离技术、固定化技术和减少放射性污染物的浓度或体积的技术。对于放射性污染土壤的处理，一般采用玻璃化技术、稳定/固定化技术、挖掘异位处理和物理隔离技术。对于放射性污染地下水的处理，一是采用絮凝沉淀，该技术是将地下水抽出处理，使含有放射性或重金属的污染地下水与氢氧化物(如氢氧化钠)、碳酸盐(如石灰)、硫化物(如明矾)以及铁盐等发生絮凝沉淀作用，从而去除污染物；二是采用物理过滤技术，如采用离心力、真空或正压力通过多孔介质材料分离去除；三是离子交换技术，即用无害离子(如氯化钠)进行离子交换去除地下水中的放射性污染物或重金属。这些技术均采用地下水抽出异位处理方法。

在放射性污染场地修复时，应该考虑如下问题：

(1)考虑修复场地工人暴露风险和修复技术本身，基于出现的放射性核素、类型和辐射能量(如α离子、β离子、γ辐射和中子辐射)考虑危害程度，场地土壤与地下水污染修复设计应具有尽可能低的暴露风险且合理地实现修复目的。

(2)因为放射性污染物不能彻底消除掉，修复技术要求最终放射性废物残渣异位处置，并符合处理场地的环境标准。

(3)不同的放射性废物采用不同的处理方法，这里提出的放射性污染物处理技术一般用于低放射性污染物或放射性尾矿，该技术不适合高放射性核废料，高放射性核废料必须进行深埋隔离处置。

(4)一些土壤与地下水放射性污染修复技术会导致放射性污染物的浓缩，可能改变放射性废物的类型，从而影响场地土壤与地下水放射性污染物处理技术要求。

4.2.3　金属无机类污染物

土壤与地下水中典型的金属无机类污染物包括钾(potassium, K)、钙(calcium, Ca)、钠(sodium, Na)、镁(magnesium, Mg)、铁(iron, Fe)、锰(manganese, Mn)、铜(copper, Cu)、锌(zinc, Zn)、铝(aluminium, Al)、银(silver, Ag)、铍(beryllium, Be)、硼(boron, B)、锑(antimony, Sb)、钡(barium, Ba)、钴(cobalt, Co)、镍(nickel, Ni)、钼(molybdenum, Mo)、铊(thalium, Tl)、汞(mercury, Hg)、砷(arsenic, As)、硒(selenium, Se)、镉(cadmium, Cd)、铬(chromium, Cr)、铅(lead, Pb)、碲(tellurium, Te)、锡(tin, Sn)、钒(vanadium, V)、钛(titanium, Ti)、铋(bismuth, Bi)、锆(zirconium, Zr)、金属氰化物(metallic cyanides)、氧化铝(alumina, Al_2O_3)。

土壤中的金属不能被降解，并且毒性难以降低，会导致长期的环境危害。金属在土壤中的迁移转化取决于金属的物理化学性质和土壤的环境状况，在 pH 较低的土壤和地下水中，金属容易在土壤中迁移，在地下水中溶解，随地下水迁移转化。当土壤中金属浓度达到一定浓度时，将向地下水中迁移，从而污染地下水。

土壤中砷以五价砷(arsenate, As(V))或三价砷(arsenite, As(III))的形式存在，三价砷的毒性比五价砷的毒性大 60 倍。As(V)容易与土壤中铁(Fe)、铝(Al)

和钙(Ca)形成络合物而固定在土壤中，土壤中铁能够有效地控制 As(V)的迁移。As(III)化合物比 As(V)化合物的溶解性大 4～10 倍，在厌氧环境下 As(V)可以被还原成 As(III)。As(III)的高溶解性使其更容易从土壤中渗滤到地下水中，这就是为什么地下水中的砷通常为 As(III)的原因，地下水环境中的砷形态主要以亚砷酸盐为主。As(III)在土壤中的吸附性取决于土壤的 pH，当 pH=3～9 时，As(III)在黏土中的吸附性强，在 pH=7 的中性地下水中，氧化铁吸附 As(III)达到最大吸附容量。

土壤中铬表现为三价铬(trivalent，Cr(III))和六价铬(hexavalent，Cr(VI))形式。当土壤 pH<6 时，土壤中 Cr(VI)主要为重铬酸盐(dichromate) $Cr_2O_7^{2-}$ 形态；当土壤 pH>6 时，土壤中 Cr(VI)主要为铬酸盐(chromate) CrO_4^{2-} 形态，$Cr_2O_7^{2-}$ 的毒性大于 CrO_4^{2-} 的毒性，六价铬 Cr(VI)离子的毒性远远大于三价铬 Cr(III)离子。Cr(III)常以 $Cr(OH)^{2+}$、$Cr(OH)_2^+$ 等阳离子形式存在，土壤中以 Cr(III)和 Cr(VI)两种形态存在。在酸性和中性土壤与地下水中，氧化铁和氧化铝表面吸附铬酸盐离子。三价铬(III)在土壤中稳定且不迁移，但是它与溶解性有机配位基容易形成络合物，使得其迁移性增大。土壤中 pH 和氧化还原电位的变化，会影响土壤中三价铬和六价铬的转换。

自然界的镉(Cd)元素常常与锌矿、铜矿和铅矿伴生。氧化镉和硫化镉相对难溶解，而氯化镉和镉硫酸盐是可溶解的。在碱性环境下，土壤、氧化硅和氧化铝表面吸附镉能力强，在 pH=6～7 时，镉在土壤、氧化硅和氧化铝表面解吸附。

自然界钡出现在硫酸盐矿物(重晶石)和碳酸盐矿物(碳酸钡矿)中。土壤和地下水中，钡来源于钻井处置废物、铜冶炼以及机动车和附件的制造。土壤系统中钡迁移性弱，容易被溶解性有机化合物络合。

在土壤中，铜比其他毒性金属(除铅外)吸附性更强，然而，铜对溶解性有机配位体有很强的吸引力，容易形成有机物络合态，这些络合物极大地增加了土壤中铜的移动性。

铅有三种氧化态：元素铅(0 价)、离子铅(II)和(IV)。铅易于累积在土壤层表面(地表以下 3～5 cm 内)，随深度增加其浓度降低。非溶解性硫化铅在土壤中相对固定，铅也能够被生物甲基化，而形成四甲基铅和四乙基铅，这些化合物挥发进入大气。土壤吸附铅的能力随 pH、阳离子交换能力、有机碳含量、土壤、水的氧化还原电位(Eh)以及磷酸盐水平增加而增加。铅在黏性土壤中表现出很强的吸附性能，只有少量铅可浸出，大部分铅为固体或吸附在土壤颗粒上，地表径流能够迁移包含吸附铅的土颗粒，促进铅的迁移，进而将铅从污染土壤中解吸附出来。另一方面，地下水并不是造成铅迁移的主要途径，铅化合物在低的 pH 和高的 pH 条件下具有溶解性，铅污染土壤被固化/稳定化处理后，在低的 pH 和高的 pH 条件下又会被溶出，进而渗滤到地下水中，导致地下水铅污染。

汞毒性极大且在环境中非常容易移动，在土壤和地表水中，挥发态的汞(金属汞和二甲基汞)蒸发到大气中，固态汞变成微粒。在土壤中，吸附作用是控制溶液中汞排除的最重要途径之一，汞的吸附作用随 pH 增加而增加，无机汞吸附到土壤中难以被解吸附。

硒以重金属的硫化矿的形式出现在自然界，在地壳中约 0.09 ppm(1ppm=10^{-6})，以有机硒化合物、硒螯合物及吸附元素等富集在煤炭中。在碱性土壤中和氧化条件下，硒充分地被氧化以保持生物可利用态，使得植物吸收硒的能力增加。在酸性或中性土壤中，硒保持相对难溶解性，生物可利用硒能力降低，当微生物将其转化成挥发硒化合物(二甲基硒)时，硒从土壤中挥发到大气中。

银(Ag)出现在辉银矿(Ag_2S)和角银矿中，铅矿、铅锌矿、铜矿、金矿以及铜镍矿是银的主要源。银本身无毒，但银盐具有毒性。

黏质碳酸盐或含水氧化物容易吸附锌(Zn)，污染土壤中总锌与铁锰氧化物有关，锌化合物具有高的溶解性，大气降水将锌从土壤中渗入到地下水中。锌随着 pH 增加其吸附性增强，在 pH >7.7 时锌水解，这些水解锌强烈地吸附在土壤表面，锌与无机有机配位体形成络合物而影响锌在土壤表面的吸附作用。

土壤和地下水金属类污染物的处理类似放射性污染物的处理方法。土壤中金属污染物一般采用固定化/稳定化技术、植物修复技术、植物和微生物联合修复技术、电化学动力学技术、酸洗涤技术、挖掘异位填埋以及物理隔离技术等；地下水中重金属污染物采用抽出异位处理，如絮凝沉淀、过滤分离和离子交换处理技术，也可以采用原位渗透性反应墙技术。

4.2.4 有机污染物(非水相的重液，DNAPLs)

土壤与地下水中非水相重液(dense non-aqueous phase liquids，DNAPLs)包括挥发性卤代烃类、挥发性氯代苯类、硝基苯类、多环芳烃类(PAHs)、多氯联苯类(PCBs)、有机氯农药类、有机磷农药、酯类、脂肪族酮类等。

(1)挥发性卤代污染物：包括氯乙烯(vinyl chloride)、氯甲烷(chloromethane)、二氯甲烷(dichloromethane)、三氯甲烷(chloroform 或 trichloromethane)、1,1,2-三氯乙烷 (1,1,2-trichloroethane)、氯丙烷 (chloropropane)、四氯化碳 (carbon tetrachloride)、1,1,1-三氯乙烷(1,1,1-trichloroethane)、1,2,3-三氯丙烷、三氯乙烯(trichloroethylene, TCE)、四氯乙烯(tetrachloroethylene 或 perchloroethylene, PCE)、氯乙烷(chloroethane)、1,1-二氯乙烷(1,1-dichloroethane)、1,2-二氯乙烷(1,2-dichloroethane)、1,2-二氯丙烷(1,2-dichloropropane)、1,1,1,2-四氯乙烷(1,1,1,2-tetrachloroethane)、1,1,2,2-四氯乙烷(1,1,2,2-tetrachloroethane)、1,1-二氯乙烯(1,1-dichloroethylene)、顺-1,2-二氯乙烯(cis-1,2-dichloroethylene)、反-1,2-二氯乙烯(trans-1,2-dichloroethylene)、顺-1,3-二氯丙烯(cis-1,3-dichloropropene)、反-1,3-二

氯丙烯(trans-1,3-dichloropropene)、二溴甲烷(dibromomethane)、三溴甲烷(bromoform)、二氯溴甲烷(dichlorobromomethane)、二溴氯甲烷(dibromochloromethane)、二溴氯丙烷(dibromochloropropane)、溴化甲烷(bromomethane)、六氯乙烷(hexachloroethane)、六氯丁二烯(hexachlorobutadiene)、六氯环戊二烯(hexachlorocyclopentadiene)、氯化氰(chlorodibromomethane)、四氯乙炔(acetylene tetrachloride)、2-二氯丁烯(2-butylene dichloride)、氯丁橡胶(neoprene)、五氯乙烷(pentachloroethane)、二氯丙烯(propylene dichloride)、1,2,2-三氟乙烷(1,2,2-trifluoroethane(freon 113))、三氯三氟乙烷(trichlorotrifluoroethane)、二溴乙烯(ethylene dibromide)、溴二氯甲烷(bromodichloromethane)、一氟三氯甲烷(fluorotrichloromethane(freon 11))、偏氯乙烯(vinylidene chloride)等。

(2) 半挥发性卤代污染物：包括氯苯(chlorobenzene)、邻二氯苯(o-dichlorobenzene)、对二氯苯(p-dichlorobenzene)、五氯苯(pentachlorobenzene)、六氯苯(hexachlorobenzene)、1,2-二氯苯(1,2-dichlorobenzene)、1,4-二氯苯(1,4-dichlorobenzene)、邻氯甲苯(o-chlorotoluene)、对氯甲苯(p-chlorotoluene)、1,3-二氯苯(1,3-dichlorobenzene)、1,2,4-三氯苯(1,2,4-trichlorobenzene)、多氯联苯类(polychlorinated biphenyls(PCBs))、四氯酚(tetrachlorophenol)、五氯酚(pentachlorophenol(PCP))、4-氯苯胺(4-chloroaniline)、六氯丁二烯(hexachlorobutadiene)、2,4-二氯酚(2,4-dichlorophenol)、2,4,5-三氯酚(2,4,5-trichlorophenol)、2,4,6-三氯酚(2,4,6-trichlorophenol)、2-氯酚(2-chlorophenol)、对氯间甲酚(p-chloro-m-cresol)、1,2-双(2-氯乙氧基)乙烷(1,2-bis(2-chloroethoxy)ethane)、双(2-氯乙氧基)乙醚(bis(2-chloroethoxy)ether)、双(2-氯乙氧基)甲烷(bis(2-chloroethoxy)methane)、双(2-氯乙氧基)邻苯二甲酸酯(bis(2-chloroethoxy)phthalate)、双(2-氯乙基)乙醚(bis(2-chloroethyl)ether)、双(2-氯代异丙基)乙醚(bis(2-chloroisopropyl)ether)、4-氯联苯醚(4-chlorophenyl phenylether)、六氯环戊二烯(hexachlorocyclopentadiene)、2-氯萘(2-chloronaphthalene)、克氯苯(chlorobenzilate)、五氯硝基苯(quintozene)、3,3-二氯联苯胺(3,3-dichlorobenzidine)、4-溴联苯醚(4-bromophenyl phenyl ether)、不对称三氯苯(unsymtrichlorobenzene)。

半挥发性卤代污染物中农药类：包括杀虫剂、杀菌剂、除草剂、杀螨剂、灭线虫剂和灭鼠剂等，如艾氏剂(aldrin)、滴滴涕(chlorophenothane, DDT)、4,4′-滴滴涕(4,4′-DDT)、4,4′-滴滴伊(4,4′-DDE)、4,4′-滴滴滴(4,4′-DDD)、氯丹(chlordane)、乙基对硫磷(ethyl parathion)、α-六六六(BHC-alpha)、β-六六六(BHC-beta)、γ-六六六(BHC-gamma)、δ-六六六(BHC-delta)、狄氏剂(dieldrin)、七氯(heptachlor)、硫丹Ⅰ(endosulfan Ⅰ)、硫丹Ⅱ(endosulfan Ⅱ)、硫丹硫酸盐(endosulfan sulfate)、环氧七氯(heptachlor epoxide)、马拉硫磷(malathion)、甲基

对硫磷(methylparathion)、异狄氏剂(endrin)、对硫磷(parathion)、异狄氏剂醛(endrin aldehyde)、毒杀芬(toxaphene)、乙硫磷(ethion)。

(3)非氯代半挥发性有机污染物:包括苯并蒽(tetraphene)、蒽(anthracene)、联苯胺(benzidine)、异佛尔酮(isophorone)、芴(fluorene)、苯并(a)芘(benzo(a)pyrene)、茚并(1,2,3-cd)芘(indeno(1,2,3-cd)pyrene)、苯并[k]荧蒽(benzo[k]fluoranthene)、苯并[b]荧蒽(benzo[b]fluoranthene)、苯并(a)蒽(benzo(a)anthracene)、芘(pyrene)、屈(chrysene)、萘(naphthalene)、苊(acenaphthene)、苊烯(acenaphthylene)、二苯并呋喃(dibenzofuran)、苯基萘(phenyl naphthalene)、荧蒽(fluoranthene)、菲(phenanthrene)、多环芳烃(1,2-benzacenaphthene, PAH)、邻硝基苯酚(2-nitrophenol)、2,4,-二硝基苯酚(2,4,-dinitrophenol)、对硝基苯酚(4-nitrophenol)、邻硝基苯胺(2-nitroaniline)、间硝基苯胺(3-nitroaniline)、对硝基苯胺(4-nitroaniline)、1-氨基萘(1-aminonaphthalene)、2-氨基萘(2-aminona-phthalene)、亚甲基醚(allyldioxybenzene methylene ether)、二苯基甲烷(diphenylenemethane)、2,3-亚苯基芘(2,3-phenylenepyrene)、苯甲酸(benzoic acid)、2-甲基萘(2-methylnaphthalene)、苯甲醇(benzyl alcohol)、苯并(g,h,i)芘(benzo(g,h,i)perylene)、二苯并(a,h)蒽(dibenzo(a,h)anthracene)、2-甲酚(2-methylphenol)、4-甲酚(4-methylphenol)、2,4-二甲苯酚(2,4-dimethylphenol)、苯酚(phenol)、双(2-氯异丙基)醚(bis(2-chloroisopropyl)ether)、邻苯二甲酸(2-乙基己基)酯、邻苯二甲酸二丁酯(dibutyl-o-phthalate)、邻苯二甲酸丁苄酯(benzyl butyl phthalate)、邻苯二甲酸二乙酯(diethyl phthalate)。

非水相重液(DNAPLs)进入土壤中,在重力和降水入渗作用下以垂向迁移为主。在非水相重液迁移过程中,部分变成挥发态(以气相存在于土壤中或逸出地表),部分被土壤颗粒表面吸附变成吸附态,部分被土壤中微生物降解,大部分以自由相向下迁移,进入地下水之后,由于该类污染物的密度大于地下水的密度,且难溶于地下水,大部分自由态和少量溶解在地下水中的溶解态有机物富集在地下水中,且在重力作用下不断下沉,在相对隔水层中短暂停留,沿着隔水层的倾斜方向迁移,有时与地下水流方向相反。在基岩裂隙地下水中的迁移更加复杂,如图4-2所示。

挥发性卤代烃类污染物介电常数均小于水,介电常数越小,其在电场中越不容易极化,属于非极性(非离子型)化合物;卤代烃类污染物憎水性强,水溶性差;卤代烃类污染物的密度一般在 1.17~1.63 g/cm³,卤代烃类污染物的运动黏滞系数(ν_{CHC})普遍小于水(ν_w),由于卤代烃类污染物的渗透系数 $K_{CHC} = \dfrac{\rho_{CHC}}{\nu_{CHC}} k$,地下水

的渗透系数 $K_w = \dfrac{\rho_w}{\nu_w} k$,因此,卤代烃类污染物的渗透系数远远大于水;除四氯乙烯

和 1,1,2,2-四氯乙烷外，蒸汽压均远远大于水，因而，卤代烃类污染物极易挥发。

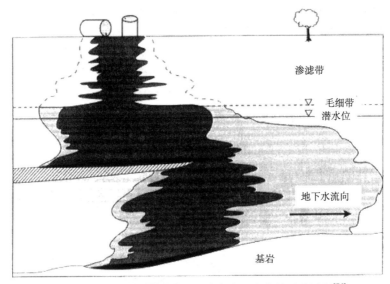

图 4-2　非水相的重液(DNAPLs)在地下水中的迁移过程[74]

黑色为非溶解在地下水中的 DNAPLs，如氯代溶剂类的 TCE；灰色为溶解在地下水中的 DNAPLs；虚线与黑色自由态 DNAPLs 之间部分为挥发态 DNAPLs

　　由于卤代烃类污染物的渗透性大于地下水的渗透性，且密度大、憎水性强，卤代烃类污染物在非饱和土壤中具有很强的渗透能力，尤其在孔隙结构差异大和含水量较大条件下，微小孔隙中的地下水对憎水的卤代烃类污染物的排斥作用使得大孔隙的卤代烃类污染物优先下渗，渗入地下水而污染地下水。

　　当卤代烃类污染物在地下水中的含量小于其在水中的溶解度时，卤代烃类污染物完全溶解于地下水中，随地下水流一起运动，可以用溶质运移模型定量描述；当卤代烃类污染物在地下水中的含量大于其在水中的溶解度时，卤代烃类污染物呈游离态，表现为 DNAPLs，其在含水层中的迁移主要受重力影响，而不受地下水流运动方向控制，只要含水层底板倾斜，DNAPLs 的迁移方向总是指向含水层底板的倾斜方向。一般来说，DNAPLs 容易聚集在相对隔水层上部，形成污染池，长期释放污染地下水，或在微生物作用下转化成毒性更大的中间产物，污染地下水。在地下水中采取的 DNAPLs 一般均是溶解态的 DNAPLs，溶解在地下水中的 DNAPLs 是混溶状态，与取样深度无关；而自由态的 DNAPLs 在含水层的深部，一般在隔水底板附近采集饱和土壤样才能捕获到 DNAPLs。

　　DNAPLs 在含水层中的迁移速度大于地下水，在一些垃圾填埋场中采用了黏土防渗层，地下水难以穿透该防渗层，而垃圾渗滤液中的卤代烃类污染物能够穿透该防渗层，它的穿透能力比实验室测定的渗透性大 100～1000 倍[75]，这是因为卤代烃类污染物属于低介电常数物质，与防渗层中黏粒接触可使得双电层明显压缩，黏粒絮凝，导致防渗层黏土的孔隙结构发生较大改变，同时，由于卤代烃类污染物本身渗透系数大于地下水，因此，DNAPLs 的渗透性更强。

　　土壤中 DNAPLs 的修复技术包括土壤气相技术(soil vapor extraction，SVE)，当抽气技术难以抽出吸附态和自由态 DNAPLs 时，可采用热解吸附和电加热解吸附技术结合抽气技术，抽出挥发态 DNAPLs 之后，用活性炭吸附净化。当这些技术难以处理时，可以采用焚烧技术。生物通气法(bioventing)，即向土壤中注入氧气，增加土壤中微生物的活力以促进好氧微生物降解 DNAPLs，该技术属于土壤原位修复技术。对于 DNAPLs 污染地下水修复，可以用生物曝气技术(air sparging，AS)，即向地下水中注入氧气，增加地下水中好氧微生物的降解性。吹脱法(air stripping)是一种异位土壤 DNAPLs 修复技术，将土壤中水相挥发性污染物转换成气相，这一过程在曝气池或填料塔中进行。一般填料塔吹脱装置包括塔顶分配污水的喷雾嘴、推动逆流气进入水流的风扇以及塔底收集净化水的集液池。辅助设备包括提高去除效率的水加热器和空气加热器、带有集液池水位开关和安全装置的自动控制系统(如压差监测器、高级集液池水位开关)以及排气处理系统(如活性炭单元、催化氧化剂或热氧化剂)。填料塔吹脱装置既可以永久安装在混凝土板上，也可以安装在临时的拖车上。

　　对于受 DNAPLs 污染的地下水，可采用液相活性炭吸附技术，可将溶解态 DNAPLs 污染的地下水抽出进入活性炭吸附管内吸附去除地下水中的 DNAPLs，然后再处理吸附 DNAPLs 的活性炭。这一技术也可以用于吸附去除受重金属污染的地下水，活性炭也可以用生物炭代替，将吸附污染物的生物炭进行焚烧处理。

　　催化氧化和热氧化技术处理土壤与地下水中挥发性有机污染物，这一技术属于异位修复技术，抽出的气态 DNAPLs 可以用金属氧化物如氧化镍、氧化锰、氧化铬和氧化铜作为催化剂，进行催化氧化处理。

　　对于土壤与地下水污染的 DNAPLs(挥发性和半挥发性有机污染物)，还可以用生物原位或异位降解修复技术，包括原位生物修复、生物通气、堆肥、生物堆等。

　　对于更详细的 DNAPLs 污染土壤与地下水的修复技术，可参阅第 10 章内容。

4.2.5　有机污染物(非水相的轻液，LNAPLs)

　　土壤与地下水中非水相轻液(light non-aqueous phase liquids，LNAPLs)包括挥发性单环芳烃类、挥发性醚类、石油类、脂肪族酮类以及其他有机污染物等。

1. 挥发性单环芳烃类

　　苯(benzene)、甲苯(toluene)、乙苯(ethylbenzene)、间二甲苯(*m*-xylene)、对

二甲苯(*p*-xylene)、邻二甲苯(*o*-xylene)、1,2,4-三甲基苯(1,2,4-trimethylbenzene)、1,3,5-三甲基苯(1,3,5-trimethylbenzene)、苯乙烯(vinylbenzene 或 styrene)、吡啶或氮苯(pyridine)、正丙基苯(*n*-propylbenzene)、正己基苯(*n*-hexylbenzene)、1,2,4,5-四甲基苯(1,2,4,5-tetramethylbenzene)、 1,2,3,4-四甲基苯(1,2,3,4-tetramethylbenzene)、1,2,4-三甲基-5-乙苯(1,2,4-trimethyl-5-ethylbenzene)、二甲基乙苯(dimethyl ethylbenzene)、2,2,4-三甲基庚烷(2,2,4-trimethylheptane)、3,3,5-三甲基庚烷(3,3,5-trimethylheptane)、2,2,4-三甲基戊烷(2,2,4-trimethylpentane)、2,2-二甲基庚烷(2,2-dimethylheptane)、 2-甲基庚烷(2-methylheptane)、甲基戊烷(2-methylpentane)、3-乙基戊烷(3-ethylpentane)、甲基叔丁醚(methyl tert-butyl ether, MTBE)。

2. 非氯代挥发性有机物(不包括 BTEX 和石油类污染物)

甲醇(methanol，密度 0.7918 g/cm³)、1-丁醇(1-butanol，密度 0.8109 g/cm³)、丙酮(propanone/acetone，密度 0.7845 g/cm³)、环己酮(cyclohexanone，密度 0.95 g/cm³)、甲基异丁基甲酮(methyl isobutyl ketone，密度 0.799~0.803 g/cm³)、4-甲基-2-戊酮(4-methyl-2-pentanone，密度 0.80 g/cm³)、乙醇(ethanol，密度 0.789 g/cm³)、正丁醇(*n*-butyl alcohol，密度 0.8098 g/cm³)、乙酸乙酯(ethyl acetate，密度 0.902 g/cm³)、苯乙烯(styrene，密度 0.909 g/cm³)、丙烯醛(acrolein，密度 0.84 g/cm³)、乙醚(ethyl ether，密度 0.7135 g/cm³)、四氢呋喃(tetrahydrofuran，密度 0.8892 g/cm³)、丙烯腈(acrylonitrile，密度 0.81 g/cm³)、异丁醇(isobutanol)、乙酸乙烯酯(vinyl acetate)、甲基乙基酮(methyl ethyl ketone(MEK)，密度 0.81 g/cm³)、*N*-亚硝基二丙胺(*N*-nitrosodi-n-propylanime)、邻甲苯胺(*o*-toluidine，密度 0.9984 g/cm³)、四氢噻吩(tetrahydrothiophene，密度 1.00 g/cm³)、邻苯二甲酸二正辛酯(di-*n*-octylo-phthalate(DOP)，密度 0.978 g/cm³)。苯胺(aminobenzene 或 aniline，密度 1.0217 g/cm³)和二硫化碳(carbon disulfide，密度 1.26 g/cm³)非氯代挥发性有机物，由于其相对密度大于 1 而属于 DNAPLs。

3. 石油类(碳氢化合物)

总石油烃(total petroleum hydrocarbons, TPH)包括汽油、煤油、柴油、润滑油、石蜡和沥青等，是多种烃类(正烷烃、支链烷烃、环烷烃、芳烃)和少量其他有机物，如硫化物、氮化物、环烷酸类等的混合物。目前在土壤与地下水污染评价中常用 TPH C<16(有少量挥发性)、石油烃 TPH C>16(一般为非挥发性)。石油类污染物常常出现在下列场地：机场区、石油开采区、污染海洋沉积物区、消防训练场、飞机油库区和维修区、机动车维修区、溶剂脱脂区、渗漏储油罐区、地面储油罐区以及垃圾填埋场等。

对于非水相的轻液来说，进入土壤中，在垂向下渗过程中部分变成挥发性污染物，部分吸附在土壤颗粒上，部分被土壤中微生物降解，部分以自由相向下渗漏，进入潜水含水层之后，由于该类污染物的密度小于地下水，且难溶于地下水，大部分自由态和少量溶解在地下水中的溶解态有机物富集在地下水潜水面附近，并且沿着地下水流方向迁移，如图4-3所示。

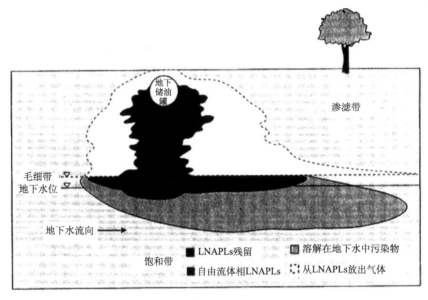

图 4-3　LNAPLs 在土壤与地下水中迁移过程示意图[74]

深黑色为自由态 LNAPLs，如汽油等；灰色为溶解在地下水中的 LNAPLs；虚线与黑色自由态 LNAPLs 之间部分为挥发态 LNAPLs

4.2.6　炸药类污染物

炸药类污染物是指用于推进剂、爆炸物、各种烟火的物质，这些物质在爆炸过程会产生热、震动、摩擦力、静电放电以及有害化学物质。各种烟火的物质含有硝酸钠、镁、钡、锶以及金属硝酸盐等。在推进剂和一些爆炸物制造过程会产生有机污染物，污染土壤与地下水。

在一些地区发现炸药类污染物，如爆破场地、采石场、海洋沉积物区、垃圾填埋场等，场地发现的炸药类污染物有三硝基甲苯(TNT,2,4,6-trinitrotoluene)、苦味酸盐(picrates)类、三次甲基三硝基胺(黑索金)(RDX, cyclo-1,3,5-trimethylene-2,4,6-trinitramine)、三硝基苯(TNB, trinitrobenzenes)、三硝基苯甲硝胺(特屈儿)(tetryl, N-methyl-N,2,4,6-tetranitrobenzeneamine)、二硝基苯(DNB, dinitrobenzenes)、2,4-二硝基甲苯(2,4-DNT, 2,4-dinitrotoluene)、2,6-二硝基甲苯

(2,6-DNT, 2,6- dinitrotoluene)、硝化甘油（NG, nitrlglycerine）、硝化纤维（NC, nitrocellulose）、奥克托今（HMX, 1,3,5,7-tetranitro-1,3,5,7-tetraazocyclooctane）、高氯酸铵（AP, ammonium perchlorate）、硝基芳香化合物（nitroaromatics）等。

对于爆炸物污染场地，修复技术包括生物修复技术、热脱附技术、焚烧技术、溶剂抽提技术、土壤洗涤技术以及联合修复技术。美国能源部开发了六种爆炸物污染场地的生物修复技术，包括液相生物反应器处理（aqueous phase bioreactor treatment）、堆肥技术（composting）、土地耕作技术（landfarming）、植物修复技术（phytoremediation）、白腐真菌处理技术（white rot fungus treatment）以及原位生物修复技术（in situ biological treatment）。

4.2.7　其他类型污染物

除上述土壤与地下水中发现的污染物类型外，还有一些污染物未发现或未造成严重污染，这些污染物为新兴污染物，主要有以下几类。

(1)药物及个人护理品（pharmaceutical and personal care products，PPCPs）。包括各类抗生素、人工合成麝香、止痛药、降压药、避孕药、催眠药、减肥药、发胶、染发剂和杀菌剂等。抗生素类污染物包括四环素类、磺胺类、氟喹诺酮类、大环内酯类、氯霉素类和 β-内酰胺类。抗生素磺胺类抗生素磺胺嘧啶、磺胺甲基异噁唑（SMX）、磺胺二甲嘧啶；氟喹诺酮类抗生素氧氟沙星、诺氟沙星、环丙沙星。

(2)塑化剂（plasticizer）。或称增塑剂、可塑剂，是一种增加材料的柔软性或使材料液化的高分子材料助剂，也是环境雌激素中的酞酸酯类（PAEs phthalates）。邻苯二甲酸酯类（phthalate esters, PAEs）是邻苯二甲酸（phthalate acid）的酯化衍生物，是最常见的塑化剂。邻苯二甲酸酯类塑化剂的常见品种包括邻苯二甲酸二(2-乙基己)酯（DEHP）、邻苯二甲酸二辛酯（DOP）、邻苯二甲酸二正辛酯（DNOP 或 DnOP）、邻苯二甲酸丁苄酯（BBP）、邻苯二甲酸二仲辛酯（DCP）、邻苯二甲酸二环己酯（DCHP）、邻苯二甲酸二丁酯（DBP）、邻苯二甲酸二异丁酯（DIBP）、邻苯二甲酸二甲酯（DMP）、邻苯二甲酸二乙酯（DEP）、邻苯二甲酸二异壬酯（DINP）、邻苯二甲酸二异癸酯（DIDP）。

(3)纳米材料类污染物。纳米材料广泛应用于环境修复，尤其在地下水污染修复中广泛应用，如纳米铁还原脱氯，用于地下水氯代溶剂类污染修复。有一些纳米材料进入土壤中，通过植物吸收，又进入人体积累，或进入地下水中，通过饮用进入人体中累积，造成人体健康危害。另外，微塑料也会通过各种途径进入人体，造成人体健康影响。

对于其他类污染物在土壤与地下水的研究，目前还是初步的，需要进一步深入研究。

4.3　土壤中重金属的形态

进入土壤中的重金属，由于土壤环境变化，会在土壤中发生不同形态和价态的变化，一般情况下，土壤中重金属有六种形态(可交换态、碳酸盐结合态、有机物结合态、铁-锰氧化物结合态、硫化物结合态以及残渣态)，这些形态不是一成不变的，会随着土壤中酸碱度、氧化还原电位的变化而变化，也会随着土壤中水分迁移发生转移。由于土壤是一种多组分、多相流，含多种天然矿物质、有机质、微小生物和微生物等的物质，又存在大气降水或农业灌溉使得土壤中的水分不断变化，当重金属进入土壤中会发生一系列的物理过程、化学过程和生物过程，同时也发生水-岩(土)的相互作用，因此，土壤中的重金属形态和价态(如重金属铬存在三价和六价，六价铬毒性远远大于三价铬；三价砷毒性远远大于五价砷等)变化复杂。土壤中的重金属是动态的，不是固定在土壤中不动的，因此，在研究土壤中的污染物时，要用辩证的思维考虑，一是考虑土壤环境及其变化，二是考虑污染物的类型。

Tessier 等[76]提出从土壤中分离痕量重金属和粒状重金属的方法，该方法称为 Tessier 法(五步萃取法)，土壤中重金属的形态可以分为六种，在实验室可以用 Tessier 法提取。

可交换态(水溶态)：吸附在黏土、腐殖质和其他成分上的重金属，易于迁移转化，称为生物可吸收态，能被植物吸收，该形态的重金属可以用于土壤重金属污染植物修复。被植物吸收的重金属，可能被植物吸收富集，能够吸收大量重金属的植物为超富集植物；如果这种重金属被农作物吸收，将会通过粮食或蔬菜进入食物中，对人体健康造成危害；水溶态的重金属在降水或灌溉条件下迁移到地下水中，导致地下水重金属污染。

碳酸盐结合态(酸溶态)：在碳酸盐矿物上形成共沉淀结合态，对 pH 敏感，pH 下降使得碳酸盐结合态的重金属溶出，将会变成可交换态，可能被植被吸收，也可能渗入地下水中，从而使地下水中重金属富集。

铁-锰氧化物结合态(可还原态)：以矿物的外囊物和细分散颗粒存在，pH 和氧化还原电位较高时，有利于铁-锰氧化物的形成，当土壤中 pH 下降(如酸雨时)，土壤中铁-锰氧化物结合态中重金属将会溶出，或被植被提取吸收，或向地下水中迁移。

有机物结合态(可氧化态)：重金属与土壤中的有机物螯合而成，在氧化环境下，土壤中有机物结合态中重金属也会溶出，或被微生物固定化，或迁移到地下水中。

硫化物结合态：重金属与土壤中硫化物结合，形成相对稳定的状态，但在 pH

和 Eh 变化的条件下，土壤中重金属也会溶出，或被土壤中微生物释放出。

残渣态：可存在于硅酸盐、原生和次生矿物等土壤晶格中，或以固态金属形式存在于土壤中。

从生物可利用角度，土壤中可交换重金属可以直接被生物利用，其他络合态为潜在生物可利用，残渣态为生物不可利用。

欧共体标准局(the Community Bureau of Reference，BCR，现为 Measurements and Testing Programme)，1987 年起在欧洲广泛进行萃取方法的对比研究，1992 年提出了 BCR 三步萃取法[77]，之后在欧洲作为标准方法得到广泛应用并不断完善[78-80]。

4.4　土壤中有机污染物的形态

有机污染物进入土壤中大多以垂向向下迁移，在迁移过程中，由于土壤物理性质的不同、土壤生态环境的变化以及有机污染物性质的不同，进入土壤中的有机污染物的形态发生变化，其物理形态有如下四种。

(1)挥发态：土壤属于非饱和状态，土壤内存在气体，挥发性污染物进入土壤中，在气相浓度梯度的作用下，与土壤中的气相发生混合和扩散作用。气相扩散过程中，土壤气相的密度也随着多组分有机污染物气化过程发生密度的变化。同时，由于土壤中温度梯度的变化，土壤中挥发性污染物的迁移方向也会发生变化，如夏天地表温度高于土壤与潜水面之间的温度，挥发性物质会向地表方向向上迁移；冬天地表温度低于下部土壤温度，挥发性物质会向下迁移。

(2)溶解态：有机污染物进入土壤中，会与地下水发生部分溶解作用，溶解在地下水中的有机污染物会随着土壤水的运动而扩散、迁移。在大气降水入渗作用下会迁移到潜水之中，导致地下水有机污染物污染。

(3)吸附态或残留态：由于土壤颗粒表面的吸附作用和非饱和土壤的基质吸力作用，使得有机污染物残留在土壤中，形成残留态。在土壤吸附作用下，有机污染物变成固相的一部分；在基质吸力作用下，有机污染物会与土壤的结合水和薄膜水结合，形成不能移动的液相。这部分残留有机物在大气降水和农业灌溉水大量入渗作用下会逐渐迁移或溶解迁移，最终污染地下水。

(4)自由态或非混溶态：由于大量有机污染物具有非溶解和非亲水性的特点，这些有机污染物进入土壤中，大部分以自由态的形式存在，并在重力作用下向深部地下水迁移。当迁移到潜水后，轻的非水相有机物会浮在潜水面附近，随地下水流迁移；重的非水相有机物会向地下水深部迁移，在相对隔水层部位滞留，但注意溶解在地下水中的 DNAPLs 会在地下水中混合均匀。

土壤中存在大量的微生物，有机污染物进入土壤中会发生生物降解作用，使得目标有机物衰减，若目标污染物衰减速率比较快，在土壤有机污染物修复时，可以采用监测衰减修复技术。但要注意：有机污染物在生物降解过程中，目标污染物衰减会产生大量中间产物，在监测目标污染物的同时，也要监测中间产物的浓度变化，有些有机污染物中间产物的毒性远远大于目标污染物的毒性，如四氯乙烯(PCE)和三氯乙烯(TCE)降解过程的中间产物氯乙烯(VC)的毒性远远大于PCE 和 TCE。

4.5 土壤中重金属的价态

大多数污染场地中发现重金属 Pb、Cr、As、Zn、Cd、Cu 和 Hg 的存在，土壤中这些重金属能够导致农作物减产，在食物链中具有生物放大和生物积累风险；并且容易迁移到地下水中，造成地下水重金属污染。因此，这些重金属是土壤与地下水污染研究的重点。深刻理解这些重金属在土壤与地下水中的迁移转化、生物可利用性、对人体健康的影响以及修复技术的选择，具有重要的科学意义和实际应用价值。重金属在土壤与地下水中的迁移转化取决于其化学形态和价态。重金属进入土壤中可能发生沉淀和溶解作用、离子交换作用、吸附和解吸附作用、络合作用、生物固定或移动作用、氧化还原作用以及被植物根系吸收等。由于重金属在土壤环境中的价态不同，其生物毒性存在较大差异。

自然界中铅常常与其他元素共生，如铅锌矿、硫化矿(PbS、$PbSO_4$)等，铅的平均密度为 11.4 g/cm^3，在地壳中铅浓度大约为 $10 \sim 30 \text{ mg/kg}$。全球土壤中平均浓度为 32 mg/kg，浓度范围为 $10 \sim 67 \text{ mg/kg}$。

通常铅以二价铅离子(Pb(Ⅱ))、氧化铅和氢氧化铅及铅氧金属络合物存在于土壤、地下水和地表水中。稳定态的铅一般为 Pb(Ⅱ)和铅氢氧络合物。不溶解的铅化合物主要是磷酸铅、碳酸铅(pH 大于 6)和氢氧化铅，在还原环境下硫化铅(PbS)是土壤中最稳定的固态形式；在厌氧条件下，由于微生物的烃化作用，能够形成挥发性有机铅(如四甲基铅)。二价铅化合物主要以离子态出现，如 $PbSO_4$，四价铅化合物往往以共价态出现，如四乙基铅 $Pb(C_2H_5)_4$，四价铅的化合物 PbO_2 是强氧化剂。

铬的平均密度为 7.19 g/cm^3，在自然界并不以单质形式存在，而是以化合物形式存在，如铬铁矿($FeCr_2O_4$)。铬是一种变价元素，其化合物为正二价、正三价和正六价。在重金属污染土壤中常常发现六价铬和三价铬，它们彼此可以相互转化。六价铬在厌氧的潜水含水层中常见，六价铬也可能被土壤中有机质还原成三价铬，在深层地下水厌氧环境中如果出现 S^{2-} 和 Fe^{2+}，也可能将六价铬还原成三价铬。六价铬在土壤与地下水中以铬酸盐(CrO_4^{2-})和重铬酸盐($Cr_2O_7^{2-}$)存在，很容易与土壤和地下水中的阳离子发生沉淀作用，尤其与 Ba^{2+}、Pb^{2+} 和 Ag^+ 反应生成 $BaCrO_4$(或 $BaCr_2O_7$)、$PbCrO_4$(或 $PbCr_2O_7$)、Ag_2CrO_4(或 $Ag_2Cr_2O_7$)沉淀。三价铬中氯化铬、硝酸铬和硫酸铬易溶于水，但碳酸铬和氧化铬不溶于水，六价铬中钾、钠和铵的铬酸盐和重铬酸盐是强氧化剂，易溶于水且很稳定。铬酸盐和重铬酸盐也可以吸附在土壤颗粒表面。在酸性环境下 (pH 小于 4) 土壤中主要以三价铬形式存在，容易与土壤和地下水中的 NH_3、OH^-($Cr(OH)_3(s)$)、Cl^-($CrCl_3$)、F^-(CrF_3)、CN^-、SO_4^{2-}($Cr_2(SO_4)_3$) 形成溶解性络合物。中性环境下三价铬仅仅少量溶解于水，在 pH 小于 6 时，迁移能力强，在 pH 大于 7 的碱性环境下，三价铬形成 $Cr(OH)_3$ 沉淀，因此，碱性环境中很少存在三价铬离子。六价铬在地下水中以 CrO_4^{2-} 形式存在，它在碱性环境下迁移能力强，在 pH 小于 6 时，迁移能力降低，还原条件 (地下水环境) 下，六价铬化合物难溶解，不易迁移，六价铬毒性远远大于三价铬，在 pH 小于 5 的条件下，三价铬由于黏土和氧化矿物的吸附作用，其迁移性降低。当土壤中 pH 增高时，土壤中六价铬容易迁移到地下水中。

砷的平均密度为 5.72 g/cm^3，砷本身无毒，砷的氧化物则为剧毒，地下水中砷含量超过世界卫生组织的饮用水标准限值 10 $\mu g/L$ 时，便认为是高砷地下水。砷主要作为 As_2O_3 出现在种类繁多的矿物中，可以从含有 Cu、Pb、Zn、Ag 和 Au 的矿石的加工中提取，砷也出现在煤燃烧产生的煤灰中。砷在地壳中主要以硫化物形式存在，如雄黄 (AsS)、雌黄 (As_2S_3)、毒砂 (FeAsS)、白砷石 (As_2O_3)、砷铁矿 ($FeAsS_2$)、砷钴矿 ($CoAs_2$) 等。砷表现出相当复杂的化学性质，以四种价态(负三价、零价、三价和五价)出现，在好氧环境 (土壤一般为好氧环境) 中，砷主要表现为五价砷 (AsO_4^{3-})，常常在土壤中以砷酸盐形式存在，如 H_3AsO_4、$H_2AsO_4^-$、$HAsO_4^{2-}$ 和 $HAsO_4^{3-}$。砷酸盐在土壤中常常以螯合物存在，当有金属阳离子存在时发生沉淀，这些沉淀物在某些条件下是稳定的。在酸性和中等还原条件下五价砷与铁的氢氧化合物发生共沉淀，在酸性和中等还原条件下这些共沉淀物是稳定的，但是，当 pH 增高时砷会迁移。在还原条件 (地下水环境) 下，三价砷大多以 AsO_3^{3-}、H_3AsO_3、$H_2AsO_3^-$ 和 $HAsO_3^{2-}$ 形态存在于土壤与地下水环境中。砷能够与金属硫化物发生吸附作用或共沉淀作用，在极端还原地下水环境下可能出现单质砷和三氢化砷 (AsH_3)。由于生物转化作用，砷可以转化成挥发性的有机砷，如二甲基砷 ($HAs(CH_3)_2$) 和三甲基砷 ($As(CH_3)_3$)。地下水中常常存在一些阴离子如 Cl^- 和 SO_4^{2-}，砷与这些阴离子不会发生络合作用。土壤与地下水中砷的形态也包括有机金属态，如甲基砷酸 ($(CH_3)AsO_2H_2$) 和二甲基砷酸 ($(CH_3)_2AsO_2H$)。大部分砷的化合物吸附在土壤和含水层中，在地下水中迁移距离短。因此，在土壤与地下水砷污染调查中必须考虑地下水环境和砷的形态和价态特点，进行针对性的土壤与地下水采样、监测和砷污染修复。

锌的平均密度为 7.14 g/cm^3，广泛存在于天然土壤中，在地壳中的浓度大约为 70 mg/kg，由于人类活动的影响，土壤中的锌在增加，土壤中多数锌浓度升高是由于工业活动，如采矿、煤炭、废弃物燃烧以及钢铁加工等，许多食品添加剂中含有一定浓度的锌，饮用水中也含有一定量的锌。锌是一种人体健康必需的痕量元素，缺乏会造成出生缺陷，但是超过一定标准，锌就成为有害重金属有损身体健康，污染土壤和地下水，导致食品安全问题。人类大量使用锌产品，会导致环境中锌浓度的增高，大量的废水处理厂可能是土壤与地下水锌污染源。锌在土壤中大多为离子态，容易向地下水中迁移，造成地下水锌污染。锌具有生物积累性，会通过生物链进入食品中，影响人体健康。锌会增加水体酸度，干扰土壤中的生物活动，影响土壤中微生物和微小生物的活动，从而阻止土壤中有机质的分解(微生物活动将土壤中生物难利用的有机质分解成生物可利用性的有机质,有利于植被利用，使土壤肥沃)。

镉的平均密度为 8.65 g/cm^3，以二价镉离子形式出现在土壤中。镉是生物非必需且具有生物毒性的痕量元素，由于镉的大量使用，增加了环境中镉的浓度。镉可用于 Ni/Cd 电池、一些容器和交通工具上的镉膜(防腐蚀)、PVC 的稳定剂、染料、合金和电子器、磷肥、洗涤剂、炼油产品等。农业化肥和杀虫剂的使用、工业废弃物处置以及大气干湿沉降,使得土壤中镉的浓度增高,在酸性环境(酸雨)下，土壤中的镉很容易迁移，污染地下水。

铜的密度为 8.96 g/cm^3，在地壳岩石中平均密度为 $8.1 \times 10^3 kg/m^3$，平均浓度为 55 mg/kg。铜是植物和动物生长过程必需的微量营养元素。在人体中，铜有助于生成血红素；铜在植物结种子、抗病性和调节水分等方面尤其重要。生物确实需要铜，但高剂量的铜可引起人体贫血、肝和肾脏损伤以及胃肠刺激。铜与环境相互作用很复杂，大多数铜进入环境中，迅速变成稳定态，并不造成环境风险，铜在人体中不会累积，在食物链中并不形成生物累积。在土壤中铜与有机物形成有机物络合态，很少以二价铜离子形式存在于土壤水和地下水中，pH=5.5 时铜的溶解性显著增加。

汞的平均密度为 13.6 g/cm^3，在环境中，汞通常表现为 Hg^{2+}、Hg_2^{+}、Hg^0、甲基或乙基汞。在氧化条件下 Hg^{2+} 和 Hg_2^{+} 更稳定，中等还原条件下，有机汞和无机汞可以还原成汞元素，由生物和非生物过程转化成烷基化汞，烷基化汞毒性较大，容易在水中溶解，在空气中挥发。Hg(II) 与各种有机物和无机物形成螯合体，在氧化性水体中极易溶解。汞容易吸附到土壤、沉积物和腐殖质材料中，汞的吸附性取决于 pH。汞与硫化物形成共沉淀物(HgS(s))，在厌氧微生物(如硫还原菌)的作用下，有机汞和无机汞可以转化成烷基化汞，也可以由甲基汞的脱甲基作用或 Hg(II) 的还原作用形成单质汞。酸性环境(pH < 4)下表现为甲基汞形态，高的pH 下汞容易与硫化物发生沉淀作用，形成 HgS(s) 沉淀物。

在低 pH 区域，镍表现为二价镍离子 Ni(II)，在中性到稍碱性溶液中，镍表现为氢氧化镍沉淀 Ni(OH)$_2$，它是一种稳定化合物。氢氧化镍在酸性溶液中容易溶解成 Ni(III)，在碱性较强环境下形成 $HNiO_2$，镍为三价离子态 Ni^{3+}，容易溶解在水中。在强氧化和碱性条件下，镍的存在形态为稳态的氧化镍 Ni_3O_4，在酸性溶液中易溶解。Ni_2O_3 和 NiO_2 在碱性溶液中不稳定而分解放出氧气。然而，在酸性区域，固态镍的化合物溶解形成镍离子 Ni^{2+}。在酸性土壤中，镍具有迁移性，常常渗入地下水中。镍也会抑制微生物的生长，微生物也会在土壤中固定镍。

土壤中重金属的形态变化受土壤中的有机质、pH、Eh、微生物等的影响，同时，土壤中的有机质也会影响土壤的 pH、Eh 和微生物。土壤中有机质通过改变土壤的 pH 和 Eh，促进土壤中有机碳含量的变化，改变土壤的性质，促进土壤微生物增长，改善土壤的吸收性能，影响重金属的沉淀–溶解平衡。

4.6　地下水中污染物的存在状态

重金属通过土壤进入地下水中大多为离子形态，属于溶解态，随着地下水流迁移；由于地下水处于还原环境，地下水中重金属的形态取决于地下水中酸碱度(pH)和氧化还原电位(Eh)值的大小。pH 是影响地下水中砷富集的一个重要因素。由于砷在地下水中(pH=4～9)主要以砷酸根和亚砷酸的形式存在，因此，地下水中的五价砷 As(V) 更容易被含水层颗粒中带正电的物质，如铁、铝氧化物、针铁矿和水铝矿及水铁矿等吸附。随着 pH 的增大，胶体和黏土矿物带更多的负电荷，降低了对以阴离子形式存在的砷酸根的吸附，从而有利于砷的解吸附，或者高的 pH 阻止了砷的吸附，为地下水中砷的富集创造条件。高砷地下水一般呈弱碱性。在潜水的氧化环境中，地下水中砷的化合物会被胶体或铁锰氧化物或氢氧化物吸附，但在还原环境中当氧化还原电位达到一定程度时，胶体变得不稳定或对砷有着强大吸附能力的铁(锰)氧化物或氢氧化物被还原，生成了溶解性很强的更为活泼的低价铁(锰)离子，吸附在它们表面的砷也被释放出来进入地下水中。在这类地下水中，高砷常伴随着高铁、高锰、低溶解氧。在氧化环境中，含砷矿物(如黄铁矿等)的氧化作用也可导致砷的释放，砷的化合物主要以 As(V) 形式存在，地表水为氧化环境，砷大多以五价形态出现；而在地下水的还原环境中则主要以 As(III) 形式存在，三价砷的毒性远远大于五价砷。

在地下水中存在有机组分时，如腐殖酸，能促进金属元素在地下水中的迁移。一方面，有些元素可直接与有机酸官能团结合，随有机酸一起迁移；另一方面，由于某些有机酸具有还原能力和胶体性质，不少变价元素(如砷)处于低价态时具有较高的溶解度，而有机酸的还原作用可促使它们由高价态向低价态转变，并使之在迁移过程中保持价态的稳定性。

在地下水中甲烷菌的作用下，砷酸根、亚砷酸根经甲基化作用可生成单甲基砷酸盐($CH_3 \cdot H_3AsO_3$)、二甲基砷酸盐(($CH_3)_2 \cdot H_3AsO_3$)等甲基砷化合物，有利于有机砷的富集和在地下水中富集。这些因素不仅可使砷在有机环境中富集,而且使 As(III) 的比例增加,从而增强了砷的毒性。地下水中存在较多的还原性微生物,如硫酸盐还原菌、铁还原菌等,如图 4-4(a)～(c) 所示。硫酸盐还原菌使得地下水中硫酸根离子(SO_4^{2-}) 还原成硫化氢(H_2S) 气体,H_2S 气体与地下水中的 Fe_2O_3 反应生成硫化亚铁(FeS),然后,吸附到 $Fe(OH)_3$ 上的砷溶解到地下水中。这就是为什么在高浓度砷富集的地下水中伴随高的溶解性 Fe 和低的硫酸根离子(SO_4^{2-}) 的原因。三价溶解态砷来源于五价砷的还原,无机砷很难还原成甲基砷。当富含三价砷的地下水被抽出并暴露到大气中后,三价砷会迅速被氧化成五价砷。砷与地下水中的铁还原菌发生还原作用,在地下水还原环境下,厌氧微生物以有机碳作为能源,Fe(III) 和 As(V) 作为电子受体,分别将 Fe(III) 和 As(V) 还原成 Fe(II) 和 As(III),从而释放出表面吸附的五价砷[81]。地下水中的硫酸盐还原菌可以将硫酸盐还原成硫化物,并使五价砷还原成三价砷。

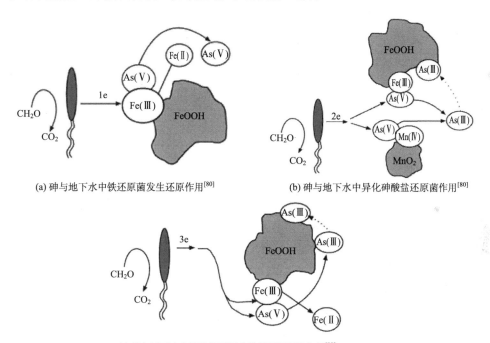

(a) 砷与地下水中铁还原菌发生还原作用[80]

(b) 砷与地下水中异化砷酸盐还原菌作用[80]

(c) 砷与地下水中异化铁还原砷酸盐还原细胞作用[82]

图 4-4　砷与地下水中微生物和铁作用价态变化

砷与其他非金属相似,有多种价态和形态,其生物利用性和毒性均受砷的价态和形态影响。在溶液中,砷的主要形态受氧化还原电位(Eh)和 pH 控制,不同液态砷的稳定性是 pH 的函数,如图 4-5(a)和图 4-5(b)。砷随地下水的 pH 不同,其三价砷和五价砷的形态不同,三价砷的三种形态 H_3AsO_3、$H_2AsO_3^-$、$HAsO_3^{2-}$ 基本上在碱性地下水中存在，在 pH=7～10 条件下地下水中三价砷的形态为 H_3AsO_3，在 pH=8.3～11 条件下地下水中三价砷的形态大多为 $H_2AsO_3^-$，在 pH 大于 11 之后，$H_2AsO_3^-$ 逐渐变少，而 $HAsO_3^{2-}$ 形态的砷增多，如图 4-5(a) 所示。

　　五价砷在酸性环境下主要的形态为 $H_2AsO_4^-$ 和 H_3AsO_4，在碱性环境下主要形态为 $HAsO_4^{2-}$ 和 AsO_4^{3-}，如图 4-5(b) 所示。因此说，由于人类活动改变了地下水的环境，使得地下水酸碱性发生变化，地下水中砷的形态发生变化，其迁移特性也会变化，在地下水砷污染调查和修复时，一定要考虑环境变化和砷的形态和价态的变化。

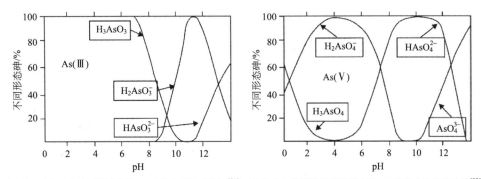

(a) 地下水中三价砷不同形态随 pH 存在分量的变化图[81]　(b) 地下水中五价砷不同形态随 pH 存在分量的变化图[83]

图 4-5　地下水中 As(Ⅲ) 和 As(Ⅴ) 随 pH 的形态变化图

　　图 4-6 显示了 Eh-pH 下的砷的稳定性，Eh-pH 图中砷的模拟系统包括氧气、水和硫，溶解态砷和固态砷显示在该系统中，图中深色区域为固态砷，无色区域为溶解态砷(溶解性小于 $10^{-5.3}$mol/L)。从图 4-6 可以看出，在氧充分(地表水体)高 Eh 值条件下，砷酸盐(H_3AsO_4, $H_2AsO_4^-$, $HAsO_4^{2-}$, AsO_4^{3-})是稳定的；亚砷酸盐(H_3AsO_3, $H_2AsO_3^-$, $HAsO_3^{2-}$)出现在适度的还原条件下(如较低的 Eh 值)；砷的氧化物太易溶解而没有出现在图中。在 S^{2-} 稳定的还原条件下，矿石雄黄(AsS)和雌黄(As_2S_3)可以在 pH 小于 5.5 和 Eh 接近 0 的条件下形成；在低 pH 且出现硫化物和砷浓度高达 6.5～10mol/L 的情况下液态的 $HAsS_2$ 是稳定的；低的 Eh 值的 As^0 是稳定的；非常低的 Eh 值形成三氢化砷(AsH_3)。当砷的浓度低于 $10^{-5.3}$mol/L 时，固态砷的优势将减少；硫化物浓度影响硫化砷与金属砷的界线；有机形态的砷没有显示在图 4-6 中，因为它们只有在极低的 Eh 值下是稳定的[83]。

　　当地下水中氧化还原电位变化时，地下水中砷的形态也会变化。不同地区、不同岩土性质和水文地质条件，地下水中 Eh 和 pH 的不同，地下水中砷表现出不同形态。一般在较高氧化还原电位和 pH 较小的酸性环境下，地下水中砷的形态为 $H_3AsO_4^0$，$H_2AsO_4^-$；较低氧化还原电位和 pH=0～9 之间，地下水中砷的形态为 $H_3AsO_3^0$，如图 4-7 所示。

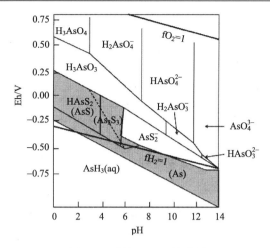

图 4-6　砷的 Eh-pH 关系图

25℃ 和 1atm，As=$10^{-5.3}$mol/L，总硫 S=10^{-3}mol/L，深色区域为固态砷的化合物[84]

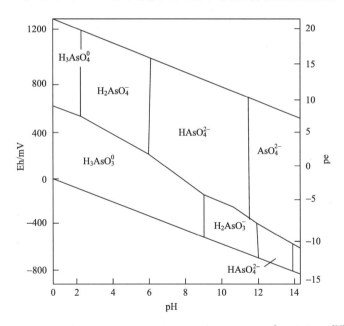

图 4-7　有氧条件下地下水中砷的不同形态(25℃、10^5Pa 大气压)[85]

地下水中其他重金属也因地下水环境的变化或与其他金属元素发生各种化学反应，表现出不同形态。不同形态的重金属，在地下水中迁移转化不同。

有机污染物进入地下水中，也表现出不同形态。其物理状态表现为：

(1)溶解态。部分有机污染物溶解在地下水中，随地下水流动迁移。

(2)吸附态。部分有机污染物进入地下环境中，吸附在含水层颗粒上。

(3)挥发态。部分有机污染物进入地下水中，由于其挥发性，部分气化，向土壤中迁移。

(4)自由态。大部分有机污染物为非亲水性和非溶解性，因此，大部分表现为自由态。对于 LNAPLs 来说，位于潜水面附近，随地下水流动迁移；而 DNAPLs 向下迁移，在相对隔水层滞留，并在重力作用下迁移。

有机污染物进入地下水中，不仅发生物理形态的变化，也发生生物降解、非生物转化、水解、对流、弥散、稀释作用等，如图 4-8 所示。

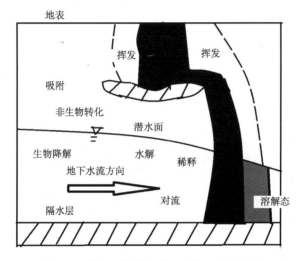

图 4-8　有机污染物在地下水中迁移与归趋

第5章 土壤与地下水环境的复杂性

土壤与地下水环境调查、监测、风险评估和污染修复问题研究，必须重点考虑以下三方面的问题：

(1)土壤与地下水赋存的地质环境：岩土类型、性质、地层结构，包括松散沉积层，如黏土层、粉砂层、砂层等；基岩地区岩石和地质构造，包括地层年代、岩性、层理、断层、节理、裂隙等；岩溶地区地层年代、地层岩性、地质构造，包括岩溶发育状况、岩溶裂隙、断层、溶洞和暗河等。地下水的补给、径流、排泄条件，与地表水的联系状况，气象条件，地表植被状况、地形地貌状况等。地下环境结构和岩性不同，污染物在地下环境的时空分布不同，监测方案的制定和采样方法不同，修复技术的选择也不同。

(2)污染物的类型和污染源的类型：污染物的类型包括非金属无机污染物、金属无机物(重金属)、放射性污染物、有机污染物(挥发性有机物、半挥发性有机物)、石油烃类、炸药类、抗生素类等，不同污染物进入到土壤和地下水环境中，其价态和形态发生变化，污染物在地下环境的时空分布不同。污染源类型包括点源、线源和面源，如农业活动、工业活动、矿山开发、城市废物处理处置(垃圾填埋场、污水处理厂)、大气沉降、地表径流、地表水与地下水转化过程产生的污染源，不同污染源在土壤和地下水中的分布也不同。另外，污染物进入地下环境的历史状况不同，污染物在地下环境中迁移转化也不同，如有机污染物进入到地下环境中，一方面在地下水流作用下迁移，另一方面在地下微生物的作用下降解转化，可能目标污染物已经降解殆尽，转化成多种毒性更大的中间产物。

(3)地表和地下人类活动状况、活动类型、活动规模与强度等。

由上述可以看出，土壤与地下水环境调查、监测、风险评估和污染修复十分复杂，这种复杂性表现在以下三个方面：

(1)地质及水文地质条件的复杂性；

(2)地下水污染源、污染物类型等的复杂性；

(3)人类活动影响的复杂性。

这些因素影响着地下水环境的变化，因此，在地下水环境调查、监测、采样、风险评估以及污染修复技术的选择等方面，必须充分考虑这三方面的因素。

5.1　地下环境的复杂性

污染物进入到地下环境中,而地下环境的复杂性对污染物的迁移转化起着重要的作用。地质环境表现在岩石类型(沉积岩(松散沉积层和坚硬岩石层)、变质岩和火成岩)、地质构造(压性断层、张性断层、剪切断层、节理、裂隙、裂纹等)、介质类型(坚硬岩石或松散岩土)、岩性(砂、砾、黏土等)、岩层结构(单层、多层、非均质性)、岩土介质的渗透性(相对隔水层、透水层、含水层、越流层等)、含水层的类型(孔隙松散型、孔隙岩石型、裂隙松散型、裂隙岩石型、岩溶裂隙型、岩溶管道型),以及地下水的补给、径流、排泄特点等。

对于松散沉积盆地(或平原),沉积盆地土壤与含水层的性质和结构与沉积成因有关。对于河流冲积地层,一般为带状渗透性差异的地层,河谷带沉积颗粒粗,渗透系数大,地下水易受污染;对于湖相沉积地层,湖滨带沉积层颗粒相对较粗,渗透性强,污染物迁移扩散快;对于湖心区沉积层,沉积层颗粒较细,渗透性较差;对于山前冲洪积地层,山前沉积颗粒粗,渗透性强,冲洪积扇前缘沉积颗粒较细,地下水埋深较浅,渗透性较差,污染物的扩散慢。风成黄土垂向渗透性大于水平渗透性,因此,黄土地区地表污染物迁移渗透较大。沉积盆地沉积层为多层结构,渗透性强的砂层与黏土层互层,连续分布的黏土层相对滞留污染物,有些沉积盆地中的黏土层断续分布,存在地下水流的"天窗",污染物容易通过天窗向下部层位迁移,污染深部地下水。人工的勘探井可以将不同地层连接,污染物容易通过勘探井进入地下水。沉积盆地污染物进入到地层中,存在土壤和含水层的吸附、土壤中微生物的降解和重金属的各种络合作用,迁移较慢。

对于非岩溶型沉积岩、变质岩和火成岩来说,污染物的迁移通道主要为断层、裂隙。一般 DNAPLs 在裂隙中迁移,容易在断层或裂隙的交汇处富集,断层交汇处空间较大;对于沉积砂岩,其层间节理、裂隙、孔隙是污染物的迁移通道,孔隙型砂岩的渗透性与砂岩颗粒胶结物的性质有关,泥质胶结的砂岩渗透性较差,钙质胶结的砂岩渗透性强,硅质胶结的砂岩比较致密,孔隙率较小,渗透性较小。火成岩中玄武岩柱状节理发育,垂向渗透性大于水平渗透性;内蒙古高原玄武岩熔岩被存在杏仁结构,具有大孔隙结构,容易受污染。基岩裂隙地区污染物进入到地层中,污染物沿着裂隙或断层迁移,迁移速度取决于断层的性质和断层内充填物状况,非充填型断层或裂隙,污染物迁移速度快,而充填型断层污染物被充填物吸附,迁移速度慢;对于张性和剪切断层,污染物迁移速度较快,而压性断层污染物迁移速度慢。

岩溶地层由于其溶蚀性强,岩溶地区岩层存在暗河管道、溶洞、裂隙等。中国北方岩溶发育弱于南方,大多为裂隙岩溶、部分溶洞及一些陷落柱等,地表岩溶不发育；南方岩溶发育强烈，尤其在岩溶谷地，大多为地下暗河的入口处，污染物堆放于此处，容易造成流域地表水和地下水的快速污染。岩溶地区污染物进入到地层中，吸附性弱，基本上沿地下水流快速迁移。

由于不同地域、不同盆地、不同流域的地质和水文地质条件不同，土壤与地下水污染调查一定要结合地质和水文地质条件。从中国水文地质分布看，各大平原或盆地，如关中盆地、四川盆地、松辽盆地、汾河盆地、银川盆地、华北平原、江汉平原、长江三角洲、珠江三角洲、塔里木盆地等，均属于松散型沉积盆地或平原，存在多层含水层；北方岩溶含水层，如山西、河北、淮北、山东等，为裂隙岩溶型含水层；南方岩溶溶洞-暗河型含水层，如广西、贵州、云南、湖南、广东等地；南方红层地区为砂岩孔隙-裂隙型地下水；内蒙古熔岩台地为玄武岩孔隙-裂隙型地下水。各地含水层的结构和范围，地质构造如断层、裂隙、节理等，地下水的补给、径流、排泄条件也不同，地质和水文地质条件影响污染物的迁移转化，应考虑以下问题：

(1)土壤与含水层结构：中国多数地区土壤与含水层具有多层结构。如上海地区，从地表至以下 300m，存在 5 层含水层(图 5-1)。潜水含水层地下水位埋深 0.5～1.5m，埋深较浅，并且地表以下 20m 有不同性质的土层，不同土层的特性对污染物迁移分布影响显著。上海地区浅层土壤分为三区：Ⅰ区浅部以粉性土层为主(浅部分布厚层粉性土、砂土，位于吴淞江古河道、黄浦江江滩土分布区)，地表以下土层性质分别是填土、粉质黏土、粉性土、粉砂、淤泥质黏土；Ⅱ区浅部夹粉性土层(浅部无厚层粉土层分布，除Ⅲ区以外区域)，地表以下土层性质分

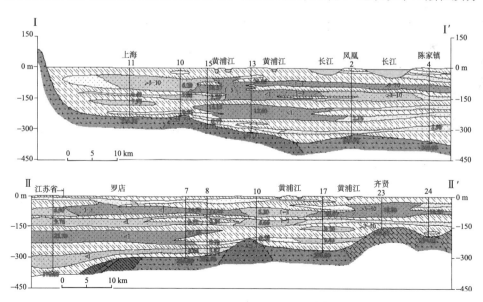

图 5-1　上海市水文地质剖面图[86]

别是填土、粉质黏土、淤泥质粉质黏土、夹层、淤泥质黏土；III区浅部无粉性土层(浅部土质为纯黏性土区域，如漕河泾、金桥等地区)，地表以下土层性质分别是填土、粉质黏土、淤泥质粉质黏土、淤泥质黏土，如图5-2所示。

图 5-2　上海市中心城区水文地质分区图(地表以下 20m 以内)

I 表示以粉性土层为主的区域；II 表示黏性土夹粉性土层的区域；III 表示黏性土层区域

　　北京永定河冲洪积盆地也有多层含水层，如图 5-3 所示。这些多层含水层之间存在不连续的弱透水层，就是说，从局部看，存在相互隔开的含水层，它们之间的水力联系通过弱透水层的越流交换；从区域看，存在不连续的弱透水层，即存在"天窗"。由于多层含水层的系统特征，污染物在多层含水层系统中的迁移转化具有复杂性。地下水位埋深大，最大埋深达 40m，也就是说土层厚度大，在山前为渗透性大的砂砾层，在冲洪积扇的前缘为渗透性差的亚黏土和黏土层，土层亚岩性不同，污染物的迁移速度不同，山前砂砾层污染物迁移速度大，在冲洪积扇的前缘为渗透性差的亚黏土和黏土层，污染物迁移速度慢。

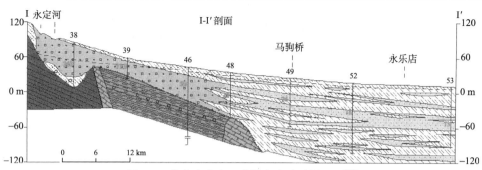

图 5-3　北京市永定河流域水文地质剖面图[86]

（2）地下环境介质的非均质性：多数含水层不是均质的，而是非均质的。由于含水层的非均质性，导致污染物的迁移转化的复杂性，在非均质含水层中污染物的迁移一般不符合菲克定律，符合非菲克扩散或迁移方程（non-Fickian diffusion or transport equation）。地下环境物质组成具有高度离散性。很多时候，土壤与地下水由不同性质的多层材料组成，如砂、砾石层和黏土层。由于流体只有通过砂和砾之间的孔隙空间或坚硬的岩石的裂隙运动，而这些裂隙或孔隙的分布极不均匀，因此地下污染物迁移通道往往极难预测。

（3）污染物迁移到地下水流难以接近的区域：污染物由分子扩散迁移到地下水流难以接近的区域，这些区域可能是微孔隙层或黏土层。一旦出现在这些层位，污染物能够作为长期的污染源，慢慢地扩散到清洁的地下水中。

（4）地下环境难以描述：地下材料和结构难以完整地看到，通常只能通过有限数量的钻孔观测，因为土壤与含水层的高度非均质性和污染物浓度的空间变异性，依据采样点观测不容易外推，因此，难以完整地描述地下环境。

（5）地下水埋深的影响：不同区域地下水位埋深不同，如长江三角洲地区、珠江三角洲地区，地下水位埋深较小，也就是包气带厚度小，土壤污染了，基本上地下水也污染了；北方多数地区，如华北平原、北京市等，地下水位埋深较大，污染物通过包气带渗漏路径长，这时要考虑包气带土壤渗透特性，如黄土地区，垂向裂隙发育，会形成优势流。

（6）含水层渗透性的差别：各地含水层的形成条件不同，如河流冲积层、洪积层、冰积层等，因此，含水层的渗透性能差异较大，污染物在不同渗透性含水层中的迁移转化路径和范围不同，也会影响地下水污染物的分布。

（7）对于岩溶地区，由于岩溶溶洞、裂隙、断层、暗河分布的随机性，导致地下水运动的复杂性，多数南方溶洞-暗河型岩溶地下水运动符合非达西流（non-Darcian flow），污染物迁移符合非菲克定律。

（8）对于基岩裂隙地区，由于岩体中断层、裂隙、节理分布的随机性，导致地下水运动和污染物迁移规律的复杂性，一般地下水流沿着裂隙网络运动。

5.2　地下水污染源、污染物类型的复杂性

对于土壤与地下水来说，污染源的类型和污染物的类型影响污染物在土壤与地下水中的迁移和分布。对于溶解性强的污染物，其容易沿着地下水流迁移转化，属于溶质运移问题；对于难溶解的污染物，其进入地下环境会存在不同形态，难溶解污染物在地下环境中的迁移属于多相流问题。污染源的类型有点源、河流和道路线源、农业面源。不同污染源，导致土壤与地下水污染分布的复杂性；同时，污染物类型复杂，既有无机氮污染物，又有有机物、重金属等污染物，往往具有复合污染的特点。

(1)污染源。第一类为点源污染，如城市垃圾和工业废弃物堆放、石油及化学物质输送管道和储存罐渗漏或溢出、化粪池系统的渗漏、液体废物的深井排放、地下管线渗漏、家畜废物、用于木材保护中的化学物质、矿山的尾矿、放射性废物的处置、燃煤工厂的飞灰、石油加工厂浆液排放区、坟地、道路盐储存区、高速公路或铁路车载有害物质事故、煤的地下气化、铀矿地浸开采、沥青产品和清洗场地等。第二类为线源污染，如污染的河流对地下水的污染，铁路污染源对地下水的污染，公路或高速公路盐或化学物质在径流下的渗漏补给等。第三类为非点源污染或称面源污染，如农田施化肥和农药(如杀虫剂)、降雪及降尘等。

(2)污染物类型。地下水中常见的污染物有：无机物，如 NO_2-N、NO_3-N、无机磷等；重金属，如铅、镉、铬、锌、汞、砷等；挥发性有机物，如氯代脂肪烃类：四氯乙烯(PCE)、三氯乙烯(TCE)、二氯乙烯(DCE)、氯乙烯(VC)、三氯乙烷(TCA)等，这些物质大多是非水相重液(DNAPLs)；半挥发性有机物，如 PCBs、PAHs 等；挥发性碳氢化学物，如 BTEX 等，这些物质大多是非水相轻液(LNAPLs)；农业化学试剂，如有机磷、杀虫剂等；半挥发性氯代有机物，如 PCB；非挥发性碳氢化合物，如石油；炸药类和抗生素类污染物等。

(3)污染物在土壤与含水层中的存在形态和迁移特征。污染物在含水层中常见的存在形态有：①污染物吸附到土壤与含水层颗粒表面，多数污染物常常黏附在地下固体材料上，这些污染物能够保持在地下很长时间，当地下水中污染物浓度减小时，在浓度梯度作用下再次释放到地下水中。土壤与含水层颗粒越细吸附性能越强，土壤与含水层中有机碳含量越高吸附性能越强。②挥发态，大多数挥发性、半挥发性有机物进入到地下水中，部分变成气态或在微生物作用下转化成气态，向地表迁移。③溶解态，如无机氮、重金属和部分有机物溶解在地下水中，随地下水流运动而迁移。④自由态，许多常见的污染物都是液体，像油不容易溶解在水中。这种液体被称为 NAPLs，其中有两类，一类是非水相轻液(LNAPLs)，如汽油的密度比水小；另一类是非水相重液(DNAPLs)，如常见的溶剂四氯乙烯

(PCE)、三氯乙烯(TCE)等，这些液体的密度比水大。非水相流体通过地下土壤和含水层迁移，一部分非水相液体像一个不移动的小球体被圈闭在含水层中难以被抽出，但可以溶解并污染过路地下水。进一步去除 DNAPLs 是很复杂的，由于DNAPLs 密度较大，向地下深处迁移，很难采样监测到，它们可以留在含水层慢慢溶于地下水而污染地下水。图 5-4 为汽油在地下水中的迁移过程，汽油是一种LNAPL，比水轻，浮在地下水面迁移，部分溶解在地下水中，部分在毛细管带变成 VOCs，部分非溶解相的 LNAPLs 处于地下水面附近，随地下水流迁移。图 5-5为比水重的有机污染物在地下水中的迁移过程，很少一部分溶解在地下水中，大部分沿重力方向向下迁移。图 5-6 为 DNAPL 在基岩裂隙含水层地下水中的迁移，具有极强的随机性。非水相轻液(LNAPLs)和非水相重液(DNAPLs)在地下水中迁移，具有明显的两相流特征。

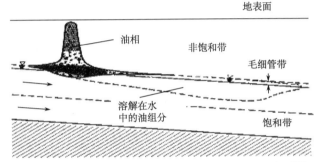

图 5-4　非水相轻液(LNAPLs)在地下水中的迁移过程[87]

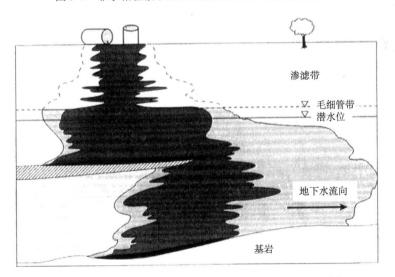

图 5-5　非水相重液(DNAPLs)在地下水中的迁移过程[74]

黑色为自由相的 DNAPLs，灰色为溶解在地下水中的 DNAPLs，灰色虚线与黑色为挥发性有机污染物

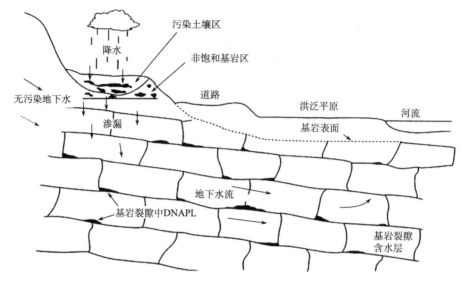

图 5-6　非水相重液(DNAPLs)在基岩裂隙含水层地下水中的迁移过程[74]

5.3　人类活动影响的复杂性

　　人类活动的形式、类型、规模和强度影响土壤与地下水污染物的迁移转化与分布。人类活动的形式：一是工程活动未产生污染物或污染源，只是工程活动改变了地下环境，如农业灌溉、污染土壤修复工程、土地利用方式改变等，这种活动可能改变土壤中的 pH 和 Eh，导致土壤中的各种络合或结合态的重金属溶出，或被农作物提取富集，或迁移到地下水中，污染地下水；也可能改变土壤中微生物的生境，微生物可能将土壤中络合或结合态的重金属释放到水相。人类工程活动，如地下水开采、地下水人工补给、地下隧道工程、深基坑工程等，导致地下水环境发生变化，使得水-岩（土）相互作用过程发生变化，导致原本固定在含水层固相中的有害物质释放，富集到地下水中，污染地下水。二是人类活动直接产生污染物，如垃圾填埋、污水处理、地下油管渗漏、道路径流、工业活动、农业活动、矿山开采等。

　　（1）地下水超采。我国有近 100 个城市地下水过量开采，导致地面沉降严重，如华北平原地下水位平均下降 30 多米，石家庄地下水位下降了 56.2m，北京地区地下水位下降严重。地下水过量开采，导致水质恶化。

　　（2）城市工业活动区，要考虑潜在工业污染源对地下水环境的影响。对于工业场地，通过访谈和调查，了解潜在污染源和需要关注的污染物，采样点的布设要考虑污染源的分布，在污染源处加密监测，远离污染源处监测点稀疏分布；对于加油站、污水处理厂和垃圾填埋场，污染源比较清楚，在地下水流动方向的上游设立 1 个背景监测井，下游沿污染晕扩散范围设立监测井。

（3）地下工程活动对地下水环境也有较大影响，可以改变局部地下水流向，在岩溶地区，可能造成大量排水，影响周围地下水和泉水，应加强地下工程对地下水环境影响的监测。

（4）滨海地区过量开采地下水，导致海水入侵，改变地下水环境，引起地下水咸化，也可能导致水-岩相互作用改变，使得含水层中有害物质富集在地下水中，造成地下水污染。

（5）矿山活动区。矿山开采对地下水环境的影响一方面是疏干降水，使得地下水位下降；另一方面是矿山开采区尾矿中重金属对土壤与地下水环境的影响。在尾矿坝下游设立地下渗透性反应墙系统，进行尾矿污染物的修复，在渗透性反应墙下游设立监测井，进行长期监测，根据监测结果调整渗透性反应墙体内的反应材料，以达到彻底修复地下水污染的目的。

（6）家禽畜牧养殖区是土壤与地下水的一个重要污染源。该污染区一般污染物为氮、磷和重金属，可以根据该区的地层结构和地下水流向，在地下水流下游设立阻隔系统，也可以采用渗透性反应墙修复污染的地下水。

（7）污染地表水体，如河流、湖泊、水库、景观水体、湿地等，一般与地下水力联系较为密切，地表水体污染，也会导致地下水污染。

第6章 土壤与地下水污染管理问题

近年来，土壤污染事件及其危害不断发生，如江苏常州外国语学校的"毒地"事件、衡水北方农药化工有限公司农田排污和地下水污染事件、河北沧县小朱庄污染、上海金山一企业将危废埋入地下而污染厂区土壤和地下水事件等，土壤污染防治迫在眉睫。

上海是我国近代工业的发祥地，全国最大的工业城市，拥有150多年的工业历史，工业化进程伴随着城市的建设与发展。中华人民共和国成立以前，上海工业企业主要分布在杨树浦黄浦江北岸、苏州河沿岸。上海工业企业类别较多，主要有机械、船舶、电力、造纸、纺织、制药等，20世纪80年代，上海工业企业主要分布在全市17个地点，这些工业场地是潜在的土壤污染场地。

20世纪80年代末，上海城市区域内共有72个工业小区，工业小区被城市包围，与居住区、商业区混杂，且行业门类齐全，主要有冶金、电力、纺织、皮革、造纸、化工、建材、机械、食品等。72个工业小区分布在杨浦、虹口、闸北、普陀、静安、长宁、徐汇、卢湾及南市等地。

随着城市产业结构调整、城市功能转型发展，大量工业用地转为商业、居住和公共用地，遗留污染场地(棕色地块)给城市环境和居民健康造成了潜在危害。土壤污染不像空气污染、水污染，人们对后者有直观感受，土壤污染是潜在和隐蔽的。上海土壤环境保护面临严峻形势：一方面，一些区域的土壤重金属和有机物等物质超标严重；另一方面，上海在转方式、调结构过程中，不少污染的工业用地转为市政用地、商业用地和租住用地，让原本并不十分受关注的土壤污染问题浮出水面。

土壤是经济社会可持续发展的物质基础，关系人民群众身体健康，关系美丽中国建设，保护好土壤环境是推进生态文明建设和维护国家生态安全的重要内容。上海市经过近几年的土壤污染调查，发现大部分工业场地土壤污染严重。为切实加强土壤污染防治，逐步改善土壤环境质量，国务院制定土壤污染防治行动计划，上海市也制定了土壤污染防治行动计划。2017年12月底，通过二审的《中华人民共和国土壤污染防治法(草案)》(简称《草案》)对我国土壤污染情况调查、污染责任主体、防治措施、技术标准及选择、资金支持办法等，进行了系统而全面的部署。土壤环境调查、评价和污染修复是一项关系民生的大工程，经费投入巨大，为了保证土壤污染整治工程的顺利进行，金融保障是关键。

　　土壤与地下水污染管理问题的关键是要建立完整的管理体系和管理制度体系。管理体系包括法规、执行法规的管理机构、执行工具和程序、健全的环境工业市场、金融保障、透明公开的信息和公众参与等；管理制度体系包括污染源的管理制度、调查与监测管理制度、责任制度、基金保障制度、信息公开和公众参与制度等。

6.1　土壤与地下水污染管理体系建设

6.1.1　法规制定

　　我国目前有《中华人民共和国环境保护法》(简称《环境保护法》)和《中华人民共和国水污染防治法》(简称《水污染防治法》)，地下水污染防治包含在《水污染防治法》中，但是还不完备，该法是在水资源管理的状况下制定的，从地下水环境和地质灾害方面考虑不全面。同时，地下水不同于地表水，地下水赋存于岩土介质中，地下水资源和水环境不仅受到外部补给环境的影响(地表水系统、土壤水系统、生态系统和人类活动系统)，而且随时会发生水−岩(土)相互作用，改变地下水资源和水质状况。另外，地下水的过量开采会导致地下水质恶化、地面沉降、地表塌陷、滨海地区的海水入侵、生态系统的破坏等；平原地区地表水灌溉使得地下水位抬升，容易造成土地盐渍化，因此，需要制定地下水保护法。目前缺少土壤污染防治法，国家正在考虑制定土壤污染防治法，有了法律体系，才能从管理体系、资金保证、修复标准等方面完善土壤与地下水污染防治。2015 年和 2016 年，国务院分别颁布了《国务院关于印发水污染防治行动计划的通知》(国发〔2015〕17 号)(简称"水十条")和《国务院关于印发土壤污染防治行动计划的通知》(国发〔2016〕31 号)(简称"土十条")。在制定土壤污染防治法时要考虑以下原则。

　　(1)预防性原则：将预防性原则贯穿于整个土壤与地下水污染防治的法律体系，同时在分则条款中制定若干具体措施，如建立土壤与地下水污染调查、监测、预报与评价系统，根据土壤与地下水环境容量确定具体的土壤与地下水环境质量标准、风险干预标准和污染修复标准，加强土壤与地下水污染源的控制与管理。

　　(2)环境、社会、经济的协调和统一发展原则：考虑经济社会发展阶段和协调统一，考虑科学技术发展的阶段，在保证人民身体健康的前提下，宽严适中，促进土壤和地下水污染修复与社会经济发展良性互动。

　　(3)区别对待原则：区别对待城市工业场地、农村耕地、矿山尾矿的污染问题。城市工业场地污染责任明确，污染修复经费可以保证；农田土壤污染涉及食品安全问题，土壤污染修复经费主要由政府负责；矿山尾矿污染纳入流域管理，污染主体责任也比较明确，修复经费也能保证。由于土地利用方式不同，污染物的类型和污染特点不同，因此，修复工程的处理方法和修复经费来源也不同，应该在制定法规时区别对待。在工业场地污染修复时，也要考虑工业场地的敏感性用途(住宅、商业等)和非敏感性用途(工业生产)。

(4)责任追溯原则：按照"谁污染，谁付费，第三方治理"的原则，追溯污染主体责任；对于过去污染场地无法追溯到污染主体，政府负责，可以用土壤与地下水污染修复基金修复污染场地，土地出让后，从土地出让费中扣除借用修复基金，返还到土壤与地下水污染修复基金中，保证该基金长期运转；也可以谁获利谁负责，土地出让过程中，获得土地使用权的业主负责场地修复。

(5)促进市场化原则：土壤与地下水污染调查、评价、修复工作技术含量高，专业性强，为保证土壤与地下水污染修复顺利进行，应发挥市场的积极作用，推动土壤与地下水污染第三方治理，做到信息公开透明，竞争规范，促进土壤与地下水污染修复的专业化和市场化。

(6)公众参与和社会监督原则：公共参与和社会监督原则，是土壤污染防治法律体系形成之后能否具体落实的重要体现。要让公众充分认识和理解土壤与地下水保护的重要性，土壤与地下水污染不仅是个人的问题，更是涉及公共健康的大事，农用土地污染会影响食品安全，城市土壤污染会影响居住环境，涉及每一个人的身体健康，公众应逐渐树立起保护土壤和地下水的理念，保证土地的可持续利用。

6.1.2　土壤与地下水污染管理机构建立

由于土壤与地下水污染防治的复杂性，而且，我国从管理上是多部门管理，因此，应该由政府统一负责管理。环保部门制定相关规范与标准，负责具体土壤与地下水污染防治监督管理工作，其他相关部门协调管理；同时成立土壤与地下水污染修复基金会，对该基金进行统一管理；成立土壤与地下水污染治理科学技术委员会，负责技术评估、技术监督等。

6.1.3　执行工具和程序

根据土壤与地下水法规，制定详细的法规执行程序、执行部门、工作程序以及过程管理细则，具体落实土壤与地下水污染防治的法规要求。国务院颁布的"土十条"和"水十条"，详细规定了土壤与地下水的执行程序，各省市纷纷制定了各省详细的土壤与地下水调查、评价和修复的程序。

6.1.4　环境工业市场化

环境工业市场化，也就是第三方治理。在第三方治理过程中，要求建立第三方治理的信息公开与共享、诚信体系建设、政府监管到位、行业自律、社会监督体系。

政府在工业场地流转过程中，向社会公布工业场地的调查、评估、修复、监理、验收等需求，向社会开放；环保局制定调查、评估、修复、监理、验收、行业准入规范与细则，有资质的专业公司可以参与投标，环保部门严格按照规范要求进行过程监管和结案处理，并向社会公布。政府应该对参与市场的企业进行定期评估，确保土壤与地下水污染调查、评估、监理、检测和修复市场的规范性、专业性，提高企业的技术水平和竞争力。

6.1.5　金融保证

由于土壤污染的高度隐蔽性、高度分散性和复杂性，场地土壤污染的修复工程耗资大，仅靠政府投入难以为继。目前土壤污染场地修复费用由政府财政支持，如上海市宝山区南大地区某场地(1.2 万 m^2)土壤污染修复工程总费用 1 亿多元人民币，宝山区南大地区场地污染修复总费用约 15 亿元人民币；普陀区桃浦地区土壤污染场地修复总费用 10 多亿元人民币。另一部分由土地受益方业主出资修复，修复费用作为房地产开发的成本增加在房价上。同时，从美国土壤污染修复费用看，20 世纪 80 年代，美国超级基金 16 亿美金，400 多个超级基金修复场地，每个超级基金场地修复费用为 360 万美金；20 世纪 90 年代，美国超级基金 270 亿美金，每个超级基金场地修复费用为 2600 万美金。根据污染场地清单，美国大约有 30 万～40 万个超级基金场地，预计 30 年投入清理费用达 10000 亿美金，每个场地平均清理费用为 250 万～330 万美金，资金主要来源为"超级基金(superfund)"。从长期来看，仅靠政府财政支付，部分房地产开发商(小规模出让土地)支持，难以维持上海土壤污染高质量的修复和可持续土壤污染整治，因此，需要建立和完善土壤污染防治基金来源和管理制度。根据国际上土壤污染修复金融保证的经验，借鉴美国的"超级基金"和日本建立的土壤污染整治基金，专项用于土壤污染修复。土地污染者不明或土地所有者、污染者无力支付治理和修复费用时，可以申请土壤污染基金的资助，避免土地污染者或所有者由于资金短缺而不进行土壤污染治理和修复。但是，土壤污染修复基金保留向污染者追偿治理费用的权利，从而实现外部成本内部化，真正体现谁污染谁付费。同时，鼓励和引导社会力量投资土壤污染防治事业，这部分资金也可以纳入土壤污染整治基金中，作为入股，投入土壤污染防治事业中。土壤与地下水污染修复资金的来源有以下几个方面。

(1)利用行政手段，使土地使用者付费。

(2)潜在源头产业抽税(从炼油厂的原油、进口石油产品、使用或出口的原油中提取的原油和石油产品税；从制造商、生产商或者进口商销售的所有化学品提取的化学品税；企业环保税)，构成土壤污染修复基金，以应付不时之需。土壤污染整治基金的组成：梳理源头产业清单，基本上有 12 个重点行业(印刷电路板制造业、石油化工原料制造业、半导体制造业、金属表面处理业、光电材料及元件制造业、石油及煤制品制造业、基本化学材料制造业、人造纤维制造业、皮革与毛皮整制业、炼铜业、炼铝业、农药及环境卫生用品制造业)，3 个市政工程(垃圾填埋场和危险废物储存场地、加油站和地下油库(油罐)、污水处理厂)，根据源头产业潜在污染物的类型、生产方式等制定详细的抽税标准；垃圾填埋场可以向固废产生者收取一定污染治理费，加油站从加油费中增加一些税费，污水处理厂从向污水产生者收取的污水处理费中提取一些费用，还有政府投入和社会力量投资的资金，这些构成土壤污染修复基金。该基金由成立的土壤污染治理基金会专项管理，实行专款专用，信息公开透明。

(3)土壤污染治理基金利息以及基金运作成本收回。

(4)利用法律手段，使污染者付费，将"谁污染，谁治理"改为"谁污染，谁付费"。

(5)利用经济杠杆，受益者付费，对于污染场地在开发利用中的受益方，在土地出让时与政府谈判协商从出让费中提取场地修复费用，用于场地土壤污染修复费用。

(6)按照市场运作原则，强制要求潜在污染企业投入环境污染责任保险，以减轻污染责任者的经济负担，环境污染责任保险金可用于污染场地土壤修复。

(7)对进行固体污染物非法地下掩埋或污水地下回注的个人或企业，通过土壤与地下水环境调查、监测、损失、评估，科学地计算土壤与地下水环境损失费用(调查费、监测费、污染治理费等)。依法罚没的环境损失费用，也纳入土壤污染整治基金中。

土壤污染治理基金的管理由设立的第三方基金会管理，基金会制定明晰的基金使用规则，土壤污染修复企业和土地开发商可以申请土壤污染修复基金，申请的土壤污染修复基金在土地开发后归还基金会。对于农用土地污染修复，政府向基金会投入部分经费，可用于农用土壤的修复。

对于未来场地土壤污染问题，政府按照《环境保护法》，征收土壤污染责任方的污染费用，投入土壤污染基金中。土壤修复工程完全实行市场化，邀请具有污染土壤修复资质的专业队伍开展土壤污染修复，实行社会第三方评估体系，政府强化监管体系，由政府公开招标，基金会进行经费评估和支持，保证调查、评估和修复的第三方的独立性和公正性，工程验收实行第三方验收，保证修复工程的质量和资金使用的合理性。

6.1.6　信息透明与数据共享

信息透明与数据共享是土壤与地下水污染治理的关键之一，通过实现信息透明，提高土壤与地下水污染整治效率与技术水平，加速土壤与地下水污染防治的市场化和专业化；数据共享即建立一个上海土壤与地下水污染防治公共平台，有利于部门之间协调管理，避免重复工作，提高效率和研究水平。法规不在于严与松，而在于能否操作，解决问题；法规的作用在于预防；法规要有可操作性，除提出政策性原则外，更重要的是有技术性细则。

6.2　土壤与地下水污染管理制度建设

6.2.1　土壤与地下水污染源管控制度

(1)突发性污染源应急处置制度：对于突发性土壤污染事件，必须立即采取防治土壤与地下水污染危害的应急措施，并报告环保部门和当地政府，接受调查和做出紧急处理，把污染造成的风险降低到最低。

(2)潜在污染源监督与控制：12 个重点行业污染源的监控，3 个市政污染源(加油站和地下油库、垃圾填埋场和危险废物储存场地、污水处理厂)的监控。

(3)拆迁场地污染源监督与控制：潜在污染企业场地拆迁过程往往导致更大污染，需要制定场地搬迁过程污染源处理处置详细规范，避免污染源的扩散和掩埋。

(4)工程活动诱发污染源扩散：地下工程活动、地下勘探、土壤与地下水污染修复工程等，在施工前一定要了解地下污染情况，包括污染物所处的位置、污染源类型以及水文地质条件，避免盲目打孔(井)，导致污染源的扩散。

(5)农业污染源的管理与控制：政府通过相关政策和法规推广低毒高效农药和化肥，使用达标处理后的污水灌溉，避免直接利用污水灌溉；规范家禽家畜养殖业，合理使用饲料，严禁牲畜粪便直接排放；建立农用土地土壤环境监测系统，进行长期土壤环境监测，发现污染及时处理。

(6)污水地下回注的监督与控制：制定严格污水处理和避免地下回注规范，严禁工业废水地下回注，加强监督和重点行业周边地表地下监测制度。

6.2.2　土壤与地下水污染调查监测制度

土壤与地下水污染调查和监测是开展土壤与地下水污染修复和治理工作的基础和前提。为了有效地控制和防治土壤与地下水污染及其对环境和人体健康造成的风险，必须建立土壤与地下水污染的调查和监测制度。调查和监测的主管部门为环保局，制定土壤与地下水污染调查和监测规范，统一调查和监测方案，规范调查和监测方法；对以前的污染场地的调查可划分为普遍调查、详细调查和监测；对潜在污染土壤与地下水进行长期监测，建立土壤与地下水环境监测系统，建立基于 GIS 的数据库系统和污染防治预警系统。

6.2.3　土壤与地下水污染管制制度

为了合理利用被污染的土壤,消除土壤污染,根据土壤污染程度和土地类型,形成灵活多样的土壤污染管制、治理和修复制度。根据调查和监测结果,对土壤与地下水环境质量超过规定标准,污染羽有明显的扩散趋势(不稳定)或影响人体健康的区域,划定为土壤与地下水污染修复区域,政府依法要求限期修复该区域土壤与地下水,达标后方可对该区域进行开发利用。同时,根据场地污染环境和健康风险评估的严重程度,分步进行污染场地修复。在完成场地修复工作前,限制该区域的产业准入。同时,实行生命周期全管控制度,建立场地环境质量档案,在土地流转过程中,保证净土转让、污染修复的管制制度。

6.2.4　土壤与地下水污染责任制度

环保部门根据第三方的调查和监测结果,对土壤与地下水污染进行责任认定,确定污染责任主体。制定严格的土壤与地下水污染处罚制度,以刑事责任和民事责任为主。民事责任分为严格责任、连带责任和溯及责任三种。除非有"合理理由"可以归咎于土地污染者,否则作为基本责任人的土地所有者优先承担责任。

6.2.5　土壤与地下水污染修复基金制度

借鉴美国的超级基金和日本建立的土壤与地下水污染整治基金,专项用于土壤与地下水污染修复。土地污染者不明或土地所有者、污染者无力支付治理和修复费用时,可以申请土壤与地下水污染基金的资助,避免土地污染者或所有者由于资金短缺而不进行土壤与地下水污染治理和修复。但是,土壤与地下水污染修复基金保留向污染者追偿治理费用的权力,从而实现外部成本内部化,真正体现谁污染谁付费。

6.2.6　信息公开和公众参与制度

信息公开和公众参与是掌握和监督土壤与地下水污染防治立法、执法和司法的有效途径。日本、美国、欧盟等发达国家和地区,关于土壤与地下水环境调查、监测、评估和污染修复等资料和相关信息,均向社会公开,便于公众全面准确地了解土壤与地下水污染信息,监督土地所有者和污染者的土壤与地下水污染情况和第三方土壤与地下水污染修复情况,充分发挥新闻媒介和社会团体的舆论监督与导向作用,鼓励公众参与,建立公益诉讼制度,利用公众和司法力量维护污染受害者的权益,加强对政府和执法部门的监督。

第7章 土壤与地下水环境调查与监测

7.1 概 述

土壤与地下水环境调查(environmental investigation for soil and groundwater)：指通过现场踏勘、地球物理探测、地质勘探等手段，对土壤与地下水所处的地层、构造、水文地质条件进行调查，并进行土壤和地下水采样的过程。土壤与地下水环境调查的目的是掌握土壤与含水层的岩性、地层结构、地下水的赋存条件、含水层的类型与性质，通过采样分析，了解土壤与地下水环境要素的空间分布。

土壤与地下水环境监测(environmental monitoring for soil and groundwater)指通过土壤与地下水采样位置的最佳布点、代表性采样点土壤与地下水不同深度的采样，按照规范规定的土壤与地下水环境要素的分析方法，在室内进行土壤与地下水样品的检测分析的一系列过程。

土壤与地下水环境调查和监测是污染防治的基础工作。土壤与地下水环境调查分为初步调查和详细调查；土壤与地下水环境监测包括监测目的、采样点的空间布设、采样频率确定、监测要素和指标选择、监测方式(离线检测、在线监测)和实验室分析方法等。

土壤与地下水污染场地的调查方法包括地球物理方法(无损探测技术)、静力触探法、钻探采样方法、实验室试验和分析方法、现场试验方法、数据管理与数值模拟方法等。

1. 地球物理方法

地球物理方法(geophysical method)是一种无损探测技术，该技术包括电法、电磁法、磁法、探地雷达法、人工地震法等。用于探测场地内地下管线、埋藏污水池、埋藏固废和潜在污染源、污染物的分布状况；地表以下土壤与含水层的岩性、结构等，绘制调查场地地球物理剖面图。通过地球物理资料分析，初步揭示场地土壤与含水层的岩性和结构、污染物的分布状况，构建水文地质概念模型，为场地土壤与地下水环境初步调查提供基础资料。

2. 静力触探法

地球物理探测和静力触探(static cone penetration test)结合，可以掌握研究区(场地环境调查区)剖面上土壤性质和分层情况,根据静力触探曲线和摩阻比曲线,准确划分场地内不同深度土壤的性质和土层分类，为下一步钻探孔取样调查选择布点位置及深度做准备。

3. 钻探采样方法

钻探(drilling)采样方法是一种现场进行地下环境不同深度土壤与地下水取样的方法。场地钻探要以地球物理探测为基础，判断污染物的赋存层位，确定钻探深度，避免钻孔使污染物扩散到不同层位。通过钻孔可以进行场地土壤与含水层岩性和结构描述和地下水位测量，绘制场地水文地质剖面图、地下水流场图，分析地下水的流向和潜在地下水污染物的扩散状况。土壤的采样要考虑土壤岩性和污染物类型，需要在相对低渗透土层(岩层)或弱透水层接触面上部采集比水重的有机污染物(非水相重液 DNAPLs)水样和土样，一定要分层采样地下水样品，在潜水位附近采集比水轻的有机污染物(非水相轻液 LNAPLs)地下水样品(LNAPLs 富集在地下水位附近，随地下水流方向流动)；对于 DNAPLs 污染的地下水，不仅采集地下水样品(溶解在地下水中的有机污染物)，还要在相对隔水层或弱透水层上部采集饱和土壤样品(DNAPLs 容易富集在弱透水层顶部)；对于挥发性有机污染物，地下水采样过程尽可能不要扰动，避免地下水中挥发性污染物挥发掉，采用低扰动或不扰动的采样设备采集地下水样。土壤样品和地下水样品作为室内检测分析之用。

4. 实验室试验和分析方法

将采集的土壤和地下水样品，按照规定的分析方法进行室内检测分析，分析土壤与地下水的环境要素包括重金属、放射性物质、挥发性有机物(VOCs)、半挥发性有机物(SVOCs)、有机氯农药、有机磷农药、总石油烃、炸药类污染物以及特殊要求分析的环境要素。

除对土壤与地下水化学要素监测分析外，还要对土壤和地下水的物理参数进行测定和试验分析，包括土壤干密度、渗气率、含水量、孔隙率(度)、饱和度、毛细带厚度以及气相扩散系数、含水层给水度、含水层弹性释水系数、含水层渗透系数、水动力弥散系数等。

5. 现场试验方法

进行现场抽水试验，确定场地含水层有关参数：含水层给水度、含水层弹性释水系数、含水层渗透系数；进行现场示踪试验，确定含水层水动力弥散系数。

6. 数据管理和数值模拟方法

以上调查获得大量的数据和图件，以 3S(GIS、RS、GPS)系统为基础，建立场地数据库、图件库以及数值模拟分析系统，在 GIS 平台下建立土壤与地下水环境调查、监测、模拟以及数据管理系统，该系统可以进行数据管理、图形绘制及可视化、模型模拟与预测以及模拟结果图形化和可视化。

在以上调查、试验、勘探的基础上，建立土壤与地下水环境数值模型，进行土壤与地下水流、地下水污染物迁移与转化的数值模拟，分析调查区内土壤与地下水污染物的时空分布，为土壤与地下水的环境监测、风险评估和污染修复奠定基础。

7.2　土壤与地下水环境初步调查

这一节参考了《上海市场地环境调查技术规范》[88]和《上海市场地环境监测技术规范》[89]。

土壤与地下水环境初步调查的目的是初步了解调查区土壤与地下水的环境质量状况，在土壤与地下水环境质量标准的评判下，评判场地土壤与地下水环境质量状况是否受到污染；对于城市场地，在土壤与地下水环境质量分级的基础上，依据人体健康风险筛选值，确定关注污染物，并分析污染物在场地的时间与空间分布状况。初步判断潜在污染源的位置和污染物的类型；通过地下水流场(污染物主要沿着流线方向纵向迁移(迁移距离与纵向流速和纵向水动力弥散系数大小相关)、横向扩散(扩散范围与横向流速和横向水动力弥散系数大小相关))的初步分析，初步判断污染物在地下水中的扩散状况(在松散含水层中，地下水污染物主要沿着流线方向迁移；对于裂隙化含水层，污染物主要沿着裂隙方向迁移；对于岩溶地区，污染物沿着岩溶裂隙或暗河管道方向迁移)，为场地土壤与地下水污染详细调查奠定基础。

土壤与地下水环境初步调查是污染评价和修复的基础工作，该调查是判断土壤与地下水环境是否受到污染以及污染状况的关键，因此，土壤与地下水环境初步调查必须要准确掌握该调查区的土地利用状况，如果是工业场地，一定要掌握工业场地的用地历史和生产状况(如上海某一工业场地地下水中检出 1,1-二氯乙烯 (2μg/L)、氯乙烯 (244μg/L)、1,1-二氯乙烷 (8μg/L)、顺式-1,2-二氯乙烯 (216μg/L)、反式-1,2-二氯乙烯 (4μg/L)、1,2-二氯乙烷 (32μg/L)、三氯乙烯 (32μg/L)，氯乙烯超出荷兰干预值的 48.8 倍，顺式-1,2-二氯乙烯超出荷兰干预值的 10.8 倍。事实上，当时工业使用三氯乙烯作为清洗剂，三氯乙烯渗入土壤后，经过微生物长时间的降解，其他检出物为降解中间产物，而其中氯乙烯是最难降解的，其毒性大于三氯乙烯的 100 倍)。

土壤与地下水环境初步调查一般包括资料收集与分析、调查区现场踏勘、调查区土壤与地下水环境初步调查、调查区土壤与地下水环境评价以及结论与建议等。

7.2.1　资料收集与分析

针对调查区及其周边的土壤与地下水环境状况，开展调查区的土壤与地下水环境相关资料收集、整理与分析，包括以下资料：

(1)调查区土地利用现状和历史状况资料。①收集调查区航片或卫星图片资料，分析调查区及其相邻地块的开发及活动状况；②收集调查区内土地使用和规划资料；③收集调查区内建筑物及设施，工业场地内工业活动的工艺流程和生产污染等的变化情况、工业活动历史等，分析可能的污染源和污染物状况。

(2)收集调查区环境资料。包括环境监测数据、环境影响报告书、地勘报告、土壤及地下水污染记录、周边环境资料以及调查区与自然保护区和水源地保护区的位置关系等。

(3)对于工业场地需要收集场地平面布置图、生产工艺流程图、地下管线图、化学品储存和使用清单、泄漏记录、废物管理记录、地上和地下储罐清单以及危险废弃物堆放记录等。

(4)区域自然环境和社会信息。区域自然环境包括地理位置图、区域自然地理条件(地形地貌和气象水文)、区域地质(地层、构造)及水文地质(非饱和带岩土性质、含水层性质和结构、地下水补给、径流和排泄)条件等；社会信息包括人口密度和分布，敏感目标分布，区域所在地的经济现状和发展规划，相关的国家和地方的政策、法规与标准，地方性疾病统计信息等。

(5)区域规划信息。包括区域环境保护规划、自然生态保护区以及水源保护区等。

对以上调查区收集的资料进行整理分析，分析调查区潜在污染源、污染物、调查区土壤与地下水的地质和水文地质背景、周围的敏感目标分布、潜在污染与敏感目标的关系等。

7.2.2　调查区现场踏勘

在调查区资料分析的基础上，对现场进行实地踏勘，主要了解调查区的地形地貌状况、地表水体分布、地表是否存在危险固体废物、地表其他建筑物(工业厂房、学校、住宅、商用办公建筑)、其他构筑物(管线、污水池、化学品储罐)、水源地或自然保护区等，进行实地记录和拍照，运用便携式监测仪器，对现场进行在线监测，包括有害气体监测(PID)、土壤重金属快速监测仪对土壤快速监测以及地表和地下水快速常规要素监测，如pH、电导率、浑浊度等。

通过现场踏勘，明确调查区内有无可能的污染源，若有可能的污染源，应说明可能的污染类型、污染状况和来源，并应提出调查区环境初步监测的建议。现场踏勘收集的资料、人员访谈记录、现场踏勘记录等以及现场快速监测的数据作为调查区环境初步调查分析的基础，依据这些数据和访谈资料分析，为下一步现场土壤与地下水环境监测方案的布设提供依据。

7.2.3　调查区土壤与地下水环境初步调查

调查区环境初步调查的主要任务是确定土壤与地下水污染源和关注污染物，提供调查区规划用地的依据，如果发现调查区存在污染，为确定污染物、污染点平面和深度分布提供调查区土壤与地下水环境详细调查方案。

调查区环境初步调查的步骤包括：

1. 环境介质确定

土壤与地下水，如果存在地表水和固体废弃物，也应该对调查区固体废弃物和地表水如湖泊、河流、鱼塘、景观水体进行采样、检测分析。

2. 确定环境介质的监测指标

包括常规指标、化学指标、生物指标等。

土壤监测指标：pH、六价铬(Cr^{6+})、铜(Cu)、铬(Cr)、镍(Ni)、锌(Zn)、银(Ag)、锑(Sb)、铅(Pb)、镉(Cd)、铊(Tl)、铍(Be)、砷(As)、硒(Se)、汞(Hg)、总石油烃(total petroleum hydrocarbon，TPH)、挥发性有机物(volatile organic compounds，VOCs)、半挥发性有机物(semi-volatile organic compounds，SVOCs)、有机磷农药(organo-phosphorus pesticide，OPPs)和有机氯农药(organo-chlorine pesticide，OCPs)。对于工业场地，根据使用或生产化学物质情况，需要调查的有无机物、有机物、炸药类、新型污染物、病毒以及放射性污染物等。

地下水监测指标：pH、铜、铬、镍、锌、银、锑、铅、镉、铊、铍、砷、硒、汞、TPH、VOCs、SVOCs、OPPs 和 OCPs。对于工业场地，根据使用或生产化学物质情况，需要调查的有无机物、有机物、新型污染物、炸药类、病毒以及放射性污染物等。

地表水监测指标：pH、铜、铬、镍、锌、银、锑、铅、镉、铊、铍、砷、硒、汞、TPH、VOCs、SVOCs、OPPs、OCPs、BOD_5、COD_{Cr}、氨氮、亚硝酸氮、硝酸氮、高锰酸钾指数、总磷和石油类。

另外，由于土壤与地下水中一些重金属的价态和形态的不同，其毒性差异甚大，条件允许的话，测定土壤中重金属的形态和价态，测定地下水中重金属的价态，如 As(Ⅲ)比 As(Ⅳ)的毒性大 60 倍。

3. 设计监测点位

调查区监测点的布设尤为重要，监测点布设应尽可能涵盖污染源区。初步监测采样点的布设一般包括水平面点位、垂直深度点位和对照样点布设等。监测点布设方法有专业判断布点法(根据潜在污染源的分布状况布点,在污染源区附近布点较密,远离污染源处布点较稀疏;地下水水力梯度大的地方布点较密,地下水力梯度较缓的地方布点较稀疏)、分区布点法(调查区存在多种土地历史用途的,可以针对污染源的分布情况,进行分区布点)、系统(等间距网格)布点法(调查区土地历史使用较简单,没有明显的使用化学品的区域)、系统随机布点法(针对非均质土壤层和含水层,可能存在随机分布的污染源,根据场地使用历史和人员访问,结合场地水及地质条件布点。

在土壤与地下水初步环境调查阶段,监测点的布设尤为重要。监测点的布设一定要与场地的用途、场地历史、现场踏勘、访谈等的结果结合,有条件的话可用地球物理探测技术对调查区进行调查分析,初步判断土壤与地下水污染分布信息,在污染源区附近布点密度较大,远离污染源的地方布点较稀疏;在剖面上布点要考虑地层岩性和结构、水文地质条件、污染物类型。对于有机污染物的采样深度和位置,要考虑相对渗透性较差的地层上部采取土壤样品,由于有机污染物大多难溶于水,地下水采样位置尤为重要,对于 LNAPLs 在地下水位附近采样;对于 DNAPLs 除采集地下水样品外,同时可以采取土壤连续样品,根据连续土壤样品判断污染物深度分布,在弱透水层顶部采集饱和土壤样品。

目前,规范规定土壤与地下水环境初步调查的监测点设计,对于农业用地,采用 80 m×80 m 网格平面设计(应该大于 $6400m^2$ 的农用场地按 $6400m^2$ 至少 1 个监测点布设土壤环境监测点,监测点的位置取决于潜在污染源的分布),场地面积不足 $6400m^2$ 的,场地内至少布 3 个土壤和 3 个地下水采样点;对于工业用地,采用 40 m×40 m 网格平面设计(应该大于 $1600m^2$ 的工业场地按 $1600m^2$ 至少 1 个监测点布设土壤环境监测点,监测点的位置取决于潜在污染源的分布),场地面积不足 $1600m^2$ 的场地内至少布 3 个土壤和 3 个地下水采样点,在剖面上至少布设 2 个土壤采样点。一般场地内地下水采样点为土壤采样点数的 50%。在深度上需要表层土壤(地表以下 0.2~0.5m)和深层土壤(地表以下 0.5~1.0 m)样品,50%土壤采样点需要在深度上采集 3 个样品(包括 1 个饱和土壤样品),同时,需要一个土壤与地下水对照点,一般在地下水流上游设立,为相对于调查区污染源没有关系的点。注意:平面和剖面上不应等距离布点,应根据潜在污染源分布,进行疏密差异性布点;剖面上采样深度一定要考虑地层结构、岩性和污染物类型。对于DNAPLs,土壤剖面上取样位置尤其重要,DNAPLs 一般难溶解于水,在重力作用下向下运移,在低渗透层上部滞留,滞留时间取决于污染历史,因此,在低渗透层上部采样,可能会采集到自由态和吸附态 DNAPLs。当用 Geoprobe 采集连续土柱时,初步判断潜在污染物的深度,在潜在污染部位采样最合适,不一定要机械地按照规范规定的深度采样。

4. 土壤与地下水环境要素分析

按照规范规定的分析方法进行土壤与地下水样品检测分析，获得土壤与地下水环境要素检测值。将土壤与地下水样品检测值与土壤环境质量标准、地下水质量标准对比分析，了解调查区土壤与地下水环境质量等级(不同用途等级不同)。对于城市场地，需要与人体健康风险筛选值比较，如果调查点地下水环境要素低于地下水质量III类水质标准或土壤样品检出值低于人体健康风险筛选值，该场地无须进行详细调查和健康风险评估工作，否则，需要进行下一步详细调查和健康风险评估工作，进一步确定调查区土壤与地下水中关注污染物及其浓度的空间分布，计算风险接受水平和风险控制值。

5. 土壤与地下水环境初步调查报告

初步调查结束后，需要提供初步调查报告，报告应该提供调查区的背景资料，如自然地理概况、气象水文条件、地质与水文地质(地层岩性、结构、含水层类型、地下水补给、径流、排泄条件等)条件、土地用途和规划、场地历史和潜在污染物状况；提供调查区的监测点的布设原则、土壤与地下水采样点分布图、土壤与地下水环境监测要素、分析方法、质量控制、土壤与地下水环境要素浓度(列表给出，表中要有检测限、不同调查点和不同深度环境要素浓度值、标准或筛选值)、地下水位列表、水文地质剖面图、地下水流场图(以实测地下水位为基础，考虑含水层厚度和渗透性、地形地貌和地表水体高程，首先人工绘制地下水位等值线，再用相关软件插值绘制)、土壤关注污染物的空间分布图、地下水关注污染物浓度等值线图以及初步调查结论。

7.3　土壤与地下水环境详细调查

对于土壤与地下水环境初步调查结论，如果调查区土壤与地下水环境要素未超过相关标准和筛选值或干预值(国家标准优先、地方标准补充、国外标准参考)，可以不进行土壤与地下水环境详细调查。

通过土壤与地下水环境初步调查，初步掌握了调查区内土壤与地下水关注污染物的空间分布，在土壤与地下水环境初步调查的基础上，进一步调查整个调查区内土壤与地下水关注污染物的空间分布。详细调查监测点的布设，规范中规定在初步调查关注污染物分布的点位加密，加密点布设方法：详细调查监测采样点的布设一般包括水平面点位、垂直点位和对照样点布设等。规范规定监测布点方法一般采用系统布点法(网格布点法)。网格尺寸根据项目场地具体情况确定，网格尺寸不大于 20m×20m(规范规定在初步调查超标点附近布点)，应该在初步调查所有采样点加密布点，包括平面和剖面上的采样点；对于初步调查地下水要素浓度超标点，详细调查加密布点要依据地下水流场，在地下水流向上游和下游布点。这种方法布点会漏掉污染源，应该在初步调查的基础上，应用土壤与地下水污染物迁移数值模拟方法，对污染源进行源解析，进行监测点的优化设计，这一布点方法称为专家定量布点方法。

1. 土壤与地下水环境详细调查项目

调查项目根据初步调查监测的阶段性成果来确定，包括环境初步调查确定的关注污染物和土壤与地下水的特征参数。土壤与地下水环境详细调查项目一般包括以下几个方面。

(1) 以初步调查结果确定的土壤和地下水关注污染物为主(对于有机污染物要考虑其他降解中间产物)。

(2) 如果初步调查发现其他环境监测对象(地表水、环境空气、残余废物)也存在超标情况，这些超标物质也应纳入详细调查项目中。

(3) 土壤与地下水物理性质调查，包括土壤 pH、粒径分布、土壤干密度、土壤颗粒密度、孔隙度、有机碳含量、含水层的渗透系数(横向/纵向)、气动力弥散系数、水动力弥散系数、土壤含水率、饱和度、土壤空气渗透系数或渗透率、毛细带高度等。可根据风险评估和污染修复治理的实际需要，选取适当的理化性质参数进行调查。

2. 土壤与地下水环境详细调查范围

土壤与地下水环境详细调查范围与初步调查范围相同，规范规定场地环境详细调查监测范围一般为初步监测阶段识别出的土壤或地下水关注污染物含量超标的区域，区域的面积和深度应根据初步调查时判定的潜在污染范围确定。

依据初步环境调查结果，绘制土壤与地下水关注污染物浓度等值线图，考虑到地下水运动特点，在地下水流下游加密布点；根据土壤与地下水污染物迁移模型，科学地扩大详细调查范围。

对于初步调查发现调查区边界点污染，在详细调查阶段应该扩大到边界外详细调查。

3. 土壤与地下水环境详细调查介质

调查区环境详细调查介质主要为土壤与地下水。如果环境初步调查中发现其他环境介质(地表水和残留废弃物)也存在超标情况，也应纳入详细调查监测中来。由于地下水与地表水相互转化，在调查区边界存在地表水体，也应该调查地表水水位和对应地下水的环境要素，尤其是关注污染物，分析地表水与地下水污染物的转化关系，为土壤与地下水污染物系统管理与控制提供依据。

4. 土壤与地下水环境详细调查数据分析和评估

对土壤与地下水详细调查监测点采样样品进行检测分析，获得调查区内环境要素的浓度数值，对比土壤与地下水相关环境质量标准或筛选值，与初步环境调查获得的关注污染物一起，绘制调查区土壤与地下水关注污染物浓度空间分布等值线图，分析调查区土壤和地下水中关注污染物的污染程度和空间分布特征。避免调查点对点的分析，应该对调查区整体进行土壤与地下水污染物分布分析，包括平面上的污染物分布与扩散状况、剖面上的污染物分布与扩散状况。对于有机污染物工业场地，要考虑场地的历史，目标有机污染物进入土壤中，在微生物的作用下，会自然降解衰减，可能目标污染物已经降解殆尽，而产生了中间产物，对这一过程要进行分析，有利于在污染修复过程中科学地选择修复技术，如果该场地污染物衰减比较快，可以采用监测自然衰减修复技术。

5. 撰写土壤与地下水环境调查报告

将调查区环境初步调查结果和详细调查结果组合，撰写土壤与地下水环境调查报告，该报告应该包括调查区土壤与地下水环境要素的空间分布，包括关注污染物的空间分布、地层剖面图、水文地质剖面图、地下水流场图、土壤与地下水环境要素等值线图，分析可能的污染源以及污染物在地下水中的扩散。

土壤与地下水环境调查是土壤与地下水环境评价和污染修复的基础，调查的关注点在于污染源和污染物的判断，追溯污染物在地下环境中的存在位置，为土壤与地下水污染修复提供基础资料。

土壤与地下水环境调查方法应该将有损调查(钻孔、开挖)和无损调查(地球物理探测)有机结合，通过地球物理探测方法可以初步探测到疑似污染源的空间分布，有利于科学布设监测点，避免漏失污染源的监测。

7.4　地下水环境调查

该部分内容参照中华人民共和国环境保护部《地下水环境状况调查评价工作指南(试行)》[90]。

7.4.1　集中式地下水饮用水水源地

1. 资料收集和现场调研

收集集中式地下水饮用水水源地相关信息，主要包括水源地名称、所在地区、所属水文地质单元、地理坐标、服务人口、取水量、监测指标及频次、水质类别、超标指标及倍数和超标原因等。水源地相关信息获取以资料收集为主，现场调研为辅。

2. 重点调查内容

针对城镇集中式地下水水源地至少采集一个有代表性的地下水水源取水口水样，进行一次全指标分析(依据 GB/T 14848—2017 和生活饮用水卫生标准指标)，选取水质结果存在人为污染造成超标的水源地。

若水源取水口和保护区内均不存在污染，但水源保护区范围内存在石油储存销售企业、矿山开采区、工业污染源、垃圾填埋场、危险废物处置场、农业污染源(再生水农用区、规模化养殖场)、高尔夫球场等污染源的水源地，需要重点调查。

孔隙裂隙地下水源地重点调查范围：优先以水源地所在水文地质单元为调查区，若水文地质单元范围过大(面积大于 300 km²)，地下水源地调查区包括水源地一级、二级保护区和扩展调查区，以二级保护区边界为基准，沿地下水流向向上游拓展地下水 1000 天流程等值线为边界，将该边界圈定的范围作为扩展调查区。若所圈定的拓展调查区边界范围内①存在另外一个地下水饮用水源地，则取两个水源地地下水分水岭作为调查区的边界；②存在目标含水层的天然边界，则以其为边界；③若目标含水层为承压含水层，则应将其补给区纳入调查范围，承压含水层的补给区可利用区域水文地质剖面图和水动力场来识别；④若边界附近存在地下水污染现象，则应将其污染源纳入边界范围内。

岩溶地下水源地重点调查范围：在地下河发育的岩溶区，优先以水源地所在的地下河系统为单元，确定为水源地调查范围，地下河系统可根据收集的研究区岩溶水文地质图和剖面图识别。若水源地地下河系统范围较大(地下河主管道长度大于 5 km)，调查区以水源地所在的地下河出口或泉点、天窗等为起点，沿地下河主管道上溯 5000 m 设定，暗河如有支管道，则沿地下暗河支管道顺延上溯至 5000 m，宽度则沿地下河主管道和一级支流管道向两侧各延伸 600 m 水平距离。污染物极易进入地下的负地形区，如落水洞等亦纳入调查区，范围为负地形区所处第一地形分水岭或落水洞周边 200 m 水平距离(不足 200 m 的，以第一地形分水岭为界)。

7.4.2　区域地下水环境调查

1. 资料收集

收集与调查对象有关的大气、土壤、地表水、地下水监测资料，地形地貌、地质等综合性或专项的调查研究报告、专著、论文及图表、土地利用类型、污染源和调查对象污染历史等方面的资料及相关的国家法律法规文件、调查统计资料等。对于加油站、垃圾填埋场、危废堆存场等重点污染源，水文地质相关资料收集和制作的精度不低于 1∶10000；对于集中式供水水源地、工业园区、再生水灌溉区、矿山开采区、高尔夫球场、规模化养殖区等地下水环境调查，水文地质资料收集和制作的精度不低于 1∶10000。

2. **现场踏勘和初步监测**

调查研究区域的水文地质条件、地下水源和污染源信息、井(泉)信息、土地利用情况、人口结构、环境管理状况。

识别污染关注区域：污染物生产、储存及运输等重点设施、设备的完整情况（设施及设备包括危险废物、一般废物和化学品储存、处置和堆放区域；地下构筑物，如地基、场地的地下水井、挖掘的深坑、渗井、废液池、下水系统、雨水系统、化粪池等；液体输送管道、地上和地面储罐等）；货物、原料装卸区域等的维护状况；原料和产品堆放组织管理状况；车间、墙壁或地面是否有污染的遗迹、变色情况；存在生长受抑制的植物；存在特殊的气味等。

周边环境敏感目标的情况，包括数量、类型、分布、影响、变更情况、保护措施及其效果。明确地理位置、规模、与工程的相对位置关系、所处环境功能区及环境保护目标等信息。地下水环境监测设备的状况，特别是置放条件、深度以及地下水水位。观察现场地形及周边环境，以确定是否可进行地质测量以及使用不同地球物理技术的条件适宜性。

对潜在污染区，选择周边民井或监测井进行采样分析，必要时根据水文地质条件和潜在污染物分布，布设新的监测井进行采样分析。

3. **污染物类型和污染源分析**

根据资料收集、现场踏勘，初步确定污染物种类、程度和空间分布，如工业污染源、加油站、垃圾填埋场、矿山开采等可能产生有毒有害物质的设施或活动；分析初步采样获取的调查对象信息，包括地下水类型、水文地质条件、现场和实验室检测数据等；若污染物浓度均超过国家和地方等相关标准以及清洁对照点浓度，并经过不确定性分析确认后，需编制详细采样方案，否则调查结束。标准中没有涉及的污染物，可根据专业知识和经验综合判断。

4. **地下水环境详细调查**

在初步采样分析的基础上，进一步采样和分析，确定地下水污染程度、平面和深度范围，深度上要考虑含水层的厚度和性质，平面上要考虑地下水流扩散。根据地下水监测结果进行统计分析，确定关注污染物种类、浓度水平和空间分布。

5. 地下水环境参数调查

研究区域非饱和带土层结构和性质分析数据, 如土壤 pH、密度、饱和度、有机碳含量、孔隙率含水率和质地等; 调查区域(所在地)气象水文数据, 如降水量、蒸发量、温度、风向风速、地表水体特性等; 调查区域水文地质参数(渗透系数、孔隙率、弹性储水系数、水动力弥散系数等, 需要进行现场抽水试验、示踪试验; 如果有较长监测资料, 可以用数学模型反演分析)、含水层岩性、结构、空间分布、水动力学特征、地下水水位和埋深、污染源与饮用水源距离、污染源与地表水体或湿地的距离、地表水体分类及当前利用情况等。

6. 受体暴露参数调查

调查污染地区土地利用方式; 评价区人口数量、人口分布、人口年龄和人口流动情况; 评价区人群用水类型、地下水用途及占比及建筑物等相关信息。

根据风险评估和修复实际需要, 可选取适当的参数进行调查。区域特征参数和受体暴露参数的调查可采用资料查询、现场实测和实验室分析测试等方法。

对于地下水饮用水源, 不需要进行人体健康风险评估, 直接采用生活饮用水卫生标准评价污染状况; 对于地下水与地表水转化密切的区域, 要考虑地下水扩散的生态环境健康风险, 生态环境受体有湿地、自然保护区及保护动植物等。

7.5　土壤与地下水环境监测

土壤与地下水环境监测是指土壤与地下水环境研究的基础工作。土壤与地下水环境监测的可靠性, 直接影响土壤与地下水环境评价工作, 影响人们对土壤与地下水环境变化的客观认识和重大决策的制定。

7.5.1　土壤与地下水环境监测要求

1. 土壤与地下水环境监测内容

土壤与地下水环境监测内容包括监测目的、空间监测点位优化布设(初次经验布设、优化设计)、采样频率的优化(初次经验布设、优化设计)、采样方法(污染物类型不同, 采样方法不同, 如有机污染物 LNAPLs 和 DNAPLs)、监测要素或指标、监测方式与分析方法(在线监测和离线监测, 关注检测限(精度))。

2. 土壤与地下水环境监测网的类型

土壤与地下水环境监测网是指对监测区域内土壤与地下水环境进行时间、空间监测的有组织系统。根据监测范围和监测性质的不同，土壤与地下水环境监测网分为以下几类。

(1) 区域土壤与地下水环境监测网：该监测网的目的是通过区域土壤与地下水环境要素的监测，了解区域内污染物的时空分布，为区域规划与管理提供基础数据，该监测网的监测内容包括土壤特性和地球化学状况、污染物的分布及趋势分析、地下水位、环境要素的趋势分析。

(2) 场地土壤与地下水环境监测网：场地土壤与地下水环境监测的目的是通过场地土壤与地下水环境要素的监测，掌握场地内土壤与地下水污染物的时空分布，为场地环境管理及土壤与地下水污染物修复提供基础数据。该监测网的监测内容包括土壤特性和环境要素空间分布状况、污染源扩散状况、场地土壤污染状况、场地地下水位和环境要素分布状况。

(3) 工程活动对土壤与地下水环境影响监测网：该监测网的目的是通过对具体工程活动如垃圾填埋场、污水处理厂、加油站、地下储油罐等明确的污染区对周围土壤与地下水的潜在污染进行监测，掌握工程活动区污染源对周围土壤与地下水污染状况和扩散趋势，为工程活动区污染源管理与控制提供基础数据。该监测网监测站位设计：在工程区上游布设 1 个监测点，在地下水流下游布设若干监测点，以控制污染羽为目标，监测内容包括工程区污染物及其工程活动对地下环境影响所产生的污染物(工程活动改变地下水–岩(土)相互作用所产生的从土壤和含水层中释放的污染物)，分析潜在污染源对土壤与地下水环境的影响、环境风险对土壤与地下水环境影响。

(4) 专门性研究土壤与地下水环境监测网：该监测网通过专用网的专用要素的监测，为专业性研究提供基础数据。专门性研究包括地表水和地下水水力关系的调查、井群抽水试验、地下水渗流和污染物运移模型的校正等。

3. 土壤与地下水环境监测指标

(1) 常规监测指标：土壤 pH、含水量、孔隙率、饱和度、干密度、含气量、渗透系数、水动力弥散系数等；地下水温度、地下水位、pH、电导率、TDS、含水层的孔隙率、渗透系数、水动力弥散系数等。

(2) 土壤与地下水化学组分：重金属、放射性物质、炸药类、非水相有机污染物(LNAPLs 和 DNAPLs)、其他无机污染物、新型污染物。

(3) 土壤与地下水生物指标：包括微生物和病毒。

土壤与地下水环境要素的确定，按规范规定的要素或指标进行监测，从研究的角度，还要对新生污染物进行监测。

4. 土壤与地下水环境短期监测网

一般来说,土壤与地下水环境短期监测网是针对城市场地的环境监测,该监测网主要针对土壤与地下水环境空间监测,监测网的设计目的是找到污染源。对于潜在污染物分布较为均匀的场地,采用等间距布点方法。场地历史用地为农田,采用大于 6400 m² 的农用场地按 6400 m² 至少 1 个监测点布设土壤监测点,不足 6400 m² 的农用场地,最少布设 3 个土壤监测点;对于历史用地为工业场地,采用大于 1600 m² 的工业场地按 1600 m² 至少 1 个监测点布设土壤监测点,不足 1600 m² 的工业场地,最少布设 3 个土壤监测点;详细调查在关注污染物初步调查监测点周围加密布点,一般为 400m² 至少 1 个监测点。专业判断布点法,根据场地资料收集和现场踏勘等,初步判断潜在污染源,在污染源及其附近加密布设监测点,远离污染源处监测点可以稀疏些。非等距布点法,在污染源和水文地质条件比较清楚的地区,根据地下水流场分析,在地下水水力梯度大的地方加密布点,在污染源附近加密布点,根据含水层的渗透系数 K,水动力弥散系数(D_L 和 D_T),沿地下水流方向污染羽分布加密布点,以控制污染羽分布为原则。

5. 土壤与地下水环境长期监测网

一般来说,土壤与地下水环境长期监测网是指区域土壤与地下水污染监测网,如国家级监测网、省级监测网和地方监测网等。土壤与地下水环境长期监测网需要确定空间监测点位和采样时间频率。

初始土壤与地下水环境监测网的设计:可以根据水文地质条件和污染物类型,设计区域土壤与地下水环境初级监测网,通过区域土壤与地下水环境初级监测网的监测数据,进行区域土壤与地下水环境监测网的优化调整,构建土壤与地下水环境优化监测网。根据地下水变化幅度、含水层孔隙率和储水率大小、地下水补给强度变化等,确定地下水环境要素的采样频率。

6. 土壤与地下水环境要素采样

土壤采样尽可能用原位连续采样设备(如 Geoprobe),观测连续土柱有无异常变化,最好采用便携式检测仪器现场对连续土柱快速检测,记录测样段的深度数据,在潜在污染段采集土壤,送到室内进一步检测分析;避免运用土壤混合样品分析,混合样品稀释了污染物的含量,不能客观反映土壤污染状况。

对地下水采样,尽可能避免扰动,防止地下水中有机污染物由于采样的扰动而挥发;对于非水相轻液有机污染物,如汽油,一般漂浮在地下水位附近,在地下水位附近取水样,不仅可以采集到溶解在地下水中的 LNAPLs,同时也可以采集到自由相的 LNAPLs,但不能采集到吸附相的 LNAPLs,同时在地下水位附近采集饱和土壤(可能含有吸附相的 LNAPLs)。对于非水相重液有机污染物,在地下水位以下就可以采集到溶解相的 DNAPLs(溶解相的 DNAPLs 在井中已经混合充分了),但自由相和吸附相的 DNAPLs 一般会向地下深处迁移,容易在弱透水层或相对隔水层顶部滞留,在此处采集饱和土壤,可能会测到自由相和吸附相的 DNAPLs。

目前规范地下水采样方法只能分析到溶解在地下水中的有机污染物,大量的非溶解态有机污染物不能采集到,因此,难以客观反映地下环境污染状况。

7. 土壤与地下水样品检测分析方法

目前土壤与地下水环境要素的检测方法采用离线监测方法,即进行土壤与地下水现场采样,在实验室分析,分析方法如表 7-1 所示。可以在场地踏勘期间,采用在线监测方法(便携式检测仪),对场地土壤与地下水环境要素进行初步监测,快速判断场地污染状况,有利于比较准确地制定采样方案。

表 7-1　土壤与地下水环境要素实验室检测方法表

样品	监测因子	检测方法
土壤	pH	NY/T 1377—2007 或 USEPA 9045D
	镉、铬、砷、铅、铜、锌、镍、硒、锑、银、铍	HJ 350—2007 或 USEPA 6010C—2007
	铊	USEPA 200.8
	汞	GB/T 17136—1997 或 USEPA 7470A—1994
	六价铬	USEPA 7196A—1986 或 USEPA 6010C HexCr
	挥发性有机物	USEPA 8260C—2006
	半挥发性有机物	USEPA 8270D—2014
	总石油烃	USEPA 8260C—2006 和 8015C—2007
	有机氯农药	USEPA 8270D—2007
	有机磷农药	USEPA 8270D—2007
地下水	pH	GB 6920—1986
	镉、砷、铅、铜、镍、硒、锑、银、锌、铍	HJ 776—2015 或 USEPA 6020A—2007
	铊	GB/T 5750.6—2006
	汞	HJ 597—2011 或 USEPA 7470A—1994
	六价铬	GB/T 7467—1987
	挥发性有机物	HJ 639—2012 或 USEPA 8260C—2006
	半挥发性有机物	USEPA 8270D—2014
	总石油烃	USEPA 8260C—2006 和 8015C—2007
	有机氯农药	USEPA 8270D—2007
	有机磷农药	USEPA 8270D—2007

注意:如果有国标,优先使用国标,国外标准作为参考。

8. 场地环境监测的原则

(1)针对性原则：污染场地环境监测应针对环境调查与风险评估、修复过程监测、工程验收监测及回顾性评估等各阶段环境管理的目的和要求开展，确保监测结果的代表性、准确性和时效性，为场地环境管理提供依据。

(2)规范性原则：以程序化和系统化的方式规范污染场地环境监测应遵循的基本原则、工作程序和工作方法，保证污染场地环境监测的科学性和客观性。

(3)可行性原则：在满足污染场地环境调查与风险评估、治理修复、工程验收及回顾性评估等各阶段监测要求的条件下，综合考虑监测成本、技术应用水平等方面因素，保证监测工作切实可行及后续工作的顺利开展。

9. 场地环境监测内容

场地环境调查监测：场地环境调查和风险评估过程中的环境监测，主要工作是采用监测手段识别土壤、地下水、地表水、环境空气、残余废弃物中的关注污染物，掌握场地水文地质特征，并全面分析、确定场地的污染物种类、污染程度和污染范围。

污染场地修复工程过程监测：污染场地治理修复过程中的环境监测，主要工作是针对各项治理修复技术措施的实施效果所开展的相关监测，包括治理修复过程中涉及环境保护的工程质量监测和二次污染物排放的监测。

污染场地修复工程验收监测：对污染场地治理修复工程完成后的环境监测，主要工作是考核和评价治理修复后的场地是否达到已确定的修复目标及工程设计所提出的相关要求。

污染场地回顾性评估监测：污染场地经过治理修复工程验收后，在特定的时间范围内，为评价治理修复后场地对地下水、地表水及环境空气的环境影响所进行的环境监测，同时也包括针对场地长期原位治理修复工程措施的效果开展验证性的环境监测。

7.5.2　典型区的地下水监测点布设方法

该部分内容参照中华人民共和国环境保护部《地下水环境状况调查评价工作指南(试行)》[90]。

1. 地下水饮用水源地具体布点方法

孔隙水：①调查范围小于 50 km² 时，地下水环境监测点至少为 7 个；②调查范围为 50～100 km² 时，地下水环境监测点至少为 10 个；③调查范围大于 100 km² 时，每增加 25 km² 地下水环境监测点应至少增加 1 个。

岩溶水：主管道至少 3 个，一级支流至少 1～2 个。原则上主管道上不得少于 3 个采样点，一级支流管道长度大于 2 km 布设 2 个点，一级支流管道长度小于 2 km 布设 1 个点。

裂隙水：①调查区面积小于 50 km² 时，地下水环境监测点至少为 10 个；②调查区面积为 50～100 km² 时，地下水环境监测点至少为 20 个；③调查区面积大于 100 km² 时，每增加 25 km² 地下水环境监测点应至少增加 1 个。

2. 工业污染源区具体布点方法

孔隙水：背景监测点 1 个，设置在工业园区上游 30～50m 范围内。污染物扩散范围至少 4 个；地下水下游距离园区边界 30～50m，垂直于地下水流向呈扇形布设不少于 3 个；在园区两侧沿地下水流方向各布设 1 个地下水环境监测点。

工业园区内部地下水环境监测点要求 10～20 个/100 km²，若面积大于 100 km² 时，每增加 15 km² 监测点至少增加 1 个；工业园区内测点总数要求不少于 3 个。

监测点的布设宜位于主要污染源下游、污染羽扩散范围内，布设监测点以涵盖污染羽范围为宜。

以浅层地下水监测为主，如浅层地下水已被污染且下游存在地下水水源地，则在园区内增加 1 个主开采层（园区周边以饮用水开采为主的含水层段）地下水环境监测点。

岩溶水：对于南方岩溶分布区，监测点的布设重点追踪地下暗河，确定园区周边地下河的分布。在地下河的上、中、下游各布设 1 个地下水环境监测点。具体为上游 30～50m 范围内，在明显不受园区污染影响的地方布设不少于 1 个地下水环境监测点；工业园区内部监测井布置在污染源附近；园区下游在距离园区边界 30～50m 处（取决于含水层渗透系数大小），沿地下水流方向布设 1 个地下水环境监测点；以浅层地下水监测为主，如浅层地下水已被污染且下游存在地下水水源地，则在园区内增加 1 个主开采层（园区周边以饮用水开采为主的含水层段）地下水的监测点。

裂隙水：风化裂隙和成岩裂隙水调查区的布点同孔隙水调查区；构造裂隙水若存在主径流带，则地下水环境监测点的布设重点应追踪主径流带，在主径流带的上中下游各布设 1 个地下水环境监测点。具体为上游 30～50m 范围内（取决于裂隙或断层规模和渗透性能），在明显不受园区污染影响的地方布设不少于 1 个地下水环境监测点。

工业园区内部地下水环境监测井布置在污染源附近，园区下游在距离园区边界 30～50m（取决于含水层渗透系数大小），沿地下水流方向布设 1 个地下水环境监测点。

3. 矿山开采区具体布点方法

孔隙水：采矿区、分选区和尾矿库位于同一个水文地质单元时，布设 1 个地下水环境背景监测点，位于矿山影响区上游边界 30～50m 处；污染羽扩散范围内至少布设 2 个监测点，分别在垂直于地下水流方向的两侧；矿山开采区内的地下水环境监测点不得少于 1 个；尾矿库下游设置 1 个地下水环境监测点。采矿区、分选区和尾矿库位于不同水文地质单元时，布设 1 个地下水环境背景监测点，设置在尾矿库影响区上游边界 30～50m；污染羽扩散范围内至少布设 2 个监测点，分别在垂直于地下水流方向影响区的两侧；尾矿库地下水影响区至少布设 1 个地下水环境监测点；在尾矿库下游 30～50m 内设置 1 个地下水环境监测点，以评价尾矿库对地下水的影响；采矿区与分选区分别设置 1 个地下水环境监测点，以确定其是否对地下水产生影响，如果地下水已经污染，应加密布设地下水环境监测井，确定地下水的污染范围。

岩溶水：对于南方岩溶地区，岩溶主管道上不得少于 3 个采样点，根据地下河的分布及流向，在地下河的上、中、下游布设 3 个地下水环境监测点，分别作为地下水环境背景监测点、污染监测点及污染扩散点。岩溶发育完善，地下河分布复杂的，根据现场情况增加 2～4 个地下水环境监测点，一级支流管道长度大于 2 km 布设 2 个地下水环境监测点，一级支流管道长度小于 2 km 布设 1 个地下水环境监测点。

裂隙水：调查区的背景区域和污染源扩散区域均需布置监测点，面积小于 50 km² 时，可布设不少于 12 个地下水环境监测点；调查区面积为 50～100 km² 时，可布设不少于 22 个地下水环境监测点；调查区面积大于 100 km² 时，每增加 25 km² 应增加 1 个地下水环境监测点。

4. 危险废物处置场具体布点方法

孔隙水：①在处置场地下水流向上游 30～50 m 处布设 1 个地下水环境背景监测点；②污染羽扩散范围内布设 3 个以上地下水环境监测点，分别在垂直处置场地下水流向的一侧 30～50 m 处布设 1 个污染扩散监测点，在处置场地下水流向下游 30～50 m 处布设 1 个污染羽扩散监测井，两井之间垂直水流方向距离为 80～120 m；距处置场地下水流向下游 80～120 m 处布设 1 个污染羽扩散监测井。

岩溶水和裂隙水：①在处置场地下水流向上游 30～50 m 处布设 1 个地下水环境背景监测点；②对于地下水污染羽扩散范围，可选择线形、"T"形、三角形或四边形等布点方式布设 3～5 个地下水环境监测点；线形监测点可从处置场开始，沿地下水流动方向等距布设，两两间距不应小于 30 m，三角形与四边形沿地下水流向对称分布；下游污染扩散监测井如有地下水暗河出露点，可在其附近设置规范的地下水环境监测井。

5. 垃圾填埋场具体布点方法

孔隙水：①在填埋场地下水流向上游 30～50 m 处布设 1 个地下水环境背景监测点；②在污染羽扩散范围内，一般正规垃圾填埋场可布设 4～6 个，规模较大的正规垃圾填埋场和非正规垃圾填埋场要布设 6 个。在垂直填埋场地下水走向距填埋场边界两侧 30～50 m 处各设 1 个；在地下水流向下游距填埋场下边界 30 m 处设 1～2 个，两者之间距离为 30～50 m；在地下水流向下游距填埋场下边界 50 m 处设 1～2 个。污染羽范围内的地下水环境监测点要考虑含水层的渗透性能。

岩溶水和裂隙水：①在填埋场地下水流向上游 30～50 m 处布设 1 个地下水环境背景监测点；②在污染羽扩散范围内，可选择线形、"T"形、三角形或四边形等布点方式布设 3～5 个污染扩散监测点；线形监测点可沿处置场排泄山区地下水流向等距布设，两两间距不应小于 30 m，三角形与四边形沿地下水流向对称分布；下游污染扩散监测井如有地下水暗河出露点，可在其附近设置规范的地下水环境监测井。

6. 石油生产销售区具体布点方法

孔隙水：①在地下水流上游 30～50 m 处布设 1 个地下水环境背景监测点；②地下水污染羽扩散范围内至少布设 1 个地下水环境监测点，该点设置在地下水下游距离埋地油罐 5～30m 处。

岩溶水：在岩溶主管道上不得少于 2 个地下水环境监测点，根据地下河的分布及流向，在地下河的上、下游布设 2 个地下水环境监测点，分别作为背景监测点、污染羽扩散监测点。岩溶发育完善，地下河分布复杂的，根据现场情况增加 1～2 个点，一级支流管道长度大于 2km 布设 2 个点，一级支流管道长度小于 2km 布设 1 个点。

裂隙水：调查区的背景区域布置 2 个点，污染羽扩散区域内至少布置 3～4 个地下水环境监测点。

7. 农业污染源区具体布点方法

孔隙水：①再生水农用区一般布置不少于 7 个地下水环境监测点，包括 1 个地下水环境背景监测点，设置在再生水农用区上游；污染羽扩散范围内设置 6 个地下水环境监测点，分别为再生水灌区两侧各 1 个，再生水农用区及其下游不少于 4 个；调查区面积大于 100 km² 时，至少设置 20 个地下水环境监测点，且面积以 100 km² 为起点每增加 15 km²，地下水环境监测点数量增加 1 个。②畜禽养殖场和小区一般不低于 5 个地下水环境监测点，包括 1 个地下水环境背景监测点，位于养殖场和小区上游；污染羽扩散范围内设 4 个地下水环境监测点，分别位于养殖场场区内 1 个，垂直地下水流向在养殖场和小区两侧各 1 个，养殖场和小区下游 1 个。若养殖场和小区面积大于 1 km²，养殖场和小区场区地下水环境监测点增加为 2 个，养殖场和小区下游监测点同养殖场场区边界距离应不大于 300 m。

岩溶水：根据地下河的分布及流向，在地下河的上、中、下游布设 3 个地下水环境监测点，分别作为 1 个地下水环境背景监测点、2 个地下水污染羽扩散范围环境监测点；岩溶发育完善，地下河分布复杂的，根据现场情况增加 2~4 个点，一级支流管道长度大于 2 km 布设 2 个点，一级支流管道长度小于 2 km 布设 1 个点。

裂隙水：调查区面积小于 50 km² 时，至少布设 12 个地下水环境监测点，包括 1 个地下水环境背景监测点和 11 个污染羽扩散范围地下水环境监测点；调查区面积为 50~100 km² 时，至少布设 22 个地下水环境监测点；调查区面积大于 100 km² 时，每增加 25 km² 至少增加 1 个地下水环境监测点。

8. 高尔夫球场具体布点方法

孔隙水：①在高尔夫球场地下水流向上游 30~50m 处布设 1 个地下水环境背景监测点；②在地下水污染羽扩散范围内布设 4 个环境监测点，包括球场内布设 2 个地下水环境监测点，球场外布设 2 个地下水环境监测点，分别在垂直高尔夫球场地下水走向的两侧 30~50m 处各设 1 个，在地下水流向下游影响区设置 1 个。当球场附近有污染源时需增加监测井的数目，原则上按 10%~20% 的比例增加；高尔夫球场区域面积大于 100 km² 时，每增加 15 km² 至少增加 1 个地下水环境监测点；球场内的河流或人工湖增设 1 个地下水环境监测点。

岩溶水：根据地下河的分布及流向，在地下河的上、中、下游布设 3 个地下水环境监测点，分别作为地下水环境背景监测点、地下水污染羽扩散范围监测点。岩溶发育完善，地下河分布复杂的，一级支流管道长度大于 2 km 布设 2 个点，一级支流管道长度小于 2 km 布设 1 个点。

裂隙水：面积小于 50 km² 时，至少布设 12 个地下水环境监测点，包括 1 个地下水环境背景监测点；调查区面积为 50~100 km² 时，至少布设 22 个地下水环境监测点，包括 1 个地下水环境背景监测点；调查区面积大于 100 km² 时，每增加 25 km² 至少增加 1 个地下水环境监测点。

7.5.3　土壤与地下水环境监测网优化设计

1. 土壤与地下水环境监测网质量评价准则

用土壤与地下水环境监测网中已知监测点估计未知监测点获得的估计误差

标准差，作为土壤与地下水环境监测网质量评价的定量指标，估计误差标准差最小化作为目标函数，经费和人力投入、土壤与地下水水流和污染物迁移方程作为约束条件，进行土壤与地下水环境监测网中的监测点密度和监测频率优化计算，获得的最小化估计误差标准差作为监测网质量评价准则。以估计误差的标准差最小化为目标设计的土壤与地下水环境监测网(监测孔和监测频率)为最佳的土壤与地下水环境监测网。

2. 土壤与地下水环境监测网优化设计准则

以尽可能少的经费和人力投入，获得尽可能多的土壤与地下水环境要素的时空分布信息量。现实中经费投入与信息量的提取成正比，即经费投入越多，监测孔的密度越大，地下水环境信息提取量越多，如何找到它们之间的平衡点，需要协调估计误差的标准差最小化和经费投入之间的关系。

3. 土壤与地下水环境监测网优化设计的普通克里金(Kriging)法

第一步　以已知监测数据为基础，利用下式计算实验变差函数：

$$\hat{\gamma}(\boldsymbol{h}) = \frac{1}{2N_h} \sum_{i=1}^{N_h} \left[z(\boldsymbol{x}_i) - z(\boldsymbol{x}_i + \boldsymbol{h}) \right]^2 \tag{7-1}$$

式中，$N_h = \dfrac{N(N-1)}{2}$，N 为监测点的数目，N_h 为被距离矢量 $\boldsymbol{h}$ 分隔的区域化变量 $z(\boldsymbol{x})$ 和 $z(\boldsymbol{x}+\boldsymbol{h})$ 数值对的数目；$\hat{\gamma}(\boldsymbol{h})$ 是实验变差函数。

再用实验变差函数与理论变差函数曲线拟合，选取理论变差函数曲线类型，确定变差函数值 $\gamma(\boldsymbol{h})$。若已知协方差值 $C(\boldsymbol{x}_i, \boldsymbol{x}_0)$，直接用已知数据计算协方差值。

第二步　利用下式计算权系数 $\lambda_i (i=1,2,\cdots,N)$ 和 μ 值：

$$\begin{cases} \sum\limits_{j=1}^{N} \lambda_j \gamma(\boldsymbol{x}_i, \boldsymbol{x}_j) + \mu = \gamma(\boldsymbol{x}_i, \boldsymbol{x}_0), i=1,2,\cdots,N \\ \sum\limits_{j=1}^{N} \lambda_j = 1 \end{cases} \tag{7-2a}$$

若已知协方差值，利用下式计算权系数 $\lambda_i (i=1,2,\cdots,N)$ 和 μ 值：

$$\sum_{j=1}^{N} \lambda_j C(\boldsymbol{x}_i, \boldsymbol{x}_j) = C(\boldsymbol{x}_i, \boldsymbol{x}_0) - \mu, \quad i=1,2,\cdots,N \tag{7-2b}$$

第三步　利用已知点数据估计未知点数据，用于空间分析，绘制地下水环境某要素空间等值线，分析地下水环境某要素的空间分布特征和趋势。

第四步　利用下式计算估计误差的标准差：

$$\sigma_{ok}^2 = \sum_{i=1}^{N} \lambda_i \gamma(\boldsymbol{x}_i, \boldsymbol{x}_0) - \gamma(\boldsymbol{x}_0, \boldsymbol{x}_0) + \mu, \quad \sigma_{ok} = \sqrt{\sigma_{ok}^2} \tag{7-3a}$$

式中，σ_{ok}^2 为估计误差的方差；σ_{ok} 为估计误差的标准差。

若已知协方差值，利用下式计算估计误差的标准差：

$$\sigma_{ok}{}^2 = C(0) - \sum_{i=1}^{N} \lambda_i C(\boldsymbol{x}_i, \boldsymbol{x}_0) - \mu, \quad \sigma_{ok} = \sqrt{\sigma_{ok}^2} \tag{7-3b}$$

式(7-3)可用于分析已知监测点分布的合理性，进行现有监测网的质量优劣分析，并进行监测点的优化设计。

4. 土壤与地下水环境监测网优化设计的卡尔曼(Kalman)滤波法

第一步　土壤性质和水文地质条件分析：土壤性质与水文地质条件分析是土壤与地下水环境监测网优化设计的基础，也是建立土壤与地下水系统确定-随机性数学模型的必备条件，这就需要对研究区进行深入的土壤性质和水文地质条件分析，进行土壤非饱和带和水文地质单元划分、含水介质系统划分、土壤与地下水环境系统的圈定、初始状态、边界条件的确定以及各种输入量(人工开采、大气降水、河流侧渗以及影响水中化学组分浓度的污染源等)的给出。土壤性质与水文地质条件分析可正确地提供土壤与地下水系统确定-随机性数学模型的物理背景。

第二步　确定土壤与地下水环境监测网设计的目标：土壤与地下水环境监测网具有明确的目的性，在进行土壤与地下水环境监测网优化设计之前，必须提出监测网的目的，根据监测网的目的，确定土壤与地下水环境的变量、土壤环境要素与水文地质信息量的多少、土壤与地下水环境变量的精度以及设计土壤与地下水环境监测网需要投入的经费等。这些都要在土壤与地下水监测网优化设计前，以定量化的形式给出。

第三步　基础数据准备：根据土壤性质和水文地质条件分析，确定土壤与地下水环境输入项的类型，一般有降水量、垂向消耗量、边界流出量、人工开采量以及第一类边界输入量。对于土壤与地下水环境要素而言，还要考虑边界上的环境要素的浓度以及垂向污染源等。初始条件的确定：初始条件包括土壤与地下水环境初始状态矢量的估值及初始最优估计误差协方差矩阵，选用现有监测点土壤与地下水环境变量的初始时刻实测值，运用 Kriging 插值方法进行空间插值和方差分布确定，作为初始值。

第四步　土壤与地下水环境系统模型校正：运用式(7-4)(Kalman 滤波最优状态估计的递推算法)计算土壤与地下水环境系统确定性参数和随机性参数，使得计算值与实测值的差值最小。

$$
\begin{cases}
\bar{H}_k = A\hat{H}_{k-1} + BU_k + \Gamma\bar{W}_{k-1} \\
\bar{P}_k = AP_{k-1}A^{\mathrm{T}} + \Gamma Q_{k-1} \\
K_k = \bar{P}_k C_k^{\mathrm{T}}(C_k \bar{P}_k C_k + R_k)^{-1} \\
\hat{H}_k = \bar{H}_k + K_k(Y_k - C_k \bar{H}_k) \\
P_k = (I - K_k C_k)\bar{P}_k \\
\hat{H}_0 = E(H_0) = H_0 \\
P_0 = \mathrm{Var}(H_0)
\end{cases}
\tag{7-4}
$$

式中，$\bar{W}_{k-1} = \{\bar{W}_1, \bar{W}_2, \cdots, \bar{W}_N\}_{k-1}^{\mathrm{T}}$ 为 $k-1$ 时刻的系统模型噪声均值矢量；Q_{k-1} 为 $k-1$ 时刻的非奇异对称正定 $N \times N$ 阶系统模型噪声协方差矩阵；$R_k = E[V_k V_k^{\mathrm{T}}]$，$R_k$ 为 k 时刻的非奇异对称正定 $m \times m$ 阶系统测量噪声协方差矩阵；$\hat{H}_{k-1}$ 为 $k-1$ 时刻的系统状态估计矢量；$\hat{H}_k$ 为 k 时刻的系统状态估计矢量；$\hat{H}_0$ 为 $k=0$ 时刻的系统状态估计矢量；$\bar{H}_k$ 为 k 时刻的系统状态最优估计矢量；$H_k = \{H_1, H_2, \cdots, H_i, \cdots, H_N\}_k^{\mathrm{T}}$ 为 k 时刻地下水环境系统的状态矢量，$i = 1, 2, \cdots, N$，N 为地下水环境系统内离散的节点总数，$k = 1, 2, \cdots, N_t$，N_t 为计算时间总数；$H_{k-1} = \{H_1, H_2, \cdots, H_i, \cdots, H_N\}_{k-1}^{\mathrm{T}}$ 为 $k-1$ 时刻地下水环境系统的状态矢量；A 为地下水环境系统状态的 $N \times N$ 阶转移矩阵；B 为地下水环境系统源或汇项 $N \times N$ 阶系数矩阵；$U_k = \{U_1, U_2, \cdots, U_i, \cdots, U_N\}_k^{\mathrm{T}}$ 为 k 时刻地下水环境系统的源或汇矢量；Γ 为地下水环境数学模型噪声系数 $N \times N$ 阶矩阵；$W_{k-1} = \{W_1, W_2, \cdots, W_i, \cdots, W_N\}_{k-1}^{\mathrm{T}}$ 为 $k-1$ 时刻地下水环境模型的噪声矢量；$Y_k = \{Y_1, Y_2, \cdots, Y_j, \cdots, Y_m\}_k^{\mathrm{T}}$ 为 k 时刻地下水环境系统状态的测量矢量，$j = 1, 2, \cdots, m$，m 为地下水环境系统内监测点总数；$V_k = \{V_1, V_2, \cdots, V_j, \cdots, V_m\}_k^{\mathrm{T}}$ 为 k 时刻地下水环境系统状态测量噪声矢量；C_k 为 k 时刻地下水环境系统的 $m \times N$ 阶测量矩阵，测量矩阵为零或 1 矩阵，即

$$
C_k = \{C_{ij}\}_k = \begin{cases} 1, & i = j \\ 0, & i \neq j \end{cases}
$$

$\bar{P}_k$ 称为 k 时刻土壤与地下水环境系统状态一步预测误差的 $N \times N$ 协方差矩阵；K_k 称为 k 时刻 Kalman $N \times m$ 阶增益矩阵；P_{k-1} 为 $k-1$ 时刻土壤与地下水环境系统状态估计误差的协方差矩阵；I 为 $N \times N$ 阶单位矩阵；H_0 和 P_0 分别为 $k=0$ 时刻的土壤与地下水环境系统状态均值和协方差值；P_k 为 k 时刻土壤与地下水环境系统状态估计误差的协方差矩阵。

　　第五步　现有土壤与地下水环境监测网质量评价：土壤与地下水环境系统模型校正好后，可以利用 Kalman 滤波模拟算法，即式(7-5)(Kalman 滤波的模拟递

推算法)计算研究域内现有土壤与地下水环境监测网估计误差的标准差。进行估计误差的标准差的空间分析，对现有土壤与地下水环境监测网的质量进行评价；在现有土壤与地下水环境监测网质量评价的基础上，根据研究区土壤性质、水文地质特征、监测目的以及经费投入等情况，确定估计误差的标准差的临界值。

$$
\begin{cases}
\bar{P}_k = A P_{k-1} A^{\mathrm{T}} + \Gamma Q_{k-1} \\
K_k = \bar{P}_k C_k^{\mathrm{T}} (C_k \bar{P}_k C_k + R_k)^{-1} \\
P_k = (I - K_k C_k) \bar{P}_k \\
P_0 = \mathrm{Var}(H_0)
\end{cases}
\tag{7-5}
$$

第六步　备选方案制订：根据监测目的和现有监测网的质量分析，提出多种备选方案，再利用式(7-5)计算研究域内各种备选方案条件下的土壤与地下水环境监测网估计误差的标准差。分析各种方案下研究区内土壤与地下水环境监测网估计误差的标准差的时空分布，进行比较分析。

第七步　绘制土壤与地下水环境监测点数量与估计误差的标准差的关系曲线：土壤与地下水环境监测点数量反映的是经费投入的多少，即经济可行性；估计误差的标准差反映土壤与地下水环境信息提取的精度，反映的是土壤与地下水环境信息的损失量，因此，该关系反映费用-效益关系。从该关系图中选取最佳监测站点的数量。

第八步　通过上述分析，综合土壤性质、水文地质条件和监测目的，提出研究区优化的土壤与地下水环境监测网包括监测站点的密度和监测频率。

5. 点源污染物扩散的地下水环境监测网优化设计方法

第一步　背景监测井确定：在污染源上游设立一个地下水环境监测井(确定背景值)。

第二步　污染晕区监测井设计：从污染源向地下水流动方向设置地下水环境监测井，在污染晕范围内设定一定数量的监测井，运用数值模拟方法使得监测井控制范围超过污染晕的90%以上。

第三步　运用 Kriging 方差分析方法，计算预设的监测网估计误差的标准差，分析预设监测网的质量。

第四步　调整监测井的位置和密度，再用 Kriging 空间分析方法进行污染物浓度插值，确定污染物浓度等值线，与数值模拟污染物分布等值线进行拟合，如果调整监测井后插值确定的污染物浓度等值线与数值模拟污染物分布等值线比较，拟合度达到90%以上时，则该监测网属于最佳的。

第8章 土壤与地下水污染修复标准

8.1 概　　述

土壤与地下水污染修复标准的制定，要考虑土地利用方式(城市工业用地、城市居民住宅和商业用地、农业耕作用地以及矿山废弃地或尾矿堆放地等)、土壤与地下水环境基准(背景值，无人类活动影响，即无污染可持续性标准)、土壤与地下水环境质量标准(目标值，不同用途的环境质量标准值)、经济技术水平(当前最先进技术达到的修复水平)、地下水的用途(饮用水源、农业灌溉、生态用水或地表水转化等)。

污染土壤与地下水也是一种资源，从污染物资源利用角度，制定土壤与地下水污染修复标准，如图 8-1 所示。

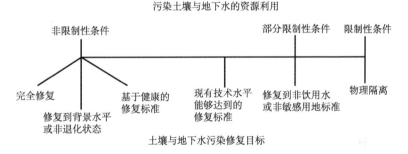

图 8-1　土壤与地下水污染修复标准

在非限制性条件下，土壤与地下水污染修复应该考虑以下三个标准。

(1)从理想状态考虑，污染物进入土壤或地下水中，修复的标准是完全恢复或去除所有痕量污染物，以恢复土壤与地下水原貌，但这种修复需要较长的时间和较高的费用，目前技术水平也难以达到。

(2)非退化或去除污染物到自然背景水平或检出限内，从生态环境非退化的角度或使得污染的土壤与地下水恢复到自然背景水平，这种标准是基于土壤与地下水环境质量不改变的标准，对于农用地来说，应该使用该标准，因为土壤作为食品生产地，从食品安全角度考虑是必要的；对于工业用地和矿山尾矿污染修复来说，这一标准比较苛刻，需要投入长的时间和高的经费投入。

(3)基于人体健康标准：如大多数场地将生活饮用水卫生标准用作地下水污

染修复的目标，人体健康风险控制值作为场地土壤与地下水污染修复的标准，这一标准是目前国内外常用的标准，这是由于土壤与地下水污染累积时间长，污染物的迁移慢，土壤与地下环境复杂，从人体健康风险控制的角度考虑场地土壤与地下水污染修复问题。非限制性条件修复的前两个标准技术难度大，经费投入高，对于低污染土壤与地下水可能实现，对于高浓度污染难以实现，目前应用最广的修复标准是基于健康风险的修复标准。从污染处理的角度，应该用现有最先进的技术，实现土壤与地下水污染的修复，这个标准需要进行大量现场试验，才能获得现有技术水平和经济可承受的修复标准，该标准称为基于技术的修复标准：该标准经过了长期现场修复经验的积累，考虑了目前技术水平能达到的修复标准，同时也考虑了经济的可行性。考虑到土壤与地下水的用途条件的变化，可以用部分限制使用标准：对于非饮用水的地下水，可以考虑该地下水污染修复标准允许达到非饮用用途，如农田灌溉或地表水环境质量标准，对于场地土壤来说，敏感性用地标准难以达到，可将该场地变更为非敏感性用地，按非敏感性用地标准。如果所有条件均难以修复污染土壤与地下水，应该采用物理阻隔标准：该标准意味着污染物保留在原地，但必须设置防止污染物迁移的系统，必要时在原地处理地下水，该标准考虑污染物浓度大，现有技术和经济水平难以处理，可以使用物理隔离或原地物理隔离处理，防止地下水污染进一步迁移扩散。

　　土壤与地下水环境相关标准、背景值、本底值、风险控制值、修复目标值、干预值、筛选值等；土壤环境背景值(environmental background value of soil)、土壤环境本底值(environmental baseline of soil)、地下水环境背景值(environmental background value of groundwater)、土壤污染风险筛选指导值(risk screening guideline values for soil contamination)、土壤与地下水风险控制值(risk control values for soil and groundwater)、场地土壤污染健康风险评估筛选值(screening level for health risk assessment of site soil contamination)、场地修复目标(site remediation goal)、修复目标值(remediation target value)、土壤修复干预值(soil remediation intervention values)、土壤健康风险筛选值(health risk screening value for human)、土壤环境质量标准(GB 15618—1995)[91](environmental quality standard for soils)、地下水质量标准(GB/T 14848—1993)[6]、地下水质量标准(GB/T 14848—2017)[7](quality standard for ground water)、地下水水质标准(DZ/T 0290—2015)[92](standard for groundwater quality)、土壤污染风险管控标准[93](risk control standard for soil contamination)和农用地土壤污染风险筛选值和管制值(risk screening values and intervention values for soil contamination of agricultural land)将代替、土壤环境质量标准(GB 15618—1995)，预计 2018 年将发布正式的土壤环境质量标准。

　　这里要考虑土壤与地下水环境与污染四个层面的标准：土壤与地下水环境基

准(背景值)、土壤与地下水环境质量标准(环境质量状况值)、土壤与地下水环境风险控制标准(筛选值或干预值)、土壤与地下水污染修复标准(修复目标值)。

土壤与地下水环境背景值指不受人类活动影响,仅在自然过程(地质过程、气象与水文条件、生态水文过程、水文地质条件、地球化学循环等)中形成的土壤与地下水原来固有的化学组分。土壤与地下水环境基准(背景值)指不受人类活动影响的土壤与地下水环境状况,即环境背景值。土壤与地下水环境基准值受到地质过程、气候和气象条件、地表水系统和生态系统等自然过程的影响,土壤与地下水环境基准值不是唯一的,不同地区背景值不同,如上海市土壤中铊的背景值较高,其中位值、算术平均值和几何平均值分别为 0.43 mg/kg、0.436 mg/kg、0.435 mg/kg,95%置信度范围值为 0.144~0.589 mg/kg,土壤中铊的背景值超出了《上海市场地土壤环境健康风险评估筛选值(试行)》中敏感用地的筛选值(0.2 mg/kg);上海地区土壤中钴的背景值较高,其中位值、算术平均值和几何平均值分别为 13.1 mg/kg、12.4 mg/kg、12.1mg/kg,95%置信度范围值为 2.7~15.3 mg/kg,土壤中钴的背景值超出了《上海市场地土壤环境健康风险评估筛选值(试行)》[94]中敏感用地的筛选值(3.8 mg/kg)。我国一些地区地下水中矿化度、F、As、I、pH、Fe、Mn 等的背景值明显高于国家生活饮用水卫生标准。土壤中某些重金属背景值高与当时土壤成因条件和母岩风化来源以及沉积条件有关,不同的沉积条件,土壤中重金属含量是不同的,通过部分点上实测的数据就说这个地区的背景值高,这里注意:不能说背景值高就没有问题,一定要考虑土地用途,有些背景值高,风险大,可能不宜作为某种土地用途,或者需要进行土壤修复后使用。对于土壤中重金属背景值高的场地,应测定重金属形态,如果大多为络合态,说明相对稳定。

土壤与地下水环境质量指在一定时空范围内,受自然和人类活动综合影响下的土壤与地下水中各种环境要素的变化状况及其对人类或其他生物生存、繁衍以及社会经济发展的适宜性,是相对于不同用途的土壤与地下水环境"优劣"的一种相对概念。土壤与地下水环境质量体现了自然过程和人为活动的双重作用,土壤与地下水环境背景值、地球化学循环和人类活动等因素共同影响着土壤与地下水环境质量的时空分布规律。土壤与地下水环境质量标准指在自然过程和人类活动综合影响下的土壤与地下水中各种环境要素组成状况,依据不同用途划分土壤与地下水环境质量类型,每种类型的标准值反映了人类活动对土壤与地下水环境的影响程度。

土壤与地下水环境风险控制标准指在自然和人类活动影响下,土壤与地下水受到不同程度的污染,其中有害物质对人体健康和生态环境健康处于可接受水平的限值。该标准属于土壤与地下水环境低风险管控标准,也就是筛选值。

土壤与地下水污染修复标准指土壤与地下水由于人类活动的影响,受到严重污染，其中有害物质对人体健康和生态环境健康产生严重威胁，土壤与地下水中有害物质必须进行处理以达到健康风险处于可接受水平。土壤与地下水污染修复标准与土地用途、地下水用途、技术水平和经济水平有关。

目前，在场地环境调查评估和修复中，土壤采用土壤人体健康风险筛选值，地下水采用地下水质量标准中Ⅲ类水质标准，缺失要素选用国外标准。如果场地土壤与地下水环境初步调查中监测要素超过场地土壤人体健康风险筛选值或地下水相关标准限值，则进行场地环境详细调查和健康风险评估，以场地人体健康风险评估获得的风险控制值作为场地修复目标值。这个评价标准仅仅考虑场地对人体健康的风险控制，没有考虑生态环境风险问题、土壤污染物渗入地下水，再扩散到地表水体、扩散到湿地生态系统以及自然保护区生态系统，对生态系统的生境、生物产生人体健康风险等。深部污染土壤和地下水污染物挥发传输途径较远（到达地表与人体接触），计算出的风险控制值很大，甚至深部土壤和地下水污染物浓度很高也不会对人体健康造成影响，但对地下环境造成污染。深部土壤和地下水污染物的迁移没有考虑，这种迁移会影响下游地表水源或地下水源，因此该方法计算出的风险控制值作为土壤修复标准存在重大缺陷。另外，对于农田污染修复标准，一定要考虑农作物与土壤中物质相互转化的规律，制定不同农作物区土壤环境质量标准，以保证食品安全。

我国土壤与地下水污染修复工作刚刚起步，国外的土壤与地下水污染修复已经开展了近40年，积累了大量经验，下面列出了一些国家相关标准，可以作为研究和应用的参考。由于各地地质条件的差异（全球每一处的地质条件都不相同），没有一种标准化的方法，在选用国外标准时，一定要因地制宜，即考虑当地的地质条件、水文地质条件、水文气象条件、生态系统状况以及土地和地下水用途等。

8.2　荷兰土壤与地下水污染修复的干预值

荷兰依据《荷兰土壤质量法令》（2008年1月生效），建立了新的土壤质量标准框架。该框架在人类健康风险、生态风险和农业生产基础上，设立 10 种不同土壤功能的国家标准（三类：自然/农业、住宅区、工业），还包括制定地方标准的系统。新标准体系制定了三个标准值：目标值（基于荷兰的环境背景值）、干预值（基于严重风险水平，确定修复的紧迫性）以及国家土壤用途值（基于特殊土壤用途的相关风险，确定修复目标）。国家土壤用途值是一般性的土壤质量标准，用于确定土壤是否适用特定的用途。地方当局也可制定地方土壤用途值。若某一块已被定义场地的土壤浓度值高于干预值，可适用逐级风险评估系统（土壤修复标准），以确定修复的紧迫性。

荷兰污染物标准（Dutch pollutant standard）是指用于环境修复、调查和清理中的环境污染物参考值(环境介质中污染物的浓度)。多数情况下,各种物质的目标值与国家的背景浓度有关,另外一些物质的目标值通过环境风险分析确定。

土壤目标值表示低于或处于这个水平的土壤具备生态系统(人类、植物和动物生命)所需的全部功能特征,土壤质量是可持续的。

地下水目标值是假定忽略对生态系统的风险的环境质量基准指标,对于重金属来说,应该区分浅层地下水(0~10 m)和深层地下水(大于 10 m),因为浅层和深层地下水具有不同的背景浓度。

土壤修复干预值(soil remediation intervention values)表示土壤的功能性质对人体、植物和动物造成严重损害和威胁。干预值表示超过这个水平的土壤具备生态系统(人类、植物和动物生命)所需的全部功能特征已经被严重破坏或受到严重威胁,必须接受强制干预。当土壤严重污染时,在至少 25 m³ 的土壤中,一种或多种物质的平均浓度超出干预值;当地下水严重污染时,在至少 100 m³ 孔隙饱和的土壤中,一种或多种物质的平均浓度超出干预值。在少数特定情况下,即使物质浓度低于干预值也可能会被判定为严重污染。这适用被称为敏感土地利用功能的土地——菜园/园地,地下水水位高且地下水中含有挥发性有机物的土壤或建筑物下的非饱和土壤。

《荷兰土壤和地下水干预值》(Soil Remediation Circular 2013)是荷兰政府在2013 年发布的,是对 2009 年发布的关于土壤和地下水中的修复目标限值的调整、补充和完善,可参阅(Soil Remediation Circular 2013(July 2013))http://rwsenvironment.eu/subjects/soil/legislation-and/。在荷兰土壤和地下水干预值中有地下水目标值、土壤与地下水干预值,土壤中显示的浓度为标准土壤(10%有机质和25%黏土)。

在荷兰土壤和地下水干预值中金属类列出 19 种,即锑(antimony, Sb)、砷(arsenic, As)、钡(barium, Ba)、铍(beryllium, Be)、镉(cadmium, Cd)、铬(chromium, Cr)(三价铬、五价铬)、钴(cobalt, Co)、铜(copper, Cu)、镍(nickel, Ni)、铅(lead, Pb)、汞(mercury, Hg)(无机汞(inorganic)、有机汞(organic))、钼(molybdenum, Mo)、银(silver, Ag)、硒(selenium, Se)、碲(tellurium, Te)、铊(thallium, Tl)、锡(tin, Sn)、钒(vanadium, V)和锌(zinc, Zn)。

其他无机物有氯化物(chloride)、氰化物(cyanide-free、cyanide-complex)、硫氰酸盐(thiocyanate)。

芳香族化合物有苯(benzene)、乙苯(ethylbenzene)、甲苯(toluene)、二甲苯(xylenes(总))、苯乙烯(styrene(vinylbenzene))、苯酚(phenol)、(甲酚 cresols(总))。

多环芳烃类有 PAH(10 个总和)、萘(naphthalene)、菲(phenanthrene)、蒽(anthracene)、荧蒽(fluoranthene)、屈(chrysene)、苯并(a)蒽(benz(a)anthracene)、苯并(a)芘(benzo(a)pyrene)、苯并(k)荧蒽(benzo(k)fluoranthene)、茚并(1,2,3-cd)

芘(indeno(1,2,3-*cd*)pyrene)、苯并(*g*,*h*,*i*)芘(benzo(*g*,*h*,*i*)perylene)。

挥发性氯代烃类有氯乙烯(monochloroethene(vinyl chloride))、二氯甲烷(dichloromethane)、1,1-二氯乙烷(1,1-dichloroethane)、1,2-二氯乙烷(1,2-dichloroethane)、1,1-二氯乙烯(1,1-dichloroethene)、1,2-二氯乙烯（总）(1,2-dichloroethene(sum))、二氯丙烷(总)(dichloropropanes(sum))、三氯甲烷(氯仿)(trichloromethane(chloroform))、1,1,1-三氯乙烷(1,1,1-trichloroethane)、1,1,2-三氯乙烷(1,1,2-trichloroethane)、三氯乙烯(trichloroethene(Tri))、四氯化碳(tetrachloromethane(Tetra))、四氯乙烯(tetrachloroethene(Per))。

挥发性氯代氯苯类有氯苯(monochlorobenzene)、二氯苯（总）(dichlorobenzenes(sum))、三氯苯(总)(trichlorobenzenes(sum))、四氯苯(总)(tetrachlorobenzenes(sum))、五氯苯(pentachlorobenzene)、六氯苯(hexachlorobenzene)。

挥发性氯代氯酚类有氯酚(总)(monochlorophenols(sum))、二氯酚(总)(dichlorophenols(sum))、三氯酚(总)(trichlorophenols(sum))、四氯酚(总)(tetrachlorophenols(sum))、五氯酚(pentachlorophenol)。

挥发性氯代多氯联苯有多氯联苯(7个总和)(polychlorinated biphenyl(sum 7))。

挥发性其他氯代烃类有氯苯胺(总)(monochloroanilines(sum))、二噁英(dioxin(sum I-TEQ))、氯萘(总)(chloronaphthalene(sum))。

有机氯农药有氯丹(总)(chlordane(sum))、滴滴涕(总)(DDT(sum))、滴滴伊(总)(DDE(sum))、滴滴滴(总)(DDD(sum))、滴滴涕/滴滴伊/滴滴滴(总)(DDT/DDE/DDD(sum))、艾氏剂(aldrin)、狄氏剂(dieldrin)、异狄氏剂(endrin)、剧毒杀虫剂(总)(drins(sum))、α-硫丹(α-endosulfan)、α-六六六(α-HCH)、β-六六六(β-HCH)、γ-六六六(γ-HCH(Lindane))、六六六化合物(总)(HCH-compounds(sum))、七氯(heptachlor)、环氧七氯(总)(heptachlor-epoxide(sum))。

有机锡农药有有机锡化合物(总)(organotin compounds(sum))。

氯苯氧基醋酸除草剂有2-甲-4-苯氧基乙酸(MCPA)。

其他农药有阿特拉津(atrazine)、胺甲萘(carbaryl)、卡巴呋喃(carbofuran)。

其他污染物有石棉(asbestos)、环己酮(cyclohexanone)、邻苯二甲酸二甲酯(dimethyl phthalate)、邻苯二甲酸二乙酯(diethyl phthalate)、邻苯二甲酸二异丁酯(diisobutyl phthalate)、邻苯二甲酸二丁酯(dibutyl phthalate)、邻苯二甲酸丁苄酯(butyl benzyl phthalate)、十二烷酯(dihexyl phthalate)、二(乙基己基)邻苯二甲酸酯(di(2-ethylhexyl)phthalate)、邻苯二甲酸酯(总)(phthalates(sum))、矿物油(mineral oil)、吡啶(pyridine)、四氢呋喃(tetrahydrofuran)、四氢噻吩

(tetrahydrothiophene)、四溴甲烷 (溴仿) (tetrabromomethane (bromoform))。

在城市场地环境调查中，优先采用国标，国标缺失的指标再采用地方标准，如果国内缺失相关土壤与地下水环境标准，则选用国外相关标准。

8.3　美国爱荷华州土壤与地下水污染物标准

《美国爱荷华州土壤与地下水标准》(IOWA DNR：Statewide Standards for Contaminants in Soil and Groundwater (for a Non-Protected Groundwater Source)) 由爱荷华州自然资源部组织制定，其计算基于积累性的人体健康风险，若土壤或地下水中污染物的浓度满足该标准中所规定的限值，则认为该场地污染物质不会对场地中正常的、不受限制的人体暴露产生任何危害。该标准中的地下水标准限值分为受保护的地下水和非受保护的地下水两类。具体土壤与地下水污染物标准值请参阅 https://programs.iowadnr.gov/riskcalc/Home/statewidestandards。

《美国爱荷华州土壤与地下水标准》列出了以下土壤与地下水中污染物的标准值，按照英文字母顺序排列如下，涉及无机污染物、金属污染物、挥发性有机物、半挥发性有机物、杀虫剂、农药等。

苊 (acenaphthene)，苊烯 (acenaphthylene)，乙草胺 (acetochlor)，丙酮 (acetone)，丙烯酰胺 (acrylamide)，丙烯腈 (acrylonitrile)，甲草胺 (alachlor)，涕灭威 (aldicarb)，得灭克 (aldicarb sulfone)，得灭克亚砜 (aldicarb sulfoxide)，艾氏剂 (aldrin)，莠灭净 (ametryn)，1,4-氨基联苯 (l,4-aminobipheny)，氨 (ammonia)，氨基磺酸铵 (ammonium sulfamate)，蒽 (anthracene)，锑 (antimony)，无机砷 (arsenic, inorganic)，阿特拉津 (atrazine)，钡 (barium)，残杀威 (baygon)，噻草平 (bentazon)，苯 (benzene)，联苯胺 (benzidine)，苯并 [a] 蒽 (benzo[a]anthracene)，苯并 [a] 芘 (benzo[a]pyrene)，苯并 [b] 荧蒽 (benzo[b]fluoranthene)，苯并 [g,h,i] 苝 (benzo[g,h,i]perylene)，苯并 [k] 荧蒽 (benzo[k]fluoranthene)，苯甲醇 (benzyl alcohol)，铍 (气) (beryllium (air))，铍 (土/水) (beryllium (soil/water))，联二苯 (biphenyl)，双 (2-氯乙基) 醚 (bis (2-chloroethyl) ether)，双 (2-氯异丙基) 醚 (bis (2-chloroisopropyl) ether)，双 (2-乙基己基) 邻苯二甲酸二酯 (bis (2-ethylhexyl) phthalate)，硼和硼酸盐 (boron and borates only)，除草定 (bromacil)，溴酸盐 (bromate)，溴氯甲烷 (bromochloromethane)，溴二氯甲烷 (bromodichloromethane)，三溴甲烷 (bromoform)，溴甲烷 (bromomethane)，溴苯腈 (bromoxynil)，邻苯二甲酸丁苄酯 (butyl benzyl phthlate)，丁草敌 (butylate)，正丁基苯 (n-butylbenzene)，镉 (气) (cadmium (air))，镉 (土壤) (cadmium (soil))，镉 (水) (cadmium (water))，胺甲萘 (carbaryl)，咔唑 (carbazole)，卡巴呋喃 (carbofuran)，二硫化碳 (carbon disulfide)，四氯化碳 (carbon tetrachloride)，萎锈灵 (carboxin)，水合氯醛 (chloral hydrate)，草灭平(chloramben)，氯丹(chlordane)，乙基甲酸乙酯(ethyl-chlorimuron)，氯(chlorine)，氰化氯(chlorine cyanide)，二氧化氯(chlorine dioxide)，亚氯酸盐(chlorite)，氯甲酚(chloro-3-methylphenol-4(e))，对氯苯胺(p-chloroaniline)，氯苯(chlorobenzene)，氯二溴乙烷(chloro dibromoethane)，氯乙烷(chloroethane(ethyl chloride))，三氯甲烷(chloroform)，氯甲烷（气）(chloromethane(air))，β-氯萘(beta-chloronaphthalene)，2-氯酚(2-chlorophenol)，百菌清(chlorothalonil)，邻氯甲苯(o-chlorotoluene)，对氯甲苯(p-chlorotoluene)，毒死蜱(chlorpyrifos)，铬（总）（水）(chromium(total)(water))，六价铬（气）(chromium(VI)(air))，三价铬（土壤）(chromium(III)(soil))，六价铬（土壤）(chromium(VI)(soil))，屈(chrysene)，钴(cobalt)，铜(copper)，异丙基苯(cumene,Isopropyl benzene)，草净津(cyanazine)，氰化物(cyanide(CN-))，敌草索(dacthal)，茅草枯（钠盐）(dalapon, sodium salt)，二(2-乙基己基)己二酸(di(2-ethylhexyl)adipate)，二嗪农(diazinon)，二苯并[a,h]蒽(dibenz[a,h]anthracene)，二苯并呋喃(dibenzofuran)，1,2-二溴丙烯酰氯(1,2-(DBCP)dibromo-3-chloropropane)，二溴氯甲烷(dibromochloromethane)，1,2-二溴乙烷(1,2-dibromoethane)，二溴甲烷(dibromomethane, methylene bromide)，邻苯二甲酸二丁酯(dibutyl phthalate)，麦草畏(dicamba)，反式-1,4-二氯丁烯(trans-1,4(b)dichloro-2-butene)，1,2-二氯苯(1,2-dichlorobenzene)，1,3-二氯苯(1,3-dichlorobenzene)，1,4-二氯苯(1,4-dichlorobenzene)，3,3-二氯联苯胺(3,3-dichlorobenzidine)，二氯氟甲烷(dichlorodifluoromethane)，滴滴滴(p,p-dichlorodiphenyldichloroethane,DDD)，滴滴伊(p,p-dichlorodiphenyl-dichloroethylene，DDE)，滴滴涕(p,p-dichlorodiphenyltrichloroethane,DDT)，1,1-二氯乙烷(1,1-dichloroethane)，1,2-二氯乙烷(1,2-dichloroethane)，1,1-二氯乙烯(1,1-dichloroethylene)，1,2-顺式-二氯乙烯(1,2-cis-dichloroethylene)，1,2-反式-二氯乙烯(1,2-trans-dichloroethylene)，2,4-二氯苯酚(2,4-dichlorophenol)，2,4-二氯苯氧乙酸(2,4-(2,4-D)dichlorophenoxy acetic acid)，4-二氯苯氧基丁酸(4-(2,4-DB)dichlorophenoxy butyric acid)，1,2-二氯丙烷(1,2-dichloropropanc)，1,3-二氯丙烷(1,3-dichloropropane)，狄氏剂(dieldrin)，邻苯二甲酸二乙酯(diethyl phthalate)，二异丙基甲基膦酸酯(diisopropyl methylphosphonate)，乐果(dimethoate)，苄菌酯(dimethrin)，甲基膦酸二甲酯(dimethyl methylphosphonate)，2,4-二甲基酚(2,4-dimethylphenol)，间二硝基苯(m-dinitrobenzene)，2,4-二硝基酚(2,4-dinitrophenol)，2,4-二硝基甲苯(2,4-dinitrotoluene)，2,6-二硝基甲苯(2,6-dinitrotoluene)，地乐酚(dinoseb)，1,4-二氧杂环己烷(dioxane)，草乃敌(diphenamid)，二苯胺(diphenylamine)，敌草快(diquat)，乙拌磷(disulfoton)，1,4-二噻环己烷(1,4-dithiane)，敌草隆(diuron)，硫丹(endosulfan)，Ⅰ(c)硫丹

(endosulfan Ⅰ (c))，Ⅱ (c)硫丹(endosulfan Ⅱ (c))，茵多杀(endothall)，异狄氏剂(endrin)，异狄氏剂醛(endrin aldehyde (d))，环氧氯丙烷(epichlorohydrin)，乙醇(ethanol(ethyl alcohol))，乙苯(ethylbenzene)，乙二醇(ethylene glycol)，亚乙基硫脲(ethylene thiourea)，克线磷(fenamiphos)，伏草隆(fluometuron)，荧蒽(fluoranthene)，芴(fluorene)，氟化物(fluoride)，地虫磷(fonofos)，甲醛(空气)(formaldehyde (air))，甲醛(土壤和水)(formaldehyde (soil & water))，草甘膦(glyphosate)，七氯(heptachlor)，环氧七氯(heptachlor epoxide)，六氯苯(hexachlorobenzene)，六氯丁二烯(hexachlorobutadiene)，α-六氯环己烷(六六六)(alpha-hexachlorocyclohexane)，β-六氯环己烷(六六六)(beta-hexachlorocyclohexane)，$\delta(a)$-六氯环己烷(六六六)(delta(a)-hexachlorocyclohexane)，γ-六氯环己烷(六六六)(林丹)(gamma-hexachlorocyclohexane (Lindane))，六氯环戊二烯(hexachlorocyclopentadiene)，六氯乙烷(hexachloroethane)，正己烷(n-hexane)，环嗪酮(hexazinone)，环四亚甲基四硝胺(奥克托今)(HMX)，灭草喹(imazaquin)，茚并[1,2,3-cd]芘(indeno[1,2,3-cd]pyrene)，异丁醇(isobutyl alcohol)，异佛尔酮(isophorone)，异丙基甲基膦酸酯(isopropyl methylphosphonate)，拿草特(pronamide)，乳氟禾草灵(lactofen)，铅及其化合物(lead and compounds)，锂(lithium)，马拉硫磷(malathion)，马来酰肼(maleic hydrazide)，锰(manganese)，汞(mercury)，灭多虫(methomyl)，甲氧滴滴涕(methoxychlor)，甲基乙基酮(methyl ethyl ketone)，甲异丁基甲酮(methyl isobutyl ketone)，甲磺酸甲酯(methyl methanesulfonate)，甲基对硫磷(methyl parathion)，甲基叔丁醚(MTBE: methyl tert-butyl ether)，3-甲基对氯酚(3-methyl-4-chlorophenol)，2-甲基对氯苯氧基丙酸(2-methyl-4-chloro phenoxy propionic acid)，二氯甲烷(methylene chloride, dichloromethane)，2-甲基萘(2-methylnaphthalene)，2-甲酚(2-methylphenol)，4-甲酚(4-methylphenol)，异丙甲草胺(metolachlor)，赛克津(metribuzin)，钼(molybdenum)，氯胺(自由氯衡量)(monochloramine (measured as free chlorine))，萘(naphthalene)，2-萘胺(2-naphthylamine)，镍(nickel)，硝酸盐(氮衡量)(nitrate (measured as nitrogen))，亚硝酸盐(氮衡量)(nitrite (measured as nitrogen))，硝基苯(nitrobenzene)，硝基胍(nitroguanidine)，对硝基酚(p-nitrophenol)，n-亚硝基二甲基胺(n-nitroosdimethylamine)，n-亚硝基二正丁胺(n-nitroso-di-n- butylamine)，n-二苯基亚硝胺(n-nitrosodiphenylamine)，n-亚硝基甲基乙胺(n-nitrosomethylethylamine)，n-亚硝基吡咯烷(n-nitrosopyrrolidine)，邻苯二甲酸二正辛酯(di-n-octyl Phthalate)，草氨酰(oxamyl)，百草枯(paraquat)，二甲戊乐灵(pendimethalin)，五氯苯酚(pentachlorophenol)，高氯酸盐(perchlorate)，全氟辛基磺酸(PFOS: perfluorooctanesulfonic acid)，全氟辛酸(PFOA: perfluorooctanoic acid)，苄氯菊酯(permethrin)，菲(phenanthrene)，苯敌草

(phenmedipham)，苯酚(phenol)，甲拌磷(phorate)，毒莠定(picloram)，多氯联苯(PCBs: polychlorinated biphenyls)，扑灭通(prometon)，扑草胺(propachlor)，扑灭津(propazine)，苯胺灵(propham)，正丙苯(n-propylbenzene)，咪草烟(imazethapyr)，芘(pyrene)，环三次甲基三硝胺(黑索金)(RDX: cyclotrimethylene triamine)，硒(selenium)，稀禾定(sethoxydim)，银(silver)，氰化银(silver cyanide)，西玛津(simazine)，锶(strontium)，苯乙烯(styrene)，四氯二苯并(二噁英)(2,3,7,8-TCDD(dioxin))，丁噻隆(tebuthiuron)，柴油(diesel)，废油(waste oil)，特草定(terbacil)，特丁磷(terbufos)，1,2,4,5-四氯苯(1,2,4,5-tetrachlorobenzene)，1,1,1,2-四氯乙烷(1,1,1,2-tetrachloroethane)，1,1,2,2-四氯乙烷(1,1,2,2-tetrachloroethane)，四氯乙烯(tetrachloroethylene)，铊(thallium)，锡(tin)，甲苯(toluene)，邻甲苯胺(o-toluidine)，毒杀芬(toxaphene)，1,1,2-三氯-1,2,2-三氟乙烷(1,1,2-trichloro-1, 2,2-trifluoroethane)，1,2,4-三氯苯(1,2,4-trichlorobenzene)，1,1,1-三氯乙烷(1,1,1-trichloroethane)，1,1,2-三氯乙烷(1,1,2-trichloroethane)，三氯乙烯(trichloroethylene)，三氯氟甲烷(trichlorofluoromethane)，2,4,5-三氯苯酚(2,4,5-trichlorophenol)，2,4,6-三氯苯酚(2,4,6-trichlorophenol)，2,4,5-三氯苯氧基丙酸(2,4,5-trichlorophenoxy propionic acid)，2,4,5-三氯苯氧基乙酸(2,4,5-trichlorophenoxyacetic acid)，1,2,3-三氯丙烷(1,2,3-trichloropropane)，氟乐灵(trifluralin)，1,2,4-三甲基苯(1,2,4-trimethylbenzene)，1,3,5-三甲基苯(1,3,5-trimethylbenzene)，硝化甘油(NG：trinitroglycerol or Nitroglycerin)，2,4,6-三硝基甲苯(TNT: 2,4,6-trinitrotoluene)，钒(vanadium)，氯乙烯(vinyl chloride)，白磷(white phosphorus)，二甲苯(混合物)(xylene, mixture)和锌(zinc)。

在城市场地环境调查中，优先采用国标，如果国标中缺失监测指标，再采用地方标准，如果国内缺失相关土壤与地下水环境标准，可参阅《美国爱荷华州土壤与地下水环境标准》。

8.4　美国国家环境保护局土壤与地下水筛选值

美国国家环境保护局制定的区域土壤与地下水筛选值，在此筛选值中 MCL 为最大浓度值(maxium concentration levels)，SSLs 为土壤筛选值(soil screening levels)，在此筛选值中列出住宅用途土壤筛选值、工业用途土壤筛选值、自来水用途筛选值、最大浓度水平以及保护地下水的土壤筛选值(基于风险的土壤筛选值(risk-based SSLs)和基于最大浓度水平的土壤筛选值(MCL-based SSLs))。该表可以在下列网站中下载 https://www.epa.gov/risk/regional-screening-levels-rsls-generic-tables-june-2017， 所有筛选水平表格中目标致癌风险(TR)为 1E–06，而目标危害商(THQ)分别为 1.0 和 0.1。表中列出了众多的污染物指标，可作为我国土壤与地下水调查和风险评估的参考。注意：筛选值是根据人体健康风险计算出的，它不同于环境质量标准值，是一种低风险控制值。污染土壤的人体健康风险管控是针对城市建设场地污染土壤的管理，对于大多数深度地下水来说，不应该用风险管控理念，应该针对地下水用途，按照不同用途的质量标准评价，如地下水作为饮用水，用饮用水标准评价与修复。对于土壤污染除了用人体健康风险评价外，还要考虑土壤中污染物渗入地下水的风险以及由地下水扩散引起的生态环境风险和生态系统中植物和动物的健康风险等。

美国国家环境保护局制定的区域土壤与地下水筛选标准中列出的监测指标涉及无机污染物、金属污染物、挥发性有机物、半挥发性有机物、杀虫剂、农药、燃料类、炸药类等，对于金属污染物，还包括不同价态的金属、不同形态的金属以及金属化合物。污染物类型比较全面，根据不同污染物的毒性和人体健康风险给出筛选值，这些污染物按照英文字母顺序排列如下。

高灭磷(acephate)，乙醛(acetaldehyde)，乙草胺(acetochlor)，丙酮(acetone)，丙酮合氰化氢(acetone cyanohydrin)，乙腈(acetonitrile)，乙酰苯(acetophenone)，2-乙酰基氨基芴(2-acetylaminofluorene)，丙烯醛(acrolein)，丙烯酰胺(acrylamide)，丙烯酸(acrylic acid)，丙烯腈(acrylonitrile)，己二腈(adiponitrile)，甲草胺(alachlor)，涕灭威(aldicarb)，得灭克(aldicarb sulfone)，得灭克亚砜(aldicarb sulfoxide)，艾氏剂(aldrin)，烯丙醇(allyl alcohol)，烯丙基氯(allyl chloride)，铝(aluminum)，磷化铝(aluminum phosphide)，莠灭净(ametryn)，4-氨基联苯(4-aminobipheny)，间氨基苯酚(m-aminophenol)，双氨基苯酚(p-aminophenol)，双甲脒(amitraz)，氨(ammonia)，氨基磺酸铵(ammonium sulfamate)，叔戊醇(tert-amyl alcohol)，苯胺(aniline)，9,10-蒽醌(9,10-anthraquinone)，锑(金属)(antimony(metallic))，五氧化锑(antimony pentoxide)，四氧化锑(antimony tetroxide)，三氧化锑(antimony trioxide)，砷(无机)(arsenic, inorganic)，砷化氢(arsine)，黄草灵(asulam)，阿特拉津(atrazine)，金胺(auramine)，阿维菌素 B$_1$(avermectin B$_1$)，谷硫磷(azinphos-methyl)，偶氮苯(azobenzene)，偶氮二甲酰胺(azodicarbonamide)，钡(barium)，铬酸钡(barium chromate)，氟草胺(benfluralin)，苯菌灵(benomyl)，苄黄隆(bensulfuron-methyl)，灭草松(bentazon)，苯甲醛(benzaldehyde)，苯(benzene)，1,4-二氨苯硫酸二甲酯(1,4-benzenediamine-2-methyl sulfate)，苯硫酚(benzenethiol)，联苯胺(benzidine)，苯甲酸(benzoic acid)，三氯甲苯(benzotrichloride)，苯甲醇(benzyl alcohol)，氯化苄(benzyl chloride)，铍及其化合物(beryllium and compounds)，治草醚(bifenox)，联苯菊酯(biphenthrin)，1,1,1′-联苯(1,1,1′-bipheny)，双(2-氯-1-乙基)醚(bis(2-chloro-1-methylethyl)ether)，双(2-氯乙氧基)甲烷(bis(2-chloroethoxy)methane)，双(2-氯乙基)醚(bis(2-chloroethyl)ether)，双(氯甲基)醚

(bis (chloromethyl) ether)，双酚 A (bisphenol A)，硼和硼酸盐 (boron and borates only)，三氯化硼 (boron trichloride)，三氟化硼 (boron trifluoride)，溴酸盐 (bromate)，1-溴-2-氯乙烷 (1-bromo-2-chloroethane)，溴苯 (bromobenzene)，溴氯甲烷 (bromochloro-methane)，溴二氯甲烷 (bromodichloromethane)，三溴甲烷 (bromoform)，溴甲烷 (bromomethane)，溴硫磷 (bromophos)，溴苯腈 (bromoxynil)，溴苯腈辛酸酯 (bromoxynil octanoate)，1,3-丁二烯 (1,3-butadiene)，正丁醇 (*n*-butanol)，仲丁醇 (sec-butyl alcohol)，丁草敌 (butylate)，叔丁基羟基茴香醚 (BHA) (butylated hydroxyanisole)，丁羟甲苯 (butylated hydroxytoluene)，正丁基苯 (*n*-butylbenzene)，仲丁基苯 (sec-butylbenzene)，叔丁基苯 (tert-butylbenzene)，卡可基酸 (cacodylic acid)，镉 (食物) (cadmium (diet))，镉 (水) (cadmium (water))，铬酸钙 (calcium chromate)，己内酰胺 (caprolactam)，敌菌丹 (captafol)，克菌丹 (captan)，胺甲萘 (carbaryl)，卡巴呋喃 (carbofuran)，二硫化碳 (carbon disulfide)，四氯化碳 (carbon tetrachloride)，羰基硫化物 (carbonyl sulfide)，丁硫克百威 (carbosulfan)，萎锈灵 (carboxin)，二氧化铈 (ceric oxide)，水合氯醛 (chloral hydrate)，草灭平 (chloramben)，氯醌 (chloranil)，氯丹 (chlordane)，十氯酮 (开蓬) (chlordecone (Kepone))，毒虫畏 (chlorfenvinphos)，乙基-甲酸乙酯 (ethyl-chlorimuron)，氯 (chlorine)，二氧化氯 (chlorine dioxide)，亚氯酸盐 (钠盐) (chlorite (sodium salt))，1-氯-1,1-二氟乙烷 (1-chloro-1,1-difluoroethane)，2-氯-1,3-丁二烯 (2-chloro-1,3-butadiene)，4氯-2-甲基苯胺 (HCl) (4-chloro-2-methylaniline (HCl))，4-氯-2-甲基苯胺 (4-chloro-2-methylaniline，2-氯乙醛 (2-chloroacetaldehyde)，氯乙酸 (chloroacetic acid)，2-氯乙酰苯 (2-chloroacetophenone)，对氯苯胺 (*p*-chloroaniline)，氯苯 (chlorobenzene)，克氯苯 (chlorobenzilate)，对氯苯甲酸 (*p*-chlorobenzoic acid)，4-氯三氟甲苯 (4-chloroben-zotrifluoride)，1-氯丁烷 (1-chlorobutane)，氯二氟甲烷 (chlorodifluoromethane)，2-氯乙醇 (2-chloroethanol)，三氯甲烷 (氯仿) (chloroform)，氯甲烷 (chloromethane)，氯甲基醚 (chloromethyl methyl ether)，邻氯硝基苯 (*o*-chloronitrobenzene)，对氯硝基苯 (*p*-chloronitrobenzene)，邻氯苯酚 (2-chlorophenol)、三氯硝基甲烷 (chloropicrin)，百菌清 (chlorothalonil)，邻氯甲苯 (*o*-Chlorotoluene)，对氯甲苯 (*p*-chlorotoluene)，氯脲霉素 (chlorozotocin)，氯普芬 (chlorpropham)，毒死蜱 (chlorpyrifos)，甲基毒死蜱 (chlorpyrifos methyl)，氯磺隆 (chlorsulfuron)，敌草索 (chlorthal-dimethyl)，虫螨磷 (chlorthiophos)，铬 (III) 难溶性盐 (chromium (III)，insoluble salts)，铬 (VI) (chromium (VI))，总铬 (chromium, total)，四螨嗪 (clofentezine)，钴 (cobalt)，焦炉烟尘 (coke oven emissions)，铜 (copper)，间甲酚 (*m*-cresol)，邻甲酚 (*o*-cresol)，对甲酚 (*p*-cresol)，对氯间甲酚 (*p*-chloro-*m*-Cresol)，甲酚 (cresols)，反式-丁烯醛 (*trans*-crotonaldehyde)，异丙基苯 (cumene)，铜铁灵 (cupferron)，草净津

（cyanazine），氰化物类（cyanides（包括氰化钙（calcium cyanide），氰化铜（copper cyanide），氰化物（无机）（cyanide（CN-）），氰（cyanogen），溴化氰（cyanogen bromide），氯化氰（cyanogen chloride），氰化氢（hydrogen cyanide），氰化钾（potassium cyanide），氰化钾银（potassium silver cyanide），氰化银（silver cyanide），氰化钠（sodium cyanide），硫氰酸酯（thiocyanates），硫氰酸（thiocyanic acid），氰化锌（zinc cyanide））。环己烷（cyclohexane），1,2,3,4,5-五溴-6-氯-环己烷（1,2,3,4,5-pentabromo-6-chloro-cyclohexane），环己酮（cyclohexanone），环己烯（cyclohexene），环己胺（cyclohexylamine），氟氯氰菊酯（cyfluthrin），三氟氯氰菊酯（cyhalothrin），氯氰菊酯（cypermethrin），灭蝇胺（cyromazine），滴滴滴（DDD），p,p'-滴滴伊（p,p'-DDE），滴滴涕（DDT），茅草枯（dalapon），丁酰肼（daminozide），2,2',3,3',4,4',5,5',6,6'-十溴联苯醚（2,2',3,3',4,4',5,5',6,6'-decabromodiphenyl ether（BDE-209）），杀螨剂（demeton），二（乙基己基）己二酸（di（2-ethylhexyl）adipate），燕麦敌（diallate），二嗪农（diazinon），二苯并噻吩（dibenzothiophene），1,2-二溴-3-氯丙烷（1,2-dibromo-3-chloropropane），1,3-二溴苯（1,3-dibromobenzene），1,4-二溴苯（1,4-dibromobenzene），二溴氯甲烷（dibromochloromethane），1,2-二溴乙烷（1,2-dibromoethane），二溴甲烷（dibromomethane（methylene bromide））），二丁基锡化合物（dibutyltin compounds），麦草畏（dicamba），1,4-二氯-2-丁烯（1,4-dichloro-2-butene），顺式-1,4-二氯-2-丁烯（cis-1,4-dichloro-2-butene），反式-1,4-二氯-2-丁烯（$trans$-1,4-dichloro-2-butene），二氯乙酸（dichloroacetic acid），1,2-二氯苯（1,2-dichlorobenzene），1,4-二氯苯（1,4-dichlorobenzene），3,3'-二氯联苯胺（3,3'-dichlorobenzidine），4,4'-二氯二苯甲酮（4,4'-dichlorobenzophenone），二氯二氟甲烷（dichlorodifluoromethane），1,1-二氯乙烷（1,1-dichloroethane），1,2-二氯乙烷（1,2-dichloroethane），偏二氯乙烯（1,1-dichloroethylene），1,2-顺式-二氯乙烯（1,2-cis-dichloroethylene），1,2-反式-二氯乙烯（1,2-$trans$-dchloroethylene），2,4-二氯苯酚（2,4-dichlorophenol），2,4-二氯苯氧乙酸（2,4-dichlorophenoxy acetic acid），4-（2,4-二氯苯氧）丁酸（4-（2,4-dichlorophenoxy）butyric acid）），1,2-二氯丙烷（1,2-dichloropropane），1,3-二氯丙烷（1,3-dichloropropane），2,3-二氯丙醇（2,3-dichloropropanol），1,3-二氯丙烯（1,3-dichloropropene），敌敌畏（dichlorvos），百治磷（dicrotophos），二环戊二烯（dicyclopentadiene），狄氏剂（dieldrin），柴油机尾气（diesel engine exhaust），二乙醇胺（diethanolamine），二甘醇一丁醚（diethylene glycol monobutyl ether），二甘醇一乙醚（diethylene glycol monoethyl ether），二乙替甲酰胺（diethylformamide），己烯雌酚（diethylstilbestrol），燕麦枯（difenzoquat），灭幼脲（diflubenzuron），1,1-二氟乙烷（1,1-difluoroethane），二氢黄樟素（dihydrosafrole），二异丙醚（diisopropyl ether），二异丙基膦酸（diisopropyl methylphosphonate），落长灵（dimethipin），乐果（dimethoate），3,3'-二甲氧基联苯

胺二盐酸盐（3,3'-dimethoxybenzidine），甲基膦酸二甲酯（dimethyl methylphosphonate），二甲氨基偶氮苯（dimethylamino azobenzene [p-]），2,4-二甲基苯胺（2,4-dimethylaniline），2,4-二甲基苯胺（2,4-dimethylaniline），N,N-二甲基苯胺（N,N-dimethylaniline），3,3'-二甲基联苯胺（3,3'-dimethylbenzidine），二甲基甲酰胺（dimethylformamide），1,1-二甲基肼（1,1-dimethylhydrazine），1,2-二甲基肼（1,2-dimethylhydrazine），2,4-二甲苯酚（2,4-dimethylphenol），2,6-二甲苯酚（2,6-dimethylphenol），3,4-二甲苯酚（3,4-dimethylphenol），二甲基氯乙烯（dimethyl vinyl chloride），4,6-二硝基邻甲酚（4,6-dinitro-o-cresol），4,6-二硝基邻环己基苯酚（4,6-dinitro-o-cyclohexyl phenol），1,2-二硝基苯（1,2-dinitrobenzene），1,3-二硝基苯（1,3-dinitrobenzene），1,4-二硝基苯（1,4-dinitrobenzene），2,4-二硝基酚（2,4-dinitrophenol），2,4/2,6-二硝基甲苯混合物（2,4/2,6-dinitrotoluene mixture），2,4-二硝基甲苯（2,4-dinitrotoluene），2,6-二硝基甲苯（2,6-dinitrotoluene），2-氨基-4,6-二硝基甲苯（2-amino-4,6-dinitrotoluene），4-氨基-2,6-二硝基甲苯（4-amino-2,6-dinitrotoluene），二硝基甲苯（dinitrotoluene），地乐酚（dinoseb），1,4-二噁氧杂环己烷（dioxane），二噁英（dioxins）（包括六氯二苯并对二噁英（混合物）（hexachlorodibenzo-p-dioxin, mixture），2,3,7,8-四氯二苯并-p-二噁英（2,3,7,8-TCDD）），草乃敌（diphenamid），杀螨砜（diphenyl sulfone），二苯胺（diphenylamine），1,2-联苯胺（1,2-diphenylhydrazine），敌草快（diquat），直接黑38（direct black 38），直接蓝6（direct blue 6），直接棕95（direct brown 95），乙拌磷（disulfoton），1,4-二噻环己烷（1,4-dithiane），敌草隆（diuron），多果定（dodine），扑草灭（EPTC），硫丹（endosulfan），茵多杀（endothall），异狄氏剂（endrin），环氧氯丙烷（epichlorohydrin），1,2-环氧丁烷（1,2-epoxybutane），2-(2-甲氧基乙氧基)乙醇（2-(2-methoxyethoxy)-ethanol），乙烯利（ethephon），乙硫磷（ethion），2-乙氧基乙醇醋酸（2-ethoxyethanol acetate），乙二醇单乙醚（2-ethoxyethanol），乙酸乙酯（ethyl acetate），丙烯酸乙酯（ethyl acrylate），氯乙烷（ethyl chloride (chloroethane)），乙醚（ethyl ether），甲基丙烯酸乙酯（ethyl methacrylate），乙基对硝基苯膦酸酯（ethyl-p-nitrophenyl phosphonate），乙苯（ethylbenzene），乙撑氰醇（ethylene cyanohydrin），乙二胺（ethylene diamine），乙二醇（ethylene glycol），乙二醇一丁醚（ethylene glycol monobutyl ether），环氧乙烷（ethylene oxide），亚乙基硫脲（ethylene thiourea），吖丙啶（ethyleneimine），乙基邻苯二甲酰基乙基乙醇酸酯（ethyl phthalyl ethyl glycolate），克线磷（fenamiphos），甲氰菊酯（fenpropathrin），氰戊菊酯（fenvalerate），伏草隆（fluometuron），氟化物（fluoride），氟（溶解性)(fluorine (soluble fluoride))），氟啶草酮（fluridone），呋嘧醇（flurprimidol），氟硅唑（flusilazole），氟酰胺（flutolanil），氟胺氰菊酯（fluvalinate），灭菌丹（folpet），氟磺胺草醚（fomesafen），地虫磷（fonofos），甲醛（formaldehyde），甲酸（formic acid)，乙磷铝(fosetyl-Al)，呋喃类(furans)(包括二苯并呋喃(dibenzofuran)，呋喃(furan)，四氢呋喃(tetrahydrofuran)，呋喃唑酮(furazolidone)，呋喃甲醛(furfural，furium))，拌种胺(furmecyclox)，草铵膦(glufosinate)，戊二醛(glutaraldehyde)，环氧丙基(glycidyl)，草甘膦(glyphosate)，胍(guanidine)，盐酸胍(guanidine chloride)，甲基吡氟氯禾灵(haloxyfop, methyl)，七氯(heptachlor)，环氧七氯(heptachlor epoxide)，六溴苯(hexabromobenzene)，2,2′,4,4′,5,5′-六溴联苯醚(BDE-153)(2,2′,4,4′,5,5′-hexabromodiphenyl ether (BDE-153))，六氯苯(hexachlorobenzene)，六氯丁二烯(hexachlorobutadiene)，α-六六六(alpha-hexachlorocyclohexane)，β-六六六(beta-hexachlorocyclohexane)，γ-六六六(林丹)(gamma-hexachlorocyclohexane (Lindane))，六六六(hexachlorocyclohexane)，technical)，六氯环戊二烯(hexachloro cyclopentadiene)，六氯乙烷(hexachloroethane)，六氯酚(hexachlorophene)，黑索金(炸药)(hexahydro-1,3,5-trinitro-1,3,5-triazine(RDX))，1,6-六亚甲基二异氰酸酯(1,6-hexamethylene diisocyanate)，六甲基磷酰胺(hexamethylphosphoramide)，正己烷(n-hexane)，己二酸(hexanedioic acid)，2-己酮(2-hexanone)，环嗪酮(hexazinone)，噻螨酮(hexythiazox)，氟蚁腙(hydramethylnon)，肼(hydrazine)，硫酸肼(hydrazine sulfate)，氯化氰(hydrogen chloride)，氟化氢(hydrogen fluoride)，硫化氢(hydrogen sulfide)，对苯二酚(hydroquinone)，烯菌灵(imazalil)，灭草喹(imazaquin)，咪草烟(imazethapyr)，碘(iodine)，异菌脲(iprodione)，铁(iron)，异丁醇(isobutyl alcohol)，异佛尔酮(isophorone)，异乐灵(isopropalin)，异丙醇(isopropanol)，甲基异丙基膦酸(isopropyl methyl phosphonic acid)，异恶酰草胺(isoxaben)，喷气式燃料7 JP-7(Jet Propellant 7, MIL-DTL-38219)，乳氟禾草灵(lactofen)，铅化合物(lead compounds(包括铬酸铅(lead chromate)，磷酸铅(lead phosphate)，乙酸铅(lead acetate)，铅化合物(lead and compounds)，碱式乙酸铅(lead subacetate)，四乙铅(tetraethyl lead))。路易氏剂(lewisite)，利谷隆(linuron)，锂(lithium)，2-甲-4-苯氧基乙酸(2-methyl-4-chloro-phenoxyacetic acid，MCPA)，二甲四氯丁酸(2-methyl-4-chloro-butyric acid，MCPB)，二甲四氯丙酸(2-methyl-4-chloro-propionic acid，MCPP)，马拉硫磷(malathion)，顺丁烯二酸酐(maleic anhydride)，顺丁烯二酰肼(maleic hydrazide)，丙二腈(malononitrile)，代森锰锌(mancozeb)，代森锰(maneb)，锰(食品)(manganese(diet))，锰(非食品)(manganese (non-diet))，地胺磷(mephosfolan)，甲哌(mepiquat chloride)，汞化合物(mercury compounds)(包括氯化汞和其他汞盐(mercuric chloride(and other mercury salts))，元素汞(mercury(elemental))，甲基汞(methyl mercury)，乙酸苯汞(phenylmercuric acetate))。脱叶磷(merphos)，氧化脱叶磷(merphos oxide)，甲霜灵(metalaxyl)，甲基丙烯腈(methacrylonitrile)，甲胺磷(methamidophos)，甲醇

(methanol)，杀扑磷(methidathion)，灭多虫(methomyl)，2-甲氧基-5-硝基苯胺盐酸盐(2-methoxy-5-nitroaniline)，甲氧滴滴涕(methoxychlor)，乙二醇甲醚醋酸酯(2-methoxyethanol acetate)，2-甲氧基乙甲醇(2-methoxyethanol)，乙酸甲酯(methyl acetate)，氯乙烯(methyl acrylate)，甲基乙基甲酮(2-丁酮)(methyl ethyl ketone(2-butanone))，甲肼(methyl hydrazine)，甲基异丁基甲酮(methyl isobutyl ketone(4-methyl-2-pentanone))，异氰酸甲酯(methyl isocyanate)，异丁烯酸甲酯(methyl methacrylate)，甲基对硫磷(methyl parathion)，甲基膦酸(methyl phosphonic acid)，甲基苯乙烯(同分异构体混合物)(methyl styrene(mixed isomers))，甲磺酸甲酯(methyl methanesulfonate)，甲基叔丁基醚(methyl tert-butyl ether(MTBE))，2-甲基-1,4-苯二胺盐酸盐(2-methyl-1,4-benzenediamine dihydrochloride)，2-甲基-5-硝基苯胺(2-methyl-5-nitroaniline)，*N*-甲基-*N*-硝基-*N*-亚硝基胍(MNNG)*N*-methyl-*N*′-nitro-*N*-nitrosoguanidine)，2-甲基苯胺盐酸盐(2-methylaniline hydrochloride)，甲胂酸(methylarsonic acid)，2-甲苯-1,4-一氢氯化联胺(2-methylbenzene,1-4-diamine monohydrochloride)，2-甲苯-1,4-硫酸联胺(2-methylbenzene-1,4-diamine sulfate)，甲基胆蒽(3-methylcholanthrene)，二氯甲烷(methylene chloride)，4,4′-亚甲基-双(2-氯苯胺)(4,4′-methylene-bis(2-chloroaniline))，4,4′-亚甲基-双(*N*,*N*-二甲基)苯胺(4,4′-methylene-bis(*N*,*N*-dimethyl)aniline))，4,4′-亚甲基-双苯胺(4,4′-methylene bisbenzenamine)，二苯甲撑二异氰酸酯(methylenediphenyl diisocyanate)，*α*-甲基苯乙烯(alpha-methylstyrene)，异丙甲草胺(metolachlor)，赛克津(metribuzin)，甲磺隆(metsulfuron-methyl)，矿物油(mineral oils)，灭蚁灵(mirex)，草达灭(molinate)，钼(molybdenum)，氯胺(monochloramine)，甲苯胺(monomethylaniline)，腈菌唑(myclobutanil)，*N*,*N*′-联苯-1,4-苯胺(*N*,*N*′-diphenyl-1,4-benzenediamine)，二溴磷(naled)，石脑油(C=5～9)(naphtha)，萘胺(2-naphthylamine)，敌草胺(napropamide)，乙酸镍(nickel acetate)，碳酸镍(nickel carbonate)，羰基镍(nickel carbonyl)，氢氧化镍(nickel hydroxide)，氧化镍(nickel oxide)，镍精炼尘(nickel refinery dust)，镍溶解盐(nickel soluble salts)，硫化镍(nickel subsulfide)，二茂镍(nickelocene)，硝酸盐(nitrate)，硝酸盐+亚硝酸盐(总氮)(nitrate + nitrite(as N))，亚硝酸盐(nitrite)，2-硝基苯胺(2-nitroaniline)，4-硝基苯胺(4-nitroaniline)，硝基苯(nitrobenzene)，硝化纤维(nitrocellulose)，呋喃妥因(nitrofurantoin)，呋喃西林(nitrofurazone)，硝化甘油(nitroglycerin)，硝基胍(nitroguanidine)，硝基甲烷(nitromethane)，2-硝基丙烷(2-nitropropane)，正亚硝基乙基脲(*N*-nitroso-*N*-ethylurea)，正亚硝基甲基脲素(n-nitroso-n-methylurea)，正亚硝基二正丁胺(*n*-nitroso-di-*n*-butylamine)，正亚硝基二正丙胺(*n*-nitroso-di-*n*-propylamine)，正亚硝基二乙醇胺(n-nitroso diethanolamine)，正亚硝基二乙基胺(*n*-

nitrosodiethylamine)，正亚硝基二甲胺(n-nitrosodimethylamine)，正亚硝基二苯胺(n-nitrosodiphenylamine)，正亚硝基甲基乙胺(n-nitrosomethylethylamine)，正亚硝基吗啉(nitrosomorpholine [n-])，正亚硝基哌啶(nitrosopiperidine [n-])，正亚硝基吡咯烷(n-nitrosopyrrolidine)，间硝基甲苯(m-nitrotoluene)，邻硝基甲苯(o-nitrotoluene)，对硝基甲苯(p-nitrotoluene)，正壬烷(n-nonane)，达草灭(norflurazon)，八溴联苯醚(octabromodiphenyl ether)，奥克托今（炸药）(octahydro-1,3,5,7-tetranitro-1,3,5,7- tetrazocine(HMX))，八甲磷胺(octamethylpyrophosphoramide)，黄草消(oryzalin)，噁草灵(oxadiazon)，草氨酰(oxamyl)，乙氧氟草醚(oxyfluorfen)，多效唑(paclobutrazol)，百草枯(paraquat)，对硫磷(parathion)，克草敌(pebulate)，二甲戊乐灵(pendimethalin)，五溴联苯醚(pentabromodiphenyl ether)，2,2′,4,4′,5-五溴联苯醚(2,2′,4,4′,5-pentabromodiphenyl ether(BDE-99))，五氯苯(pentachlorobenzene)，五氯乙烷(pentachloroethane)，五氯硝基苯(pentachloronitrobenzene)，五氯苯酚(pentachloro- phenol)，季戊四醇四硝酸酯(pentaerythritol tetranitrate(PETN))，正戊烷(n-pentane)，高氯酸盐类(perchlorates)（包括高氯酸铵(ammonium perchlorate)，高氯酸锂(lithium perchlorate)，高氯酸盐(perchlorate and perchlorate salts)，高氯酸钾(potassium perchlorate)，高氯酸钠(sodium perchlorate))。全氟丁烷磺酸(perfluorobutane sulfonate)，苄氯菊酯(permethrin)，非那西汀(phenacetin)，苯敌草(phenmedipham)，苯酚(phenol)，2-(1-甲基乙氧基)氨基甲酸甲酯苯酚(phenol, 2-(1-methylethoxy)-, methylcarbamate)，吩噻嗪(phenothiazine)，间苯二胺(m-phenylenediamine)，邻苯二胺(o-phenylenediamine)，对苯二胺(p-phenylenediamine)，羟基联苯(2-phenylphenol)，甲拌磷(phorate)，碳酰氯(phosgene)，亚胺硫磷(phosmet)，无机磷(phosphates, inorganic(包括偏磷酸铝(aluminum metaphosphate)，多磷酸铵(ammonium polyphosphate)，焦磷酸钙(calcium pyrophosphate)，磷酸二铵(diammonium phosphate)，磷酸二钙(dicalcium phosphate)，磷酸二镁(dimagnesium phosphate)，磷酸二钾(dipotassium phosphate)，磷酸二钠(disodium phosphate)，磷酸铝(monoaluminum phosphate)，磷酸铵(monoammonium phosphate)，磷酸钙(monocalcium phosphate)，磷酸镁(monomagnesium phosphate)，磷酸钾(monopotassium phosphate)，磷酸钠(monosodium phosphate)，多磷酸(polyphosphoric acid)，三聚磷酸钾(potassium tripolyphosphate)，酸式焦磷酸钠(sodium acid pyrophosphate)，磷酸钠铝（酸性）sodium aluminum phosphate(acidic)，磷酸钠铝（无水）(sodium aluminum phosphate(anhydrous))，磷酸钠铝（四水）(sodium aluminum phosphate (tetrahydrate))，六偏磷酸钠（螯合剂）(sodium hexametaphosphate)，聚磷酸钠(sodium polyphosphate)，三偏磷酸钠(sodium trimetaphosphate)，三聚磷酸钠

(sodium tripolyphosphate)，磷酸四钾（tetrapotassium phosphate），磷酸四钠（tetrasodium pyrophosphate），三铝钠四十氢八正磷酸盐（二水物）(trialuminum sodium tetra decahydrogenoctaorthophosphate(dihydrate))，磷酸三钙（tricalcium phosphate），磷酸三镁（trimagnesium phosphate），磷酸三钾（tripotassium phosphate），磷酸三钠（trisodium phosphate））。磷化氢（phosphine），磷酸（phosphoric acid），磷（白色）(phosphorus(white))，邻苯二甲酸盐类（phthalates）（包括双（2-乙基己基）邻苯二甲酸二酯（bis(2-ethylhexyl)phthalate），苄基邻苯二甲酸二丁酯（butyl benzyl phthalate），丁基酞酰羟基乙酸丁基酯（butyl phthalyl butylglycolate），邻苯二甲酸二丁酯（dibutyl phthalate），邻苯二甲酸二乙酯（diethyl phthalate），二甲基对苯二酸酯（dimethylterephthalate），邻苯二甲酸二正辛酯　（di-N-octyl phthalate），对苯二甲酸（p-phthalic acid），邻苯二甲酸酐（phthalic anhydride））。毒莠定（picloram），苦氨酸（2-氨基-4,6-二硝基酚）(picramic acid(2-Amino-4,6-dinitrophenol))，苦味酸（2,4,6-三硝基酚）(picric acid(2,4,6-Trinitrophenol))，甲基嘧啶磷（虫螨磷）(pirimiphos, Methyl))，多溴联苯（polybrominated biphenyls），多氯联苯（polychlorinated biphenyls(PCBs)）（包括多氯联苯1016（aroclor 1016），多氯联苯1221（aroclor 1221），多氯联苯1232（aroclor 1232），多氯联苯1242（aroclor 1242），多氯联苯1248（aroclor 1248），多氯联苯1254（aroclor 1254），多氯联苯1260（aroclor 1260），多氯联苯5460（aroclor 5460），2,3,3′,4,4′,5,5′-七氯联二苯（2,3,3′,4,4′,5,5′-heptachlorobiphenyl(PCB 189))，2,3′,4,4′,5,5′-六氯联二苯（2,3′,4,4′,5,5′-hexachlorobiphenyl(PCB 167))，2,3,3′,4,4′,5-六氯联二苯（2,3,3′,4,4′,5′-hexachlorobiphenyl(PCB 157))，2,3,3′,4,4′,5-六氯联二苯（2,3,3′,4,4′,5-hexachlorobiphenyl(PCB 156))，3,3′,4,4′,5,5′-六氯联二苯（3,3′,4,4′,5,5′-hexachlorobiphenyl)(PCB 169))，2′,3,4,4′,5-五氯联二苯（2′,3,4,4′,5-pentachlorobiphenyl(PCB 123))，2,3′,4,4′,5-五氯联二苯（2,3′,4,4′,5-pentachlorobiphenyl(PCB 118))，2,3,3′,4,4′-五氯联二苯（2,3,3′,4,4′-pentachlorobiphenyl(PCB 105))，2,3,4,4′,5-五氯联二苯（2,3,4,4′,5-pentachlorobiphenyl(PCB 114))，3,3′,4,4′,5-五氯联二苯（3,3′,4,4′,5-pentachlorobiphenyl(PCB 126))，多氯联苯（高风险）(polychlorinated biphenyls(high risk))，多氯联苯（低风险）(polychlorinated biphenyls(low risk))，多氯联苯（最低风险）(polychlorinated biphenyls(lowest risk))，3,3′,4,4′-四氯联苯（3,3′,4,4′-tetrachlorobiphenyl(PCB 77))，3,4,4′,5-四氯联苯（3,4,4′,5-tetrachlorobiphenyl(PCB 81))。聚亚甲基二苯基二异氰酸酯（polymeric methylene diphenyl diisocyanate(PMDI))，多环芳烃（polynuclear aromatic hydrocarbons (PAHs)）（包括苊（acenaphthene），蒽（anthracene），苯并[a]蒽（benz[a]anthracene），苯并[j]荧蒽（benzo[j]fluoranthene），苯并[a]芘（benzo[a]pyrene），苯并[b]荧蒽（benzo[b]fluoranthene），苯并[k]荧蒽（benzo[k]fluoranthene），β-氯萘（beta-chloronaphthalene），䓛（chrysene），二苯并[*a,h*]蒽（dibenz[*a,h*]anthracene），二苯并（*a,e*）芘（dibenzo（*a,e*）pyrene），7,12-二甲苯（*a*）蒽（7,12-dimethylbenz（*a*）anthracene），荧蒽（fluoranthene），芴（fluorene），茚[1,2,3-*cd*]芘（indeno[1,2,3-*cd*]pyrene），1甲基萘（1-methylnaphthalene），2-甲基萘（2-methylnaphthalene），萘（naphthalene），硝基二萘（4-nitropyrene），芘（pyrene））。全氟丁烷磺酸钾（potassium perfluorobutane sulfonate），咪鲜胺（prochloraz），环丙氟灵（profluralin），扑灭通（prometon），扑草净（prometryn），扑草胺（propachlor），敌稗（propanil），克螨特（propargite），炔丙醇（propargyl alcohol），扑灭津（propazine），苯胺灵（propham），丙环唑（propiconazole），丙醛（propionaldehyde），丙基苯（propyl benzene），丙烯（propylene），丙二醇（propylene glycol），丙二醇二硝酸酯（propylene glycol dinitrate），丙二醇单甲醚（propylene glycol monomethyl ether），氧化丙烯（propylene oxide），拿草特（pronamide），吡啶（pyridine），喹硫磷（quinalphos），喹啉（quinoline），喹禾灵（quizalofop-ethyl），耐火陶瓷纤维（refractory ceramic fibers），苄呋菊脂（resmethrin），皮蝇磷（ronnel），鱼藤酮（rotenone），黄樟油精（safrole），亚硒酸（selenious acid），硒（selenium），硫化硒（selenium sulfide），稀禾定（sethoxydim），二氧化硅（结晶的，可呼入的）（silica（crystalline），respirable）），银（silver），西玛津（simazine），氟羧草醚（sodium acifluorfen），叠氮化钠（sodium azide），重铬酸钠（sodium dichromate），二乙基二硫代氨基甲酸钠（sodium diethyldithiocarbamate），氟化钠（sodium fluoride），氟乙酸钠（sodium fluoroacetate），偏钒酸钠（sodium metavanadate），钨酸钠（sodium tungstate），钨酸钠二水合物（sodium tungstate dihydrate），杀虫威（stirofos（tetrachlorovinphos）），铬酸锶（strontium chromate），锶（稳定）（strontium，（stable）），番木鳖碱（strychnine），苯乙烯（styrene），苯乙烯丙烯腈（SAN）三聚物（styrene-acrylonitrile（SAN）trimer），环丁砜（sulfolane），1,1′-四溴双酚 S（4-氯苯）（1,1′-sulfonylbis（4-chlorobenzene）），三氧化硫（sulfur trioxide），硫酸（sulfuric acid），亚硫酸,2-氯乙基 2-[4-（1,1 二甲基乙基）苯氧基]-1-甲基乙酯（sulfurous acid），2-chloroethyl 2-[4-（1,1-dimethylethyl）phenoxy]-1-methylethylester），苯噻氰（TCMTB），丁噻隆（tebuthiuron），双硫磷（temephos），特草定（terbacil），特丁磷（terbufos），去草净（terbutryn），2,2′,4,4′-四溴联苯醚（tetrabromo-diphenyl ether），2,2′,4,4′-溴联苯醚（2,2′,4,4′-（BDE-47）），1,2,4,5-四氯苯（1,2,4,5-tetrachlorobenzene），1,1,1,2-四氯乙烷（1,1,1,2-tetrachloroethane），1,1,2,2-四氯乙烷（1,1,2,2-tetrachloroethane），四氯乙烯（tetrachloroethylene），2,3,4,6-四氯酚（2,3,4,6-tetrachlorophenol），对 α,α,α,3-四氯甲苯（*p*-alpha, alpha, alpha-tetrachlorotoluene），二硫代焦磷酸四乙酯（tetraethyl dithiopyrophosphate），1,1,1,2-四氟乙烷（1,1,1,2-tetrafluoroethane），特屈儿炸药（tetryl（trinitrophen ylmethylnitramine）），三氧化二铊（thallic oxide），硝酸铊

（Ⅰ）（thallium（Ⅰ）nitrate），铊（溶解性盐）（thallium（soluble salts）），乙酸铊（thallium acetate），碳酸铊（thallium carbonate），氯化铊（thallium chloride），亚硒酸铊（thallium selenite），硫酸铊（thallium sulfate），噻吩磺隆（thifensulfuron-methyl），禾草丹（thiobencarb），硫二甘醇（thiodiglycol），久效威（thiofanox），甲基托布津（thiophanate, methyl），福美双（thiram），锡（tin），四氯化钛（titanium tetrachloride），甲苯（toluene），甲苯-2,4-二异氰酸酯（toluene-2,4-diisocyanate），甲苯-2,5-二胺（toluene-2,5-diamine），甲苯-2,6-二异氰酸酯（toluene-2,6-diisocyanate），邻甲苯胺（o-toluidine（2-methylaniline）），对甲苯胺（p-toluidine），总石油烃（高脂肪质）（total petroleum hydrocarbons（aliphatic high）），总石油烃（低脂肪质）（total petroleum hydrocarbons（aliphatic low），总石油烃（中脂肪质）（total petroleum hydrocarbons（aliphatic medium）），总石油烃（高芳香）（total petroleum hydrocarbons（aromatic high）），总石油烃（低芳香）（total petroleum hydrocarbons（aromatic low）），总石油烃（中芳香）（total petroleum hydrocarbons（aromatic medium）），毒杀芬（toxaphene），四溴菊酯（tralomethrin），三正丁基锡（tri-n-butyltin），乙酸甘油酯（riacetin），三唑酮（triadimefon），野麦畏（triallate），醚苯磺隆（triasulfuron），甲基苯磺隆（tribenuron-methyl），1,2,4-三溴苯（1,2,4-tribromobenzene），磷酸三丁酯（tributyl phosphate），三丁基锡化合物（tributyltin compounds），三丁基氧化锡（tributyltin oxide），1,1,2-三氯-1,2,2-三氟乙烷（1,1,2-trichloro-1,2,2-trifluoroethane），三氯乙酸（trichloroacetic acid），2,4,6-三氯苯胺（2,4,6-trichloroaniline），2,4,6-三氯苯胺（2,4,6-trichloroaniline），1,2,3-三氯苯（1,2,3-trichlorobenzene），1,2,4-三氯苯（1,2,4-trichlorobenzene），1,1,1-三氯乙烷（1,1,1-trichloroethane），1,1,2-三氯乙烷（1,1,2-trichloroethane），三氯乙烯（trichloroethylene），三氯氟甲烷（trichlorofluoromethane），2,4,5-三氯酚（2,4,5-trichlorophenol），2,4,6-三氯酚（2,4,6-trichlorophenol），2,4,5-三氯苯氧基乙酸（2,4,5-trichlorophenoxyacetic acid），2,4,5-三氯苯氧基丙酸（2,4,5-trichloro phenoxypropionic acid），1,1,2-三氯丙烷（1,1,2-trichloropropane），1,2,3-三氯丙烷（1,2,3-trichloropropane），1,2,3-三氯丙烯（1,2,3-trichloropropene），磷酸甲苯（tricresyl phosphate（TCP）），灭草环（tridiphane），三乙胺（triethylamine），三甘醇（triethylene glycol），1,1,1-三氟乙烷（1,1,1-trifluoroethane），氟乐灵（trifluralin），磷酸三甲酯（trimethyl phosphate），1,2,3-三甲基苯（1,2,3-Trimethylbenzene），1,2,4-三甲基苯（1,2,4-trimethylbenzene），1,2,5-三甲基苯（1,3,5-trimethylbenzene），2,4,4-三甲基戊烯（2,4,4-trimethylpentene），1,3,5-三硝基苯（1,3,5-trinitrobenzene），2,4,6-三硝基甲苯（2,4,6-trinitrotoluene），三苯基氧化膦（triphenylphosphine oxide），三磷酸酯（1,3-二氯-2-丙基）（tris（1,3-dichloro-2-propyl）phosphate），三磷酸酯（1-氯-2-丙基）（tris（1- chloro-2-propyl）phosphate），三磷酸酯（2,3-二溴丙基）（tris（2,3-dibromopropyl）phosphate），三磷酸酯（2-氯乙

基）(tris(2-chloroethyl)phosphate)，三磷酸酯(2-乙基己基)(tris(2-ethylhexyl)
phosphate)，钨(tungsten)，铀(溶解性盐)(uranium(soluble salts))，尿烷(urethane)，
五氧化二钒(vanadium pentoxide)，钒及化合物(vanadium and compounds)，灭草
蝛(vernolate)，农利灵(vinclozolin)，乙酸乙烯(vinyl acetate)，溴乙烯(vinyl
bromide)，氯乙烯(vinyl chloride)，杀鼠灵(warfarin)，对二甲苯(*p*-xylene)，间二
甲苯(*m*-xylene)，邻二甲苯(*o*-xylene)，二甲苯(xylenes)，磷酸锌(zinc phosphide)，
锌及化合物(zinc and compounds)，代森锌(zineb)，锆(zirconium)。

美国各州也有土壤与地下水筛选值，土壤与地下水用途不同，其标准或筛选
值不同。不同地域由于地质条件的不同，使用这些标准或筛选值时一定存在差异，
一定要与当地的地质、水文地质条件和土地用途结合，综合考虑，慎重选择标准
或筛选值。

8.5　地下水质量标准

《地下水水质标准》(DZ/T 0290—2015)是中华人民共和国地质矿产行业标准，
由国土资源部 2015 年 10 月 26 日发布，2016 年 1 月 1 日实施。该标准是在中华
人民共和国国家标准《地下水质量标准》(GB/T 14848—1993)的基础上，由已有国
家标准的 39 项指标，增加了 54 项非常规指标，《地下水质量标准》(GB/T 14848—
1993)中没有挥发性和半挥发性有机污染物。2017 年国家对《地下水质量标准》
(GB/T 14848—1993)进行了修订，修订后的中华人民共和国国家标准《地下水质量标
准》(GB/T 14848—2017)包括以下指标(具体标准值参阅文献[91])，地下水常规
指标包括感官性状和一般化学指标、微生物指标、毒理学指标、放射性指标。

(1)感官性状和一般化学指标由 17 项增至 20 项：色、嗅和味、浑浊度、肉
眼可见物、pH、总硬度、溶解性总固体、硫酸盐、氯化物、铁、锰、铜、锌、钼、
挥发性酚类、阴离子表面活性剂、耗氧量、氨氮、硫化物、钠。

(2)微生物指标(2 项)：总大肠杆菌、细菌总数。

(3)毒理学指标(15 项)：亚硝酸盐、硝酸盐、氰化物、氟化物、碘化物、砷、
铬(六价)、镉、铅、硒、汞、三氯甲烷、四氯化碳、苯、甲苯。

(4)放射性指标(2 项)：总α放射性和总β放射性。

地下水非常规指标为毒理学指标(54 项)，包括重金属(9 项)：铍、硼、锑、
钡、镍、钴、钼、银、铊；挥发性有机物(20 项)：三氯乙烯、1,1,1-三氯乙烷、
四氯乙烯、二氯甲烷、1,2-二氯乙烷、1,1,2-三氯乙烷、1,2-二氯丙烷、三溴甲烷、
氯乙烯、1,1-二氯乙烯、1,2-二氯乙烯、氯苯、邻二氯苯、对二氯苯、三氯苯(总)、
乙苯、二甲苯、苯乙烯、2,4-二硝基甲苯、2,6-二硝基甲苯；半挥发性有机物(5
项)：萘、蒽、荧蒽、苯并[*b*]荧蒽、苯并[*a*]芘；多氯联苯(总)；农药类(14 项)：

克百灵、涕灭威、敌敌畏、乐果、马拉硫磷、甲基对硫磷、百菌清、2,4-滴、毒死蜱、草甘膦、滴滴涕(总量)、六六六(总量)、γ-六六六(林丹)、莠去津;其他有机物(5 项):六氯苯、七氯、五氯酚、2,4,6-三氯酚、邻苯二甲酸(2-乙基己基)酯。

修改后新的《地下水质量标准》(GB/T 14848—2017)已于 2018 年 5 月 1 日实施。

在实际应用中,国标优先,行业和地方标准作为补充,国外标准作为参考。

8.6　上海市场地土壤环境健康风险评估筛选值

上海市于 2015 年 10 月 1 日发布的《上海市场地土壤环境健康风险评估筛选值(试行)》(*Screening Level for Health Risk Assessment of Site Soil Contamination*),规定了上海市用于居住类敏感用地和工业类非敏感用地类型下的土壤健康风险评估筛选值及使用规则和各种指标的检测分析方法。该筛选值适用于潜在污染场地再利用时土壤是否需要开展详细调查和健康风险评估工作的判定。场地土壤健康风险筛选值包括 106 种监测指标,包括 16 种重金属:锑、铍、无机砷、三价铬、六价铬、镉、铜、铅、镍、锌、硒、锡、银、铊、汞、钼、钴;2 种无机物:氰化物、氟化物;50 种挥发性有机物:苯、甲苯、乙苯、间二甲苯、对二甲苯、邻二甲苯、1,2,4-三甲苯、1,3,5-三甲苯、苯乙烯、六氯丁二烯、1,2,3-三氯丙烷、三氯甲烷(氯仿)、四氯化碳、三氯乙烯、1,1-二氯乙烯、顺-1,2-二氯乙烯、反-1,2-二氯乙烯、1,1-二氯乙烷、1,2-二氯乙烷、1,2-二氯丙烷、氯乙烯、四氯乙烯、二氯甲烷、1,1,1,2-四氯乙烷、1,1,2,2-四氯乙烷、1,1,1-三氯乙烷、1,1,2-三氯乙烷、六氯乙烷、二氯溴甲烷、氯二溴甲烷、溴仿(三溴甲烷)、二硫化碳、双(2-氯异丙基)醚、甲基叔丁醚、丙酮、苯酚、2-氯酚、4-甲酚、2,4-二甲酚、五氯酚、2,4,6-三氯酚、2,4,5-三氯酚、氯苯、六氯苯、1,2-二氯苯、1,4-二氯苯、邻氯甲苯、对氯甲苯、1,3-二氯苯、1,2,4-三氯苯;18 种半挥发性有机物:荧蒽、芘、菲、蒽、苯并[*b*]荧蒽、苯并(*g,h,i*)苉、苯并[*a*]芘、苯并[*k*]荧蒽、茚并[1,2,3-*cd*]芘、苯并[*a*]蒽、蒽、芴、苊、萘、苊烯、二苯并[*a,h*]蒽、2-甲基萘、2-氯萘;14 种其他有机物:邻苯二甲酸(2-乙基己基)酯、邻苯二甲酸二丁酯、邻苯二甲酸丁苄酯、邻苯二甲酸二乙酯、邻苯二甲酸二正辛酯、*N*-亚硝基二丙胺、苯胺、邻甲苯胺、4-氯苯胺、*N*-亚硝基二苯胺、偶氮苯、硝基苯、咔唑、2,4-二硝基甲苯;13 种农药杀虫剂:敌敌畏、乐果、狄氏剂、滴滴滴、滴滴伊、滴滴涕、艾氏剂、异狄氏剂、*α*-六六六、*β*-六六六、*γ*-六六六(林丹)、氯丹、硫丹;总石油烃:石油烃 TPH C<16、石油烃 TPH C>16;多氯联苯(总)。

上述筛选值主要用于上海市建设开发用地过程中,不同场景下场地土壤环境调查初步筛选的判定依据。如果场地土壤环境调查监测结果低于筛选值，则可以认为场地土壤污染健康风险可接受。如果高于筛选值，需要开展进一步的场地土壤环境详细调查和健康风险评估。

8.7 土壤污染风险管控标准、农用地土壤污染风险筛选值和管制值（试行）

土壤环境质量标准的修订包括：

（1）《土壤环境质量农用地土壤污染风险管控标准（试行）》（GB 15618—2018）和《土壤环境质量建设用地土壤污染风险管控标准（试行）》（GB 3600—2018），以上标准 2018 年 8 月 1 日起实施，《土壤环境质量标准》（GB 15618—1995）废止，请参阅 http://kjs.mep.gov.cn/hjbhbz；

（2）更新了规范性引用文件，增加了标准的术语和定义；

（3）规定了农用地土壤中镉、汞、砷、铅、铬、铜、锌、镍等常规项目（表 8-1），以及六六六、滴滴涕、苯并[a]芘等选测项目的风险筛选值（表 8-2）；

表 8-1 农用地土壤污染风险筛选值（常规项目）[93] （单位：mg/kg）

序号	常规项目①②		土壤 pH			
			pH≤5.5	5.5<pH≤6.5	6.5<pH≤7.5	pH>7.5
1	镉	水田	0.3	0.4	0.6	0.8
		其他	0.3	0.3	0.3	0.6
2	汞	水田	0.5	0.5	0.6	1.0
		其他	1.3	1.8	2.4	3.4
3	砷	水田	45	40	35	30
		其他	55	50	40	30
4	铅	水田	80	100	140	240
		其他	70	90	120	170
5	铬	水田	250	250	300	350
		其他	150	150	200	250
6	铜	水田	150	150	200	200
		其他	80	85	100	100
7	镍		60	70	100	190
8	锌		200	200	250	300

注：①重金属和类金属砷均按元素总量计；
②对于水旱轮作地，采用其中较严格的含量限值。

（4）规定了农用地土壤中镉、汞、砷、铅、铬的风险管制值（表 8-3）；

（5）更新了监测、实施与监督要求。

表 8-2 农用地土壤污染风险筛选值（选测项目）[93] （单位：mg/kg）

序号	选测项目	风险筛选值
1	六六六总量①	0.10
2	滴滴涕总量②	0.10
3	苯并[a]芘	0.52

注：①六六六总量为 α-六六六、β-六六六、γ-六六六、δ-六六六四种异构体总量；
②滴滴涕总量为 p,p'-DDE、p,p'-DDD、o,p'-DDT、p,p'-DDT 四种衍生物总量。

表 8-3 农用地土壤污染风险管制值[93] （单位：mg/kg）

序号	污染物项目	土壤 pH			
		pH≤5.5	5.5<pH≤6.5	6.5<pH≤7.5	pH>7.5
1	镉	1.5	2.0	3.0	4.0
2	汞	2.0	2.5	4.0	6.0
3	砷	250	200	170	150
4	铅	400	500	700	1000
5	铬	800	850	1000	1300

8.8 上海市低效工业用地复垦场地安全利用土壤环境质量指导值

为有效管控上海市低效工业用地(规划产业区外、规划集中建设区以外的现状工业用地)减量化工作可能引起的土壤污染风险,有力保障场地复垦利用的农产品质量与生态安全,上海市制定了复垦场地安全利用土壤环境质量指导值。从农产品质量安全角度出发,该指导值中设立了安全阈值,复垦场地利用安全的土壤环境质量阈值分成阈值 I 和阈值 II 两级,如表 8-4 所示。当土壤中污染物含量低于(或等于)阈值 I 时,则允许划归"适宜耕作区";当土壤中污染物含量超过阈值 II 时,则划归"生态管控区";当土壤中污染物含量介于阈值 I 和阈值 II 之间时,则划归"限制耕作区"(低富集农作物品种和非食用农作物品种)。表 8-4 中的污染指标以及未涵盖的其他指标浓度超过《上海市场地土壤环境健康风险评估筛选值》中"敏感用地"筛选值的场地,均划定为生态管控区。

表 8-4　复垦场地分级安全利用土壤环境质量指导值[95]　（单位：mg/kg）

指标	阈值 I	阈值 II
一、重金属		
总砷	20	30
总汞	0.5	2.5
总铬	200	600
总镉	0.5	3
总铅	140	500
总锌	250	800
总铜	180	500
总镍	50	150
总锰	1200	2400
总锑	3	8
总铊	0.8	0.8
总钴	20	20
总钼	6	12
总铍	1.2	12
二、有机物		
石油烃总量	300	800
苯并[a]芘	0.1	0.4
菲	3	6
苊	0.1	0.4
苊烯	0.1	0.5
蒽	0.6	1.2
苯[a]蒽	0.2	0.4
苯并[b]荧蒽	0.3	0.7
苯并[g,h,i]芘	0.1	1
苯并[k]荧蒽	0.3	3
1,2-苯并菲（又名䓛）	0.1	1
二苯并[a,b]蒽	0.1	0.4
荧蒽	0.2	2
芴	0.4	4
茚并[1,2,3-cd]芘	0.3	3
芘	0.2	2
六六六（总量）	0.1	0.5
滴滴涕（总量）	0.1	0.5

第9章　土壤与地下水污染风险评估

9.1　基　本　概　念

棕地(brownfield)：指被弃置的工业或商业用地而可以被重复使用的土地。此类土地可能在过往的土地利用中被少量的有害垃圾或其他污染物污染，使该土地的再次利用变得困难，需要得到适当的清理。

污染场地(contaminated site)：指因堆积、储存、处理、处置或其他方式(如迁移)承载了有害物质的，对人体健康和环境产生危害或具有潜在风险的空间区域。具体来说，该空间区域中有害物质的承载体包括场地土壤、场地地下水、场地地表水、场地环境空气、场地残余废弃污染物如生产设备和建筑物等。对于历史工业用地，难以确定污染源和污染物，对这种潜在污染场地进行环境调查和风险评估，当关注污染物超过健康风险可接受水平时，该场地需要修复，这种场地属于污染场地。

城市场地(urban site)：指城市调查、监测、风险评估和污染修复地块范围内的土壤、地下水、地表水以及地块内所有构筑物、设施及其生物的总和。

潜在污染场地(potential contaminated site)：指因从事生产、经营、处理、贮存有毒有害物质，堆放或处理处置潜在危险废物，以及从事矿山开采等活动造成污染，且对人体健康或生态环境构成潜在风险的场地。

关注污染物(contaminant of concern)：指超过相关环境质量标准或筛选值标准的需要进行详细调查、监测、风险评估和污染修复的污染物。

暴露途径(exposure pathway)：指污染物从污染源到潜在接触的介质(空气、土壤、地表水、地下水)的路线，代表潜在威胁人体健康或生态环境的路径，确定暴露途径是进行风险评估的第一步。其中人体暴露途径是指经由人的口腔摄入、皮肤接触、呼吸吸入等途径；生态环境暴露途径是指土壤和地下水中污染物迁移到水源保护区、湿地保护区以及自然保护区等途径。

暴露量(exposure dose)：指土壤与地下水污染物经由各种途径进入人体，造成人体致癌和非致癌的剂量；或迁移到生态环境中的污染物浓度超过生态环境容量的剂量。

基准剂量(benchmark dose，BMD)：由 Crump[96]提出，指产生一种预先决定的负面效应的比较背景的响应速率变化的剂量。典型的响应变化为 5% 或 10%，一般用在风险评估中的基准剂量的 95% 低置信限称为基准剂量限（BMDL）。

急性效应（acute effects）：指人体暴露在化学品之后快速出现反应，并在短时期、快速对人体造成显著症状的健康效应。

急性暴露（acute exposure）：指人体短时间（几秒或几小时，不超过一天）与化学品接触。

基线风险评估（baseline risk assessment）：指在场地修复活动开始之前，为了识别和评价污染对人体和生态环境的威胁进行的一种评估。修复完成之后，在基线风险评估期间获得的信息可以用于确定是否达到修复水平。

风险评估（risk assessment）：指一种科学地评估暴露于危险物质所造成伤害的可能性（概率）。对人体健康来说，污染物的暴露途径有呼吸吸入污染物、口腔摄入污染物以及皮肤接触污染物等。

人体健康风险评估（human health risk assessment，HHRA）：指评价土壤和地下水中污染物通过各种暴露途径进入人体，对人体健康造成致癌风险或非致癌危害的水平。

生态环境健康风险评估（ecosystem health risk assessment）：指评价土壤和地下水中污染物通过各种途径，对生态系统、环境系统以及水资源系统造成不可接受的水平。

人体致癌风险（carcinogenic risk for human）：指人群暴露于致癌效应污染物，诱发致癌性疾病或损伤的概率。

危害商（hazard quotient，HQ）：指污染物每日摄入剂量与参考剂量的比值，用来表征人体经单一途径暴露于非致癌污染物而受到非致癌危害的水平。

危害指数（hazard index，HI）：指人群经多种途径暴露于单一污染物的危害商之和，用于表征人体暴露于非致癌污染物受到非致癌危害的水平。

可接受风险水平（acceptable risk level）：指对暴露人群不会产生不良或有害健康效应的风险水平，包括致癌物的可接受致癌风险水平和非致癌物的可接受危害商。单一污染物的可接受致癌风险水平为 10^{-6}，单一污染物的可接受非致癌危害商为 1。

土壤与地下水污染风险控制值（risk control values for soil and groundwater contamination）：指基于用地方式、暴露情景、可接受风险水平和场地调查获得关注污染物，采用风险评估方法计算出的土壤中关注污染物含量限值和地下水中关注污染物浓度限值。

9.2　污染土壤的人体健康风险评估方法

本节部分参考了《上海市污染场地风险评估技术规范》[97]。

人体健康风险评估(human health risk assessment, HHRA)方法包括数据评价、暴露评估、毒性评估以及风险表征四个过程。

(1)数据评价(data evaluation，DE)：评价特定场地数据，涉及场地地质、水文地质、气象水文、社会经济数据；场地用途、历史状况以及未来规划用地数据；场地及其周边受体(居民、水体、自然保护区等)；场地土壤与地下水环境调查数据，尤其是关注污染物的时空分布。

(2)暴露评估(exposure assessment，EA)：对每一种要评价的化学污染物、识别的潜在受体以及暴露途径，计算有代表性暴露点浓度。在暴露评估中，需要描述潜在暴露于场地内的人数或人群，从许多潜在的暴露途径中，识别出适合潜在受体的途径，如口腔摄入、皮肤接触、吸入等。依据场地监测数据估算化学物质暴露浓度，将相关介质(如土壤、地下水、空气等)中的化学物质浓度转换成系统剂量、摄入量和吸收率，然后，整理这些暴露的大小、频率和持续时间，估算特定时期内的每日摄入量。

(3)毒性评估(toxicity assessment，TA)：对每一种与这些暴露有关的化学物质可能产生的潜在不良健康影响进行评估。在毒性评估中，对人体健康风险评估中要评价的每一种化学物质，评估暴露范围和毒性损伤或疾病程度之间的关系，提出特定化学物质的毒性值，如致癌(carcinogens)化合物的癌症斜率因子(cancer slope factors，SFs)、非致癌化学物质的参考剂量(reference doses，RfDs)或参考浓度(reference concentrations，RfCs)。

(4)风险表征(risk characterization，RC)：整合毒性评价和暴露评价结果，估算识别的受体人群的化学物质吸收量，定量估算致癌和非致癌风险，并进行不确定性分析。

9.2.1 污染土壤数据评价

污染土壤数据评价是污染土壤人体健康风险评估的第一步，主要收集相关数据，并进行整理分析，为污染土壤风险评估奠定基础。收集的相关资料和数据包括三方面内容：①土壤环境调查阶段获得的相关资料和数据，明确污染场地土壤中关注污染物，掌握场地内关注污染物的浓度及其空间分布状况；②明确规划土地利用方式(住宅、商用、农用地、工业用地等)；③分析潜在的敏感受体，如居民(儿童和成人)、商业人员、场内工人、地下水、地表水源和生态保护区等。

1)土壤环境调查数据

(1)调查区土壤关注污染物分布数据，包括土壤关注污染物的类型、污染物空间分布、污染物浓度。

(2)调查区土壤的理化性质相关数据，如土壤pH、密度、孔隙度、有机碳含量、含水量、饱和度、质地、地下水位埋深、毛细带厚度、渗透系数等。

(3)调查区土壤气候、水文、水文地质特征信息和数据等。

2)土地利用方式数据

根据规划部门或评估委托方提供的信息，确定场地目前及未来的土地利用方式，如住宅用地、商业用地、工业用地等。

3)调查区敏感受体数据

(1)土地利用方式下相应的敏感人群，如居住人群、商业人员、工作人员、开发建设期间的建筑工人以及地下空间地铁出行人员等。

(2)地下水和地表水源、生态保护区等敏感受体的分布。

9.2.2　污染土壤风险暴露评估

污染土壤风险暴露评估包括暴露情景分析、暴露途径确定以及暴露量计算。

1. 污染土壤暴露情景分析

暴露情景指特定土地利用方式下，调查区土壤关注污染物经由不同暴露路径迁移和到达受体人群的情况。根据不同土地利用方式下人群的活动模式有四类典型的暴露情景：以住宅用地为代表的敏感用地方式(简称"敏感用地")暴露情景、以工业用地为代表的非敏感用地方式(简称"非敏感用地")暴露情景、地下空间地铁出行人员的暴露情景(目前没有考虑)，以及场地建设开发期间的暴露情景。

(1)敏感用地方式暴露情景：对于敏感人群致癌反应，考虑人群的终生暴露危害，一般根据受体的儿童期和成人期的暴露来评估污染物的终生致癌风险；对于敏感人群非致癌反应，儿童体重较轻，暴露量较高，一般根据受体的儿童期暴露来评估污染物的非致癌危害。

(2)非敏感用地方式暴露情景：一般根据成人期的暴露来评估污染物的致癌风险和非致癌危害。非敏感用地方式以工业用地为代表，包括工业用地、物流仓储用地、公用设施用地等。

(3)建设开发期间暴露情景：如果污染场地涉及再开发或将来可能涉及再开发，在建设开发期间建筑工人因施工作业会暴露于场地土壤和地下水污染物而产生人体健康风险，一般根据成人期的暴露来评估污染物对建筑工人的致癌风险和非致癌危害。

2. 污染土壤暴露途径确定

对于敏感用地和非敏感用地，规定 6 种土壤暴露途径和暴露评估模型，包括经口摄入表层污染土壤、皮肤接触表层污染土壤、吸入表层污染土壤颗粒物、吸入室外空气来自表层污染土壤中的气态污染物、吸入室外空气来自下层污染土壤中的气态污染物、吸入室内空气来自下层污染土壤中的气态污染物等。

如污染场地涉及再开发，下层污染土壤可因施工暴露于空气中，建设开发期间对于建筑工人来说，下层污染土壤暴露途径可视为与表层污染土壤暴露途径相同。规定了5种建设开发期间的土壤暴露途径和暴露评估模型，包括经口摄入表层和下层污染土壤、皮肤接触表层和下层污染土壤、吸入表层和下层污染土壤颗粒物、吸入室外空气来自表层污染土壤中的气态污染物、吸入室外空气来自下层污染土壤中的气态污染物等。

3. 污染土壤风险暴露量计算

(1) 在敏感用地方式下，经口摄入表层污染土壤途径致癌暴露量，可按下式计算：

$$OISER_{ca} = \frac{OSIR_c \times EF_c \times ED_c}{BW_c \times AT_{ca}} + \frac{OSIR_a \times EF_a \times ED_a}{BW_a \times AT_{ca}} \times ABS_o \times 10^{-6} \qquad (9-1)$$

式中，$OISER_{ca}$ 为经口摄入污染土壤暴露量(致癌效应)，单位为 kg/(kg·d)；$OSIR_c$ 为儿童每日摄入污染土壤量，单位为 mg/d；$OSIR_a$ 为成人每日摄入污染土壤量，单位为 mg/d；ED_c 为儿童暴露期(exposure duration)，单位为 a；ED_a 为成人暴露期，单位为 a；EF_c 为儿童暴露因子(exposure factor)，单位为 d/a；EF_a 为成人暴露因子，单位为 d/a；BW_c 为儿童体重(body weight)，单位为 kg；BW_a 为成人体重，单位为 kg；ABS_o 为经口吸收效应因子(dermal absorption factor)，无量纲；AT_{ca} 为致癌效应平均时间(averaging time)，单位为 d。

(2) 在敏感用地方式下，经口摄入表层污染土壤途径非致癌暴露量，可按下式计算：

$$OISER_{nc} = \frac{OSIR_c \times EF_c \times ED_c}{BW_c \times AT_{nc}} \times ABS_o \times 10^{-6} \qquad (9-2)$$

式中，$OISER_{nc}$ 为经口摄入污染土壤暴露量(非致癌效应)，单位为 kg/(kg·d)；AT_{nc} 为非致癌效应平均时间，单位为 d。

(3) 在敏感用地方式下，皮肤接触表层污染土壤途径致癌暴露量，可按下式计算：

$$DCSER_{ca} = \frac{SAE_c \times SSAR_c \times EF_c \times ED_c \times E_v \times ABS_d}{BW_c \times AT_{ca}} \times 10^{-6}$$

$$+ \frac{SAE_a \times SSAR_a \times EF_a \times ED_a \times E_v \times ABS_d}{BW_a \times AT_{ca}} \times 10^{-6} \qquad (9-3a)$$

式中，$DCSER_{ca}$ 为皮肤接触途径污染土壤的暴露量(致癌效应)，单位为 kg/(kg·d)；$SSAR_c$ 为儿童皮肤表面土壤黏附系数，单位为 mg/cm；$SSAR_a$ 为成人皮肤表面土壤黏附系数，单位为 mg/cm；ABS_d 为皮肤接触吸收效率因子，无量纲；E_v 为每日皮肤接触事件频率，单位为次/d；SAE_c 为儿童暴露皮肤表面积，单位为 cm^2，其值为

$$SAE_c = 239 \times H_c^{0.417} \times BW_c^{0.517} \times SER_c \tag{9-3b}$$

式中，SER_c 为儿童暴露皮肤所占面积比，无量纲；H_c 为儿童平均身高，单位为 cm。SAE_a 为成人暴露皮肤表面积，单位为 cm^2，其值为

$$SAE_a = 239 \times H_a^{0.417} \times BW_a^{0.517} \times SER_a \tag{9-3c}$$

式中，SER_a 为成人暴露皮肤所占面积比，无量纲；H_c 为成人平均身高，单位为 cm。

(4) 在敏感用地方式下，皮肤接触表层污染土壤途径非致癌暴露量，可按下式计算：

$$DCSER_{nc} = \frac{SAE_c \times SSAR_c \times EF_c \times ED_c \times E_v \times ABS_d}{BW_c \times AT_{nc}} \times 10^{-6} \tag{9-4}$$

式中，$DCSER_{nc}$ 为皮肤接触污染土壤的暴露量(非致癌效应)，单位为 kg/ (kg·d)。

(5) 在敏感用地方式下，吸入表层污染土壤颗粒物途径致癌暴露量，可按下式计算：

$$PISER_{ca} = \frac{PM_{10} \times DAIR_c \times PIAF \times ED_c \times (fspo \times EFO_c + fspi \times EFI_c)}{BW_c \times AT_{ca}} \times 10^{-6}$$

$$+ \frac{PM_{10} \times DAIR_a \times PIAF \times ED_a \times (fspo \times EFO_a + fspi \times EFI_a)}{BW_a \times AT_{ca}} \times 10^{-6}$$

$$\tag{9-5}$$

式中，$PISER_{ca}$ 为吸入污染土壤颗粒物的土壤暴露量(致癌效应)，单位为 kg/ (kg·d)；PM_{10} 为空气中可吸入颗粒物含量，单位为 mg/m^3；$DAIR_a$ 为成人每日空气呼吸量，单位为 m^3/d；$DAIR_c$ 为儿童每日空气呼吸量，单位为 m^3/d；$PIAF$ 为吸入土壤颗粒在体内滞留比例，无量纲；$fspi$ 为室内空气来自污染土壤中颗粒物所占比例，无量纲；$fspo$ 为室外空气来自污染土壤中颗粒物所占比例，无量纲；EFI_a 为成人的室内暴露频率，单位为 d/a；EFI_c 为儿童的室内暴露频率，单位为 d/a；EFO_a 为成人的室外暴露频率，单位为 d/a；EFO_c 为儿童的室外暴露频率，单位为 d/a。

(6) 在敏感用地方式下，吸入表层污染土壤颗粒物途径非致癌暴露量，可按下式计算：

$$PISER_{nc} = \frac{PM_{10} \times DAIR_c \times PIAF \times ED_c \times (fspo \times EFO_c + fspi \times EFI_c)}{BW_c \times AT_{nc}} \times 10^{-6} \tag{9-6}$$

式中，$PISER_{nc}$ 为吸入污染土壤颗粒物的土壤暴露量(非致癌效应)，单位为 kg/ (kg·d)。

(7) 在敏感用地方式下，吸入室外空气来自表层污染土壤中气态污染途径致癌暴露量，可按下式计算：

$$\text{IoVER}_{ca1} = \text{VF}_{suroa} \times \left(\frac{\text{DAIR}_c \times \text{EFO}_c \times \text{ED}_c}{\text{BW}_c \times \text{AT}_{ca}} + \frac{\text{DAIR}_a \times \text{EFO}_a \times \text{ED}_a}{\text{BW}_{ca} \times \text{AT}_{ca}} \right) \quad (9\text{-}7a)$$

式中，IoVER_{ca1} 为吸入室外空气来自表层污染土壤中气态污染物对应的土壤暴露量(致癌效应)，单位为 kg/(kg·d)；VF_{suroa} 为表层污染土壤中污染物挥发对应的室外空气中的土壤含量，其值可按下式计算：

$$\text{VF}_{suroa1} = \frac{10^3 \times \rho_b}{\text{DF}_{oa}} \sqrt{\frac{4D_s^{eff} \times H'}{31536000\pi \times \tau \times K_{sw} \times \rho_b}} \quad (9\text{-}7b)$$

$$\text{VF}_{suroa2} = \frac{d \times \rho_b}{31536000 \times \text{DF}_{oa} \times \tau} \times 10^3 \quad (9\text{-}7c)$$

$$\text{VF}_{suroa} = \min\left(\text{VF}_{suroa1}, \text{VF}_{suroa2} \right) \quad (9\text{-}7d)$$

式中，VF_{suroa1} 为表层污染土壤中污染物挥发对应的室外空气中的土壤含量，单位为 kg/m³；VF_{suroa2} 为表层污染土壤中污染物挥发对应的室外空气中的土壤含量，单位为 kg/m³；τ 为气态污染物入侵持续时间，单位为 a；ρ_b 为土壤干密度，单位为 g/cm³；d 为表层污染土壤层厚度，单位为 cm；必须根据场地调查获得参数值；31536000 为时间单位转换系数，单位为 31536000 s/a；H' 为亨利常数，无量纲；D_s^{eff} 为土壤中气态污染物的有效扩散系数，单位为 cm²/s，其值可按下式计算：

$$D_s^{eff} = D_a \times \frac{\theta_a^{3.33}}{\phi^2} + D_w \times \frac{\theta_w^{3.33}}{K_{aw} \times \phi^2} \quad (9\text{-}7e)$$

式中，D_a^{eff} 为土壤中气态污染物的有效扩散系数，cm²/s；D_a 为土壤中气相扩散系数，单位：cm²/s；D_w 为土壤中水相扩散系数，单位：cm²/s；ϕ 为非饱和土壤孔隙率，无量纲；θ_w 为非饱和土壤体积含水量，单位：m³/m³；θ_a 为非饱和土壤体积含气量，单位：m³/m³，其值为 $\theta_a = \phi - \theta_w$；$K_{sw}$ 为土壤固相-水和气相中污染物总的分配系数，单位为 cm³/g，其值为

$$K_{sw} = \frac{\theta_w + (K_d \times \rho_b) + (H' \times \theta_{as})}{\rho_b} \quad (9\text{-}7f)$$

式中，K_d 为土壤固相-水中污染物分配系数，单位为 cm³/g，其值为

$$K_d = f_{oc} \times K_{oc} \quad (9\text{-}7g)$$

式中，K_{oc} 为土壤有机碳-土壤孔隙水分配系数，单位为 L/kg；f_{oc} 为土壤有机碳质量分数，无量纲，其值为

$$f_{oc} = \frac{f_{om}}{1.7 \times 1000} \tag{9-7h}$$

式中，f_{om} 为土壤有机质含量，单位为 g/kg；K_{aw} 为土壤中水–气分配系数；DF_{oa} 为室外空气中气态污染物扩散因子，单位为 $(g \cdot cm^{-2} \cdot s^{-1})/(g \cdot cm^{-3})$，其值为

$$DF_{oa} = \frac{U_{air} \times W \times \delta_{air}}{A} \tag{9-7i}$$

式中，U_{air} 为混合区大气流速，单位为 cm/s；A 为污染源区面积，单位为 cm^2；W 为污染源区宽度，单位为 cm^2；δ_{air} 为混合区高度，单位为 cm。

（8）在敏感用地方式下，吸入室外空气来自表层污染土壤中气态污染途径非致癌暴露量，可按下式计算：

$$IoVER_{nc1} = VF_{suroa} \times \frac{DAIR_c \times EFO_c \times ED_c}{BW_c \times AT_{nc}} \tag{9-8}$$

式中，$IoVER_{nc1}$ 为吸入室外空气来自表层污染土壤中气态污染物对应的土壤暴露量（非致癌效应），单位为 kg/ (kg·d)。

（9）在敏感用地方式下，吸入室外空气来自下层污染土壤中气态污染途径致癌暴露量，可按下式计算：

$$IoVER_{ca2} = VF_{suboa} \times \left(\frac{DAIR_c \times EFO_c \times ED_c}{BW_c \times AT_{ca}} + \frac{DAIR_a \times EFO_a \times ED_a}{BW_a \times AT_{ca}} \right) \tag{9-9a}$$

式中，$IoVER_{ca2}$ 为吸入室外空气来自下层污染土壤中气态污染物对应的土壤暴露量（致癌效应），单位为 kg/ (kg·d)；VF_{suboa} 为下层污染土壤中污染物扩散进入室外空气的挥发因子，单位为 kg/m^3，其值按下式计算：

$$VF_{suboa1} = \frac{1}{\left(1 + \dfrac{DF_{oa} \times L_s}{D_a^{eff}}\right) \times \dfrac{K_{sw}}{H'}} \times 10^3 \tag{9-9b}$$

$$VF_{suboa2} = \frac{d_s \times \rho_b}{31536000 \times DF_{oa} \times \tau} \times 10^3 \tag{9-9c}$$

$$VF_{suboa} = \min\left(VF_{suboa1}, VF_{suboa2} \right) \tag{9-9d}$$

式中，VF_{suboa1} 为下层污染土壤中污染物扩散进入室外空气的挥发因子（算法一），单位为 kg/m^3；VF_{suboa2} 为下层污染土壤中污染物扩散进入室外空气的挥发因子（算法二），单位为 kg/m^3；L_s 为下层污染土壤上表面到地表距离，单位为 cm；d_s 为下层污染土壤厚度，单位为 cm。公式中的相关参数必须根据场地调查获得参数值。

（10）在敏感用地方式下，吸入室外空气来自下层污染土壤中气态污染途径非致癌暴露量，可按下式计算：

$$\text{IoVER}_{nc2} = \text{VF}_{suboa} \times \frac{\text{DAIR}_c \times \text{EFO}_c \times \text{ED}_c}{\text{BW}_c \times \text{AT}_{nc}} \tag{9-10}$$

式中，IoVER_{nc2} 为吸入室外空气来自下层污染土壤中气态污染物对应的土壤暴露量(非致癌效应)，单位为 kg/ (kg·d)。

(11)在敏感用地方式下，吸入室内空气来自下层污染土壤中气态污染途径致癌暴露量，可按下式计算：

$$\text{IiVER}_{ca1} = \text{VF}_{subia} \times \left(\frac{\text{DAIR}_c \times \text{EFI}_c \times \text{ED}_c}{\text{BW}_c \times \text{AT}_{ca}} + \frac{\text{DAIR}_a \times \text{EFI}_a \times \text{ED}_a}{\text{BW}_a \times \text{AT}_{ca}} \right) \tag{9-11a}$$

式中，IiVER_{ca1} 为吸入室内空气来自下层污染土壤中气态污染物对应的土壤暴露量(致癌效应)，单位为 kg/ (kg·d)；VF_{subia} 为下层污染土壤中污染物挥发对应的室内空气中的土壤含量，单位为 kg/m³，其值可以按下式计算：

当 $Q_s = 0$ 时，则

$$\text{VF}_{subia1} = \frac{1}{\dfrac{K_{sw}}{H'} \times \left(1 + \dfrac{D_a^{eff}}{\text{DF}_{ia} \times L_s} + \dfrac{D_a^{eff} \times L_{crack}}{D_a^{eff} \times L_s \times \eta} \right) \times \dfrac{\text{DF}_{ia}}{D_a^{eff}} \times L_s} \tag{9-11b}$$

当 $Q_s > 0$ 时，则

$$\text{VF}_{subia1} = \frac{1}{\dfrac{K_{sw}}{H'} \times \left(\exp(\xi) + \dfrac{D_a^{eff}}{\text{DF}_{ia} \times L_s} + \dfrac{D_a^{eff} \times A_b}{Q_a \times L_s} \times (\exp(\xi) - 1) \right) \times \dfrac{\text{DF}_{ia} \times L_s}{D_a^{eff} \times \exp(\xi)}} \times 10^3 \tag{9-11c}$$

$$\xi = \frac{Q_s \times L_{crack}}{A_b \times D_{crack}^{eff} \times \eta} \tag{9-11d}$$

式中，VF_{subia1} 为下层污染土壤中污染物扩散进入室内空气的挥发因子，单位为 kg/m³；ξ 为土壤污染物进入室内挥发因子计算过程参数；Q_s 为流经地下室地板裂隙的对流空气流速，单位为 cm³/s；L_{crack} 为室内地基或墙体厚度，单位为 cm；A_b 为地下室内地板面积，单位为 cm²；η 为地基和墙体裂隙表面积占室内地表面积比例，无量纲；D_{crack}^{eff} 为污染土壤中气态污染物在地基与墙体裂隙中的有效气动力弥散系数，单位为 cm²/s，其值为

$$D_{crack}^{eff} = D_a \times \frac{\theta_{acrack}^{3.33}}{\phi^2} + D_w \times \frac{\theta_{wcrack}^{3.33}}{K_{aw} \times \phi^2} \tag{9-11e}$$

式中，θ_{acrack} 为地基与墙体裂隙中体积含气量；θ_{wcrack} 为地基或墙体裂隙体积含水量。

如果下层污染土壤厚度已知，污染物进入室内空气的挥发因子可以采用下列公式计算：

$$\mathrm{VF_{subia2}} = \frac{d_s \times \rho_b}{31536000 \times \mathrm{DF_{ia}} \times \tau} \times 10^3 \tag{9-11f}$$

$$\mathrm{VF_{subia}} = \min\left(\mathrm{VF_{subia1}}, \mathrm{VF_{subia2}}\right) \tag{9-11g}$$

式中，$\mathrm{VF_{subia2}}$ 为下层污染土壤中污染物扩散进入室内空气的挥发因子，单位为 $\mathrm{kg/m^3}$；Q_s 可按下列公式计算：

$$Q_s = \frac{2\pi \times \Delta P \times K_v \times X_{\mathrm{crack}}}{\mu_{\mathrm{air}} \times \ln\left(\dfrac{2Z_{\mathrm{crack}}}{R_{\mathrm{crack}}}\right)} \tag{9-11h}$$

$$R_{\mathrm{crack}} = \frac{A_b \times \eta}{X_{\mathrm{crack}}} \tag{9-11i}$$

式中，ΔP 为室内和室外大气压力差，单位为 $\mathrm{g/(cm \cdot s^2)}$；$K_v$ 为土壤渗透率，单位为 $\mathrm{cm^2}$；X_{crack} 为地下室内地板(裂隙)周长，单位为 cm；μ_{air} 为空气黏滞系数，单位为 $1.81 \times 10^{-4}\ \mathrm{g/(cm \cdot s)}$；$Z_{\mathrm{crack}}$ 为地下室地面到地板底部厚度，单位为 cm；R_{crack} 为室内裂隙宽度，单位为 cm。

这里，$\mathrm{DF_{ia}}$ 为室内空气中气态污染物扩散因子，单位为 $(\mathrm{g \cdot cm^{-2} \cdot s^{-1}})/(\mathrm{g \cdot cm^{-3}})$，其值为

$$\mathrm{DF_{ia}} = L_b \times \mathrm{ER} \times \frac{1}{86400} \tag{9-11j}$$

式中，ER 为室内空气交换速率，单位为次/d；L_b 为室内空间体积与气态污染物入渗面积比，单位为 cm。

(12) 在敏感用地方式下，吸入室内空气来自下层污染土壤中气态污染途径非致癌暴露量，可按下式计算：

$$\mathrm{IiVER_{nc1}} = \mathrm{VF_{subia}} \times \frac{\mathrm{DAIR_c} \times \mathrm{EFI_c} \times \mathrm{ED_c}}{\mathrm{BW_c} \times \mathrm{AT_{nc}}} \tag{9-12}$$

式中，$\mathrm{IiVER_{nc1}}$ 为吸入室内空气来自下层污染土壤中气态污染物对应的土壤暴露量(非致癌效应)，单位为 $\mathrm{kg/(kg \cdot d)}$。

(13) 在非敏感和建设用地方式下，经口摄入表层污染土壤途径致癌暴露量，可按下式计算：

$$\mathrm{OISER_{ca}} = \frac{\mathrm{OSIR_a} \times \mathrm{EF_a} \times \mathrm{ED_a} \times \mathrm{ABS_o}}{\mathrm{BW_a} \times \mathrm{AT_{ca}}} \times 10^{-6} \tag{9-13}$$

(14) 在非敏感和建设用地方式下，经口摄入表层污染土壤途径非致癌暴露量，可按下式计算：

$$\mathrm{OISER_{nc}} = \frac{\mathrm{OSIR_a} \times \mathrm{EF_a} \times \mathrm{ED_a} \times \mathrm{ABS_o}}{\mathrm{BW_a} \times \mathrm{AT_{nc}}} \times 10^{-6} \tag{9-14}$$

(15)在非敏感和建设用地方式下，皮肤接触表层污染土壤途径致癌暴露量，可按下式计算：

$$\text{DCSER}_{\text{ca}} = \frac{\text{SAE}_a \times \text{SSAR}_a \times \text{EF}_a \times \text{ED}_a \times E_v \times \text{ABS}_d}{\text{BW}_a \times \text{AT}_{\text{ca}}} \times 10^{-6} \tag{9-15}$$

(16)在非敏感和建设用地方式下，皮肤接触表层污染土壤途径非致癌暴露量，可按下式计算：

$$\text{OISER}_{\text{nc}} = \frac{\text{SAE}_a \times \text{SSAR}_a \times \text{EF}_a \times \text{ED}_a \times E_v \times \text{ABS}_d}{\text{BW}_a \times \text{AT}_{\text{nc}}} \times 10^{-6} \tag{9-16}$$

(17)在非敏感和建设用地方式下，吸入表层污染土壤颗粒物途径致癌暴露量，可按下式计算：

$$\text{PISER}_{\text{ca}} = \frac{\text{PM}_{10} \times \text{DAIR}_a \times \text{PIAF} \times \text{ED}_a \times (\text{fspo} \times \text{EFO}_a + \text{fspi} \times \text{EFI}_a)}{\text{BW}_a \times \text{AT}_{\text{ca}}} \times 10^{-6} \tag{9-17}$$

(18)在非敏感和建设用地方式下，吸入表层污染土壤颗粒物途径非致癌暴露量，可按下式计算：

$$\text{PISER}_{\text{nc}} = \frac{\text{PM}_{10} \times \text{DAIR}_a \times \text{PIAF} \times \text{ED}_a \times (\text{fspo} \times \text{EFO}_a + \text{fspi} \times \text{EFI}_a)}{\text{BW}_c \times \text{AT}_{\text{nc}}} \times 10^{-6} \tag{9-18}$$

(19)在非敏感和建设用地方式下，吸入室外空气来自表层污染土壤中气态污染途径致癌暴露量，可按下式计算：

$$\text{IoVER}_{\text{ca1}} = \text{VF}_{\text{suroa}} \times \frac{\text{DAIR}_a \times \text{EFO}_a \times \text{ED}_a}{\text{BW}_a \times \text{AT}_{\text{ca}}} \tag{9-19}$$

(20)在非敏感和建设用地方式下，吸入室外空气来自表层污染土壤中气态污染途径非致癌暴露量，可按下式计算：

$$\text{IoVER}_{\text{nc1}} = \text{VF}_{\text{suroa}} \times \frac{\text{DAIR}_a \times \text{EFO}_a \times \text{ED}_a}{\text{BW}_a \times \text{AT}_{\text{nc}}} \tag{9-20}$$

(21)在非敏感和建设用地方式下，吸入室外空气来自下层污染土壤中气态污染途径致癌暴露量，可按下式计算：

$$\text{IoVER}_{\text{ca2}} = \text{VF}_{\text{suboa}} \times \frac{\text{DAIR}_a \times \text{EFO}_a \times \text{ED}_a}{\text{BW}_a \times \text{AT}_{\text{ca}}} \tag{9-21}$$

(22)在非敏感和建设用地方式下，吸入室外空气来自下层污染土壤中气态污染途径非致癌暴露量，可按下式计算：

$$\text{IoVER}_{\text{nc2}} = \text{VF}_{\text{suboa}} \times \frac{\text{DAIR}_a \times \text{EFO}_a \times \text{ED}_a}{\text{BW}_a \times \text{AT}_{\text{nc}}} \tag{9-22}$$

(23)在非敏感和建设用地方式下，吸入室内空气来自下层污染土壤中气态污染途径致癌暴露量，可按下式计算：

$$IiVER_{ca1} = VF_{subia} \times \frac{DAIR_a \times EFI_a \times ED_a}{BW_a \times AT_{ca}} \tag{9-23}$$

（24）在非敏感和建设用地方式下，吸入室内空气来自下层污染土壤中气态污染途径非致癌暴露量，可按下式计算：

$$IiVER_{nc1} = VF_{subia} \times \frac{DAIR_a \times EFI_a \times ED_a}{BW_a \times AT_{nc}} \tag{9-24}$$

9.2.3　污染土壤毒性风险评估

毒性风险评估(toxicological risk assessment)是指依据现有化学物质对人体毒性反应的研究结果，对人体致癌和非致癌危害的评估过程。这些研究成果包括通过观察人或动物暴露到化学物质中而产生的毒性反应的证据，大多来自国外研究机构的研究成果。由于对人体毒理测试的伦理问题，毒理学和化学风险评估的一个特点是经常需要依赖实验室系统的主要实验动物作为人类的替代者，同时结合了流行病学研究的一些数据。土壤污染物人体健康风险毒性效应包括关注污染物经不同暴露途径对人体健康的致癌效应和非致癌效应、关注污染物对人体健康的危害机理、关注污染物的剂量-效应关系以及关注污染物的物理化学性质等。

在污染土壤数据评价、暴露评估的基础上，对土壤中关注污染物进行危害识别，对人体健康的毒性效应，包括致癌效应和非致癌效应；确定与关注污染物相关的参数，包括参考剂量、参考浓度、致癌斜率因子以及呼吸吸入单位致癌因子等。

1. 致癌效应毒性参数

在敏感用地、非敏感用地及建设开发暴露情景下，使用的致癌效应毒性参数包括经口摄入致癌斜率因子(slope factor)(SF_o)、呼吸吸入单位致癌因子(inhalation unit risk)(IUR)、呼吸吸入致癌斜率因子(SF_i)、皮肤接触致癌斜率因子(SF_d)。呼吸吸入致癌斜率因子(SF_i)根据呼吸吸入单位致癌因子(IUR)外推获得；皮肤接触致癌斜率因子(SF_d)根据经口摄入致癌斜率因子(SF_o)外推获得。用于外推获得SF_i的推荐模型，可按下式计算：

$$SF_i = \frac{IUR \times BW_a}{DAIR_a} \tag{9-25}$$

式中，SF_i为呼吸吸入致癌斜率因子，单位为$(kg \cdot d)/mg$；IUR为呼吸吸入单位致癌因子，单位为m^3/mg，该值可参考《上海市污染场地风险评估技术规范》中附表 B.1 部分污染物致癌毒性参数表。

用于外推获得SF_d的推荐模型，可按下式计算：

$$SF_d = \frac{SF_o}{ABS_{gi}} \tag{9-26}$$

式中，SF_d 为皮肤接触致癌斜率因子，单位为 $(kg \cdot d)/mg$，mg 为土壤中污染物含量，kg 为人体质量，d 为时间天；SF_o 为经由口腔摄入致癌斜率因子，单位为 $(kg \cdot d)/mg$。SF_o 取值可参考《上海市污染场地风险评估技术规范》中附表 B.1 部分污染物致癌毒性参数表；ABS_{gi} 为消化道吸收效率因子（dermal absorption factor），无量纲。ABS_{gi} 取值可参考《上海市污染场地风险评估技术规范》中附表 B.5 部分污染物人体吸收参数表。

2. 非致癌效应毒性参数

非致癌效应存在慢性暴露、亚慢性暴露、急性暴露等类型。在敏感用地和非敏感用地暴露情景下，受体经受的非致癌效应为慢性暴露，慢性非致癌效应毒性参数包括经口摄入参考剂量（reference dose）（RfD_o）、呼吸吸入参考浓度（reference concentration）（RfC）、呼吸吸入参考剂量（RfD_i）、皮肤接触参考剂量（RfD_d）。皮肤接触参考剂量（RfD_d）根据经口摄入参考剂量（RfD_o）外推计算获得。用于外推获得 RfD_i 的推荐模型，可按下式计算：

$$RfD_i = \frac{RfC \times DAIR_a}{BW_a} \tag{9-27}$$

式中，RfD_i 为慢性呼吸吸入参考剂量，根据呼吸吸入参考浓度外推得到，单位为 $mg/(kg \cdot d)$；RfC 为呼吸吸入参考浓度，单位为 mg/m^3。RfC 取值可参考《上海市污染场地风险评估技术规范》中附表 B.2 部分污染物慢性暴露非致癌毒性参数表。

用于外推获得 RfD_d 的推荐模型，可按下式计算：

$$RfD_d = RfD_o \times ABS_{gi} \tag{9-28}$$

式中，RfD_o 为经口摄入参考剂量，单位为 $mg/(kg \cdot d)$；RfD_d 为皮肤接触参考剂量，单位为 $mg/(kg \cdot d)$。RfD_o 取值可参考《上海市污染场地风险评估技术规范》中附表 B.2 部分污染物慢性暴露非致癌毒性参数表；ABS_{gi} 取值可参考《上海市污染场地风险评估技术规范》中附表 B.5 部分污染物人体吸收参数表。

在污染场地建设开发暴露情景下，建筑工人受体经受的非致癌效应为亚慢性暴露，使用的亚慢性非致癌效应毒性参数包括亚慢性呼吸吸入参考剂量（$subRfD_i$）、亚慢性经口摄入参考剂量（$subRfD_o$）和亚慢性皮肤接触参考剂量（$subRfD_d$）。亚慢性皮肤接触参考剂量（$subRfD_d$）根据亚慢性经口摄入参考剂量（$subRfD_o$）外推计算获得。用于外推获得 $subRfD_i$ 的推荐模型，可按下式计算：

$$subRfD_i = \frac{subRfC \times DAIR_a}{BW_a} \qquad\qquad (9-29)$$

式中，$subRfD_i$ 为亚慢性呼吸吸入参考剂量，根据亚慢性呼吸吸入参考浓度外推得到，单位为 $mg/(kg \cdot d)$；$subRfC$ 为亚慢性呼吸吸入参考浓度，单位为 mg/m^3。$subRfC$ 取值可参考《上海市污染场地风险评估技术规范》中附表 B.3 部分污染物亚慢性暴露非致癌毒性参数表。

用于外推获得 $subRfD_d$ 的推荐模型，可按下式计算：

$$subRfD_d = subRfD_o \times ABS_{gi} \qquad\qquad (9-30)$$

式中，$subRfD_o$ 为亚慢性经口摄入参考剂量，单位为 $mg/(kg \cdot d)$；$subRfD_d$ 为亚慢性皮肤接触参考剂量，单位为 $mg/(kg \cdot d)$；$subRfD_o$ 取值可参考《上海市污染场地风险评估技术规范》中附表 B.3 部分污染物亚慢性暴露非致癌毒性参数表；ABS_{gi} 取值可参考《上海市污染场地风险评估技术规范》中附表 B.5 部分污染物人体吸收参数表。

3. 土壤的理化性质参数

在污染土壤毒性风险评价中，需要土壤的物理化学性质参数有：土壤干密度（ρ_b）、表层污染土壤层厚度、土壤含水量、土壤孔隙率、土壤饱和度、土壤有机质含量、亨利常数（H'）、毛细带厚度、土壤渗透率、土壤中气相扩散系数（D_a）、土壤中水相扩散系数（D_w）、土壤-有机碳分配系数（K_{oc}）、水中溶解度（S）等。H'、D_a、D_w、K_{oc}、S 等土壤的物理参数根据场地实际情况实测或进行室内或现场试验获得，规范中给出的参数有时与场地土壤性质差异很大。

4. 污染物其他相关参数

污染物的其他相关参数包括消化道吸收效率因子（ABS_{gi}）、皮肤接触吸收效率因子（ABS_d）和经口吸收效应因子（ABS_o）。ABS_{gi} 和 ABS_d 取值可参考《上海市污染场地风险评估技术规范》中附表 B.5 部分污染物人体吸收参数表。

9.2.4　污染土壤人体健康风险表征

在暴露评估和毒性评估的基础上，采用人体健康风险评估模型，计算土壤中单一污染物经单一暴露途径的致癌风险和非致癌危害商、单一污染物经所有暴露途径的总致癌风险和非致癌危害指数、所有污染物经所有暴露途径的总致癌风险和非致癌危害指数，并进行不确定性分析。

1. 污染土壤人体健康风险表征值计算

(1)经口摄入污染土壤中单一污染物致癌风险，按下式计算：

$$CR_{OIS} = OISER_{ca} \times C_{sur} \times SF_o \tag{9-31}$$

式中，CR_{OIS} 为经口摄入污染土壤途径的致癌风险，无量纲；C_{sur} 为表层污染土壤中污染物浓度，单位为 mg/kg，必须根据场地调查获得参数值。

(2)经口摄入污染土壤中单一污染物慢性非致癌危害商，按下式计算：

$$HQ_{OIS} = \frac{OISER_{nc} \times C_{sur}}{RfD_o \times SAF} \tag{9-32}$$

式中，HQ_{OIS} 为经口摄入污染土壤途径的非致癌危害商(慢性暴露)，无量纲；SAF 为暴露于土壤的参考剂量分配系数，无量纲。

(3)经口摄入污染土壤中单一污染物亚慢性非致癌危害商，按下式计算：

$$subHQ_{OIS} = \frac{OISER_{nc} \times C_{sur}}{subRfD_o \times SAF} \tag{9-33}$$

式中，$subHQ_{OIS}$ 为经口摄入污染土壤途径的非致癌危害商(亚慢性暴露)，无量纲。

(4)皮肤接触污染土壤中单一污染物致癌风险，按下式计算：

$$CR_{DCS} = DCSER_{ca} \times C_{sur} \times SF_d \tag{9-34}$$

式中，CR_{DCS} 为皮肤接触污染土壤途径的致癌风险，无量纲。

(5)皮肤接触污染土壤中单一污染物慢性非致癌危害商，按下式计算：

$$HQ_{DCS} = \frac{DCSER_{nc} \times C_{sur}}{RfD_d \times SAF} \tag{9-35}$$

式中，HQ_{DCS} 为皮肤接触污染土壤途径的非致癌危害商(慢性暴露)，无量纲。

(6)皮肤接触污染土壤中单一污染物亚慢性非致癌危害商，按下式计算：

$$subHQ_{DCS} = \frac{DCSER_{nc} \times C_{sur}}{subRfD_d \times SAF} \tag{9-36}$$

式中，$subHQ_{DCS}$ 为皮肤接触污染土壤途径的非致癌危害商(亚慢性暴露)，无量纲。

(7)吸入表层污染土壤中单一污染物致癌风险，按下式计算：

$$CR_{PIS} = PISER_{ca} \times C_{sur} \times SF_i \tag{9-37}$$

式中，CR_{PIS} 为吸入污染土壤颗粒物途径的致癌风险，无量纲。

(8)吸入表层污染土壤中单一污染物慢性非致癌危害商，按下式计算：

$$HQ_{PIS} = \frac{PISER_{nc} \times C_{sur}}{RfD_i \times SAF} \tag{9-38}$$

式中，HQ_{PIS} 为吸入污染土壤颗粒物途径的非致癌危害商(慢性暴露)，无量纲。

(9)吸入表层污染土壤中单一污染物亚慢性非致癌危害商，按下式计算：

$$\text{subHQ}_{\text{PIS}} = \frac{\text{PISER}_{\text{nc}} \times C_{\text{sur}}}{\text{subRfD}_i \times \text{SAF}}$$ (9-39)

式中，$\text{subHQ}_{\text{PIS}}$ 为吸入污染土壤颗粒物途径的非致癌危害商（亚慢性暴露），无量纲。

(10)吸入室外空气来自表层污染土壤中单一气态污染物致癌风险，按下式计算：

$$\text{CR}_{\text{IoVS1}} = \text{IoVER}_{\text{ca1}} \times C_{\text{sur}} \times \text{SF}_i$$ (9-40)

式中，CR_{IoVS1} 为吸入室外空气来自表层污染土壤中气态污染物途径的致癌风险，无量纲。

(11)吸入室外空气来自表层污染土壤中单一气态污染物慢性非致癌危害商，按下式计算：

$$\text{HQ}_{\text{IoVS1}} = \frac{\text{IoVER}_{\text{nc1}} \times C_{\text{sur}}}{\text{RfD}_i \times \text{SAF}}$$ (9-41)

式中，HQ_{IoVS1} 为吸入室外空气来自表层污染土壤中气态污染物途径的非致癌危害商（慢性暴露），无量纲。

(12)吸入室外空气来自表层污染土壤中单一气态污染物亚慢性非致癌危害商，按下式计算：

$$\text{subHQ}_{\text{IoVS1}} = \frac{\text{IoVER}_{\text{nc1}} \times C_{\text{sur}}}{\text{subRfD}_i \times \text{SAF}}$$ (9-42)

式中，$\text{subHQ}_{\text{IoVS1}}$ 为吸入室外空气来自表层污染土壤中气态污染物途径的非致癌危害商（亚慢性暴露），无量纲。

(13)吸入室外空气来自下层污染土壤中单一气态污染物致癌风险，按下式计算：

$$\text{CR}_{\text{IoVS2}} = \text{IoVER}_{\text{ca1}} \times C_{\text{sub}} \times \text{SF}_i$$ (9-43)

式中，CR_{IoVS2} 为吸入室外空气来自下层污染土壤中气态污染物途径的致癌风险，无量纲；C_{sub} 为下层污染土壤中污染物的浓度，单位为 mg/kg，必须根据场地调查获得参数值。

(14)吸入室外空气来自下层污染土壤中单一气态污染物慢性非致癌危害商，按下式计算：

$$\text{HQ}_{\text{IoVS2}} = \frac{\text{IoVER}_{\text{nc2}} \times C_{\text{sub}}}{\text{RfD}_i \times \text{SAF}}$$ (9-44)

式中，HQ_{IoVS2} 为吸入室外空气来自下层污染土壤中气态污染物途径的非致癌危害商（慢性暴露），无量纲。

(15) 吸入室外空气来自下层污染土壤中单一气态污染物亚慢性非致癌危害商,按下式计算:

$$\text{subHQ}_{\text{IoVS2}} = \frac{\text{IoVER}_{\text{nc2}} \times C_{\text{sub}}}{\text{subRfD}_{\text{i}} \times \text{SAF}} \qquad (9\text{-}45)$$

式中, $\text{subHQ}_{\text{IoVS2}}$ 为吸入室外空气来自下层污染土壤中气态污染物途径的非致癌危害商(亚慢性暴露),无量纲。

(16) 吸入室内空气来自下层污染土壤中单一气态污染物致癌风险,按下式计算:

$$\text{CR}_{\text{IiVS}} = \text{IiVER}_{\text{ca1}} \times C_{\text{sub}} \times \text{SF}_{\text{i}} \qquad (9\text{-}46)$$

式中, CR_{IiVS} 为吸入室内空气来自下层污染土壤中气态污染物途径的致癌风险,无量纲。

(17) 吸入室内空气来自下层污染土壤中单一气态污染物慢性非致癌危害商,按下式计算:

$$\text{HQ}_{\text{IiVS}} = \frac{\text{IiVER}_{\text{nc1}} \times C_{\text{sub}}}{\text{RfD}_{\text{i}} \times \text{SAF}} \qquad (9\text{-}47)$$

式中, HQ_{IiVS} 为吸入室内空气来自下层污染土壤中气态污染物途径的非致癌危害商(慢性暴露),无量纲。

(18) 污染土壤中单一污染物经由所有暴露途径致癌风险,按下式计算:

$$\text{CR}_{k\text{sum}} = \text{CR}_{\text{OIS}} \times \text{CR}_{\text{DCS}} \times \text{CR}_{\text{PIS}} \times \text{CR}_{\text{IoVS1}} \times \text{CR}_{\text{IoVS2}} \times \text{CR}_{\text{IiVS}} \qquad (9\text{-}48)$$

式中, $\text{CR}_{k\text{sum}}$ 为污染土壤中单一污染物(第 k 种)经由所有暴露途径的总致癌风险,无量纲。

(19) 污染土壤中单一污染物经由所有暴露途径慢性非致癌危害指数,按下式计算:

$$\text{HI}_{k\text{sum}} = \text{HQ}_{\text{OIS}} \times \text{HQ}_{\text{DCS}} \times \text{HQ}_{\text{PIS}} \times \text{HQ}_{\text{IoVS1}} \times \text{HQ}_{\text{IoVS2}} \times \text{HQ}_{\text{IiVS}} \qquad (9\text{-}49)$$

式中, $\text{HI}_{k\text{sum}}$ 为污染土壤中单一污染物(第 k 种)经由所有暴露途径的非致癌危害指数(慢性暴露),无量纲。

(20) 污染土壤中单一污染物经由所有暴露途径亚慢性非致癌危害指数,按下式计算:

$$\text{subHI}_{k\text{sum}} = \text{subHQ}_{\text{OIS}} \times \text{subHQ}_{\text{DCS}} \times \text{subHQ}_{\text{PIS}} \times \text{subHQ}_{\text{IoVS1}} \times \text{subHQ}_{\text{IoVS2}} \times \text{subHQ}_{\text{IiVS}}$$

$$(9\text{-}50)$$

式中, $\text{subHI}_{k\text{sum}}$ 为污染土壤中单一污染物(第 k 种)经由所有暴露途径的非致癌危害指数(亚慢性暴露),无量纲。

(21) 单一监测点污染土壤中多种污染物经由所有暴露途经致癌风险,按下式计算：

$$CR_{ssum} = \sum_{k=1}^{n} CR_{ksum}$$ (9-51)

式中，CR_{ssum} 为单一监测点污染土壤中多种污染物经由所有暴露途径的总致癌风险，无量纲；n 为污染物总数。

(22) 单一监测点污染土壤中多种污染物经由所有暴露途经的慢性非致癌危害指数，按下式计算：

$$HI_{ssum} = \sum_{k=1}^{n} HI_{ksum}$$ (9-52)

式中，HI_{ssum} 为单一监测点污染土壤中多种污染物经由所有暴露途径的非致癌危害指数（慢性暴露），无量纲。

(23) 单一监测点污染土壤中多种污染物经由所有暴露途经的亚慢性非致癌危害指数，按下式计算：

$$subHI_{ssum} = \sum_{k=1}^{n} subHI_{ksum}$$ (9-53)

式中，$subHI_{ssum}$ 为单一点位所有土壤关注污染物的非致癌危害指数（亚慢性暴露），无量纲。

2. 污染土壤中污染物经由不同暴露途径的风险贡献率分析

污染土壤单一监测点中单一污染物经由不同暴露途径致癌风险贡献率，可按下式计算：

$$PCR_j = \frac{CR_j}{CR_{ksum}} \times 100\%$$ (9-54)

式中，CR_j 为单一污染物经由第 j 种暴露途径的致癌风险，无量纲；PCR_j 为单一污染物经由第 j 种暴露途径的致癌风险贡献率，无量纲。

污染土壤单一监测点中单一污染物经由不同暴露途径非致癌风险贡献率，可按下式计算：

$$PHQ_j = \frac{HQ_j}{HI_{ksum}} \times 100\%$$ (9-55)

式中，HQ_j 为单一污染物经由第 j 种暴露途径的非致癌危害商，无量纲；PHQ_j 为单一污染物经由第 j 种暴露途径的非致癌危害贡献率，无量纲。

如果污染土壤单一监测点中存在多种污染物，不同污染物经由所有暴露途径致癌风险的贡献率，可按下式计算：

$$\mathrm{PCR}_{k\mathrm{sum}} = \frac{\mathrm{CR}_{k\mathrm{sum}}}{\mathrm{CR}_{\mathrm{ssum}}} \times 100\% \qquad (9\text{-}56)$$

式中，$\mathrm{PCR}_{k\mathrm{sum}}$为第 k 种关注污染物经由所有暴露途径的致癌风险贡献率，无量纲。

如果污染土壤单一监测点中存在多种污染物，不同污染物经由所有暴露途径非致癌危害商的贡献率，可按下式计算：

$$\mathrm{PHI}_{k\mathrm{sum}} = \frac{\mathrm{HI}_{k\mathrm{sum}}}{\mathrm{HI}_{\mathrm{ssum}}} \times 100\% \qquad (9\text{-}57)$$

式中，$\mathrm{PHI}_{k\mathrm{sum}}$为第 k 种关注污染物经由所有暴露途径的非致癌危害贡献率，无量纲。

3. 模型参数敏感性分析

采用敏感性比例表征模型参数敏感性，即参数取值变动对模型计算风险值的影响程度。模型参数值变化（P_1 变化到 P_2）对致癌风险、危害商（X_1 到 X_2）的敏感性比例，采用下列公式计算：

$$\mathrm{SR} = \frac{\dfrac{X_2 - X_1}{X_1} \times 100\%}{\dfrac{P_2 - P_1}{P_1} \times 100\%} \qquad (9\text{-}58)$$

式中，SR 为模型参数敏感性比例，无量纲；P_1 为模型参数变化前的数值；P_2 为模型参数变化后的数值；X_1 为按 P_1 计算的致癌风险或危害商，无量纲；X_2 为按 P_2 计算的致癌风险或危害商，无量纲。

4. 污染土壤人体健康风险控制值计算

在风险表征计算的基础上，判断风险值是否超过可接受风险水平。如果污染场地土壤人体健康风险评估结果未超过可接受风险水平，则结束风险评估工作；如果污染场地土壤人体健康风险评估结果超过可接受风险水平，则计算土壤中关注污染物的风险控制值；如果场地土壤环境调查结果表明，土壤中关注污染物可迁移进入地下水或污染物处于饱和带土壤中，则计算保护地下水的污染土壤健康风险控制值；根据计算结果，综合提出关注污染物的土壤人体健康风险控制值，根据暴露途径计算土壤风险控制值。

特定场地土壤污染修复目标值的确定，以污染土壤风险控制值为基础，综合考虑修复技术水平、经费投入能力、修复时间等方面的可行性。

(1)经由口腔摄入暴露途径污染土壤中单一污染物致癌风险控制值，可按下式计算：

$$RCVS_{OIS} = \frac{ACR}{OISER_{ca} \times SF_o} \tag{9-59}$$

式中，$RCVS_{OIS}$ 为基于经口摄入土壤途径致癌效应的土壤风险控制值，单位为 mg/kg；ACR 为可接受致癌风险，无量纲，取值为 10^{-6}。

（2）经由口腔摄入暴露途径污染土壤中单一污染物慢性非致癌风险控制值，可按下式计算：

$$HCVS_{OIS} = \frac{RfD_o \times SAF \times AHQ}{OISER_{nc}} \tag{9-60}$$

式中，$HCVS_{OIS}$ 为基于经口摄入污染土壤途径非致癌效应的土壤风险控制值（慢性暴露），单位为 mg/kg；AHQ 为可接受非致癌危害商，无量纲，取值为 1。

（3）经由口腔摄入暴露途径污染土壤中单一污染物亚慢性非致癌风险控制值，可按下式计算：

$$subHCVS_{OIS} = \frac{subRfD_o \times SAF \times AHQ}{OISER_{nc}} \tag{9-61}$$

式中，$subHCVS_{OIS}$ 为基于经口摄入污染土壤途径非致癌效应的土壤风险控制值（亚慢性暴露），单位为 mg/kg。

（4）经由皮肤接触污染土壤中单一污染物致癌风险控制值，可按下式计算：

$$RCVS_{DCS} = \frac{ACR}{DCSER_{ca} \times SF_d} \tag{9-62}$$

式中，$RCVS_{DCS}$ 为基于皮肤接触污染土壤途径致癌效应的土壤风险控制值，单位为 mg/kg。

（5）经由皮肤接触污染土壤中单一污染物慢性非致癌风险控制值，可按下式计算：

$$HCVS_{DCS} = \frac{RfD_d \times SAF \times AHQ}{DCSER_{nc}} \tag{9-63}$$

式中，$HCVS_{DCS}$ 为基于皮肤接触污染土壤途径非致癌效应的土壤风险控制值（慢性暴露），单位为 mg/kg。

（6）经由皮肤接触污染土壤中单一污染物亚慢性非致癌风险控制值，可按下式计算：

$$subHCVS_{DCS} = \frac{subRfD_d \times SAF \times AHQ}{DCSER_{nc}} \tag{9-64}$$

式中，$subHCVS_{DCS}$ 为基于皮肤接触污染土壤途径非致癌效应的土壤风险控制值（亚慢性暴露），单位为 mg/kg。

（7）吸入表层污染土壤中单一污染物致癌风险控制值，可按下式计算：

$$RCVS_{PIS} = \frac{ACR}{PISER_{ca} \times SF_i}$$ （9-65）

式中，$RCVS_{PIS}$ 为基于吸入表层污染土壤颗粒物途径致癌效应的土壤风险控制值，单位为 mg/kg。

（8）吸入表层污染土壤中单一污染物慢性非致癌风险控制值，可按下式计算：

$$HCVS_{PIS} = \frac{RfD_i \times SAF \times AHQ}{PISER_{nc}}$$ （9-66）

式中，$HCVS_{PIS}$ 为基于吸入表层污染土壤颗粒物途径非致癌效应的土壤风险控制值（慢性暴露），单位为 mg/kg。

（9）吸入表层污染土壤中单一污染物亚慢性非致癌风险控制值，可按下式计算：

$$subHCVS_{PIS} = \frac{subRfD_i \times SAF \times AHQ}{PISER_{nc}}$$ （9-67）

式中，$subHCVS_{PIS}$ 为基于吸入表层污染土壤颗粒物途径非致癌效应的土壤风险控制值（亚慢性暴露），单位为 mg/kg。

（10）吸入室外空气来自表层污染土壤中单一气态污染物致癌风险控制值，可按下式计算：

$$RCVS_{IoVS1} = \frac{ACR}{IOVER_{ca1} \times SF_i}$$ （9-68）

式中，$RCVS_{IoVS1}$ 为基于吸入室外空气来自表层污染土壤中气态污染物途径致癌效应的土壤风险控制值，单位为 mg/kg。

（11）吸入室外空气来自表层污染土壤中单一气态污染物慢性非致癌风险控制值，可按下式计算：

$$HCVS_{IoVS1} = \frac{RfD_i \times SAF \times AHQ}{IOVER_{nc1}}$$ （9-69）

式中，$HCVS_{IoVS1}$ 为基于吸入室外空气来自表层污染土壤中气态污染物途径非致癌效应的土壤风险控制值（慢性暴露），单位为 mg/kg。

（12）吸入室外空气来自表层污染土壤中单一气态污染物亚慢性非致癌风险控制值，可按下式计算：

$$subHCVS_{IoVS1} = \frac{subRfD_i \times SAF \times AHQ}{IoVER_{nc1}}$$ （9-70）

式中，$subHCVS_{IoVS1}$ 为基于吸入室外空气来自表层污染土壤中气态污染物途径非致癌效应的土壤风险控制值（亚慢性暴露），单位为 mg/kg。

（13）吸入室外空气来自下层污染土壤中单一气态污染物致癌风险控制值，可

按下式计算:

$$RCVS_{IoVS2} = \frac{ACR}{IoVER_{ca2} \times SF_i} \tag{9-71}$$

式中, $RCVS_{IoVS2}$ 为基于吸入室外空气来自下层污染土壤中气态污染物途径致癌效应的土壤风险控制值, 单位为 mg/kg。

(14) 吸入室外空气来自下层污染土壤中单一气态污染物慢性非致癌风险控制值, 可按下式计算:

$$HCVS_{IoVS2} = \frac{RfD_i \times SAF \times AHQ}{IoVER_{nc2}} \tag{9-72}$$

式中, $HCVS_{IoVS2}$ 为基于吸入室外空气来自下层污染土壤中气态污染物途径非致癌效应的土壤风险控制值(慢性暴露), 单位为 mg/kg。

(15) 吸入室外空气来自下层污染土壤中单一气态污染物亚慢性非致癌风险控制值, 可按下式计算:

$$subHCVS_{IoVS2} = \frac{subRfD_i \times SAF \times AHQ}{IoVER_{nc2}} \tag{9-73}$$

式中, $subHCVS_{IoVS2}$ 为基于吸入室外空气来自下层污染土壤中气态污染物途径非致癌效应的土壤风险控制值(亚慢性暴露), 单位为 mg/kg。

(16) 吸入室内空气来自下层污染土壤中单一气态污染物致癌风险控制值, 可按下式计算:

$$RCVS_{IiVS} = \frac{ACR}{IiVER_{ca1} \times SF_i} \tag{9-74}$$

式中, $RCVS_{IiVS}$ 为基于吸入室内空气来自下层污染土壤中气态污染物途径致癌效应的土壤风险控制值, 单位为 mg/kg。

(17) 吸入室内空气来自下层污染土壤中单一气态污染物慢性非致癌风险控制值, 可按下式计算:

$$HCVS_{IiVS} = \frac{RfD_i \times SAF \times AHQ}{IiVER_{nc1}} \tag{9-75}$$

式中, $HCVS_{IiVS}$ 为基于吸入室内空气来自下层污染土壤中气态污染物途径非致癌效应的土壤风险控制值(慢性暴露), 单位为 mg/kg。

(18) 经由所有暴露途径污染土壤中单一污染物致癌风险控制值, 可按下式计算:

$$RCVS_{ksum} = \frac{ACR}{OISER_{ca} \times SF_o + DCSER_{ca} \times SF_d + (PISER_{ca} + IoVER_{ca1} + IoVER_{ca2} + IiVER_{ca1}) \times SF_i} \tag{9-76}$$

式中，RCVS_{ksum} 为污染土壤中单一污染物(第 k 种)基于 6 种污染土壤暴露途径综合致癌效应的土壤风险控制值，单位为 mg/kg。如果场地土壤中有 10 种关注污染物，则用式(9-76)分别计算 10 种关注污染物的风险控制值。

(19)经由所有暴露途径污染土壤中单一污染物慢性非致癌风险控制值，可按下式计算：

$$\text{HCVS}_{ksum} = \frac{\text{AHQ} \times \text{SAF}}{\dfrac{\text{OISER}_{nc}}{\text{RfD}_o} + \dfrac{\text{DCSER}_{nc}}{\text{RfD}_d} + \dfrac{\text{ISPER}_{nc} + \text{IoVER}_{nc1} + \text{IoVER}_{nc2} + \text{IiVER}_{nc1}}{\text{RfD}_i}}$$

(9-77)

式中，HCVS_{ksum} 为污染土壤中单一污染物(第 k 种)基于 6 种污染土壤暴露途径综合非致癌效应的土壤风险控制值，单位为 mg/kg。

(20)经由所有暴露途径污染土壤中单一污染物亚慢性非致癌风险控制值，可按下式计算：

$$\text{subHCVS}_{ksum} = \frac{\text{AHQ} \times \text{SAF}}{\dfrac{\text{OISER}_{nc}}{\text{subRfD}_o} + \dfrac{\text{DCSER}_{nc}}{\text{subRfD}_d} + \dfrac{\text{ISPER}_{nc} + \text{IoVER}_{nc1} + \text{IoVER}_{nc2}}{\text{subRfD}_i}}$$

(9-78)

式中，subHCVS_{ksum} 为污染土壤中单一污染物(第 k 种)基于 5 种污染土壤暴露途径综合非致癌效应的土壤风险控制值，单位为 mg/kg。

(21)保护地下水的土壤风险控制值，可按下式计算：

$$\text{CVS}_{pgw} = \frac{\text{MCL}_{gw}}{\text{LF}_{sgw}}$$

(9-79a)

式中，CVS_{pgw} 为保护地下水的土壤风险控制值，单位为 mg/kg；MCL_{gw} (maximum concentration level，MCL)为地下水中污染物的最大浓度风险控制值(按地下水水质标准中III类水质标准值，也可参考 USEPA 中地下水的 MCL 值；如果地下水为饮用水源，按饮用水标准)，单位为 mg/L；LF_{sgw} 为土壤中污染物迁移进入地下水的淋溶因子，单位为 kg/m^3，其值为

$$\text{LF}_{sgw1} = \frac{\text{LF}_{spw\text{-}gw}}{K_{sw}}$$

(9-79b)

$$\text{LF}_{spw-gw} = \frac{1}{1 + \dfrac{V_{gw} \times \delta_{gw}}{I \times W}}$$

(9-79c)

$$V_{gw} = K \times J$$

(9-79d)

$$\delta_{gw} = \sqrt{0.0112 \times W_{gw}^2} + D_{aq} \times \left[1 - \exp\left(\frac{-W_{gw} \times I}{V_{gw} \times D_{aq}} \right) \right]$$

(9-79e)

$$LF_{sgw2} = \frac{d_s \times \rho_b}{I \times \tau} \qquad (9\text{-}79f)$$

$$LF_{sgw} = \min\left(LF_{sgw1}, LF_{sgw2}\right) \qquad (9\text{-}79g)$$

式中，LF_{sgw1} 为土壤中污染物迁移进入地下水的淋溶因子(算法一)，单位为 kg/m^3；LF_{spw-gw} 为土壤孔隙水中污染物迁移进入地下水的淋溶因子(土壤孔隙水与地下水中污染物浓度的比值)，无量纲；LF_{sgw2} 为土壤中污染物迁移进入地下水的淋溶因子(算法二)，单位为 kg/m^3；V_{gw} 为地下水渗流速度，单位为 cm/a；δ_{gw} 为地下水混合区厚度，单位为 cm；I 为土壤中水的渗透速率，单位为 cm/a；K 为含水层渗透系数，单位为 cm/a；J 为地下水水力坡度，无量纲；D_{aq} 为含水层厚度，单位为 cm；W_{gw} 为平行于地下水流向的土壤污染区长度，单位为 cm。

9.3　污染地下水人体健康风险评估方法

本节部分内容参考了《上海市污染场地风险评估技术规范》[97]。

地下水作为饮用水源时，不需要进行人体健康风险评估，直接用国家饮用水标准评估，如果地下水环境要素超过饮用水标准，必须进行地下水污染修复，修复目标值为国家饮用水标准。如果地下水与地表水交换频繁，污染地下水会转化到地表水体，可按照地表水用途直接按地表水质量标准评价地下水，如果污染地下水超过地表水质量标准，污染地下水修复目标值为地表水质量标准。

对于场地非饮用地下水，除进行人体健康风险评估外，还要进行生态健康风险评估以及地下水迁移带来的受体生态环境健康风险评估，如迁移到地表水体、湿地、自然保护区，或迁移到城市地铁地下空间，对地铁出行人员的健康风险等。

9.3.1　污染地下水的数据评价

污染地下水数据评价的目的是为污染地下水人体健康风险评估收集和整理调查区基础资料，这一部分需要相关的地下水环境资料包括：

(1)调查区地下水环境调查和监测数据，包括初步调查和详细调查数据，调查区地下水监测点的时空分布、关注污染物类型和浓度的时空分布；

(2)调查区气象水文和水文地质资料，包括含水层的结构、岩性、地下水流向、地下水的补给径流和排泄条件以及各种水文地质参数；

(3)土壤的理化性质和相关参数数据；

(4)调查区土地利用状况和地下水用途数据；

(5)调查区及周边土地利用方式、敏感人群及建筑物等相关信息；

(6)调查区及周边水源情况和自然保护区分布。

9.3.2 污染地下水的风险暴露评估

1. 污染地下水的风险暴露情景分析

在敏感用地方式下，儿童和成人均可能会长时间暴露在污染下而产生健康危害。对于致癌效应，考虑人群的终生暴露危害，一般根据儿童期和成人期的暴露来评估污染物的终生致癌风险；对于污染物的非致癌效应，儿童体重较轻、暴露量较高，一般根据儿童期暴露来评估污染物的非致癌危害效应。

在非敏感用地方式下，成人的暴露期长、暴露频率高，一般根据成人期的暴露来评估污染物的致癌风险和非致癌效应。

特定场地人群暴露的可能性、暴露频率和暴露周期等情况。

对于敏感用地和非敏感用地，暴露途径有经口摄入地下水、皮肤接触地下水、吸入室外空气来自污染地下水中的气态污染物、吸入室内空气来自污染地下水中的气态污染物。

在特定用地方式下的主要暴露途径应根据实际情况分析确定，风险评估模型参数应尽可能根据现场调查获得。

2. 在敏感用地条件下污染地下水风险暴露量计算

(1)经口摄入途径暴露量计算。在敏感用地方式下，人群可经口摄入地下水。对于单一污染物的致癌效应，考虑人群在儿童期和成人期暴露的终生危害。饮用场地及周边受影响地下水对应的地下水暴露量，采用下式计算：

$$CGWER_{ca} = \frac{GWCR_a \times EF_a \times ED_a}{BW_a \times AT_{ca}} + \frac{GWCR_c \times EF_c \times ED_c}{BW_c \times AT_{ca}} \qquad (9-80)$$

式中，$CGWER_{ca}$为饮用受影响地下水对应的地下水致癌暴露量，单位为 L / (kg·d)；$GWCR_a$为成人每日饮水量，单位为 L/d；$GWCR_c$为儿童每日饮水量，单位为 L/d；ED_c为儿童暴露期，单位为 a；ED_a为成人暴露期，单位为 a；EF_c为儿童暴露频率，单位为 d/a；EF_a为成人暴露频率，单位为 d/a；BW_c为儿童体重，单位为 kg；BW_a为成人体重，单位为 kg；AT_{ca}为致癌效应平均时间，单位为 d。

对于单一污染物的非致癌效应，考虑人群在儿童期的暴露危害。饮用场地及周边受影响地下水对应的地下水暴露量，采用下式计算：

$$CGWER_{nc} = \frac{GWCR_c \times EF_c \times ED_c}{BW_c \times AT_{nc}} \qquad (9-81)$$

式中，$CGWER_{nc}$为饮用受影响地下水对应的地下水非致癌暴露量，单位为 L / (kg·d)；$GWCR_c$为儿童每日饮水量，单位为 L/d；AT_{nc}为非致癌效应平均时间，单位为 d。

(2) 经由皮肤接触地下水途径暴露量计算。在敏感用地方式下，人群可经皮肤直接接触地下水。对于单一污染物的致癌效应，考虑人群在儿童期和成人期暴露的终生危害。用受污染的地下水日常洗澡或清洗，皮肤接触地下水途径对应的地下水暴露剂量(致癌效应)，采用下式计算：

$$\mathrm{DGWER_{ca}} = \frac{\mathrm{SAE_c \times EF_c \times ED_c} \times E_V \times \mathrm{DA_{ec}}}{\mathrm{BW_c \times AT_{ca}}} \times 10^{-6}$$
$$+ \frac{\mathrm{SAE_a \times EF_a \times ED_a} \times E_V \times \mathrm{DA_{ea}}}{\mathrm{BW_a \times AT_{ca}}} \times 10^{-6} \qquad (9\text{-}82\mathrm{a})$$

式中，$\mathrm{DGWER_{ca}}$ 为皮肤接触途径的地下水致癌暴露剂量，单位为 mg/(kg·d)；E_V 为每日洗澡、游泳、洗涤等事件的发生频率，单位为次/d；$\mathrm{DA_{ec}}$ 为儿童皮肤接触吸收剂量，单位为 mg/cm^2；$\mathrm{DA_{ea}}$ 为成人皮肤接触吸收剂量，单位为 mg/cm^2。皮肤接触地下水途径，对于无机物吸收剂量，采用下式计算：

$$\mathrm{DA_{ec}} = K_\mathrm{p} \times C_\mathrm{gw} \times t_\mathrm{c} \times 10^{-3} \qquad (9\text{-}82\mathrm{b})$$
$$\mathrm{DA_{ea}} = K_\mathrm{p} \times C_\mathrm{gw} \times t_\mathrm{a} \times 10^{-3} \qquad (9\text{-}82\mathrm{c})$$

式中，K_p 为皮肤渗透系数，单位为 cm/h；t_c 为儿童皮肤接触时间，单位为 h；C_gw 为地下水污染物浓度，单位为 mg/L；t_a 为成人皮肤接触时间，单位为 h。

式 (9-82a) 中，$\mathrm{SAE_c}$ 为儿童暴露皮肤表面积，单位为 cm^2；$\mathrm{SAE_a}$ 为成人暴露皮肤表面积，单位为 cm^2，其值分别按式 (9-3b) 和式 (9-3c) 计算。

对于单一污染物的非致癌效应，考虑人群在儿童期暴露受到的危害。皮肤接触地下水途径对应的地下水暴露剂量，采用下式计算：

$$\mathrm{DGWER_{nc}} = \frac{\mathrm{SEA_c \times EF_c \times ED_c} \times E_V \times \mathrm{DA_{ec}}}{\mathrm{BW_c \times AT_{nc}}} \times 10^{-6} \qquad (9\text{-}83)$$

式中，$\mathrm{DGWER_{nc}}$ 为皮肤接触途径的地下水非致癌暴露剂量，单位为 mg/(kg·d)。

(3) 吸入室外空气污染地下水中气态污染物途径暴露量计算。在敏感用地方式下，敏感人群吸入来自污染地下水中气态污染物进入到建筑物室外空气中的污染物，导致这些人群致癌风险水平不可接受或非致癌危害商不可接受。对于单一污染物的致癌效应，考虑人群在儿童期和成人期暴露的终生危害。吸入室外空气来自污染地下水中气态污染物对应的地下水暴露量，采用下式计算：

$$\mathrm{IoVER_{ca3}} = \mathrm{VF_{gwoa}} \times \left(\frac{\mathrm{DAIR_a \times EFO_a \times ED_a}}{\mathrm{BW_a \times AT_{ca}}} + \frac{\mathrm{DAIR_c \times EFO_c \times ED_c}}{\mathrm{BW_c \times AT_{ca}}} \right) \qquad (9\text{-}84)$$

式中，$\mathrm{IoVER_{ca3}}$ 为吸入室外空气来自地下水的气态污染物对应的地下水暴露量(致癌效应)，单位为 L/(kg·d)；$\mathrm{VF_{gwoa}}$ 为地下水中污染物挥发对应的室外空气中的地下水含量，单位为 L/m^3；$DAIR_a$ 成人每日空气呼吸量，单位为 m^3/d；$DAIR_c$ 为儿童每日空气呼吸量，单位为 m^3/d；EFO_a 为成人的室外暴露频率，单位为 d/a；EFO_c 为儿童的室外暴露频率，单位为 d/a。

对于单一污染物的非致癌效应，考虑人群在儿童期暴露受到的危害。吸入室外空气来自地下水中的气态污染物对应的地下水暴露量，采用下式计算：

$$IoVER_{nc3} = VF_{gwoa} \times \frac{DAIR_c \times EFO_c \times ED_c}{BW_c \times AT_{nc}} \qquad (9\text{-}85)$$

式中，$IoVER_{nc3}$ 为吸入室外空气来自污染地下水中气态污染物对应的地下水暴露量(非致癌效应)，单位为 $L/(kg \cdot d)$。

(4)吸入室内空气来自污染地下水中气态污染物途径暴露量计算。在敏感用地方式下，敏感人群吸入来自污染地下水中气态污染物进入到建筑物室内的污染物，导致这些人群致癌风险水平不可接受或非致癌危害商不可接受。对于单一污染物的致癌效应，考虑人群在儿童期和成人期暴露的终生危害。吸入室内空气来自污染地下水中气态污染物对应的地下水暴露量，采用下式计算：

$$IiVER_{ca2} = VF_{gwia} \times \left(\frac{DAIR_c \times EFI_c \times ED_c}{BW_c \times AT_{ca}} + \frac{DAIR_a \times EFI_a \times ED_a}{BW_a \times AT_{ca}} \right) \qquad (9\text{-}86)$$

式中，$IiVER_{ca2}$ 为吸入室内空气来自地下水中气态污染物对应的地下水暴露量(致癌效应)，单位为 $L/(kg \cdot d)$；VF_{gwia} 为地下水中污染物挥发对应的室内空气中的地下水含量，单位为 L/m^3；EFI_a 为成人的室内暴露频率，单位为 d/a；EFI_c 为儿童的室内暴露频率，单位为 d/a。

对于单一污染物的非致癌效应，考虑人群在儿童期暴露受到的危害。吸入室内空气来自污染地下水中气态污染物对应的地下水暴露量，采用下式计算：

$$IiVER_{nc2} = VF_{gwia} \times \frac{DAIR_c \times EFI_c \times ED_c}{BW_c \times AT_{nc}} \qquad (9\text{-}87)$$

式中，$IiVER_{nc2}$ 为吸入室内空气来自污染地下水中气态污染物对应的地下水暴露量(非致癌效应)，单位为 $L/(kg \cdot d)$。

(5)饮用地下水途径暴露量计算。在非敏感用地方式下，人群可经口摄入地下水。对于单一污染物的致癌效应，考虑人群在成人期暴露的终生危害。饮用场地及周边受影响地下水对应的地下水暴露量，采用下式计算：

$$CGWER_{ca} = \frac{DWCR_a \times EF_a \times ED_a}{BW_a \times AT_{ca}} \qquad (9\text{-}88)$$

式中，$CGWER_{ca}$ 为饮用受影响地下水对应的地下水的暴露量(致癌效应)，单位为 $L/(kg \cdot d)$；$DWCR_a$ 为成人每日饮用地下水的量，单位为 L/d。

对于单一污染物的非致癌效应，考虑人群在成人期的暴露危害。饮用场地及周边受影响地下水对应的地下水暴露量，采用下式计算：

$$\text{CGWER}_{\text{nc}} = \frac{\text{DWCR}_a \times \text{EF}_a \times \text{ED}_a}{\text{BW}_a \times \text{AT}_a} \tag{9-89}$$

式中，CGWER_{nc} 为饮用受影响地下水对应的地下水的暴露量（非致癌效应），单位为 L / (kg·d)。

3. 在非敏感用地条件下污染地下水风险暴露量计算

（1）皮肤接触地下水途径暴露量计算。在非敏感用地方式下，人群可经皮肤直接接触地下水。对于单一污染物的致癌效应，考虑人群在成人期暴露的终生危害。用受污染的地下水日常洗澡、游泳或清洗，皮肤接触地下水途径对应的地下水致癌暴露剂量，采用下式计算：

$$\text{DGWER}_{\text{ca}} = \frac{\text{SAE}_a \times \text{EF}_a \times \text{ED}_a \times E_V \times \text{DA}_{\text{ea}}}{\text{BW}_a \times \text{AT}_{\text{ca}}} \times 10^{-6} \tag{9-90}$$

对于单一污染物的非致癌效应，考虑人群在成人期暴露受到的危害。皮肤接触地下水途径对应的地下水暴露剂量，采用下式计算：

$$\text{DGWER}_{\text{nc}} = \frac{\text{SAE}_a \times \text{EF}_a \times \text{ED}_a \times E_V \times \text{DA}_{\text{ea}}}{\text{BW}_a \times \text{AT}_{\text{nc}}} \times 10^{-6} \tag{9-91}$$

（2）吸入室外空气来自污染地下水中气态污染物途径暴露量计算。在非敏感用地方式下，人群可因吸入室外空气来自污染地下水中气态污染物而暴露于污染地下水。对于单一污染物的致癌效应，考虑人群在成人期暴露的终生危害。吸入室外空气来自污染地下水中气态污染物对应的地下水暴露量，采用下式计算：

$$\text{IoVER}_{\text{ca3}} = \text{VF}_{\text{gwoa}} \times \frac{\text{DAIR}_a \times \text{EFO}_a \times \text{ED}_a}{\text{BW}_a \times \text{AT}_{\text{ca}}} \tag{9-92a}$$

式中，VF_{gwoa} 为地下水中污染物扩散进入室外空气的挥发因子，单位为 L/m³，其值为

$$\text{VF}_{\text{gwoa}} = \frac{H'}{1 + \dfrac{\text{DF}_{\text{oa}} \times L_{\text{gw}}}{D_{\text{gws}}^{\text{eff}}}} \times 10^3 \tag{9-92b}$$

式中，$D_{\text{gws}}^{\text{eff}}$ 为地下水到表层土壤的气相有效扩散系数，单位为 cm²/s，其值为

$$D_{\text{gws}}^{\text{eff}} = \frac{L_{\text{gw}}}{\dfrac{h_{\text{cap}}}{D_{\text{cap}}^{\text{eff}}} + \dfrac{h_{\text{v}}}{D_{\text{a}}^{\text{eff}}}} \tag{9-92c}$$

式中，L_{gw} 为地下水埋深，单位为 cm；h_{v} 为非饱和土层厚度，单位为 cm；h_{cap} 为

地下水与土壤交界处毛细管层厚度，单位为 cm；D_{cap}^{eff} 为毛细管层中气态污染物的有效扩散系数，单位为 cm^2/s，其值为

$$D_{cap}^{eff} = D_a \times \frac{\theta_{acap}^{3.33}}{\phi^2} + D_w \times \frac{\theta_{wcap}^{3.33}}{K_{aw} \times \phi^2} \tag{9-92d}$$

式中，θ_{acap} 为毛细管层土壤中体积含气量；θ_{wcap} 为毛细管层土壤中体积含水量。

对于单一污染物的非致癌效应，考虑人群在成人期暴露受到的危害。吸入室外空气来自污染地下水中气态污染物对应的地下水暴露量，采用下式计算：

$$IoVER_{nc3} = VF_{gwoa} \times \frac{DAIR_a \times EFO_a \times ED_a}{BW_a \times AT_{nc}} \tag{9-93}$$

(3)吸入室内空气来自污染地下水中气态污染物途径暴露量计算。在非敏感用地方式下，人群吸入室内空气来自污染地下水中的气态污染物。对于单一污染物的致癌效应，考虑人群在成人期暴露的终生危害。吸入室内空气来自污染地下水中气态污染物对应的地下水暴露量，采用下式计算：

$$IiVER_{ca2} = VF_{gwia} \times \frac{DAIR_a \times EFI_a \times ED_a}{BW_a \times AT_{ca}} \tag{9-94a}$$

式中，VF_{gwia} 为地下水中污染物扩散进入室内空气的挥发因子，单位为 kg/m^3，其值为

当 $Q_s = 0$ 时，则

$$VF_{gwia1} = \frac{1}{\frac{1}{H'} \times \left(1 + \frac{D_{gws}^{eff}}{DF_{ia} \times L_{gw}} + \frac{D_{gws}^{eff} \times L_{crack}}{D_{crack}^{eff} \times L_{gw} \times \eta}\right) \times \frac{DF_{ia}}{D_{gws}^{eff}} \times L_{gw}} \times 10^3 \tag{9-94b}$$

当 $Q_s > 0$ 时，则

$$VF_{gwia1} = \frac{1}{\frac{1}{H'} \times \left(e^\xi + \frac{D_{gws}^{eff}}{DF_{ia} \times L_{gw}} + \frac{D_{gws}^{eff} \times A_b}{Q_s \times L_{gw}} \times (\exp(\xi) - 1)\right) \times \frac{DF_{ia} \times L_{gw}}{D_{gws}^{eff} \times \exp(\xi)}} \times 10^3 \tag{9-94c}$$

$$VF_{gwia2} = \frac{d_s \times \rho_b}{DF_{ia} \times \tau \times 31536000} \times 10^3 \tag{9-94d}$$

$$VF_{gwia} = \min(VF_{gwia1}, VF_{gwia2}) \tag{9-94e}$$

式中，VF_{gwia1} 为地下水中污染物扩散进入室内空气的挥发因子(算法一)，单位为 kg/m^3；VF_{gwia2} 为地下水中污染物扩散进入室内空气的挥发因子(算法二)，单位为 kg/m^3。

对于单一污染物的非致癌效应，考虑人群在成人期暴露受到的危害。吸入室

内空气来自污染地下水中气态污染物对应的地下水暴露量，采用下式计算：

$$\text{IiVER}_{\text{nc2}} = \text{VF}_{\text{gwia}} \times \frac{\text{DAIR}_{\text{a}} \times \text{EFI}_{\text{a}} \times \text{ED}_{\text{a}}}{\text{BW}_{\text{a}} \times \text{AT}_{\text{nc}}} \tag{9-95}$$

9.3.3　污染地下水的毒性评估

地下水污染物毒性效应：指地下水污染物经不同途径对人体健康的危害效应，包括致癌效应、非致癌效应；地下水污染物对人体健康的危害机理以及剂量-响应关系。

毒性评估中污染物的相关参数如下。

(1)致癌效应毒性参数：

$$\text{SF}_{\text{i}} = \frac{\text{IUR} \times \text{BW}_{\text{a}}}{\text{DAIR}_{\text{a}}} \tag{9-96}$$

$$\text{SF}_{\text{d}} = \frac{\text{SF}_{\text{o}}}{\text{ABS}_{\text{gi}}} \tag{9-97}$$

式中，IUR 为呼吸吸入单位致癌因子，单位为 m^3/mg；SF_{i} 为呼吸吸入致癌斜率因子，单位为 $[\text{mg}/(\text{kg}\cdot\text{d})]^{-1}$；$\text{SF}_{\text{o}}$ 为经口摄入致癌斜率因子，单位为 $[\text{mg}/(\text{kg}\cdot\text{d})]^{-1}$；$\text{SF}_{\text{d}}$ 为皮肤接触致癌斜率因子，单位为 $[\text{mg}/(\text{kg}\cdot\text{d})]^{-1}$；$\text{ABS}_{\text{gi}}$ 为消化道吸收效率因子，无量纲；SF_{o} 和 IUR 取值可参考《上海市污染场地风险评估技术规范》中附表 B.1 部分污染物的致癌效应毒性参数表。呼吸吸入致癌斜率因子优先根据附表中的呼吸吸入单位致癌因子外推计算获得。

(2)非致癌效应毒性参数：

$$\text{RfD}_{\text{i}} = \frac{\text{RfC} \times \text{DAIR}_{\text{a}}}{\text{BW}_{\text{a}}} \tag{9-98}$$

$$\text{RfD}_{\text{d}} = \text{RfD}_{\text{o}} \times \text{ABS}_{\text{gi}} \tag{9-99}$$

式中，RfD_{i} 为非致癌效应毒性参数包括呼吸吸入参考剂量，单位为 $\text{mg}/(\text{kg}\cdot\text{d})$；RfC 为呼吸吸入参考剂量，单位为 mg/m^3；RfD_{o} 为经口摄入参考剂量，单位为 $\text{mg}/(\text{kg}\cdot\text{d})$；$\text{RfD}_{\text{d}}$ 为皮肤接触参考剂量，单位为 $\text{mg}/(\text{kg}\cdot\text{d})$。呼吸吸入参考剂量，优先根据表中的呼吸吸入参考浓度外推计算得到。RfD_{o} 和 RfC 取值可参考《上海市污染场地风险评估技术规范》中附表 B.2 部分污染物慢性暴露非致癌毒性参数表。

(3)含水层和地下水的理化性质参数：风险评估所需的污染物理化性质参数包括亨利常数(H')、气相扩散系数(D_{a})、水相扩散系数(D_{w})、土壤-有机碳分配系数(K_{oc})、含水层渗透系数、孔隙率水中溶解度(S)等。H'、D_{a}、D_{w}、K_{oc}

以及 S 等取值可根据研究区含水层、土壤和地下水的实际情况，通过现场试验或室内试验确定，规范中给出的参考值多数情况与实际土壤和地下水物理参数差异很大。

(4) 其他污染物相关参数：其他污染物相关参数包括消化道吸收因子 ABS_{gi}、皮肤吸收因子 ABS_d。ABS_{gi} 和 ABS_d 取值可参考《上海市污染场地风险评估技术规范》中附表 B.5 部分污染物人体吸收参数表。

9.3.4　污染地下水的风险表征

根据每个监测点地下水样品中关注污染物监测数据，计算致癌风险和危害商。如关注污染物的监测数据呈正态分布,可选择所有监测点污染物浓度数据95%置信区间的上限值计算致癌风险和危害商。风险评估得到的污染物的致癌风险和危害商，可作为确定污染范围的重要依据。计算得到的污染地下水中单一污染物的致癌风险值超过 10^{-6} 或危害商超过 1 的监测点，其代表的区域应划定为风险不可接受的污染区。

1. 污染地下水致癌风险值计算

(1) 经口腔摄入污染地下水中单一污染物致癌风险，可按下式计算：

$$CR_{cgw} = CGWER_{ca} \times C_{gw} \times SF_o \qquad (9\text{-}100)$$

式中，CR_{cgw} 为经由口腔摄入污染地下水暴露于单一污染物的致癌风险，无量纲；C_{gw} 为地下水中污染物的浓度，单位为 mg/L。

(2) 皮肤接触污染地下水中单一污染物的致癌风险，可按下式计算：

$$CR_{dgw} = DGWER_{ca} \times SF_d \qquad (9\text{-}101)$$

式中，CR_{dgw} 为经由皮肤接触污染地下水暴露于单一污染地下水的致癌风险，无量纲。

(3) 吸入室外空气来自污染地下水暴露于单一气态污染物致癌风险，可按下式计算：

$$CR_{iov3} = IoVER_{ca3} \times C_{gw} \times SF_i \qquad (9\text{-}102)$$

式中，CR_{iov3} 为经由吸入室外空气来自地下水暴露于单一污染物的致癌风险，无量纲。

(4) 吸入室内空气来自污染地下水暴露于单一气态污染物致癌风险，可按下式计算：

$$CR_{iiv2} = IiVER_{ca2} \times C_{gw} \times SF_i \qquad (9\text{-}103)$$

式中，CR_{iiv2} 为经由吸入室内空气来自污染地下水暴露于单一气态污染物致癌风险，无量纲。

(5)单一地下水污染物经由所有暴露途径的致癌风险，可按下式计算：

$$CR_k = CR_{cgw} + CR_{dgw} + CR_{iov3} + CR_{iiv2} \tag{9-104}$$

式中，CR_k 为经由所有暴露途径于第 k 种污染物的致癌风险，无量纲。

2. 污染地下水中单一污染物非致癌危害商计算

(1)经口摄入污染地下水中单一污染物的非致癌危害商，可按下式计算：

$$HQ_{cgw} = \frac{CGWER_{nc} \times C_{gw}}{RfD_o \times WAF} \tag{9-105}$$

式中，HQ_{cgw} 为经由口腔摄入污染地下水暴露途径单一污染物的非致癌危害商，无量纲；WAF 为暴露于地下水的参考剂量分配系数，无量纲。

(2)皮肤接触污染地下水中单一污染物的非致癌危害商，可按下式计算：

$$HQ_{dgw} = \frac{DGWER_{nc}}{RfD_d} \tag{9-106}$$

式中，HQ_{dgw} 为经由皮肤接触污染地下水暴露途径单一污染物的非致癌危害商，无量纲。

(3)吸入室外空气来自污染地下水中单一气态污染物的非致癌危害商，可按下式计算：

$$HQ_{iov3} = \frac{IoVER_{nc3} \times C_{gw}}{RfD_i \times WAF} \tag{9-107}$$

式中，HQ_{iov3} 为吸入室外空气来自污染地下水中单一污染物的非致癌危害商，无量纲。

(4)吸入室内空气来自污染地下水中单一气态污染物的非致癌危害商，可按下式计算：

$$HQ_{iiv2} = \frac{IiVER_{nc2} \times C_{gw}}{RfD_i \times WAF} \tag{9-108}$$

式中，HQ_{iiv2} 为吸入室内空气来自污染地下水中单一污染物的非致癌危害商，无量纲。

(5)计算污染地下水中单一污染物经由所有途径的非致癌危害商，可按下式计算：

$$HQ_k = HQ_{cgw} + HQ_{dgw} + HQ_{iov3} + HQ_{iiv2} \tag{9-109}$$

式中，HQ_k 为经由所有暴露途径于第 k 种污染物的非致癌危害商，无量纲。

3. 地下水污染物可接受风险评估

(1) 最大致癌风险水平指基于致癌效应，污染地下水中单一污染物的最大可接受致癌风险为 10^{-6}，若调查区地下水致癌风险水平超过 10^{-6}，则该地下水风险不可接受，需要对地下水进行污染修复；否则，该地下水风险可接受，无需进行地下水修复。

(2) 最大非致癌风险危害商指基于非致癌效应，污染地下水中单一污染物的最大可接受危害商为 1，若调查区地下水非致癌危害商大于 1，则该地下水风险不可接受，需要对地下水进行污染修复；否则，该地下水风险可接受，无需进行地下水修复。

(3) 地下水风险区域。依据风险可接受水平，将地下水风险区域划分风险可接受区域和风险不可接受区域。对风险不可接受区域地下水需要进行污染修复。

(4) 评估区特定人群超过可接受风险的人数。根据评估的可接受致癌风险，按以下公式计算评估区特定人群超过可接受风险的人数，便于进行地下水污染风险防控管理。特定人群超过可接受风险的人数以 EC 表示，可按下式计算：

$$EC = CR \times P \tag{9-110}$$

式中，CR 为地下水致癌风险；P 为调查区域内污染地下水造成人体健康风险受影响的特定人群总数。

4. 暴露风险贡献率分析

污染地下水中单一污染物经由不同暴露途径的致癌风险的贡献率，可按下式计算：

$$PCR_j = \frac{CR_j}{CR_k} \times 100\% \tag{9-111}$$

式中，PCR_j 为污染地下水中单一污染物经由第 j 种暴露途径的致癌风险的贡献率，无量纲；CR_j 为污染地下水中单一污染物经由第 j 种暴露途径的致癌风险，无量纲。

污染地下水中单一污染物经由不同暴露途径的非致癌风险的贡献率，可按下式计算：

$$PHQ_j = \frac{HQ_j}{HQ_k} \times 100\% \tag{9-112}$$

式中，PHQ_j 为污染地下水中单一污染物经由第 j 种暴露途径的非致癌风险的贡献率，无量纲；HQ_j 为污染地下水中单一污染物经由第 j 种暴露途径的非致癌风险，无量纲。

5. 模型参数敏感性分析

(1)敏感参数确定原则。选定需要进行敏感性分析的参数(P),其应是对风险计算结果影响较大的参数,包括人群相关参数(体重、暴露期、暴露频率等)、与暴露途径相关的参数(如每日摄入地下水量、暴露皮肤表面积、每日吸入空气体积、室内地基厚度、室内空间体积与蒸气入渗面积比等)。单一暴露途径风险贡献率超过 20%时,应进行人群相关参数和与该途径相关的参数的敏感性分析。

(2)敏感性分析方法。采用敏感性比例表征模型参数敏感性,即参数取值变动对模型计算风险值的影响程度。参数的敏感性比例越大,表示风险变化程度越大,该参数对风险计算的影响也越大。制定污染地下水风险管理对策时,应该关注对风险影响较大的敏感性参数。模型参数值变化(从 P_1 变化到 P_2)对致癌风险、危害商、基于致癌和非致癌风险的地下水风险控制值(从 X_1 变化到 X_2)的敏感性比例,可按下式计算:

$$SR = \frac{\dfrac{X_2 - X_1}{X_1} \times 100\%}{\dfrac{P_2 - P_1}{P_1} \times 100\%} \tag{9-113}$$

式中,SR 为模型参数敏感性比例,无量纲;P_1 为参数 P 变化前的数值;P_2 为参数 P 变化后的数值;X_1 为按 P_1 计算的致癌风险或危害商,无量纲;X_2 为按 P_2 计算的致癌风险或危害商,无量纲。

选定进行敏感性分析的参数与风险值间不一定为线性相关。在进行参数敏感性分析时,应兼顾考虑参数的实际取值范围,进行小范围或大范围参数值变化分析。其中,参数值小范围变化是指将参数值变动±5%,参数值大范围变化是指将参数值变动±50%,也可取该参数的最大与最小可能数值。

根据上述公式计算获得的百分数越大,表示特定暴露途径或特定污染物对总风险值或危害指数的影响越大,可为制定污染地下水风险管理或治理与修复方案提供重要依据。

9.3.5　污染地下水风险控制值计算

计算基于致癌效应的地下水风险控制值时,采用单一污染物的可接受致癌风险为 10^{-6};计算基于非致癌效应的地下水风险控制值时,采用单一污染物的可接受危害商为 1。

(1)基于经口摄入污染地下水致癌效应的地下水风险控制值,可按下式计算:

$$RCVG_{cgw} = \frac{ACR}{CGWER_{ca} \times SF_o} \tag{9-114}$$

式中，$RCVG_{cgw}$ 为基于经由口腔摄入致癌效应的地下水风险控制值，单位为 mg/L；ACR 为可接受致癌风险，无量纲，取值为 10^{-6}。

（2）基于皮肤接触污染地下水致癌效应的地下水风险控制值，可按下式计算：

$$RCVG_{dgw} = \frac{ACR}{DGWER_{ca} \times SF_d} \tag{9-115}$$

式中，$RCVG_{dgw}$ 为基于经由皮肤接触污染地下水致癌效应的地下水风险控制值，单位为 mg/L。

（3）基于吸入室外空气来自污染地下水中气态污染物致癌效应的地下水风险控制值，可按下式计算：

$$RCVG_{iov} = \frac{ACR}{IoVER_{ca3} \times SF_i} \tag{9-116}$$

式中，$RCVG_{iov}$ 为基于吸入室外来自污染地下水中气态污染物致癌效应的地下水风险控制值，单位为 mg/L。

（4）基于吸入室内空气来自污染地下水中气态污染物致癌效应的地下水风险控制值，可按下式计算：

$$RCVG_{iiv} = \frac{ACR}{IiVER_{ca2} \times SF_i} \tag{9-117}$$

式中，$RCVG_{iiv}$ 为基于吸入室内来自污染地下水中气态污染物致癌效应的地下水风险控制值，单位为 mg/L。

（5）基于所有暴露途径综合致癌效应的地下水风险控制值，可按下式计算：

$$RGCV_{sum} = \frac{ACR}{(IoVER_{ca3} + IiVER_{ca2}) \times SF_i + CGWER_{ca} \times SF_o} \tag{9-118}$$

式中，$RGCV_{sum}$ 为基于所有暴露途径综合致癌效应的地下水风险控制值，单位为 mg/L。

（6）基于经口摄入污染地下水非致癌效应的地下水风险控制值，可按下式计算：

$$HCVG_{cgw} = \frac{RfD_o \times WAF \times AHQ}{CGWER_{nc}} \tag{9-119}$$

式中，$HCVG_{cgw}$ 为基于经由口腔摄入污染地下水非致癌效应的地下水风险控制值，单位为 mg/L；AHQ 为可接受危害商，无量纲，取值为 1。

（7）基于皮肤接触污染地下水非致癌效应的地下水风险控制值，可按下式计算：

$$HCVG_{dgw} = \frac{RfD_d \times AHQ}{DGWER_{nc}}$$ (9-120)

式中，$HCVG_{dgw}$ 为基于经由皮肤接触污染地下水非致癌效应的地下水风险控制值，单位为 mg/L。

(8) 基于吸入室外空气来自污染地下水中气态污染物非致癌效应的地下水风险控制值，可按下式计算：

$$HCVG_{iov} = \frac{RfD_i \times WAF \times AHQ}{IoVER_{nc3}}$$ (9-121)

式中，$HCVG_{iov}$ 为基于吸入室外来自地下水中气态污染物非致癌效应的地下水风险控制值，单位为 mg/L。

(9) 基于吸入室内空气来自污染地下水中气态污染物途径非致癌效应的地下水风险控制值，可按下式计算：

$$HCVG_{iiv} = \frac{RfD_i \times WAF \times AHQ}{IiVER_{nc2}}$$ (9-122)

式中，$HCVG_{iiv}$ 为基于吸入室内来自污染地下水中气态污染物非致癌效应的地下水风险控制值，单位为 mg/L；$IIVER_{nc2}$ 为吸入室内空气来自污染地下水中气态污染物对应的地下水暴露量（非致癌效应），单位为 L/(kg·d)，L 为地下水量，kg 为人体质量，d 为时间天。

(10) 基于所有暴露途径综合非致癌效应的地下水风险控制值，可按下式计算：

$$HGCV_{sum} = \frac{AHQ \times WAF}{\dfrac{IoVER_{nc3} + IiVER_{nc2}}{RfD_i} + \dfrac{CGWER_{nc}}{RfD_o}}$$ (9-123)

式中，$HGCV_{sum}$ 为基于所有暴露途径综合非致癌效应的地下水风险控制值，单位为 mg/L。

比较经过上述计算得到的基于致癌风险的地下水风险控制值、基于非致癌风险的地下水风险控制值，选择较小值作为污染地下水风险控制值。

特定污染地下水修复目标值的确定，以污染地下水风险控制值为基础，综合考虑修复技术水平、经费投入能力、修复时间等方面的可行性。

9.4　土壤与地下水污染的生态环境风险评估方法

9.4.1　生态环境健康风险评估

生态风险评估(ecological risk assessment)是评估生态环境可能因暴露于化学物质、土地变化、疾病、入侵物种和气候变化所造成影响的过程。这里的生态风险评估主要针对土壤与地下水中暴露的化学物质对生态环境的影响，并不包括土地变化、疾病、入侵物种和气候变化对生态环境的影响。生态风险评估包括问题界定、暴露分析、风险表征三个阶段。

第一阶段问题界定：①现场调查环境条件和污染物、污染物的变化和迁移，界定要评价的保护生态实体，如物种、功能种群、群落、生态系统、栖息地等。要保护的生态实体界定后，确定可能处于危险之中，并需要保护该实体的特定属性，为生态风险评估提供依据。②界定影响强度和性质、影响时空尺度、生物组织潜在影响、潜在恢复以及生物体在生态系统中的作用。③界定暴露途径、生态毒性和潜在受体以及预测污染物对生态实体的影响，包括重要的毒性数据、剂量-响应关系等。

第二阶段暴露分析：①提供污染物的化学组分，以确定或预测暴露条件下的生态响应。②分析植物和动物的暴露途径、暴露程度以及该暴露可能引起的有害生态效应。③计算危害商(化学污染物浓度与基准筛选值的比值)和暴露量所需的各种参数，如动植物使用面积(植物使用固定面积、动物使用活动面积)、食物摄入量和食物组成、生物积累量、生物可利用性以及生命阶段(幼年、成年)等。

第三阶段风险表征：依据暴露分析结果，估算土壤与地下水污染对生态实体构成的风险，计算风险水平、风险评价的置信水平、不确定性分析，对于生态风险不可接受水平，需要计算生态风险控制值，必须进行生态修复或恢复。

9.4.2　生态风险评价

生态风险评价方法有多种模型，这里介绍两种：一是生态危害商和危害指数方法(生态健康风险评估方法)；二是潜在生态风险指数法(一般生态风险评估　方法)。

1. 生态危害商和危害指数法

对于单一污染物来说，生态危害商可按下式计算：

$$HQ = \frac{D_{OSE}}{NOAEL} \tag{9-124a}$$

或

$$HQ = \frac{EEC}{NOAEL} \tag{9-124b}$$

式中，HQ 为危害商；D_{OSE} 为污染物摄取量，单位为 mg／(kg·d)；EEC 为污染物浓度；NOAEL 为无有害影响值。当危害商小于 1 时，表明生态风险为可接受水平，即不可能引起生态的有害影响；当同时出现多个污染物时，需计算危害商之和，即危害指数。当危害指数小于 1 时，表明生态风险为可接受水平，即这组污染物不会引起生态的有害影响。当危害商和危害指数大于 1 时，需要对生态进行污染修复。

在生态风险暴露量和毒性评价中，相关参数请参考美国 EPA 生态风险评估中的各种参数，网址为 https://www.epa.gov/risk/ecological-risk-assessment。

2. 潜在生态风险指数法

潜在生态风险指数 (RI) 体现了生物有效性和相对贡献比例及地理空间差异等特点，能综合反映土壤与地下水中污染物的影响潜力。对应指标包括土壤与地下水中单一 (第 i 种) 污染物的污染指数 C_f^i、第 i 种污染物的生物毒性响应因子 T_r^i、单一 (第 i 种) 污染物的潜在生态风险因子 E_r^i、多种污染物的潜在生态风险指数 RI。土壤与地下水中多种污染物的潜在生态风险指数 RI 为

$$RI = \sum_{i=1}^{m} E_r^i \tag{9-125a}$$

式中，m 为土壤与地下水中污染物的数量；单一 (第 i 种) 重金属潜在生态风险因子 E_r^i 可用下式计算：

$$E_r^i = T_r^i \times C_f^i \tag{9-125b}$$

式中，C_f^i 可按下式计算：

$$C_f^i = \frac{C_d^i}{C_r^i} \tag{9-125c}$$

式中，C_d^i 为土壤与地下水中污染物的实测浓度；C_r^i 为土壤与地下水中污染物的背景参考值或筛选值。

依据上述公式计算潜在生态风险因子 E_r^i 和潜在生态风险指数 RI，结合表 9-1 判断土壤与地下水污染物的潜在生态风险。

表 9-1 Hakanson 潜在生态危害指标

生态危害系数	生态危害程度
$E_r^i < 40$ 或 RI<150	轻微
$40 \leqslant E_r^i < 80$ 或 $150 \leqslant$ RI<300	中等
$80 \leqslant E_r^i < 160$ 或 $300 \leqslant$ RI<600	较强
$160 \leqslant E_r^i < 320$ 或 RI $\geqslant 600$	强
$E_r^i \geqslant 320$	极强

9.4.3 土壤与地下水污染物迁移的生态风险评价

目前，土壤与地下水污染对生态系统健康风险评估方法没有规范，城市场地的用途主要为城市工业、商业、住宅等，城市场地上人群是污染土壤与地下水的敏感受体，所以，城市场地土壤与地下水污染关注的重点是人体健康风险。但在实践中土壤与含水层渗透性比较强，污染物在地下环境中的迁移速度比较快时，除了人体健康风险评估外，还要考虑污染物迁移对周围生态环境的影响，如污染区下游存在地下水水源、地表水水源、湿地或自然保护区等，需要评价该污染区对下游受体的影响，地下水污染物扩散的评价方法采用第 3 章的地下水污染物迁移数值模拟方法，需要建立污染区下游受体土壤-地下水污染物迁移模型，分析土壤与地下水污染物的扩散过程，根据污染物扩散范围和污染物浓度，评价土壤与地下水污染对生态系统健康的影响，可参照第 11 章的内容。

对于矿区土壤与地下水污染，要考虑污染物对下游流域水的污染风险，需要建立矿区尾矿库渗流与污染物迁移模型，分析污染物迁移到下游地表水体污染物扩散范围和污染物浓度，用地表水标准评价土壤与地下水污染的生态环境风险，如果库区污染物扩散到下游地表水体的浓度超过地表水质量标准，需要对矿区土壤与地下水进行修复。

对农田生态系统健康评价，目前仅关注农作物的污染，还没有考虑土壤污染对土壤生态系统健康风险的评价，如土壤污染改变了土壤环境，使得土壤中天然固化/稳定化的重金属溶出或被农作物吸收富集(食品安全问题)或迁移至地下水中；使得土壤中微小生物和微生物的生境发生破坏，影响土壤生态系统；使得植被-土壤相互作用发生变化，只有将这些基础问题研究清楚，才能评价土壤与地下水污染对农田生态系统健康风险评估。

9.5　案　例　分　析

对上海市某工业场地的初步调查结果显示，场地部分土壤样品中砷、总石油烃和多环芳烃类物质超标，根据场地环境管理相关法规及标准规范要求，需要对场地作进一步详细调查和人体健康风险评估。场地环境初步调查和详细调查结果显示，场地土壤中超标污染物为砷、萘、苯并[a]蒽、苯并[b]荧蒽、苯并[a]芘、茚并[1,2,3-cd]芘、二苯并[a,h]蒽、苯并[g,h,i]苝和总石油烃 TPH(C<16 和 C>16)。

场地环境初步和详细调查结果显示，场地土壤中污染物浓度分别为 TPH(C>16) 500～1280 mg/kg(筛选值 381 mg/kg)、TPH(C<16) 929 mg/kg(筛选值

517 mg/kg)、砷 39.8～74.1 mg/kg(筛选值 20 mg/kg)、苯并[a]蒽 0.88～
7.33 mg/kg(筛选值 0.2 mg/kg)、苯并[b]荧蒽 1.14～9.28 mg/kg(筛选值 0.7 mg/kg)、
苯并[a]芘 0.88～6.84 mg/kg(筛选值 0.4 mg/kg)、二苯并[a,h]蒽 0.26～26 mg/kg(筛
选值 0.1 mg/kg)、萘 39 mg/kg(筛选值 31 mg/kg)、茚并[1,2,3-cd]芘 4.52 mg/kg(筛
选值 0.7 mg/kg)、苯并[g,h,i]苝 4.65 mg/kg(筛选值 0.7 mg/kg)。

通过危害识别、暴露途径和暴露量计算、毒性评价、风险表征和风险控制
值计算,人体健康风险评估结果显示,场地 8 个点位土壤污染物浓度超过了人
体健康风险可接受水平,土壤中超标污染物包括砷、萘、苯并[a]蒽、苯并[b]
荧蒽、苯并[a]芘、茚并[1,2,3-cd]芘、二苯并[a,h]蒽和总石油烃(C<16、C>16)。
结合场地土壤和污染物的特征参数,计算出以上目标污染物的风险控制值,如
表 9-2 所示。

表 9-2 某场地土壤污染的人体健康风险控制值计算表

污染物	毒性类型	计算所得风险控制值/(mg/kg)	敏感用地筛选值/(mg/kg)	场地风险控制值/(mg/kg)
砷	致癌效应	0.36	20	20
萘	致癌效应	1.11	31	1.11
苯并[a]蒽	致癌效应	0.637	0.2	0.637
苯并[b]荧蒽	致癌效应	0.637	0.7	0.637
苯并[a]芘	致癌效应	0.064	0.4	0.4
茚并[1,2,3-cd]芘	致癌效应	0.637	0.7	0.637
二苯并[a,h]蒽	致癌效应	0.064	0.1	0.1
总石油烃类(C<16)	非致癌效应	647	517	647
总石油烃类(C>16)	非致癌效应	487	381	487

目前,运用人体健康风险评估方法计算场地污染风险控制值很不完备。该方
法建立在土壤与地下水中挥发性有机污染物通过土壤向上迁移进入暴露人群的风
险。事实上,土壤与地下水中污染物迁移扩散方向多种多样,尤其对城市地铁开
发的地下空间(如上海市地下空间开发深度为 45m),土壤和地下水中挥发性污染
物也可以挥发到地下空间,造成地铁出行人群的人体健康风险;也可能通过地下
水迁移转化到地表水体,污染地表水体和水体中的生物,通过食物链影响人体健
康,通过地表水源影响人体健康,通过农作物传输影响食品安全。另外,在人体
健康风险评估的计算过程中,要求输入土壤和地下水的相关参数,不同场地土壤
和地下水的相关差异很大,如毛细带厚度,对于砂层,毛细带厚度为 5cm(规范推

荐值)左右；对于黏土层，毛细带厚度可达 1.5～3m 等。

对于深部土壤和地下水污染，运用人体健康风险评估方法获得的风险控制值往往是筛选值的数十倍，甚至更大，尤其是对挥发性小的污染物和重金属。这是由于深部污染物到达地表对暴露人体的暴露途径较远。这种情况下就要考虑土壤和地下水污染物的迁移对周围敏感受体的影响，建立土壤与地下水污染物迁移数学模型，依据现场监测数据进行数值模拟评价。

第10章 土壤与地下水污染修复技术

10.1 概　　述

土壤与地下水污染修复(contamination remediation for soil and groundwater)：指使用各种技术手段(物理的、化学的、生物的方法或联合技术)去除、控制或隔离土壤和地下水中有毒化学品泄漏或有害材料的一种清理行动或过程。

土壤与地下水污染清理(contamination cleanup for soil and groundwater)：指对影响公共健康和生态环境的土壤与地下水中有毒化学品泄漏或有害材料采取的处理行动。清理有时与修复、补救、补救行动、矫正行动、相应行动、整治、去除行动具有相同意思。

土壤与地下水污染修复行动(remedial action，RA)：指对威胁或释放到土壤与地下水中有毒有害物质采取的调查、监测、评估和评价的任何行动。

土壤与地下水污染修复调查(remedial investigation，RI)：指包括确定土壤与地下水污染、污染源的性质和范围、识别潜在影响(对人体健康和生态环境)、识别现有土地和地下水用途以及提供用于土壤与地下水污染修复方案比选所需的各种信息。

土壤与地下水污染修复目的(remedial objective，RO)：指为目前和未来土地(农用地、住宅用地、商业用地、学校和医疗机构用地、工业用地)和地下水(饮用水源、农业灌溉水源、与地表水转化)规划用途而建立的土壤与地下水污染修复目标(remedial goals)。由于土壤与地下水用途不同，土壤与地下水风险管控值和污染修复目标值不同，一般将土地用途分为城市场地用地(敏感用地和非敏感用地)和农业用地，土壤污染按照风险管控，城市场地修复目标值一般为风险控制值；农业用地修复目标值采用农用地土壤污染风险筛选值和管制值。对于作为饮用水源的地下水，直接用《生活饮用水卫生标准》作为污染修复目标值；对于农业灌溉用途的地下水，直接用《农业灌溉水质标准》作为污染修复目标值；对于地下水与地表水交换频繁的地下水污染修复目标值，可直接采用《地表水环境质量标准》中Ⅲ类或Ⅳ类水质标准作为地下水污染修复的目标值，选用Ⅲ类或Ⅳ类水质标准取决于地表水体功能区划。

在土壤与地下水环境调查、监测、风险评估的基础上，依据土壤与地下水的用途和风险控制目标，制定土壤与地下水污染修复目标和修复方案。修复方案制定的关键是要进行土壤与地下水污染修复技术的选择。土壤与地下水污染修复技术筛选过程，必须考虑目前的科学技术水平，修复技术的成熟度，当地气候条件、地质状况(地层、岩性、地质构造等)、水文地质条件(含水层类型、含水层的孔隙率、含水层的渗透系数、含水层结构和构造、地下水埋深、地下水水力梯度、地下水的补给、径流、排泄等)、土壤类型、土壤结构、土壤的物理性质(含水量、渗透系数、孔隙率等)以及地表植被分布状况等，污染物类型(重金属、放射性元素、其他无机污染物、LNAPLs、DNAPLs)、污染源类型(点源、线源、面源)和污染历史(考虑污染物在地下环境中的迁移与转化)等，污染场地类型(城市污染场地(或棕地)、农田、矿区土地)、土地用途(工业、民用、农业用地等)。同时也要考虑修复成本、能耗、修复工程与地下环境的兼容性，做到绿色修复。

　　土壤与地下水污染修复技术按照修复工程位置、技术原理以及污染物类型等方面的不同，可以有多种分类方法。

　　按照土壤与地下水中污染物处理位置的不同分为原位修复(in-situ)技术、异位修复(ex-situ)技术和监测自然衰减技术(monitoring natural attenuation)。原位修复技术包括原位化学还原技术、原位化学氧化技术、原位渗透性反应墙技术、原位生物修复技术、原位物理阻隔技术、原位玻璃化技术、原位冲洗(soil flushing)技术、监测自然衰减技术等；异位修复技术包括物理分离技术、土壤抽气(SVE)技术、抽水-处理(P&T)技术、土壤异位固定化/稳定化技术、土壤异位化学氧化技术、多相抽提技术、土壤洗涤(soil washing)技术等；监测自然衰减技术主要通过监测发现土壤与地下水中微生物有较强的降解污染物的能力，利用土壤和地下水中天然微生物对污染物进行自然降解的技术。

　　按照土壤与地下水修复技术原理的不同分为物理修复技术(physical remediation technology)、化学修复技术(chemical remediation technology)、生物修复技术(bioremediation technology)以及联合修复技术(combined remediation technology)。

　　物理修复技术包括物理阻隔技术、物理分离技术、抽水-处理技术、多相抽提(multi-phase extraction)技术、土壤气相抽提(soil vapor extraction, SVE)技术、固化/稳定化(solidification and stabilization)技术、玻璃化(vitrification)技术、热力学(thermodynamics)技术、电动力学技术(electrokinetic methods)、冰冻技术(frozen technology)等。化学修复技术包括化学稳定化技术、化学冲洗技术、溶剂抽提技术、化学氧化技术、化学还原与还原脱氯技术等。生物修复技术包括生物氧化技术，如土壤通气(氧气)技术、地下水曝气(氧气)技术、释氧化合物注入技术等；生物还原技术，如土壤通气(氢气)技术、地下水曝气(氢气)技术、释氢、硫、氮化合物注入技术等、生物堆(biopiles)、植物修复技术、微生物降解、监测自然衰减技术等。联合修复技术包括生态工程修复技术、渗透性反应墙技术、物理化学修复技术等。

　　按照土壤与地下水中污染物的类型不同，可将污染修复技术分为重金属污染和放射性污染修复技术、有机污染修复技术和无机污染修复技术。

　　大部分土壤与地下水污染修复在技术层面上是比较成熟的(经过西方国家几十年的实践)，但由于地质及水文地质条件的复杂性，不同地区土壤与含水层性质的差异，地下环境又是一个复杂而变化的环境，污染物进入不同地下环境，其时空分布、污染物的形态和金属离子价态不同。因此，修复技术的具体应用不能照搬，应综合考虑土壤与含水层的结构和性质、地下水流状况以及污染物的类型，辩证地运用现有修复技术和当地实际条件。

10.2　土壤与地下水重金属和放射性污染修复技术

10.2.1　地下阻隔技术

1. 技术原理

　　地下阻隔技术是指对目前难以处理的土壤与地下水中的重金属和放射性污染物(由于科学技术水平难以达到或经济难以承受或污染物极易扩散)，采用地下垂直和水平阻隔系统，对土壤与地下水污染物进行物理隔离的技术。该技术实施的目的是避免污染物在地下环境中迁移扩散。该技术实施的关键是选择阻隔良好、寿命比较长、经济和绿色的材料，保证材料与土壤的兼容性，避免材料对地下环境的污染。

2. 阻隔材料

　　物理隔离材料要求渗透性差(一般渗透系数 $K=10^{-10} \sim 10^{-5}$ cm/s)，常用的阻隔材料有水泥($K=10^{-9} \sim 10^{-8}$ cm/s)、膨润土($K<10^{-7}$ cm/s)、水泥替代材料($K=10^{-9} \sim 10^{-6}$ cm/s)、板桩($K=10^{-9}$ cm/s)、土工膜($K=10^{-9}$ cm/s)、胶体硅($K=10^{-8}$ cm/s)、氢氧化铁($K=10^{-7}$cm/s)、环氧树脂($K=10^{-10}$ cm/s)、有机硅($K=10^{-10}$ cm/s)、有机玻璃($K=10^{-11} \sim 10^{-9}$ cm/s)、乙烯酯苯乙烯($K=10^{-10}$ cm/s)、呋喃($K=10^{-10} \sim 10^{-8}$ cm/s)等，这些材料对阻隔土壤与地下水中的重金属和 DNAPLs 效果较好，而聚酯苯乙烯($K=10^{-10}$ cm/s)、硫聚合物水泥($K=10^{-10}$ cm/s)、硅酸钠($K=10^{-5}$ cm/s)、丙烯酸酯凝胶($K=10^{-9} \sim 10^{-7}$ cm/s)、万丹蜡($K=10^{-7} \sim 10^{-4}$ cm/s)，这些材料对阻隔土壤与地下水中的重金属效果较好，对阻隔土壤与地下水中的 DNAPLs 效果一般。

3. 适用条件

　　(1)该技术对土壤与地下水中污染物浓度高、相对集中的污染物处理效果良好。

(2)该技术一般隔离寿命在20年以上,要进行长期监测,避免材料老化以及施工过程存在材料缺陷(裂缝、孔洞)造成隔离失效。

4. 限制条件

(1)该技术对分散在土壤与地下水中的污染物难以进行隔离处理。

(2)对于大厚含水层没有明显隔水底板的地下水污染,需要六面进行物理隔离,成本比较高,该技术不适合。

10.2.2 玻璃化技术

1. 技术原理

玻璃化(vitrification)指利用等离子体、电流或其他热源在1600~2000℃的高温下熔化土壤及其污染物,使污染物被热解或蒸发而去除,产生的水汽和热解产物经收集后由尾气处理系统进行进一步处理后排放。熔化的污染土壤冷却后形成化学惰性的、非扩散的整块坚硬玻璃体,有害无机离子得到固定化。

在地下土壤污染物处加热至1600℃以上,该技术使得重金属和放射性污染物在地下固化(瓷化,作为建筑或路基材料),该技术尤其适合地表以下 6~9m(地下水位以上)土壤中高浓度、长寿命的高放射性污染物的修复,也可以修复土壤中有机污染物和无机污染物以及复合污染物,但处理费用昂贵。图10-1为玻璃化技术修复重金属和放射性污染物的现场处理框架图。该技术适合工业场地,不适合农业用地。该技术在处理重金属和放射性污染物的同时,也破坏了土壤的结构、土壤中的有机质和微生物。

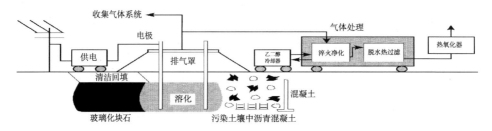

图 10-1　修复重金属和放射性污染物的玻璃化技术处理框架(Geosafe, Inc.)[74]

2. 限制条件

(1)土壤有机质含量必须小于 7%~10%(质量比),高的有机质土壤增加了有机气体排放,可能会出现爆裂事故,损坏气体收集盖。

(2)土壤含水量过高或土壤水补给量的区域不适合。

(3)土壤中存在大量挥发性有机物不适合。

(4)土壤中存在含有有机液体完整的钢桶时不适合。

(5)导致超高熔化温度的土壤基质组分或在熔化和冷却时不形成玻璃或晶体的土壤基质(如硅质和铝质成分)。

(6)金属含量超过 15%不适合。

(7)无机碎石超过 20%不适合。

(8)地下水位埋深较浅不适合。

3. 适用条件

(1)可以处理复杂土壤中复合污染物,可处理大部分 VOCs、SVOCs、PCBs、二噁英等,以及大部分重金属和放射性元素。

(2)可以处理放射性物质,避免地表暴露风险。

(3)可以处理土壤中集中分布的重金属和放射性污染物。

(4)玻璃化材料可以用于建筑材料和土壤污染的物理隔离污染的材料。

10.2.3　固化/稳定化技术

1. 技术原理

固化/稳定化(solidification/stabilization)技术指将污染土壤与黏结剂混合形成凝固体而达到物理封锁(如降低孔隙率等)或发生化学反应形成固体沉淀物(如形成氢氧化物或硫化物沉淀等)或发生矿化作用,从而达到降低污染物在土壤与地下水中的迁移性的目的。它主要包括两个概念,固化指从物理上控制污染物稳定化的形式,将污染物包裹起来,使之呈颗粒状或者大板块状存在,进而使污染物处于相对稳定的状态;稳定化指通过稳定剂和污染物之间的化学反应,以减少污染物的移动性,将污染物转化为不易溶解、迁移能力或毒性变小的状态和形式,即通过降低污染物的生物有效性,实现其无害化或降低其对生态系统危害性的风险。按处置位置的不同,分为原位和异位固化/稳定化。

2. 技术特点

在异位固化/稳定化过程中,固化材料有硅酸盐水泥(Portland cement)、火山灰(pozzolana)、硅酸盐(silicate)、沥青(bitumen)、工程微生物以及各种多聚物(polymer)等,硫化氢常用于沉淀重金属。稳定化材料有纳米 FeS,可以沉淀去除 Cu^{2+}、Co^{2+}、Zn^{2+}、Ni^{2+}、Hg^{2+},其沉淀反应如下:

$$FeS(s) + H^+ \longrightarrow Fe^{2+} + HS^-$$

$$Hg^{2+} + HS^- \longrightarrow HgS(s) + H^+$$

$$FeS(s) + Hg^{2+} \longrightarrow HgS(s) + Fe^{2+}$$

离子交换稳定化重金属汞，其离子交换反应如下：

$$FeS(s) + xHg^{2+} \longrightarrow [Fe_{1-x}, Hg_x]S(s) + xFe^{2+}$$

铁锰(Fe-Mn)氧化物可以有效固定土壤中的 Cu^{2+}、Pb^{2+}、Zn^{2+}、Ni^{2+}、Sb^{2+}、As^{3+}、As^{5+}。如果农田中存在这些重金属，可以在农业耕作过程中向土壤中施加Fe-Mn 氧化物，以固化这些重金属，避免被农作物吸收而富集到粮食中。

纳米 Fe_3O_4、FeS、Fe^0 可以固化土壤中的砷。不同形态的砷毒性不同，$AsH_3 > As^{3+} > As^{5+} > RAsX > As^0$, As^{3+} 的毒性是 As^{5+} 的 60 倍，地下水中的砷多为 3 价 H_3AsO_3，地表水中的砷多为 5 价 $H_2AsO_4^-$、$HAsO_4^{2-}$。

生物氧化锰可以去除地下水中的 Cu^{2+}、Pb^{2+}、Zn^{2+}、Ni^{2+}、As^{3+}、As^{5+}、Cr^{3+}、Li^+、Cd^{2+}、U^{4+}。石墨烯氧化物(GO)/Fe_3O_4、GO/Fe-Mn 可去除地下水中的 Cu^{2+}、Pb^{2+}、Zn^{2+}，该研究目前处于实验室研究阶段，现场使用还需深入研究。

磷灰石 II (apatite II) 可以稳定化土壤中各种重金属，尤其可以矿化土壤中铅，生成难以溶出的矿物。磷灰石 II 用鱼骨研制而成(美国专利号：6217775)，磷灰石 II 的化学分子式为

$$\text{apatite II} \left[Ca_{10-x}Na_x(PO_4)_{6-x}(CO_3)_x(OH)_2 \right] (x < 1)$$

磷灰石 II 在酸性溶液中发生溶解反应，其反应方程式为

$$Ca_{10-x}Na_x(PO_4)_{6-x}(CO_3)_x(OH)_2 + 14H^+$$
$$\longrightarrow (10-x)Ca^{2+} + xNa^+ + (6-x)[H_2PO_4]^- + xH_2CO_3 + 2H_2O$$

在这一反应中，磷酸二氢根离子 $[H_2(PO_4)]^-$ 与 Pb^{2+} 发生沉淀作用，形成稳定的矿物磷氯铅矿(pyromorphite)，其化学反应式为

$$10Pb^{2+} + 6[H_2PO_4]^- + 2OH^- \longrightarrow Pb_{10}(PO_4)_6(OH)_2 + 12H^+$$

工程微生物能够快速克隆、产生代谢物和生物膜，可以快速对土壤中重金属进行矿化(固定化)，因此，微生物矿化固定土壤中重金属也是土壤的一种修复技术。

有许多因素可能影响异位固化/稳定化技术的实际应用和效果，如最终处理时的环境条件可能会影响污染物的长期稳定性，一些工艺可能会导致污染土壤或固化后体积显著增大，有机物质的存在可能会影响黏结剂作用的发挥等。固化/稳定化方法可单独使用，也可与其他处理和处置方法结合使用。污染物的埋藏深度可能会影响、限制一些具体的应用过程。原位修复时，必须控制好黏结剂的注射和混合过程，防止污染物扩散进入清洁土壤区域。

3. 适用条件

固化/稳定化技术的成本和运行费用较低，适用性较强，原位异位均可使用。该技术主要应用于处理重金属污染的土壤，不适合含挥发性污染物土壤的处理。对于半挥发性有机物和农药杀虫剂等污染物的处理效果有限。

污染土壤固化/稳定化是比较成熟的工业场地异位修复技术，很少用于污染场地土壤原位修复，因为难以保证土壤污染物充分混合。但对于农田重金属污染可以考虑用原位修复向土壤中施加 Fe-Mn 氧化物及微生物营养剂，也能达到稳定化农田重金属的目的。

4. 限制条件

固化/稳定化取决于稳定剂和土壤的混合能力，然而，保证稳定剂和土壤的充分混合是比较难的。对于高黏性或大量碎石的土壤不适合这种处理技术。

在混合过程中，需要考虑土壤最佳含水量和药剂比例。

10.2.4　植物修复技术

1. 技术原理

植物修复技术(phytoremediation)是利用特定植物去除、转化、稳定化、毁坏土壤中污染物的过程。植物修复是一种原位土壤污染修复的技术，其修复机理包括强化根际圈生物降解、植物提取(也称植物超富集提取)、植物降解和植物稳定化。其原理如图 10-2 所示。

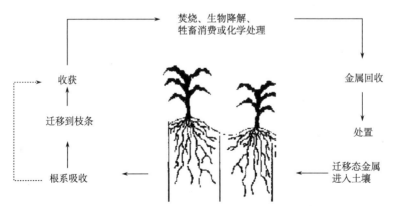

图 10-2　土壤重金属污染物植物修复技术原理[74]

植物提取(phytoextraction)指植物通过其根系吸收和污染物的迁移/累积进入到植物的茎秆和叶内，植物地上部分累积污染物大于植物地下部分。

　　植物稳定化(phytostabilization)指植物在其根系和土壤界面处产生化学组分以固定污染物的现象,即利用植被防止污染土壤侵蚀、稳定土壤中污染物或控制地下水的蒸腾。

　　植物降解(phytodegradation)(针对有机物)指污染物在植物组织内的代谢作用,植物产生各种酶如脱卤酶和氧化酶,有助于催化降解土壤中的污染物。植物也能够降解土壤中芳香族和氯化脂肪族化合物。

　　植物挥发(phytovolatization)(针对有机物)指植物吸收土壤中的污染物使其挥发。

　　植物根际圈降解(rhino-degradation)指植物联合根际圈微生物和微小生物降解土壤中的污染物,从而净化土壤。强化根际圈生物降解(enhanced rhizosphere biodegradation)发生在植物根系周围的土壤中,由植物根系释放的天然物质提供微生物和微小生物的营养,以增强微生物和微小生物的活力,植物根系也疏松土壤,并且死亡后留下水气迁移通道,这个过程有利于水分和氧气迁移到根际圈周围,促进植物生长。

2. 超富集植物选择

　　在植物提取中,超富集植物(hyperaccumulators)的筛选和后续处理(植物累积Co、Cu、Cr、Pb、Ni质量的0.1%或Mn和Zn质量的1%)是植物修复技术的关键。

　　柳属(蒿柳、爆竹柳)(*Salix* spp.(*Salix viminalis, Salix fragilis*))可以超富集提取土壤中的重金属Cd、Cu、Zn、Pb;蓖麻(castor(*Ricinus communis*))、东南景天(*Sedum alfredii* Hance)、伴矿景天(*Sedum plumbizincicola*)、菥蓂(*Thlaspi arvense* L.)可以超富集提取土壤中的重金属Cd;玉米(corn(*Zea mays*))可以超富集提取土壤中的重金属Cd、Zn、Pb;杨属(美洲黑杨、欧洲黑杨、欧洲大叶杨)(*Populus* spp.(*Populus deltoides, Populus nigra, Populus trichocarpa*))可以超富集提取土壤中的重金属Cd、Cu、Zn、Pb;麻疯树属(麻疯树)(*Jatropha*(*Jatropha curcas* L.))可以超富集提取土壤中的重金属Cd、Cu、Ni、Pb;芥菜(*Brassica juncea*)、二沟黄芪(*Astragalus bisulcatus*)可以超富集提取土壤中的重金属Se;美洲黑杨(*populus deltoides*)、乳浆大戟(*Euphorbia esula* L.)和白车轴草(*Trifolium repens* L.)可以超富集提取土壤中的汞(Hg);银灰杨(*Populus canescens*)可以超富集提取土壤中的重金属Zn;蜈蚣草(*Pteris vittata* L.)可以超富集提取土壤中的砷(As);圆叶遏蓝菜(*Thlaspi rotundifoliums* sp. *Cepaei Folium*)、芥菜(*Brassica juncea* L.)和亲族薹草(*Carex gentilis* Franch.)可以超富集提取土壤中的重金属Pb;李氏禾(*Leersia hexandra* Swartz.)和扫帚叶澳洲茶(*Leptospermum scoparium* L.)可以超富集提取土壤中的重金属Cr;布氏香芥(*Alyssum bertonlonii* L.)和菊科植物(*Berkheya coddii* L.)可以超富集提取土壤中的重金属Ni。

3. 适用条件

(1)植物修复技术与物理和化学修复技术相比具有成本低、效率高、无二次污染、不破坏植物生长所需的土壤环境等优点，非常易于原位处理污染物，操作方便。

(2)低费用处理大面积分散型重金属和放射性污染土壤。

(3)植物修复能够修复土壤和地下水中的重金属、农药、溶剂、炸药、原油、PAHs 以及垃圾填埋场的渗滤液。

(4)一些植物种类能够在其根系中储存重金属，当植物根部储存重金属达到饱和时，必须及时回收和后续处理，及时回收和后续处理有一定难度。

(5)超富集植物能够去除和显著地储存大量金属污染物，关键是选择特定的超富集重金属的植物。

(6)乔木和灌木生物量大且根系深度大，一些树木(乔木和灌木)能够通过深根系从地下水中去除有机污染物，通过传输、蒸腾以及代谢作用将污染物转化成 CO_2 或植物组织。

4. 限制条件

(1)一些有毒物质对植物生长有抑制作用，因此植物修复大多适用于低污染水平的区域，不适合高浓度局部污染土壤。

(2)有毒或有害化合物可能会通过植物进入食物链，所以要控制修复后植物的利用，防止其通过食物链进入生物圈。

(3)植物修复技术的中间代谢产物复杂，代谢产物的转化难以观测，有些污染物在降解过程中会转化成有毒的代谢产物。

(4)修复植物对环境的选择性强，很难在特定环境中利用特定的植物种；气候或季节条件会影响植物生长，减缓修复效果，延长修复期，需要修复场地植物生长良好。

(5)植物修复的深度不能超过植物根之所及，一般在地表以下 0.6cm 深度土壤。

(6)超富集提取土壤重金属的植物，需要及时回收和后续处理，后续处理有一定难度。

10.2.5　生物修复技术

1. 技术原理

生物修复(bioremediation)通过向地下环境中微生物(即真菌、细菌其他微生物)提供营养物质,增强生物的还原作用,用地下微生物(土著微生物)移动或固定土壤中重金属和放射性污染物的技术。该技术也可以处理有机和无机污染物组合,处理费用相对较低,很少破坏场地。该技术属于原位修复技术。

2. 技术特点

微生物修复技术一般不破坏植物生长所需要的土壤环境,具有操作简便、费用低、效果好、易于原地处理等优点。但生物修复的修复效率受污染物性质、土壤微生物生态结构、土壤性质等多种因素的影响,且对土壤中的营养等条件要求较高。如果土壤介质抑制微生物,则可能无法达到清除目标,需要控制场地的温度、pH、营养元素量等使之符合微生物的生存环境条件。通过微生物的还原作用将溶解态的重金属和放射性物质转换成非溶解态,如将铬 $Cr(VI)$ 还原成 $Cr(III)$,将铀 $U(VI)$ 还原成 $U(IV)$,将钚 $Pu(V,VI)$ 还原成 $Pu(III,IV)$,将锝 $Tc(VII)$ 还原成 $Tc(IV)$。生物的吸附作用将这些物质转换成非移动态。

3. 适用条件

能量消耗较低,可以修复面积较大的污染场地。高浓度重金属可能对微生物有毒害。低渗透土壤可能不适用。

4. 微生物修复重金属的优势

重金属和放射性污染物的生物固定化可以与有机污染物生物降解同时进行,处理费用适中。

5. 限制条件

必须维持微生物的还原环境,避免重金属和放射物质的重新氧化。

10.2.6　电动力学技术

1. 技术原理

电动力学技术(electrokinetic separation)指利用插入土壤中的两个电极在污染土壤两端加上低压直流电场,在电化学和电动力学(电迁移、电渗、电泳以及电解作用)的复合作用下,水溶的或吸附在土壤颗粒表层的污染物根据所带电荷的不同向正负电极移动,使污染在电极附近富集或被回收利用,从而达到清理土壤之目的的一种修复技术。电迁移(electromigration)作用是指在电势作用下带电化学物质在土壤中的迁移现象,一般在低渗透土壤中,由于渗透系数小,土壤中的污染物难以在水势作用下运动,加入电流之后,低渗透土壤中的污染物将会在电势作用下运动；电渗(electroosmosis)作用是指在电势作用下土壤中水分或含水层中流体的迁移现象，电渗作用下低渗透土壤中水分迁移规律同样遵循达西渗流定律；电泳(electrophoresis)作用是指在电势作用下土壤中带电粒子的迁移现象；电解(electrolysis)作用是指在低渗透土壤中施加电势造成电极上污染物发生化学反应的现象。

2. 技术特点

污染物的去除过程主要涉及 4 种电动力学现象，即电迁移、电渗、电泳和电解迁移带。电动力学技术进行土壤修复主要有两种应用方法：一种是原位修复方法，即直接将电极插入受污染的土壤中，土壤污染修复过程对现场的影响最小；另一种是序批修复方法，即污染土壤被输送至修复设备分批处理，该方法属于土壤异位电动力学修复方法。

在土壤电化学和电动力学修复技术中，电极需要采用惰性物质，如碳、石墨、铂等，避免金属电极电解过程中的溶解和腐蚀作用。

在低渗透性重金属污染场地，如 Cd、Cs、Cr、Cu、Pb、U、Hg、Ni、Sr 污染场地，一般在污染土壤中插入直流电，即在电极上通入 50～150V 直流电。

3. 适用范围

可高效处理重金属污染(包括铬、汞、镉、铅、锌、锰、铜、镍等)及有机物污染(苯酚、六氯苯、三氯乙烯以及一些石油类污染物)，去除率可达 90%。目标污染物与背景值相差较大时处理效率较高。可用于渗透系数较小或黏土含量较高的土壤。土壤中含水量<10%时，处理效果大大降低。埋藏的金属或绝缘物质、土壤质地的均匀性、地下水位等均会影响土壤中电流的变化，从而影响处理效率。

4. 适用条件

电化学与电动力学技术具有较多优点，对修复场地景观和建筑的影响较小，污染土壤本身的结构不会遭到破坏，处理过程不需要引入新的物质，原位异位均可使用。土壤含水量、污染物的溶解性和脱附能力对处理效果有较大影响，因此在使用过程中需要电导性的孔隙流体来活化污染物。

5. 限制条件

(1)地下水埋深较浅的污染土壤不适合。

(2)渗透性较好的砂层污染土壤不适合。

(3)含水量低于 10%的污染土壤不适合。

(4)土壤非均质性较强的污染土壤不适合。

10.2.7　渗透性反应墙技术

1. 技术原理

渗透性反应墙(permeable reactive barrier, PRB)技术是一种地下水原位修复技术，是指在地下水污染源的下游开挖沟槽，安置连续或非连续的渗透性反应墙，在反应墙体中充填反应材料，保证反应墙体的渗透性大于周边含水层的渗透性，上游污染地下水通过高渗透性的反应墙体，与墙体内反应材料发生物理、化学和生物化学反应，使地下水中的污染物得以阻截、固定或降解。

对于较深层的地下水污染来说，地下沟槽开挖有一定难度，一般在地下水污染的下游形成钻孔井排，在井排中高压注入反应材料，形成渗透性反应带(permeable reactive zone, PRZ)，对地下水中污染物进行吸附和降解去除。

2. 技术特点

从污染源释放出来的污染物在向下游迁移过程中，溶解于地下水中的污染物形成污染羽，经过高渗透的反应墙与墙体中的反应材料发生物理、化学及生物反应过程，使得污染地下水得以净化。在原位反应墙修复技术中，最重要的功能单元为原位反应器。根据特定地质和水文条件、污染物的空间分布来选择反应墙(PRB)的类型。PRB 按照结构分为漏斗-门式 PRB 和连续式 PRB 两类，其中，漏斗-门式 PRB 由不透水的隔墙、导水门和 PRB 组成，适用于埋深浅、污染面积大的污染潜水修复；连续式 PRB 构成的 PRB 适用于埋深浅、污染羽规模较小的污染潜水修复。其特点表现为 PRB 垂直于污染羽迁移途径，在横向和垂向上，横切整个污染羽。PRB 按照反应性质分为化学沉淀反应墙、吸附反应墙、氧化-还原反应墙、生物降解反应墙等。PRB 中填充的介质包括零价铁、螯合剂、吸附剂和微生物(用各种多孔材料(如丝瓜络)固定微生物，避免微生物游离)等，可用来处理多种多样的地下水污染物，如含氯溶剂、有机物、重金属、无机物等。污染物通常会在反应墙材料中发生浓缩、降解或残留等反应，所以墙体中的材料需要定期更换。对于吸附性反应材料，吸附饱和后需要更换；对于化学反应性材料，可能存在反应墙的化学淤堵(chemical clogging)，导致反应墙体渗透性降低，修复效果降低，需要及时监测、更换；对于微生物降解材料，可能造成反应墙体的生物堵塞(bioclogging)，需要在反应墙下游建立监测井进行长期监测，发现 PRB 效率降低，及时更换。

3. 适用条件

(1)可以处理地下水中的重金属、放射性物质、有机污染物和无机污染物(复合污染物）。对于处理重金属、放射性污染物以及无机物和有机物混合物，PRB 是最有发展潜力和发展快速的处理技术。

(2) 占地面积小，容易设计、监测、维护和控制。

(3) 运行费用和维护费用低，不需要消耗能源，是一种绿色修复技术。

4. 限制条件

(1) 重金属和放射性物质难于降解，一般采用吸附去除，但有吸附饱和后的再生问题以及 PRB 的物理、化学及生物堵塞问题，降低渗透性反应墙的处理效率。

(2) 由于深部 PRB 难以安装，限制了 PRB 只能处理浅埋地下水污染物，但可以采用井排注入反应材料，形成反应带进行地下水污染处理。

(3) 维持 PRB 的长期效能是一个待解决的问题，由于反应产物的形成或铁的反应表面的钝化，会导致 PRB 渗透性的降低。

5. 渗透性反应墙修复污染地下水的案例

(1) 美国某空军基地地下水埋深为 1.5～1.8m，混合废物污染羽在地表以下 4.3～6.1m，地下水中六价铬(Cr^{6+})的浓度为 28mg/L，渗透性反应墙充填反应材料为 50% 的零价铁(Fe^0)、25%的洁净粗砂以及 25%的含水层三种材料混合体，渗透性反应墙体体积为长×厚×深＝46m×0.6m×7.3m。铬污染地下水通过渗透性反应墙之后，地下水中六价铬(Cr^{6+})的浓度降到小于 0.01mg/L，六价铬(Cr^{6+})变成三价铬(Cr^{3+})并形成非溶性沉淀。

(2) 加拿大安大略 Sudbury 镍矿，地下水污染物为镍(Ni)、铁(Fe)和硫酸盐；渗透性反应墙体积为长×厚×深＝15m×3.7m×4.3m。渗透性反应墙中反应材料为市政垃圾堆肥、腐叶及木屑混合体。镍(Ni)、铁(Fe)和硫酸盐污染地下水通过渗透性反应墙 9 个月之后，地下水监测井观测数据显示，地下水中硫酸盐浓度由 2400～3800mg/L 下降到 110～1900mg/L，地下水中镍的浓度由 10mg/L 下降到小于 0.1mg/L，地下水中铁的浓度由 740～1000mg/L 下降到 1～91mg/L。

(3) 美国北卡罗来纳州 Elizabeth 海岸警卫飞机场污染点，地下水中污染物为六价铬(Cr^{6+})和三氯乙烯(TCE)；地下水中污染斑块面积约为 3000m²，地下水中三氯乙烯(TCE)浓度为 4320μg/L，六价铬(Cr^{6+})浓度为 3430μg/L；渗透性反应墙的体积为长×厚×深＝45m×0.6m×5.5m，渗透性反应墙中反应材料为零价铁(Fe^0)，零价铁作为还原剂；修复费用为 50 万美元。地下水质观测显示，地下水中三氯乙烯(TCE)浓度下降到小于 5μg/L。

(4) 美国田纳西州橡树岭国家实验室 Y-12 修复点，地下水中污染物为铀(U)、锝(Tc)和硝酸(HNO_3)，还原剂为胶体。在地下水流向的两个区域安装一个连续地沟和烟囱-门形状的渗透性反应墙处理系统，渗透性反应墙体中反应材料为胶体状零价铁(Fe⁰)，作为还原剂。地下水中铀(U)和锝(Tc)被有效去除，硝酸(HNO₃)降解成铵根离子(NH₄⁺)、氧化亚氮(N₂O)和氮气(N₂)。

10.2.8　原位还原处理技术

1. 技术原理

该技术(图10-3)涉及化学还原剂或铁还原菌注入地下污染区以创造地下环境的还原条件，使污染物还原降解，或稳定化某些重金属和放射性污染物，尤其适合某些元素，该元素被还原后，能够抵抗地下环境中的氧将其重新氧化，这样的元素如铬，很少适合容易被重新氧化的元素，这样的元素如锝。

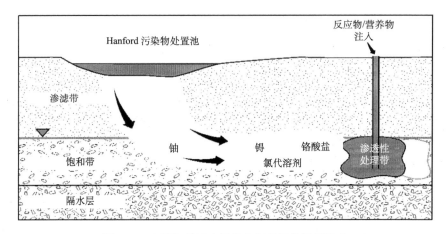

图 10-3　土壤与地下水污染修复的原位还原技术

在天然环境下，当土壤中存在二价铁离子时，土壤中的铬(Cr)、锝(Tc)、铀(U)和钚(Pu)元素能够被土壤中的矿物 Fe^{2+} 还原形成非移动氧化物，即土壤中这些元素变成铁的络合物。土壤中六价铬离子在零价铁还原作用下变成三价铬离子，二价铁与三价铬形成络合物，这一过程必须在还原环境下的酸性环境中进行。

$$CrO_4^{2-}(aq) + Fe^0 + 8H^+(aq) \longrightarrow Fe^{2+}(aq) + Cr^{3+}(aq) + 4H_2O$$

$$xCr^{3+}(aq) + (1-x)Fe^{2+}(aq) + 2H_2O \longrightarrow Cr_xFe_{(1-x)}OO(s) + 3H^+(aq)$$

常用的还原剂有 N_2H_4、NH_2OH、SO_3^{2-}、S^{2-}、$S_2O_4^{2-}$、Fe^{2+}、Fe^0。

2. 适用条件

该技术对土壤与地下水中的重金属、放射性元素以及氯代溶剂具有还原去除作用，其中，对重金属和放射性元素主要是络合或矿化去除，对氯代溶剂为还原脱氯降解去除。

3. 限制条件

保持还原环境，避免一些重金属重新氧化，如 Cr^{6+} 重新氧化成 Cr^{3+}。

10.2.9 土壤冲洗技术

1. 技术原理

土壤冲洗(soil flushing)技术是指为了提高土壤和地下水中污染物的溶解度，将水或含添加剂的水施加到污染土壤或注入地下水使得地下水位提升到污染土壤带，土壤中污染物被淋滤到地下水中，再将地下水抽出处理。该技术是一种土壤原位修复技术。土壤冲洗利用能回收污染物的溶液冲洗污染土壤来原位处理重金属和放射性污染物。常用的冲洗液或助溶剂(cosolvent)有酸、螯合剂、水、表面活性剂等。对于土壤中重金属和放射性污染物，一般应用酸冲洗液，将络合在土壤中的重金属和放射性污染物溶出，进入地下水中，再抽出在地表进行吸附分离去除水中重金属和放射性污染物，对酸水加入碱性氧化物处理。助溶剂冲洗包括将溶剂混合物(水加混溶有机溶剂如乙醇)注入非饱和带和饱和带、抽出有机污染物。助溶剂冲洗能够应用到土壤，以溶解污染源或来源于污染源的污染羽，在污染区的上游注入助溶剂混合物，在污染区的下游抽出溶解态污染物和助溶剂，在地表进行处理。原位冲洗技术的示意图见图 10-4。

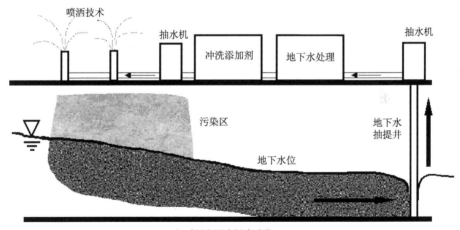

图 10-4　土壤与地下水污染修复的原位冲洗技术[74]

对原位冲洗技术处理后的流体（冲洗液或助溶剂和污染物）进行抽出处理，达标排放或原位注入；或者用吸附材料吸附处理抽出流体中的重金属或放射性物质，再原位冲洗重复利用。对于冲洗过程重新利用，回收冲洗流体中表面活性剂的分离会造成土壤冲洗修复成本增加。回收冲洗液的处理会产生污泥和残留固体，如废活性炭和废离子交换树脂，在处置之前必须进行适当处理。从冲洗流体中释放的挥发性污染物应该收集并处理，以满足空气质量排放标准。必须对处理区进行后评估，避免土壤中残留的冲洗添加剂影响土壤和地下水环境质量。

一般情况下，土壤冲洗过程需要的时间为短期到中期。

2. 适用条件

土壤冲洗目标污染物为无机物，包括重金属和放射性污染物。该技术也可以用于处理 VOCs、SVOCs、石油类和农药类有机污染物，但对这些污染物来说，它可能比其他原位修复技术成本要高。添加环境相容的表面活性剂可以增加土壤中一些有机污染物的有效溶解度，然而，冲洗液可能改变土壤系统的物理化学性质，该技术提高了重金属和放射性污染物的回收潜力，可以使高渗透性粗粒土壤中吸附态和自由态的有机和无机污染物溶出并迁移。

3. 限制条件

土壤冲洗技术的限制条件包括：

(1)低渗透性或非均质土壤中污染物难以处理。

(2)表面活性剂黏附在土壤颗粒表面，从而使土壤孔隙率减小，渗透性下降，降低处理效率。

(3)冲洗流体与土壤反应能够降低污染物的迁移性。

(4)地面分离和回收冲洗流体的处理费用可以推高这一技术的修复费用。

(5)该技术会将污染物冲洗到捕集区外，将表面活性剂引入地下环境中，因此，该技术只能用在冲洗的污染物和土壤冲洗流体能够控制与重新捕获的地方。

10.2.10　土壤洗涤技术

1. 技术原理

土壤洗涤(soil washing)技术属于土壤异位修复技术。从土壤中分离吸附在细颗粒土壤上的污染物进入液体系统中，洗涤水与基本浸出剂、表面活性剂、pH 调节或络合剂一起有助于去除有机物和重金属。土壤洗涤是一种基于水的用来异位洗涤土壤以去除污染物的处理过程，该过程以两种方式从土壤中去除污染物：

(1)通过溶解或将它们悬浮在洗涤液中(可以维持一段时间进行化学方法控制 pH)；

(2)通过颗粒大小的分离、重力分离和摩擦洗涤，将它们浓缩成更小体积的土壤，能够进一步处理处置。

土壤洗涤系统结合了大部分最新去除技术，适用于受各种重金属、放射性污染物和有机污染物污染的土壤异位修复。针对大多数有机和无机污染物往往与黏土、淤泥和有机土壤颗粒结合的特点，土壤洗涤技术采用颗粒大小分离技术，将吸附在土壤细颗粒上的污染物分离。重力分离对于去除高或低比重颗粒，如重金属化合物(铅、氧化镭等)是有效的。用摩擦法从粗颗粒中去除黏附的污染物膜，然而，洗磨可以增加处理土壤中的细颗粒，清洁而较大的碎屑可以回到场地继续洗涤使用。

土壤中复杂的混合污染物(如金属混合物、非挥发性有机物和半挥发性有机物)和遍及土壤混合物中的非均质污染物组分很难配制单个合适的、持续可靠地清除所有不同类型污染物的洗涤液。对于这种情况，要求使用不同的洗涤配方或不同的土壤与洗涤流体配比逐次洗涤。

通常认为，土壤洗涤技术是一种介质转移技术，需要将土壤洗涤产生的污水进行后续处理，采用合适的技术处理这些洗涤污染水。

一般地，土壤洗涤需要的时间为短期到中期。土壤洗涤技术的流程如图 10-5 所示。

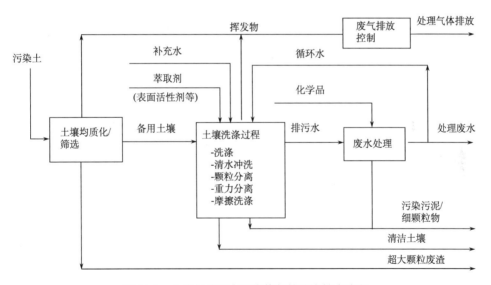

图 10-5　土壤与地下水污染修复的洗涤技术流程

2. 适用条件

(1)土壤洗涤的目标污染物有半挥发性有机物、石油类和重金属。该技术也可用于部分挥发性有机物和农药污染土壤的洗涤。

(2)该技术能够从粗颗粒土壤中回收金属。

(3)该技术能够从粗颗粒土壤中清理有机物和无机物。

3. 限制条件

(1)复合污染物，如重金属和有机污染物，难以配制洗涤流体。

(2)对土壤中高含量的腐殖质需要预处理。

(3)需要增加修复步骤来处理残留在水中的有害洗涤剂。

(4)难以去除吸附在黏粒上的有机污染物。

(5)由于该技术是异位修复，需要挖掘土壤。由开挖引起的一系列限制条件有场地限制、放射性污染物开挖风险等。

10.2.11 吸附去除重金属技术

对于渗透性好的重金属污染的土壤，可以结合原位土壤冲洗(soil flushing)技术，将冲洗液和土壤中重金属混合液渗漏到地下水中，再将地下水与其混合液抽出，在地表进行吸附处理；也可以结合异位土壤洗涤(soil washing)技术，同样针对渗透性好的重金属污染土壤，将洗涤液进行吸附处理。吸附剂有多种，常用的有活性炭、生物活性炭、改性壳聚糖、稻谷壳(rice husk)、辣木种子、椰子壳以及其他生物材料等，可以吸附去除重金属。

1. 改性壳聚糖吸附去除重金属

本课题组发明使用的分子印迹技术对壳聚糖进行改性，以定向吸附重金属。该技术主要是将一个具有特定形状和大小的、需要进行识别的分子(或离子)作为模板分子，把它溶于溶剂中，再加入特定的功能单体和交联剂，引发聚合形成高度交联的聚合物，其内部包埋与功能单体相互作用的模板分子，然后利用物理或化学方法将模板分子洗脱，这样聚合物母体上留下了与模板分子形状相似的孔穴，且孔穴内各功能基团的位置与所用的模板分子互补，从而实现对模板分子的识别。

印迹聚合物可以对模板分子反复洗脱和吸附，因而可以多次使用。该技术的核心是在聚合物基体上制备与所要吸附的离子互补的空穴，以达到有选择性吸附的目的。但 As^{5+} 与 Pb^{2+}、Cd^{2+} 电荷分布不同，在溶液中含有大量壳聚糖这样带氨基的分子，并已以分子状态分散溶解在溶液中，因此离子的聚集或分散性能是有很大差别的。要使每种离子都均匀分散在本发明选定的预聚体溶液中，需要根据每种离子的电荷特点，仔细调节其溶液浓度和分散工艺，才能得到分散均匀的预聚体溶液。现有技术中关于壳聚糖在各类水处理等方面的应用通常是直接将壳聚糖粉末本体材料作为吸附材料使用，由于壳聚糖本身在水中的溶解度很小，这样就只有其中表面的官能团能对吸附起到作用，大大降低了该种材料的使用效率。

本发明将壳聚糖溶解在封端的聚乙二醇(甲基)丙烯酸大单体中,使得壳聚糖在其中形成分子分散,用目标离子 As^{5+} 进行印迹。聚合后形成交联的互穿网络结构,洗除印迹离子,得到与目标离子互补的空穴,这样就得到能对目标离子进行选择性吸附的三维树脂。其中水溶性的聚乙二醇可以起到输送液体的作用。并且印迹离子越多,印迹的空穴越多,但树脂的强度就越低;树脂的强度可以通过交联剂,即双封端大单体的用量控制树脂的交联度进行调节。同时,在树脂吸附饱和后,通过洗脱吸附到的离子,吸附树脂可以反复使用。也就是说,本发明是一种能够进行选择性吸附的三维树脂。定向吸附不同重金属,需要将不同重金属作为目标印迹,然后聚合形成交联的互穿网络结构,洗除印迹离子,得到与目标重金属离子互补的空穴,形成了定向吸附目标重金属离子的三维树脂,可用于材料吸附地下水中的重金属 Zn^{2+}、Cr^{6+}、Pb^{2+}、Cd^{2+}、As^{5+}、Cu^{2+} 等。

2. 稻谷壳吸附去除重金属

科学家利用未处理和水洗稻谷壳分别吸附去除 As(V)、Cd、Pb 和 Cd,结果发现,As(V)的吸附容量为 0.147mg/g[98]、Cd 的吸附容量为 8.58 mg/g[99]、Pb 和 Cd 的吸附容量分别为 4.23mg/g 和 1.42 mg/g[100]。用环氧氯丙烷处理后的稻谷壳吸附 Cd(II)的吸附容量增加到 11.2mg/g[99],用 NaOH 处理后的稻谷壳吸附 Cd(II)的吸附容量增加到 20.24mg/g,用碳酸氢钠处理后的稻谷壳吸附 Cd(II)的吸附容量增加到 16.18mg/g;用酒石酸处理的稻谷壳吸附 Cu(II)和 Pb(II)其吸附容量分别为 29mg/g 和 108 mg/g[101],用正磷酸处理后的稻谷壳吸附 Pb(II)的吸附容量增加到 138.89 mg/g[102],用粉末状稻谷壳吸附 As(V)的吸附容量增加到 615.11mg/g[103];Taha 等[104]研究了 400℃、600℃和 800℃碳化活性炭的稻谷壳,发现其对 Pb(II)的吸附效率分别为 6.01 mg/g、6.06 mg/g 和 6.17 mg/g,对 Zn 的吸附效率分别为 5.28 mg/g、5.38 mg/g 和 6.17mg/g,对 Ni 的吸附效率分别为 2.69 mg/g、3.88 mg/g 和 6.23mg/g。

3. 椰子壳吸附去除重金属

Okafor 等[105]研究了利用椰子壳吸附去除水溶液中重金属离子 Pb^{2+}、Cu^{2+}、Cd^{2+} 和 As^{3+} 及其温度、pH、吸附时间及水溶液中重金属离子浓度等影响因素,结果显示,椰子壳能够吸附去除水溶液中低浓度的重金属离子,椰子壳对 4 种离子的最大吸附容量依次为 $Pb^{2+}>Cu^{2+}>Cd^{2+}>As^{3+}$。椰子壳作为生态材料,成本低,没有二次污染。

10.3　土壤与地下水有机污染修复技术

土壤与地下水有机污染物主要是非水相有机污染物，包括 LNAPLs 和 DNAPLs，如 PAHs、PCBs、CHCs、有机磷农药、有机氯农药、BTEX、MTBE、硝基苯、丙酮、脂类等。

土壤与地下水有机污染修复技术部分与重金属污染物修复技术相同，如原位玻璃化技术，已经证明其能有效破坏 DNAPLs，将土壤变成融化材料，冷却后固化。电加热和电化学动力技术，已经证明其能修复低渗透土壤中溶解的 DNAPLs。植物修复技术：用植物可以强化微生物降解污染物、吸收污染物以及水力隔离，植物修复土壤中溶解态的 DNAPLs 的应用还没有结论，需要进一步研究。已经证明生物修复技术可以刺激地下环境中微生物降解溶解相的含氯有机物，对于高浓度自由相的 DNAPLs，生物降解有一定难度。渗透性反应墙技术已经被证明是一种很有前景的处理溶解态氯代溶剂污染物的技术，运行和维护费用相当低，因为维持 PRB 系统几乎不需要能源。

土壤与地下水有机污染修复的另一部分技术属于有机污染物独有的修复技术包括抽出-处理技术、强化抽出-处理技术以及原位修复技术。如助溶剂注入技术已经被证明可以溶解大块体的 DNAPLs，土壤和含水层的非均质性和非均匀污染物会降低该方法的有效性。表面活性剂注入技术已经被证明可以去除渗透性比较强的含水层中的 DNAPLs，土壤和含水层的非均质性和非均匀污染物会降低该技术的有效性。原位氧化修复技术已经被证明可以有效地破坏渗透性比较强的均质土壤和含水层中特定的含氯 DNAPLs，土壤和含水层的非均质性和非均匀污染物会降低该方法的有效性。土壤抽气技术能有效清理渗透性较强的均质土壤和含水层中的挥发性有机污染物，向土壤中加热可以提高该技术的有效性，该技术也可用于土壤中半挥发性有机污染物(如 PAHs)的去除。彻底去除土壤和地下水中的 DNAPLs，需要加热或加电增加 DNAPLs 的流动性和挥发性，这一过程需要较长时间，该技术对于低渗透性(或非均质)土壤和含水层受到限制。蒸汽抽提技术已经证明能够清理渗透性较强的土壤和含水层中的 DNAPLs 源区，当土壤中低渗透层存在时，可以与加热加电组合，但土壤与含水层的非均质性可能限制该处理的有效性。

土壤与地下水有机污染物的强化修复技术包括原位注入微生物营养，强化地下环境中土著微生物的氧化性和还原性，降解碳氢化合物和氯代溶剂；向土壤中通气和地下水中曝气，增强地下环境微生物的活力，降解地下环境中的有机污染物；向地下污染物中注入水蒸气加热、加电热解去除有机污染物；向被污染的土壤和地下水中注入氧化剂或还原剂，使土壤与地下水中污染物被氧化或被还原，已达到土壤与地下水中有机污染物被降解殆尽，或使土壤与地下水中重金属被稳定化；在冲洗液中增加助溶剂或表面活性剂，冲洗土壤中的有机污染物，抽出-处理有机污染物等。

(1) 原位生物修复技术——碳氢化合物(in situ bioremediation——hydrocarbons)，通过向地下环境注入刺激微生物生长的物质(如释氧物质 CaO_2、MgO_2 和其他营养物质等)，以增强地下环境中微生物的活力和生物氧化性，达到生物降解污染物之目的。该技术主要用于去除地下水位上下的石油产品及其衍生品，其限制条件在于，对于低渗透性土壤与含水层，难于将刺激生物生长的物质传送到低渗透区；土壤与地下水中高浓度的 NAPLs 存在会减慢生物降解速度，难于传送足够氧气到微生物的区域。

(2) 原位生物修复技术——氯代溶剂(in situ bioremediation——chlorinated solvents)，通过向地下环境注入刺激生物生长的物质(如氢气、硫化物、氮化物等)，以增强地下环境中微生物的活力和生物还原性，达到生物降解污染物(还原脱氯)之目的。该技术主要用于去除地下水位上下的氯代溶剂类污染物。该技术在修复过程中会累积有害中间化合物，尤其在 PCE、TCE 修复过程中会产生毒性较大的VC。

(3) 生物通气法(bioventing)，通过向地下水位以上土壤输送空气以刺激地下环境中土著微生物的生长，增强和驯化土著微生物降解有机污染物的能力。土壤中土著微生物属于好氧微生物，具有生物氧化性，主要用于去除地下水位以上土壤中的石油产品和衍生品。该技术的限制条件是低渗透土壤通气条件差，非均质土壤也难于将空气均匀地输送到土壤中的污染物区。

(4) 地下水原位曝气(air sparging, AS)技术，将空气注入地下水位以下(需要增加注入压力)，使得地下水位以下的有机污染物汽化，向土壤非饱和带迁移，之后捕获地下水位以上非饱和带土壤中的挥发性有机污染物，提取挥发性污染物在地表吸附或焚烧去除;同时注入空气强化地下水中微生物降解有机污染物的能力，促进生物修复。该技术难于注气到低渗透带，难于在埋深 10m 以下进行，难于抽提多组分混合物。

(5) 蒸汽强化抽提技术(steam-enhanced extraction)，向地下水位上下注入热蒸汽，使挥发性有机污染物挥发，捕集提取挥发性有机污染物，抽提到地表进行吸附或焚烧处理。该技术难于将热蒸汽注入低渗透带。

(6) 原位热解吸(in situ thermal desorption)技术，利用射频加热电阻加热或其他方式加热地下水位以上非饱和土壤，改善地下水位以上低挥发性有机污染物的挥发性，之后抽出挥发性污染物，在地表吸附或焚烧处理。该技术难于在高含水、非均质土壤中使用，因为该技术难以使整个污染区的热量均匀分布。

(7) 原位化学处理(in situ chemical treatment)技术，向地下注入化学物质通过化学反应(主要为氧化还原反应)转化有机污染物，化学转化污染物成低毒无害物质。该技术难于传送化学反应材料到低渗透区；化学反应可能会严重影响地下环境(如破坏土壤结构和毁灭微生物等)；由于地下环境复杂，注入的化学反应材料在地下环境中的化学反应速率减缓。

(8)土壤冲洗(soil flushing)技术，一般来说，NAPLs难溶解在地下水中，通过向地下水位以下注入表面活性剂或助溶剂，增强NAPLs污染物的溶解性，提高传统抽水-处理技术的抽出效率。传统抽水难以抽取NAPLs，抽出的水中有机物的含量很少(仅是溶解态有机物)。向地下环境中注入的表面活性剂或助溶剂可能会影响地下环境。

(9)原位反应墙(in situ reactive barriers)技术，也称为渗透性反应墙(permeable reactive barriers，PRB)技术，在污染的地下水下游设置物理屏障或墙体，在物理屏障或墙体中放置化学反应材料或吸附材料或生物材料，当污染的地下水透过含反应性化学物质、生物或活性炭的物理屏障或墙体时，受污染的地下水被处理净化。当反应墙体内反应材料为具有固定载体(丝瓜络)的微生物时，该技术也称为生物渗透性反应墙(biological permeable reactive barriers，bioPRB)。该技术的关键是针对不同污染物在物理屏障或墙体中放置不同反应材料，用化学的、物理的或生物的方法去除地下水中的各种污染物。也可以通过钻井形成井排向地下注入反应材料(如零价铁粉)，在地下形成渗透性反应带(permeable reactive zone，PRZ)，含污染物的地下水通过渗透性反应带之后被净化，该技术也是一种改进的原位渗透反应墙技术。

(10)固有微生物修复(intrinsic bioremediation)，也称为监测自然衰减(monitoring natural attenuation，MNA)，通过对污染土壤和地下水的时空监测，发现污染物在地下环境中具有自然衰减现象，说明地下环境中微生物具有降解有机污染物的能力，因此，可以利用地下环境中天然微生物降解有机污染物的能力，修复被有机污染物污染(尤其对石油类污染物)的土壤与地下水。该技术无需进行现场工程修复处理，只需进行长期监测。该技术可能对高浓度复合污染物的去除有一定难度。

(11)物理阻隔(physical containment)，利用防渗墙、盖或衬垫或固化土壤，对土壤和地下水中污染物进行隔离，可以防止污染物向场地之外扩散。一种情况是对污染物进行六面体的物理隔离，不去立即处理污染物，待技术成熟或经济允许时再处理；另一种情况是结合抽水-处理技术，在污染区外围设置防渗墙，隔离地下水与非污染地下水，提高抽水-处理系统的控制范围，提高抽水-处理效率。

10.3.1　抽出-处理技术

1. 技术原理

抽出-处理(pump-treat，P&T)技术是通过抽取污染区地下水至地表，然后用地表污水处理技术进行处理的一种异位修复技术。传统抽出-处理技术采用定流量抽水，通过不断抽取污染区地下水，使污染晕的范围和污染程度逐渐减小，在较大水力梯度下含水层中自由相和吸附相的污染物，随水流被抽出。水处理方法可以是物理法(包括吸附法、重力分离法、过滤法、反渗透法、气吹法等)、化学法(包括混凝沉淀法、氧化还原法、离子交换法、中和法)，也可以是生物法(包括活性污泥法、生物膜法、厌氧消化法和土壤处置法)等。

脉冲式或变流量抽水(pulsed or variable pumping)通过改变抽水速率，使得地下环境中污染物溶解、解吸附和从滞留区扩散，可改善含水层中 NAPLs 和其他残留污染物的去除效率。

2. 技术特点

该技术需要构筑一定数量的抽水井和相应的地表污水处理系统。抽水井的密度取决于含水层的渗透系数大小，可以根据抽水试验确定修复区含水层的渗透系数和抽水影响半径，用地下水数值模拟制定抽水处理方案，包括抽水井的数量和位置、抽水量及抽水时间、定流量抽水还是脉冲式变流量抽水。对于局部地下水污染的抽水-处理井的布置，如图 10-6 所示。

传统抽水-处理技术的应用：①通过抽水改变地下水动力条件，达到水力隔离作用；②通过水动力条件的改变，控制污染羽的分布；③通过抽出污染地下水，降低地下水污染风险；④围堵或隔离污染羽；⑤抽出-处理技术是一种风险管控方法。

抽出-处理技术，一方面需要构筑抽水井，工程费用较高，另一方面由于地下水的抽提，影响治理区及周边地区的地下水动态；若不封闭污染源，当工程停止运行时，将出现严重的拖尾和污染物浓度升高的现象(图 10-7)；需要持续的能量供给，确保地下水的抽出和水处理系统的运行，还要求对系统进行定期的维护与监测。此技术可使地下水的污染水平迅速降低，但由于水文地质条件的复杂性以及有机污染物与含水层物质的吸附/解吸的影响，在短时间内很难使地下水中有机物含量达到环境风险可接受水平。另外，由于水位下降，在一定程度上可促进好氧生物对包气带中所吸附有机污染物的降解。

3. 抽出-处理技术的优势

(1)快速处理地下水污染，抽出-处理技术主要用于去除地下水中溶解态的有机污染物、重金属和放射性污染物以及漂浮在潜水面上的油类污染物，抽出-处理速度快。

(2)适合高渗透性均质含水层地下水污染的修复。

(3)用于局部高浓度浅层地下水污染的修复，处理效率高。

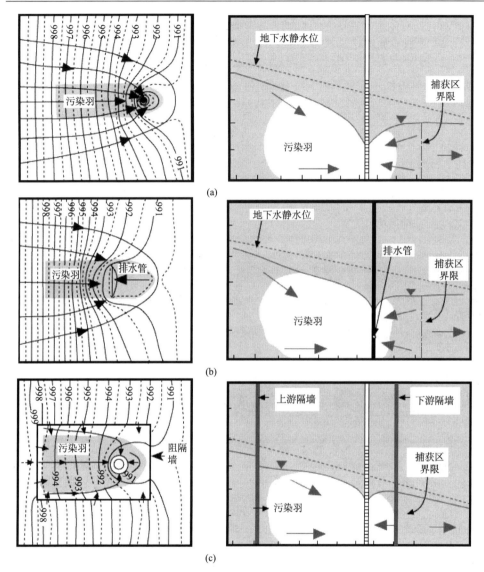

图 10-6　抽出-处理技术的地下水井布设类型[106]

左图为地下水流场平面图，图中数字为地下水位等值线值，单位为 m；右图为剖面图

4. 限制条件

(1)对低渗透性的黏性土层和低溶解度、高吸附性的污染物效果不理想，通常需借助表面活性剂增强含水介质吸附的污染物的溶解性能，强化抽出-处理的速度。

(2)污染地下水中存在 NAPL 类物质时，由于毛细作用使其滞留在含水介质中，明显降低抽出-处理技术的修复效率。

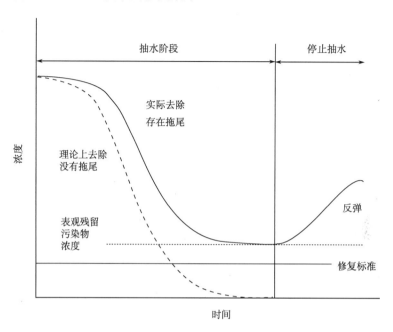

图 10-7　抽出-处理技术污染物的拖尾现象[107]

(3)对于非均质含水层地下水污染，污染物抽不干净，污染物浓度存在拖尾现象，难以达到处理标准。

(4)对于基岩和岩溶地区地下水污染的处理，抽水井的布设技术要求严格，一定要考虑裂隙分布和岩溶发育特征。

(5)抽出-处理费用高，抽出的水需要进行地表处理，地表处理占地面积大。

(6)对于大面积地下水污染需要大量抽出-处理，地下水抽水强度大，会改变水文地质条件，如地下水的补给、径流、排泄条件改变，也可能出现地面沉降、含水层压密而渗透系数变小、抽水量减小等情况，因此，大范围地下水污染修复不宜采用抽水-处理技术。

10.3.2　热解吸附技术

1. 技术原理

热解吸附(thermal desorption)技术是指通过向污染土壤直接或间接加热(电加热、微波加热)，将污染土壤加热到足够温度，使得土壤中有机污染物(自由相、吸附相、挥发相)完全转化成挥发态有机物或热解转化成其他气体，再抽出到地表进行深度处理(焚烧或吸附净化)的技术。

2. 技术特点

在热解吸附技术中加热的方式有许多种,如高频电流、微波、过热空气燃烧气等。加热温度控制在 200~800℃,在热解吸过程中发生蒸发、蒸馏、沸腾、氧化和热解等作用,通过调节温度可以选择性地去移除土壤中不同的有机污染物。土壤中的部分有机物在高温下分解,其余未能分解的污染物在负压条件下从土壤中分离出来,最终在地面处理设施(后燃烧器、浓缩器或活性炭吸附装置等)中彻底消除。该技术可以对污染土壤进行原位加热处理或异位处理。

高温热解(high temperature thermal desorption,HTTD)技术将污染土壤加热到 320~560℃。该技术常与焚烧、固化/稳定化或 DNAPLs 气化抽出技术结合,以使土壤中重金属固化/稳定化、有机污染物 DNAPLs 气化抽出处理或高温焚烧净化。该技术的选择,一定要考虑场地的水文地质条件,如低渗透性土壤不适合用该技术。它已经被证明可以使最终污染物浓度低于 5 mg/kg。

低温热解(low temperature thermal desorption,LTTD)技术将污染土壤加热到 90~320℃。该技术是一种全尺度土壤污染修复技术,已经被证明能够成功修复所有类型土壤中的石油烃污染,对污染物的破坏效率高于 95%。修复后的土壤保持其物理特性,除非加热到更高的高温热解温度范围,否则土壤中的有机成分不会被破坏,这使得土壤能够保持对未来生物活性的支持能力。

3. 适合范围

低温热解技术的目标污染物组为非卤化 VOCs 和燃料。该技术可用于降低 SVOCs 的有效性。

高温热解技术的目标污染物是 SVOCs、PAHs、PCBs 和杀虫剂,VOCs 和燃料也可以得到修复,但修复成本可能更高。高温热解技术可以去除挥发性金属,但氯的出现会影响某些金属的挥发,如铅。高温热解技术适用于冶炼厂废物、煤焦油废物、木材处理废物以及杂酚污染土壤的修复、碳氢污染土壤、混合(放射性和有害)废物、合成橡胶处理废物、杀虫剂和油漆废料的处理。

4. 技术优势

该技术能高效去除污染土壤中各种挥发或半挥发性的有机污染物,污染物去除率可达 99.98%以上。土壤有机污染物热解吸附技术,具有工艺简单、技术成熟等优点。该技术对处理土壤的粒径和含水量有一定要求,一般需要对土壤进行预处理(异位修复时);热解吸附修复过程通常在现场由移动单元完成,解吸附过程是将污染物转化成气态,需要对解吸附出的产物进行后续处理。

5. 限制条件

(1)热解吸附技术的温度较低,处理过程有产生二噁英的风险。

(2)透气性差或黏性土壤会在处理过程中结块而影响处理效果。

(3)该技术应用时,高黏土含量或湿度会增加处理费用。

(4)该技术能耗大、操作费用高。

(5)原位污染土壤热解吸附时,土壤含水量和地下水位不能过高。

(6)过高的温度会破坏土壤结构。

10.3.3　土壤气体抽提技术

1. 技术原理

土壤气体抽提(soil vapor extraction, SVE)技术指通过在污染土壤中构筑抽提井,利用真空泵产生负压驱使空气流通过污染土壤的孔隙,解吸并夹带有机污染物流向抽提井,然后抽出地下水位以上土壤中的挥发性污染物,在地表通过吸附或焚烧方法净化挥发性有机污染物。该技术属于土壤异位修复技术。图 10-8 是该技术应用的示意图。

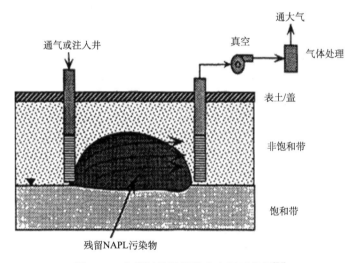

图 10-8　土壤气体抽提技术应用示意图[74]

对于处于地下水位上下的石油类污染物的处理,可以将 SVE 法扩展到多相抽提(multi-phase extraction)技术,如图 10-9 所示。该技术是针对土壤与地下水中挥发性有机污染物(LNAPLs)的处理技术,需要在土壤与地下水中构筑抽水和抽气井,将地下水中溶解相、自由相和吸附相的有机污染物以液相抽出,将土壤中挥发态的有机污染物以气相抽出，在地表设置溶解相液体-自由相污染物(油)-挥发气体三相分离机，分别进行水处理、气体吸附净化、自由相石油利用。该技术常常用于加油站土壤与地下水污染处理，或地下储油罐泄漏处理。

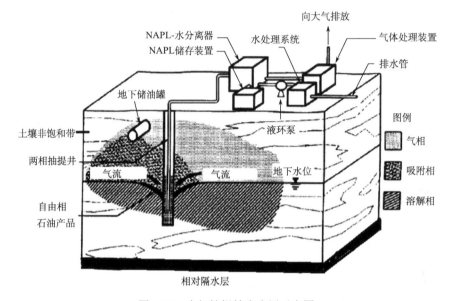

图 10-9　多相抽提技术应用示意图

2. 技术特点

该技术需要在有机挥发性污染土壤中安装若干空气注射井，通过真空泵引入可调节气流，运用多孔介质气流动力驱动原理驱动土壤中挥发性有机污染物，再利用抽提井将污染物抽出。注射井和抽提井的布设要考虑土壤的空气渗透性。该技术可操作性强，处理污染物范围宽，可由标准设备操作，不破坏土壤结构，且对回收利用废物有潜在价值。

3. 适用范围

该技术可用来处理挥发性有机污染物(VOCs)和某些燃料，该挥发性污染物的亨利常数大于 0.01 或蒸气压大于 0.5mmHg，可处理的污染土壤应具有质地均一、渗气性能强、孔隙度大、含水量小和地下水埋深较大的特点。土壤中有机质含量、湿度和土壤空气渗透性对土壤气体抽提技术的处理效果有较大影响。黏粒和腐殖质含量较高或本身极其干燥的土壤，由于其本身对挥发性有机物的吸附性很强，采用原位土壤气体抽提技术时，污染物的去除效率很低。地下水埋深浅(1～2m)会降低土壤气体抽提的效果。排出的气体需要进一步的处理。

4. 限制条件

(1)低渗透性、非均质和高含水量土壤难以采用该技术进行修复处理。

(2)必须能够诱导合适的气流通过整个污染区，难于注入低渗透带，难于去除束缚在土壤中的污染物。

(3)该技术不能去除土壤中重油、重金属、PCBs 和二噁英类污染物。

(4)对于非均质性强、层状结构的土壤，抽气时会产生不均匀的气流进入污染区，影响 SVE 处理效果。

(5)原位 SVE 修复过程中排出的废气是公众和环境的潜在危害，需要严格控制并及时处理。

(6)SVE 技术不适合饱和带地下水污染修复。

10.3.4 强化蒸汽抽提技术

1. 技术原理

强化蒸汽抽提(steam-enhanced extraction)技术通过注入井向含水层注入热水或水蒸气，使地下水中挥发或半挥发性有机物汽化，汽化有机污染物上升到土壤非饱和带，用真空泵抽出，在地表进行吸附或焚烧净化处理，如图 10-10 所示。

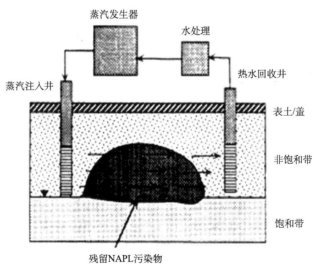

图 10-10　强化蒸汽抽提技术应用示意图[74]

2. 技术特点

该技术需要在污染地下水区构筑注入井和抽气井，向注入井中注入热水或水蒸气，该技术包括含油废液回收、蒸汽注入和真空抽提、原位强化蒸汽抽提、强化蒸汽回收过程，热水或水蒸气冲洗/吹脱是第一步，接着为生物处理，直到地下水污染物浓度满足法定标准。

强化蒸汽抽提过程能够去除地下水中大部分油污(或 LNAPLs)，以阻止有机污染物的迁移扩散。该技术不仅可以处理浅层地下水有机污染，也可以处理深层地下水污染，目前有成熟的移动设备可以使用，如图 10-11 所示。

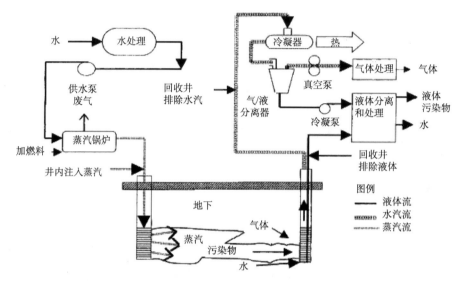

图 10-11　强化蒸汽抽提技术应用流程示意图[108]

3. 技术优势

(1)热水或水蒸气处理技术时间短，一般数周至几个月完成修复工作。

(2)热水或水蒸气冲洗或吹脱处理目标物为 SVOCs 和燃料效果最佳，也可以处理 VOCs，但是经济不划算。

(3)该技术能够用于处理天然气制造工厂场地、木材处理场地、石油炼制厂场地和其他一些含有 LNAPLs 的土壤和地下水，污染物如煤焦油、五氯酚溶液、杂酚油和石油副产品等。

(4)对渗透性较强的土壤与地下水中有机污染物和燃料的去除效果较好。

4. 限制条件

(1)热水或水蒸气难于注入低渗透带土壤与含水层之中，因而其中的挥发污染物难以移动。

（2）必须能够控制蒸汽流进入污染区，使得加热单元具有最佳的驱动污染物移动或汽化的温度。

（3）非均质性会增加该技术的处理时间并产生残留。

（4）土壤类型、污染物特性和浓度、地质和水文地质条件会显著影响处理效果和效率，如地质构造、地质环境的多变性、非均质各向异性等。

10.3.5　土壤生物通气技术

1. 技术原理

土壤通气（bioventing）技术是一种土壤有机污染物原位修复技术，向污染土壤非饱和带注入空气，增加土壤中氧的浓度，以增加土壤中土著微生物的活力，促使土壤中微生物降解有机污染物（石油类污染物和挥发性有机物），如图 10-12 所示。异位土壤生物通气也称作生物堆（biopiles）技术，是指将污染土壤挖掘后，在具有防渗层的处置区域堆积，经过通气，利用微生物对污染物的降解作用处理污染土壤的技术。必须对土壤生物堆进行封盖，防止挥发性污染物挥发，同时调节土壤堆内温度、湿度、营养物、氧气和 pH，以增强生物的降解作用。生物堆技术是一种异位土壤生物通气的短期技术，一般持续几周到几个月。

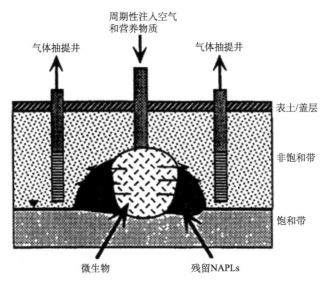

图 10-12　土壤有机污染物修复的通气技术[74]

2. 适用条件

该技术适用于修复受石油烃、非氯代溶剂、一些农药、木材防腐剂以及其他有机化学品污染的土壤和地下水。生物修复并不能降解无机污染物，但能够改变无机物的价态，引起微生物中无机污染物的吸附、吸收和累积，以去除土壤中的无机污染物。该技术修复时间较长，一般需要数月至几年。

3. 限制条件

(1)地下水埋深较浅，且有饱和透镜体以及低渗透性土壤会减弱通气效果。

(2)向土壤中注入空气的影响范围有限，该技术仅能使生物修复注气范围内的有机污染物降解。

(3)土壤中含水量很低时，微生物相对较少，限制生物通气的效率和生物修复效率。

(4)低温也限制微生物降解效果。

(5)多数氯代化合物降解需要由厌氧生物完成，而土壤通气有利于好氧生物修复，除非好氧生物修复过程有共代谢出现或存在厌氧循环。

(6)长期微生物克隆、代谢物、生物膜造成土壤孔隙堵塞(bioclogging)而抑制空气加入，降低生物修复效率。

10.3.6　地下水原位曝气技术

1. 技术原理

地下水原位曝气(air sparging)技术是在气相抽提的基础上发展而来的，通过向含水层注入空气使地下水中的污染物汽化，同时增加地下溶解氧浓度，加速饱和带、非饱和带中的微生物降解作用。汽化后的污染物进入包气带，可利用抽气装置抽取后处理，如图 10-13 所示。

2. 技术特点

地下水原位曝气技术中的物质转移机制依靠复杂的物理、化学和微生物的相互作用，由此派生出原位空气清洗、直接挥发和生物降解等不同的具体技术与修复方式，常与真空抽出系统结合使用，成本较低。通过向地下注入空气，在污染羽下方形成气流屏障，防止污染羽进一步向下扩散和迁移，在气压梯度作用下，收集地下挥发性污染物，并以供氧作为主要手段，促进地下污染物的生物降解。可以修复溶解在地下水中、吸附在饱和区土壤上和停留在包气带土壤孔隙中的挥发性有机污染物。为使其更有效，挥发性化合物必须从地下水转移到所注入的空气中，且注入空气中的氧气必须能转移到地下水中以促进生物降解。该技术修复效率高，治理时间短。

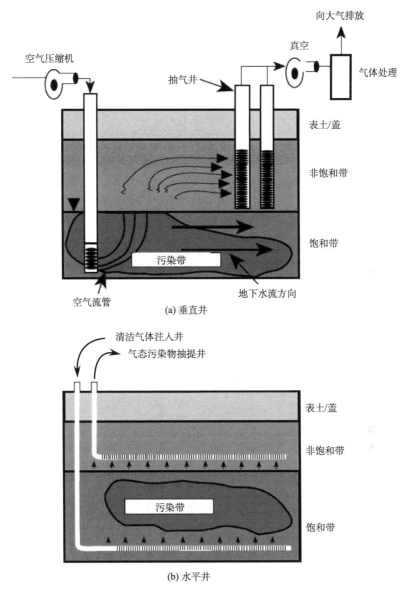

(a) 垂直井

(b) 水平井

图 10-13　地下水原位曝气技术示意图[74]

3. 适用范围

该技术可用来处理地下水中大量的挥发性和半挥发性有机污染物，如汽油、氯代溶剂类、PAHs 部分燃料、石油碳氢化合物等。受地质和水文地质条件限制，不适合在低渗透率或高黏土含量的地区使用，不能应用于承压含水层及土壤分层情况下的污染物治理,适用于地下水埋深较浅、含水层厚度大的地下水污染治理。如果含水层厚度小且地下水埋深较深,那么治理时需要很多扰动井才能达到目的。

4. 限制条件

(1)难于注气到低渗透带。

(2)难于在埋深 10m 以下运行。

(3)难于抽提多组分混合物。

10.3.7　原位化学溶剂冲洗技术

1. 技术原理

原位化学溶剂冲洗技术是指借助能够促进地下水中污染物溶解或迁移的溶剂(表面活性剂或助溶剂),通过将溶剂与吸附在含水层和自由相中的有机污染物混合,然后再把包含有污染物的地下水抽出,进行分离处理的技术。此技术为原位化学溶剂注入异位抽出处理,如图 10-14 所示。

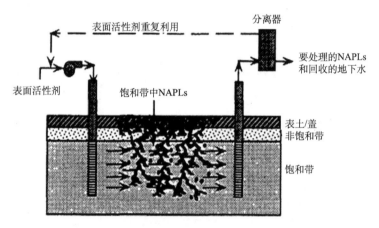

图 10-14　化学溶剂冲洗修复有机污染地下水示意图[74]

2. 技术特点

冲洗剂主要有无机冲洗剂、人工螯合剂、阳离子表面活性剂、天然有机酸、生物表面活性剂等。无机冲洗剂具有成本低、效果好、速度快等优点,用酸冲洗污染地下水,容易导致地下水酸化。人工螯合剂价格昂贵,生物降解性差,且冲洗过程易造成二次污染。在处理质地较细颗粒含水层时,需多次清洗才能达到较好效果。

3. 适用范围

该技术主要用来处理地下水中的有机污染物，对于渗透性强的细砂-砂砾含水层中的地下水有机污染物，修复效果好。

4. 限制条件

(1)当含水层中黏土含量达到 25%～30%，且非均质性强时，不考虑采用该技术。

(2)该技术可能会影响地下环境，最好在化学溶剂注入前，对地下水污染区进行隔离，再注入化学溶剂并进行快速抽提。

10.3.8 原位化学氧化修复技术

1. 技术原理

原位化学氧化修复(insitu chemical oxidation remediation)技术是指向地下环境注入化学氧化剂，使土壤与地下水中污染物转化成无害、低毒物质，使其更稳定、减少移动性。氧化剂有臭氧、过氧化氢、高锰酸钾、次氯酸盐、氯气、二氧化氯、过硫酸盐等，如图 10-15 所示。这些氧化剂能够使许多有毒有机污染物快速且完全被破坏，能够使另一些有机物污染物部分降解，作为后续生物修复的辅助。一般来说，这些氧化剂能够对非饱和土壤中脂肪族的化合物(如 PCE、TCE、TCA 等)和芳香族化合物(如 BTEX)以快速的反应速率高效处理掉(在数分钟内达到 90%以上的去除效率)。原位化学氧化修复技术现场应用已经证明，原位传输

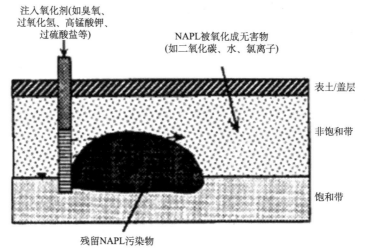

图 10-15　土壤与地下水原位化学氧化修复技术示意图[74]

系统中氧化剂与关注污染物匹配、场地条件是成功实施原位化学氧化修复技术和实现修复目标的关键。该技术大多针对土壤与地下水中 BTEX、MTBE 等 LNAPLs 污染物的修复，不同污染物可采用不同的氧化剂。臭氧以气体形式通过注射井进入污染区，可氧化大分子及多环芳烃类有机污染物，也可氧化分解柴油、汽油等。

2. 技术特点

原位化学氧化对于土壤与地下水中目标污染物的降解速度和程度取决于化学物质本身的性质、污染物的易氧化降解性以及地下环境条件，如地下环境的 pH 和温度、氧化剂的浓度以及地下环境中消耗氧化剂的物质（如土壤中天然有机物、矿物、碳酸盐以及其他自由基清除剂）浓度等。考虑到氧化剂的快速反应，使得投放的氧化剂快速减少，因此，氧化剂在地下区域的传输和均匀分配至关重要。通常采用垂直或水平注入井和喷雾点氧化剂输送系统，采用强制对流技术将氧化剂快速地移动到地下污染物分布区域。

高锰酸盐在地下环境中相对较稳定而持久，高锰酸钾可以通过扩散过程逐渐迁移到地下目标污染物分布区。同时，还必须考虑到氧化作用对原位氧化修复系统的影响，如果原位氧化修复系统没有有效的缓冲体系，则高锰酸钾、臭氧和过氧化氢三种氧化反应都会降低 pH。其他潜在的诱发氧化效应的情况包括形成胶体颗粒而降低土壤的渗透性、使吸附态金属重新移动、可能形成有毒副产品、热和气体的演变以及生物扰动。

向地下注入氧化剂之前，要对水文地球化学环境进行分析，避免注入的氧化剂使水文地球化学过程发生变化，如溶解作用、解吸附作用、pH 和 Eh 变化等，要进行详细的评价，以设计出有效的原位化学氧化处理系统。

3. 限制条件

下列因素可能限制原位化学氧化修复技术的有效性和适用性：

(1)由于目标有机污染物对氧化剂的需求和地下环境中其他物质对氧化剂的消耗，妨碍了氧化剂处理大量有害的有机污染物。

(2)对于渗透性比较差的土壤和含水层，氧化剂难以传送到低渗透污染区。

(3)一些关注污染物可能抵抗氧化。

(4)存在诱发有害作用的潜在过程，可能产生二次污染问题。

(5)地下环境的复杂性，可能导致注入的氧化剂化学反应速率降低，降低化学氧化修复效率。

(6)某些氧化剂可能破坏地下环境，如 pH、微生物组分以及水-岩(土)相互作用过程。

10.3.9 原位化学还原修复技术

1. 技术原理

原位化学还原修复(insitu chemical reduction remediation)技术主要是将还原试剂注入地下环境，与地下水中污染物发生反应，从而达到净化效果的一种地下水原位修复技术。由于地下水环境处于还原状态，采用还原技术既不破坏地下水环境，又能还原处理有机污染物，尤其可对氯代溶剂类污染物进行还原脱氯，常用的还原剂如零价铁、SO_2、H_2S 等，其处理过程如图 10-16 所示。

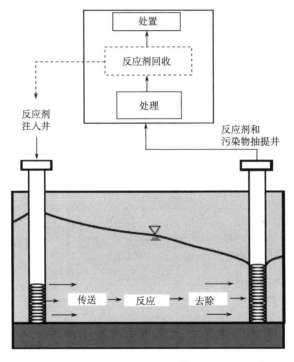

图 10-16 地下水原位化学还原修复技术示意图[109]

2. 技术特点

化学还原技术通过向地下水中注入还原剂，还原降解地下水中 DNAPLs 污染物。该技术主要适合在渗透性较强的含水层中使用。注入井的布设方法有两种：一种是分散式布井方法，井的数量取决于含水层的渗透系数和含水层的厚度，可以用数值模拟设计井的数量和位置；另一种是在地下水流的下游布设排井，注入还原剂形成渗透性反应带，井排的数量也与含水层渗透系数和厚度有关，可以用数值模拟确定井的间距和数量。向地下注入还原剂之前，要对水文地球化学环境进行分析，避免注入的还原剂使水文地球化学过程发生变化，如溶解作用、解吸附作用、pH 和 Eh 变化等，要进行详细的评价，以设计出有效的原位化学还原处理系统。

3. 适用范围

针对不同污染物选取不同的还原剂。一般采用零价铁还原脱氯去除三氯乙烯、四氯乙烯等含氯溶剂。该技术适用于渗透性较强的含水层地下水中的 DNAPLs 污染处理。

4. 限制条件

(1)对于低渗透性含水层地下水有机污染修复不适用，因为注入的还原剂难以到达污染区。

(2)对于强非均质含水层地下水污染物修复不适用，因为注入的还原剂难以均匀到达污染区。

(3)不适合处理地下水中的 LNAPLs。

10.3.10　生物氧化修复技术

1. 技术原理

生物氧化修复(biochemical oxidation remediation)技术指向地下环境注入空气、氧气和释氧化合物(如过氧化氢、过氧化钙、过氧化镁等)，增加地下环境中好氧微生物的活力，以达到生物氧化降解地下环境中有机污染物的作用，或者使得地下环境中非溶解态的有机污染物转化成溶解态或气态物质，再抽出处理，如图 10-17 所示。

2. 技术特点

地下环境氧增强可以通过向地下水注入空气或向污染地下水区域循环注入过氧化氢(H_2O_2)来实现。此外，固态过氧化物产品(如释氧化合物(ORC))也可用于氧增强和提高生物降解速率。通过向污染地下水区注入稀释的过氧化氢溶液，提高地下水的含氧量，提高自然产生的微生物对有机污染物的好氧微生物降解速率。

该技术与地下水空气曝气技术结合，增加地下水的氧气浓度，提高自然产生的微生物对有机污染物的生物降解率。空气曝气也增加饱和区域的混合，增加地下水和土壤的接触。安装小直径空气注入点具有便捷和低成本的特点，在设计和建造修复系统方面具有相当大的灵活性。氧增强与空气曝气通常结合 SVE 或生物通风，以增强对挥发性有机污染物的去除效果。

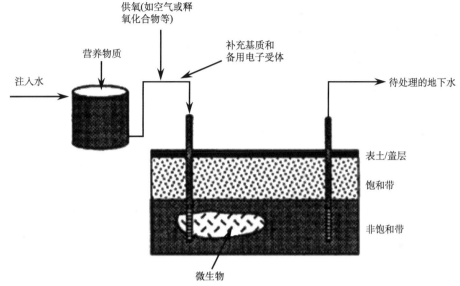

图 10-17　地下水生物氧化修复技术示意图[74]

3. 适用范围

该技术适用于浅层地下水(含水层均质、渗透性强)有机污染物处理, 主要通过向地下水中注入氧或释氧物质, 强化地下水中的微生物, 以降解有机污染物。

4. 限制条件

(1) 不适用于承压含水层地下水污染修复。

(2) 低渗透含水层地下水污染修复不适合。

(3) 在地下水中, 过氧化氢浓度超过 100~200 ppm 对微生物有抑制作用。

(4) 地下环境中微生物酶和高铁含量可以快速减小过氧化氢的浓度, 并减少影响区域。

(5) 必须建立地下水循环系统, 这样污染物就不会从活跃的生物降解区域逃逸出来。

(6) 抽出水地表处理系统, 如空气吹脱或炭吸附, 可能需要在重新注入或处置前处理抽出的地下水。

10.3.11　生物化学还原修复技术

1. 技术原理

生物化学还原修复(biochemical reduction remediation)技术是针对地下水有机

污染物的原位修复技术，由于地下水处于还原环境，对地下环境中厌氧微生物注入释氢或氮物质，可增强微生物的还原功能，以达到对有机污染地下水进行生物还原降解之目的。该技术也称为生物曝气(biosparging)技术。

2. 技术特点

该技术有两种处理方法，一种是向地下水中注入空气，使得地下水中有机污染物汽化进入土壤非饱和带，再通过抽提井抽出气态污染物在地表处理，如图10-18 所示；另一种是直接向地下环境注入营养物质，增加微生物的活力，使得微生物降解地下水中有机污染物，有两类厌氧微生物原位修复系统：①带喷洒器的注入井；②入渗通道，如图 10-19 所示。

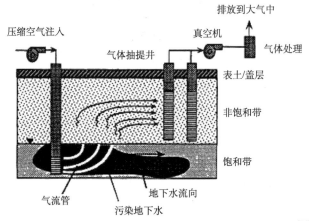

图 10-18　地下水有机污染物原位生物化学还原技术示意图[74]

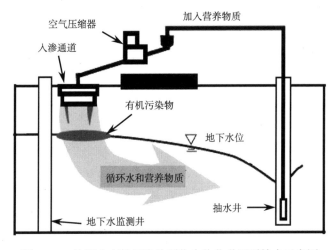

图 10-19　地下水有机污染物原位生物化学还原技术示意图

向地下水中注入释氢或氮物质，硝酸盐在地下水污染区循环，为生物活性提供替代的电子受体，提高有机污染物的降解速率。该技术通过添加硝酸盐提高厌氧生物降解速率。

在有氧条件下，石油类污染物已经被证明可以快速降解，但由于氧气的低溶解度，以及有氧微生物快速消耗氧气，导致不能提供足够的氧气到被污染的区域，常常导致修复工程失败。硝酸盐也可以作为电子受体，其在水中比氧气更容易溶解。在含水层中加入硝酸盐会促进甲苯、乙苯和二甲苯的厌氧生物降解。在严格的厌氧条件下，石油中苯的生物降解速度较慢。混合氧/硝态氮的系统将会被证明是有利的，因为添加硝酸盐会补充对氧的需求而不是取代它，使苯在微空气条件下被生物降解。

3. 适用范围

该技术适用于修复地下水中氯代溶剂类污染物，对地下水中杀虫剂也可以进行有限的降解，在地下水中增加硝酸盐可用于修复被 BTEX 污染的地下水。

4. 限制条件

(1)该技术主要针对地下水中局部非溶解态有机污染物的处理，对于分散式溶解态有机污染地下水，该技术存在局限。

(2)该技术适用于还原环境条件，对于氧化条件，用原位生物化学氧化修复技术。

(3)非均质、低渗透含水层难以输送释放氢或氮物质进入到污染区，影响修复效果。

(4)将地下水作为饮用水源时，应注意硝酸盐的含量不要超过饮用水标准。

(5)抽出水地表处理系统，如空气吹脱或炭吸附，可能需要在重新注入或处置前处理抽出的地下水。

10.3.12　物理隔离技术

对于难以处理的有机污染地下水，可以采用物理隔离技术，该技术用于非均质含水层中 DNAPLs 污染物的处理，可防止地下水中污染物的进一步扩散。该技术适用于浅层地下水 DNAPLs 污染物处理，根据含水层类型不同，物理阻隔墙的设计方法不同。对于地下水存在明显隔水层时，采用键入黏土层截墙对污染地下水进行物理阻隔，如图 10-20 所示。对于大厚潜水来说，可以采用悬挂截墙对污染地下水进行物理阻隔，如图 10-21 所示。

另外，根据地下水污染状况，也可以采用水力学隔离技术，通过抽水或注水，改变地下水流向，注水形成地下水水丘，抽水形成地下水漏斗。

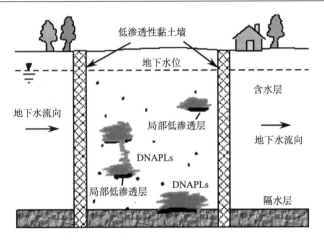

图 10-20　键入黏土层截墙阻隔地下水污染系统

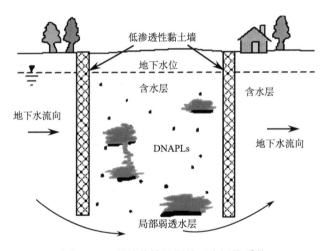

图 10-21　悬挂截墙阻隔地下水污染系统

　　注意：物理隔离技术是一种暂时隔离污染物向外扩散的技术，是在由于污染物浓度比较高、易扩散、目前经济技术难以实现完全修复的条件下的一种暂时隔离，从长远看，如条件允许，还需要进一步修复。

10.3.13　监测自然衰减技术

1. 技术原理

　　监测自然衰减(monitoring natural attenuation，MNA)技术或称为强化的自然衰减技术，该技术主要利用土壤和地下水中天然微生物的净化能力，对土壤与地下水中污染物进行自然降解。监测自然衰减是一种利用天然过程来分解和改变土壤与地下水中污染物的技术，通过对土壤与地下水关注污染物的监测，以确认在合理的时间框架内，污染物自然衰减的程度足以达到保护敏感受体和修复目标的方法。

2. 技术特点

自然衰减包括土壤颗粒的吸附、污染物的生物降解、污染物在地下水中的稀释和弥散等过程。土壤颗粒的吸附使污染物不会迁移到场地之外；微生物降解是污染物分解的重要作用；稀释和弥散虽不能分解污染物，但可有效降低场地内污染物的浓度，以达到降低污染风险之目的。该技术需要对污染物的降解速率和迁移途径进行监测和数学模拟，同时对下降梯度观测点的污染物浓度进行预测，特别是在污染羽仍在扩散时。数学模拟的首要目的是为了确定自然衰减的过程会使污染物的浓度降至标准以下或在可接受风险范围内。如果是长期监测，需要通过管理保证降解速率与修复目标一致。

3. 自然衰减修复准则(图 10-22)

(1)污染羽稳定或收缩；
(2)污染羽长度比期望的要短；
(3)观测到可衡量的电子受体(氧气、硝酸盐或硫酸盐)耗尽；
(4)观测到代谢副产品；

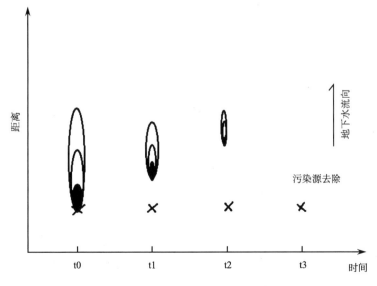

图 10-22　土壤与地下水中污染物衰减过程示意图

(5)出现活性异养菌。

4. 自然衰减修复技术的误区

(1)不做任何行动；
(2)污染羽零增长优选；
(3)快速修复优选。

5. 适用范围

(1)可处理挥发和半挥发性有机污染物和石油烃类污染物。农药类污染物也可使用该技术，但处理效率较差，且只对其中的某些组分有效。

(2)适用于某些重金属如六价铬，土壤中微生物通过改变重金属的价态使其固化或稳定化。

(3)适用于污染程度低的场地，如严重污染场地的外围或污染源很小的情景。

6. 技术优势

(1)由于存在污染物的自然衰减，土壤和地下水中污染物扩散范围局限。

(2)不需要进行大的工程实施，对地表构筑物的影响较小。

(3)修复费用比其他修复技术低。

(4)可作为其他修复技术的补充，与其他修复技术联合使用，使治理时间缩短、污染修复彻底。

7. 限制条件

(1)对于应急修复或快速修复场地污染物，监测自然衰减技术不适合。

(2)对于渗透性强的土壤与含水层，污染物在降解之前可能存在较大扩散。

(3)在自然微生物的作用下，一些无机物不但不能被降解，反而被稳定化，如汞。

(4)需要长期监测和投入监测费用。

(5)相比其他修复技术，要达到修复目标，需要比较长的时间。

(6)模拟和预测自然衰减过程，需要模型参数输入，参数的确定需要进行现场试验。

(7)在微生物降解有机污染物的过程中，可能产生毒性较大的中间产物并随地下水扩散。

(8)自然衰减的水文地球化学条件很可能随着时间推移而改变，并可能导致以前稳定的污染物的重新迁移，对修复效果产生不利影响。

10.3.14　生物堆技术

1. 技术原理

生物堆(biopiles)技术是一种土壤异位修复技术,该技术将挖掘出的污染土壤与补充土壤混合,堆放在地表,利用土壤中的微生物降解修复污染土壤。这是一种充气的静态堆肥过程,堆肥成堆,用鼓风机或真空泵充气,增加污染土壤堆内氧气,增强土壤中微生物的活力,以促进微生物降解。

生物堆技术的处理是一种全尺度土壤异位修复技术,将挖掘出的污染土壤与补充土壤混合,并堆放在一个处理区域,处理区域内设有渗滤液收集系统和曝气系统。利用生物降解技术降低挖掘土壤中石油成分的浓度,控制水分、热量、营养、氧气和 pH,以增强生物降解效果。

处理区域污染土壤底部铺设防渗设施和上部盖层,以尽量减少污染物渗入未污染土壤的风险。在回收前,排水系统本身可以在生物反应器中进行处理。可以向污染土壤中施加专有的营养和添加剂配方,以促进生物降解。

土堆最高可达 2~3m,用塑料覆盖,以控制径流、蒸发和挥发,并促进太阳能的加热。生物堆技术是一项短期技术,操作和维护的持续时间可以为几个星期到几个月。修复方案包括预处理的修复床、生物处理单元、土堆和堆肥。

2. 适用范围

生物堆技术适合非卤化 VOCs 和燃料类污染异位土壤修复,卤化 VOCs、SVOCs 和杀虫剂污染土壤也可以处理,但是修复过程的有效性将会变化,可能只适用于这些污染物中的一部分,另一部分污染物难以处理。

3. 限制条件

(1)需要挖出污染土壤堆放在地表,占地面积大。

(2)在进行修复前,应进行修复小试验,以确定污染物的生物可降解性、最佳的氧气、营养负荷量、温度、湿度及 pH 等。

(3)降解转化炸药产品并不有效。

(4)静态处理过程与周期性混合过程比较,污染土壤的修复结果不均匀。

10.4　土壤与地下水中污染联合修复技术

10.4.1　电动力学与植物修复组合技术

该技术主要针对重金属污染土壤的修复。首先,采用电动力学技术对土壤中的污染物进行富集和提取,对富集部分单独进行回收或者处理;然后,利用植物对土壤中残留的无机物进行处理,可将高毒的无机污染物变为低毒的无机污染物,或者利用超累积植物对土壤中污染物进行累积后集中处置。

10.4.2　气体抽提与氧化还原组合技术

可用来处理挥发性卤代和非卤化化合物污染的土壤。先采用气相抽提的方法将土壤中易挥发的组分抽出至地面,再对富集的污染物可利用氧化还原的方法进行处理,或采用活性炭及液相炭进行吸附,对于吸收过污染物的活性炭和液相炭采用催化氧化等方法进行回收利用。

10.4.3　气体抽提与生物降解组合技术

适用于半挥发卤代化合物的处理。先采用气相抽提的方法将污染物进行富集,富集后的污染物可集中处理。由于半挥发性卤代化合物的特性,其可能在土壤中残留,从而影响气相抽提的处理效率。因此,在剩余的污染土壤中注入空气和营养物质,利用微生物对污染物的降解作用处理其中残留的污染物,从而达到修复之目的。

10.4.4　抽水-处理与生物降解组合技术

对于非均质含水层中的有机污染物,先抽出污染地下水在地表进行高级氧化处理,对于难以抽出的残留在非均质含水层的有机污染物,再通过空气注入井向地下曝气(AS),以增加地下微生物的活力和降解能力,使残留在非均质含水层中的有机污染物被生物降解。

10.4.5　物理注入与抽气处理组合技术

适用于土壤和地下水中挥发性有机物的处理。在土壤和地下水污染处设置曝气装置,一方面通过增加氧气含量促进微生物降解,另一方面利用空气将其中的挥发性污染物汽化进入包气带;或在污染物区使用注入水蒸气、加热、加电等物理方法,使得土壤与地下水中有机污染物汽化,再利用土壤气相抽提系统将汽化的污染物抽到地面集中吸附净化处理。

10.4.6　渗透性反应墙与抽水系统组合技术

对于水力坡度较小的污染场地,地下水污染物难以流动到渗透性反应墙区域,可以通过抽水系统增加地下水水力坡度,使污染地下水流动通过渗透性反应区,增强渗透性反应墙的处理效果。

10.4.7　电动力与渗透性反应墙组合技术

电动力(electrokinetic remediation, EKR)与渗透性反应墙(permeable reactive barrier, PRB)组合技术(EKR-PRB)，适合土壤与含水层渗透性较弱和非均质性土壤中污染物的处理。通过在污染土壤和含水层两侧施加直流电压，在土壤与含水层中产生电迁移、电泳和电渗的方式，使土壤和含水层中污染物向渗透性反应墙迁移，再通过渗透性反应墙体反应材料的沉淀、吸附、降解等处理，达到彻底处理污染物之目的。该技术可以处理重金属和有机物复合污染的土壤和地下水，对于渗透性强的均质含水层中的地下水污染，直接使用渗透性反应墙修复技术，而对于非均质低渗透含水层中的地下水污染，使用该技术效果较好。

10.5　土壤与地下水污染修复技术的选择

10.5.1　修复技术选择的原则

土壤与地下水污染修复技术选择的目标是人体健康、生态系统健康和环境健康风险降低到可接受水平，并保证污染物的扩散相对稳定。

城市污染场地修复技术的目标是保障人的健康，使得城市场地土壤和地下水中污染物的环境风险降低到可以接受的水平，并保证城市场地土壤与地下水污染物不扩散到其他受体或保证生态环境健康。农田土壤污染修复技术的目标是在不破坏土壤性质和结构的前提下，保证农作物的安全。

将具有不同类型污染物和不同风险值的土壤和地下水区别对待，分别处置。

在技术上，城市场地修复技术选择可以达到目标的最简化的途径或方法，而不单纯追求技术的先进性。

在经济上，城市场地修复技术的选择兼顾目前在修复费用方面的实际承受能力和今后的经济发展，使得不仅在目前，而且从较长远来看，修复技术方案都是合适的。

在可行性上，修复技术的选择从我国的现状水平出发，充分考虑我国现有场地修复队伍的能力、修复装备水平以及技术的可操作性。

修复技术应被大多数公众接受，在修复过程中产生的噪声、造成的不便以及对景观的影响在公众的可接受范围内。

土壤与地下水污染修复技术不应造成污染物的转移或二次污染或产生毒性更大的中间产物，如四氯乙烯、三氯乙烯的降解，会产生毒性更大的氯乙烯。

天然土壤和含水层中存在多种重金属，在天然情况下这些重金属或以络合物存在或以矿物形式存在，均属于稳定化或固化状态。当修复活动发生时，可能会改变地下环境状态,如增加一些药剂或改变地下氧化还原环境,使得原有稳定化/固化态的重金属重新活化析出,造成新的土壤与地下水污染。因此,在制定修复方案时,一方面要考虑目标污染物的去除效果,另一方面要考虑降解副产物和改变地下环境引起的土壤和含水层固相重金属的溶出,做到修复工程与地下环境的相容。

在土壤与地下水污染修复过程中,尽可能避免能耗过大,做到绿色修复。

10.5.2　土壤与地下水污染修复技术选择对比

1. 原位修复与异位修复对比

原位修复需要的时间较长,二次污染较少,费用相对较低,原位修复对地下环境条件要求较高,一般对低渗透土壤和含水层污染处理难度大,大多适合渗透性较好的均质地层。

一般来说,异位修复需要的时间较短,地表占地面积大,对于抽出-处理技术,需要后续对污染物在地表进行处理,导致异位修复费用较高。

2. 物理修复、化学修复及生物修复的比较

物理修复包括热、冻、水力、电、分离及阻隔等方法,对土壤与地下水污染物进行处理,物理方法一般不会造成土壤与地下水环境的二次污染,但有时能耗比较大,如玻璃化技术、电动力修复技术、热解吸附技术、抽水-处理技术等;有时难以彻底去除污染物,如物理阻隔技术,只避免污染物进一步扩散。化学修复技术一般包括化学氧化和化学还原技术,处理速度快,对目标污染处理效果好,但易产生二次污染,尤其是会产生毒性较大的中间产物。生物修复技术一般需要较长时间,尤其是原位修复技术,如土壤重金属植物修复技术;不会破坏土壤的结构和性质,一般处理污染物比较彻底,不会产生二次污染问题,但对于人工菌使用,要考虑生物入侵问题,尽可能利用土著微生物。

3. 城市污染场地修复技术的选择

城市污染场地修复一般需要的时间短,主要关注人体健康风险管控。因此,可以结合土地用途、地下水用途以及技术经济成熟程度,选用各种技术,目前国内对于重金属土壤污染大多选用稳定化技术,对于有机污染物污染场地采用化学氧化技术,如用过硫酸盐作为氧化剂进行土壤异位修复等,但要注意二次污染问题及毒性较大的中间产物残留。

4. 农用污染土地修复技术的选择

农用污染土地修复技术选择的原则是不破坏土壤的生态环境和结构，一般选择原位修复技术，对严重污染的农用地，原位修复难以实现时，可以采用换土的方法，用符合标准的外来土置换严重污染的土壤，将污染土壤进行异位固定化处理(玻璃化或水泥固化)。目前农用地土壤污染修复技术大致有四种方法。

1) 植物修复技术

植物修复技术主要针对重金属污染土壤，土壤污染物分布相对较分散且浓度较低，污染深度在地表至地表以下 0.6m 处，基本上分布在作物耕作层内。利用超富集植物提取性能，将土壤中重金属通过植物根系吸收输送到植物地上部分富集，通过回收植物，以去除土壤中的重金属。目前常用的超富集植物参阅 10.2.4节内容。

植物修复技术具有成本低、适应性广、耐受性强以及不破坏土壤生态环境和结构等优点。由于上述超富集植物均为草本植物，生长时间短，生物量小，富集重金属有限，因此适合重金属浓度较低的污染土壤修复。需要进一步研究超富集重金属污染土壤修复的灌木和乔木植物，这些植物生长时间长，生物量大，可以提取较多的重金属，提高重金属污染土壤的修复效率，超富集灌木和乔木植物可以对中度重金属污染土壤进行修复，应开发降解土壤中有机污染物的灌木和乔木植物如杨树、夹竹桃等。

2) 生物修复技术

生物修复技术包括土壤中微小生物和微生物土壤修复。微小生物包括蚯蚓等可以吸收一些重金属和有机污染物；土壤中微生物众多，可以通过农业土壤深度翻耕，增加土壤中的氧气，促进微生物生长，同时给土壤中施加生物炭和营养物质，增加土壤中微生物的活力。微生物可以降解有机污染物，同时固定、稳定化、矿化、还原土壤中的重金属，利用微生物克隆、代谢产物和生物膜矿化土壤重金属。

也可以使用人工微生物降解土壤中有机污染物和稳定化土壤中重金属，如基因工程菌 *E. coli* strain(基因表达产物为金属调节蛋白质 ArsR)可以去除土壤中的As；基因工程菌 *E. coli* strain(基因表达产物 SpPCS)可以去除土壤中的 Cd^{2+}；基因工程菌 *Methylococcus capsulatus*(基因表达产物 CrR)可以去除土壤中的 Cr^{6+}；基因工程菌 *Ralstonia eutropha* CH34，*Deinococcus radiodurans*(基因表达产物merA)可以去除土壤中的Cd^{2+}和Hg；基因工程菌 *E. coli* JM109(基因表达产物 Hg^{2+}转运体)可以去除土壤中的 Hg；基因工程菌 *P. fluorescens* 4F39(基因表达产物phytochelatin synthase(PCS))可以去除土壤中的 Ni。也可以通过从土壤中或污泥中人工提炼微生物，并进行强化放入土壤中进行定向污染物的去除，如硫酸盐还原菌、芽孢杆菌属、埃希氏菌属、阴沟肠杆菌、大肠杆菌、假单胞菌属等可以还原土壤中的重金属。

3)稳定化修复技术

天然条件下，重金属进入土壤中存在五种形态：溶解态（或离子交换态或生物可利用态）、铁锰络合态、有机物络合态、碳酸盐络合态和残渣态。溶解态重金属容易迁移被植物吸收，其他络合态相对稳定，但在土壤中 pH、Eh 变化时，这些络合态被溶出。因此，农田土壤稳定化技术可以通过调节土壤的理化性质，向土壤中施加一些材料以达到土壤中重金属被吸附、发生沉淀、离子交换和化学还原反应、腐殖质化等目的，稳定化土壤中的重金属，降低土壤中重金属的生物可利用性，从而阻止重金属从土壤通过植物根部向农作物地上部的迁移累积，以实现污染土壤的修复。如在土壤中施加 Fe-Mn，使得土壤中重金属形成铁锰络合态；在土壤中施加腐殖质，使得土壤中重金属形成有机物络合态；在土壤中施加石灰，使得土壤中重金属形成碳酸盐络合态。

一般随耕作过程向土壤中施加 Fe^0、S^{2-}、$S_2O_4^{2-}$、NH_2OH 等还原土壤中重金属，使其变成稳定化状态，即钝化土壤中的重金属使其成为植物难以利用的状态。稳定化修复技术具有修复速度快、稳定性好、费用低、操作简单等特点，同时不影响农业生产。

4)淋洗技术

对于渗透性较强的污染土壤，通过农业灌溉或加入淋洗剂淋洗土壤中的重金属和有机污染物，使其进入地下水中，再抽取地下水，在地表进行吸附去除，可以用各种吸附剂如活性炭、改性稻谷壳、改性壳聚糖等材料。该技术的运用避免了破坏土壤结构。

5. 矿区污染土壤与尾矿修复技术的选择

矿区土壤表土常常遭到改造和破坏，水土流失严重，同时，由于矿山尾矿中重金属的释放，造成矿区土壤重金属污染、矿区土壤酸污染等。常用的矿区土壤和尾矿污染修复技术有以下几种。

(1)矿区污染土壤与地下水修复技术。大多数尾矿存在比较稳定的尾矿坝，尾矿库区储存大量尾矿矿渣，尾矿主要通过尾矿坝下游渗漏导致下游土壤与地下水污染。因此，在尾矿坝下游前缘构建渗透性反应墙，并在墙体内填充生物炭和零价铁，通过生物炭吸附和零价铁化学还原，对尾矿中重金属进行吸附还原稳定化，避免重金属向下游渗漏扩散。

(2)物理修复技术。对于矿区土壤，采用粉碎、压实、剥离、筛分分级、水力分离等技术，改造矿区退化土壤的物理性质，同时向土壤中施加有机肥料；对于坡地改造成梯田形式，防止水土流失，并种植一些植被。

(3)化学修复技术。对于严重污染土壤，运用化学修复技术，向土壤中施加零价铁、石灰、石膏等作为螯合剂，使得土壤中重金属变成络合态，减少植物吸收利用。

(4)超富集植物提取技术。针对土壤中不同的重金属污染，种植不同超富集植物，去除土壤中的重金属，同时，由于种植植被，改良土壤结构，增加土壤中的微生物，促进了土壤重金属的稳定化。

(5)生物修复技术。向矿区污染土壤中施加微生物营养剂，增加微生物的活力，利用土壤中微生物进行重金属的稳定化；也可以利用基因工程菌，修复重金属污染土壤。

(6)采用农业耕作工艺。如深耕翻土增加土壤中氧气，促进土壤中微生物生长和改造土壤结构等，改造矿区土壤物理和生物特性。

10.5.3　污染场地修复过程次生污染预防

在污染场地修复技术实施过程中，对现场施工人员宜采取适当的保护措施，必要时佩戴防护面具和穿戴防护服；对进出现场的人员和车辆需要进行严格管理，防止污染土壤被带出场外，避免污染物的扩散。

对污染场地中挖掘出的污染土壤和抽出的地下水需运到场外处理的，其挖掘、运输、储存和处置应符合国家、场地所在地和处理场所所在地的环境保护法律法规要求。

在污染现场采用原位或异位处理技术时，需采取措施避免挖掘及修复过程中扬尘和挥发性物质的无组织排放，妥善处理挖掘及修复过程中产生的废渣和废水，并应尽量减少噪声污染。

对原位化学和生物注入修复，要进行科学评估和许可，避免注入破坏地下环境。

对修复设施进行定期维护并更换相关材料，防止填充材料失效影响修复效果，导致污染扩散。被替换的材料应进行集中处置，严禁乱堆乱放。

对污染物富集的植物、水溶液或土壤，应进行回收处理或统一管理。

对浅埋地下水(上海地区地下水埋深 0.5～2m)，调查阶段地下水环境要素未超过相关标准，污染土壤异位处理开挖过程，需要进行基坑排水，不仅要监测土壤污染物，还要监测地下水质。如果地下水被污染，要进行及时处理，避免随意进行排放。纳管排放标准中，污水水质浓度远远高于严重污染地下水的水质浓度，因此，污染地下水抽出处理后的纳管排放不合适，应该按Ⅲ类地下水质处理后回灌。

重金属污染土壤在异位固化/稳定化处理后，不宜回填到原地，应用作路基材料。对高级氧化(如过硫酸盐)异位处理的土壤在回填前，应测定其理化性质，如

pH、SO_4^{2-}等，防止回填土对建筑地基的腐蚀。

需要定期监测和评估土壤与地下水修复技术的处理效果，不仅要监测目标物的去除效果，还要监测可能产生的中间产物，因为在有机污染物处理过程中容易产生难降解的中间产物，如 PCE 和 TCE 降解过程中的氯乙烯（VC）中间产物比较难降解。在充分论证的条件下合理调整方案。

10.6　案 例 分 析

1. 上海市徐汇区某工业场地土壤有机污染物修复

该场地历史上为工业场地，初步和详细调查发现部分区域的土壤受到了有机物污染，污染物主要为多环芳烃类污染物，其中多环芳烃污染土壤土方量约 6000 m³，苯并[a]芘最高检出浓度为 10.4 mg/kg。该场地使用异位化学氧化修复技术对有机污染土壤进行了修复，选择的修复药剂为过硫酸盐类氧化剂，配合碱激活剂共同使用。其中氧化剂药剂添加量为污染土壤的 1.2%（质量比），激活剂氢氧化钙添加量为氧化剂的 50%（质量比）。经过化学氧化处理之后，验收监测中苯并[a]芘均未检出，其他多环芳烃类物质浓度也都低于修复目标值，均达到了预期修复目标。

2. 上海市闵行区某工业场地土壤有机污染物修复

该场地历史上为工业场地，初步和详细调查发现部分区域的土壤受到了有机物污染，主要污染物为石油烃和多环芳烃类污染物。其中石油烃和多环芳烃污染土壤土方量约 10000 m³，其中苯并[a]蒽最高检出浓度为 35.74mg/kg，苯并[b]荧蒽最高检出浓度为 46.91mg/kg，苯并[a]芘最高检出浓度为 30.59mg/kg，茚并(1,2,3-cd)芘最高检出浓度为 13.25mg/kg，二苯并[a,h]蒽最高检出浓度为 5.35mg/kg。该场地使用异位化学氧化修复技术对有机污染土壤进行了修复，选择的修复药剂为过硫酸盐类氧化剂，配合碱激活剂共同使用。氧化剂药剂添加量为污染土壤的 1%（质量比），激活剂氢氧化钙添加量为氧化剂的 30%（质量比）。经过化学氧化处理之后，验收检测中多环芳烃类物质浓度也都低于修复目标值，均达到了预期修复目标。

3. 上海市杨浦区某工业场地重金属污染修复

污染介质：表层及深层土壤。

污染物：锑、砷、镍、铅等重金属。

污染物浓度：锑为 30～77.9 mg/kg（修复目标值为 21.3 mg/kg）；砷为 20.6～618 mg/kg（修复目标值为 20 mg/kg）；镍为 387～4660mg/kg（修复目标值为

357.45 mg/kg）；铅为 142～1090mg/kg（修复目标值为 140 mg/kg）。

修复技术：异位固化/稳定化技术，在对原污染区域开挖后使用一体化搅拌机添加 2%～5%专用稳定化药剂，处理污染土壤。稳定化后土壤淋滤液标准为锑 0.02 mg/L、砷 0.05 mg/L、镍 0.05 mg/L、铅 0.05 mg/L。

修复效果：经验收检测，土壤样品均达到毒性浸出标准。

4. 上海市闵行区某工业场地土壤与地下水污染修复

根据场地环境初步调查、详细调查以及风险评估，场地一共有 6 个土壤点位的污染物浓度超过了人体健康风险可接受水平，需要修复 6 种污染物，包括重金属（砷和锑）、多环芳烃（苯并[b]荧蒽、苯并[a]芘）和氯代烃（1,2-二氯乙烷、1,1,2-三氯乙烷）。其中砷检出浓度为 22.8～27 mg/kg，修复目标值为 20 mg/kg；锑检出浓度为 8.2 mg/kg，修复目标值为 6.6 mg/kg；苯并[b]荧蒽检出浓度为 0.9 mg/kg，修复目标值为 0.73 mg/kg、苯并[a]芘检出浓度为 0.7 mg/kg，修复目标值为 0.4 mg/kg。另外，一共有两个地下水点位的污染物浓度超过了人体健康风险可接受水平，需要修复 7 种污染物，包括氯代烃类（氯乙烯、1,2-二氯乙烯、1,2-二氯乙烷、三氯乙烯、1,1,2-三氯乙烷、氯仿（三氯甲烷））和总石油烃。其中氯乙烯检出浓度为 170 μg/L，修复目标值为 27 μg/L；1,2-二氯乙烯检出浓度为 410 μg/L，修复目标值为 80 μg/L；1,2-二氯乙烷检出浓度为 1340 μg/L，修复目标值为 90 μg/L；三氯乙烯检出浓度为 1840 μg/L，修复目标值为 20 μg/L；1,1,2-三氯乙烷检出浓度为 2580 μg/L，修复目标值为 60 μg/L；氯仿检出浓度为 513 μg/L，修复目标值为 170 μg/L；总石油烃检出浓度为 7260 μg/L，修复目标值为 2200μg/L。

整个场地修复理论土方量总计为 1425 m³，其中，重金属砷和锑污染土壤修复方量为 550m³，氯代烃有机物污染土壤修复方量为 675m³，多环芳烃有机物污染土壤修复方量为 200m³。

污染地下水修复采用的多相抽提修复技术，抽出地下水排放限值氯代烃无检出，石油烃为 20 mg/L，COD 为 500 mg/L。地下水污染面积 225m²，深度 6m。

修复技术：对多环芳烃污染土壤采用异位化学氧化技术进行修复，氧化剂为过硫酸盐类；对重金属采用异位固化/稳定化技术。

对于有机污染土壤，从基坑中清挖出后转移至附近的有机污染土壤异位处理区域，先后添加熟石灰（碱激活剂）与高级氧化剂，并与污染土壤进行初步混合，随后利用土壤处理专业筛分混合设备进行修复药剂与污染土壤的精细筛分与混合，加药混合后的土壤堆体进行洒水调节土壤湿度。完成施工内容后，土壤堆体覆盖防雨布进入养护阶段。实际清挖面积为 125m²，清挖深度为 2m，清挖和修复土方量为 250m³。在有机污染土壤修复过程中先后添加熟石灰活化剂 1.5t、高级氧化剂 3t。

　　根据基坑第一次验收采样的检测结果，基坑南北两侧侧壁的表层土壤仍未达到土壤清挖修复目标值。因此，针对未达标区域进行了补充清挖与修复。清挖目标主要为未达标侧壁表层的杂填土壤，南北两侧侧壁长度均为 10m，补充清挖外扩范围为 0.5m，清挖深度为 0.5m，共计清挖修复土方量约 $5m^3$。补充修复共投加熟石灰(碱激活剂) 50kg 和高级氧化剂 100kg。

　　对重金属污染土壤的清挖与修复：根据施工放样确定的重金属污染土壤基坑区域范围进行硬化地面破碎与清理，先后布撒熟石灰、铁盐和黏土辅助剂，并完成与污染土壤的多次翻搅混合，确保混合效果。在完成施工内容后，土壤堆体覆盖防雨布进入养护阶段。基坑 3# 实际清挖面积为 $134m^2$，清挖深度为 1m，清挖和修复土方量为 $134m^3$；基坑 4# 的清挖面积为 $300m^2$，清挖深度为 $1\sim2m$，清挖和修复土方量为 $450m^3$。重金属污染土壤修复过程中先后添加熟石灰活化剂 1t、铁盐 4t 和黏土辅助剂 55t。重金属污染土壤在原地异位稳定化处理修复完成后，将外运作道路施工中层覆土进行处置。

　　土壤地下水修复工程验收监测选取的所有土壤地下水样品的特征污染物监测结果均低于修复方案中确定的修复目标值，表明原位修复区域的土壤地下水、异位开挖基坑和修复后土壤中的污染物浓度均达到修复目标要求。

　　从上海市实施的土壤与地下水污染修复时间看，由于场地急需使用，需要采用快速进行场地污染修复的技术。对重金属稳定化处理，从土壤环境变化的角度还需要长期观测。对有机污染物的高级氧化处理还需要考虑氧化过程有毒有害副产品的产生，目前仅仅检测目标污染物的去除效果。对于黏性土中地下水挥发性有机污染物的抽气处理、热脱附技术、原位化学试剂注入技术的应用，还需要慎重处理，尽管在局部有一定效果，但对场地区域还需进一步的效果评估。

第 11 章 地下水污染预测及修复工程模拟设计

11.1 输油管线泄漏对地下水源污染预测

11.1.1 事故状态下地下水环境影响分析

在工程运行期，如果管道发生破裂，会有大量的油品泄漏，发生溢油事故。为了减小对周围环境的影响，在管道沿线设置了线路截断阀室。SCADA(supervisory control and data acquisition)系统，即数据采集与监视控制系统，由现场传感器、现场采集动作单元、数据传输通道以及计算机为中心的主站系统组成。在管道发生断裂、发生漏油事故时，该系统能迅速发现，并在 17 分钟内关闭距出事地点最近的上下游管线截断阀，管道内仅存在静压，事故最大泄漏量为出事地点最近的上下游管线截断阀两端管道内的存油。泄油停止后的第一个应急措施是限制地表污染的扩大，立即收集泄漏油品。但外泄油品受重力和地形的影响，会顺着地势自然流淌，其流向可能聚集在低凹的地面，可能会对土壤和地下水造成污染。

汽油和柴油均难溶于水，称为非水相液体(NAPLs)。在输油管线泄漏发生后，由于管道输油压力较大，而顶层覆土层压力较小，成品油会向上喷出地表。如果无人工立即回收，则其一部分轻组分会挥发，另一部分下渗到包气带土体，甚至到达含水层，导致地下水污染。

泄漏油品在包气带中的运动以重力作用下的垂向迁移为主，当到达地下水面毛细管带时，由于密度差的影响，污染物会沿着毛细管带上的边缘横向扩展，最终漂浮在地下水面以上形成 NAPLs 的透镜体。在污染物流经的所有地方都会因为物理、化学吸附以及毛细截留作用，使部分污染物残留在孔隙介质中。同时由于挥发和溶解作用，地层中的油类不断向周围环境中释放污染物，在地下水面以上的非饱和区形成一个气态污染物的分布区，在地下水饱和区中形成污染物的羽状体。

泄漏后油品在地下环境中存在四种物理状态，包括自由态有机污染物、挥发态有机污染物、溶解态有机污染物和残余固态(吸附在含水层颗粒表面)有机污染物。

自由态有机污染物是指泄漏后在重力作用下可以自由移动的部分，如自由态的石油类(LNAPLs)会沿着地下水运动的方向发生迁移,同时随地下水位的上下变化而上下移动。由于自由态有机污染物通过挥发和溶解过程不断向土壤和地下水中释放污染物质,而且绝大多数有机物的挥发和溶解都十分缓慢,自由态污染物本身在重力作用下的迁移也会使污染范围进一步扩大。

挥发性有机污染物:目前在石油泄漏事故中所出现的大多数有机污染物都属于挥发性有机污染物,一旦泄漏就会不断挥发,进入周围的土壤中,并由于浓度梯度造成进一步的扩散。

溶解态有机污染物:地下环境中的有机污染物会因为降雨淋滤、灌溉以及与地下水的直接接触等途径不断溶解而进入地下水中,并随地下水一起迁移扩散,形成地下水的污染羽扩散区。

残余固态有机污染物:由于吸附作用或是毛细作用而残留在孔隙介质颗粒表面的有机污染物,它们虽然也以液态的形式存在,但是不能在重力作用下自由运动,其残余饱和度的大小与孔隙介质的污染物有密切关系,这部分有机污染物是地下环境系统中较难清除的部分。

土壤是由矿物质、有机质、微生物、植被根系、水和空气等组成的多介质多相多组分体系,具有复杂的物理、化学和生物性质。土壤属于非饱和带,具有四相,即气相、水相、固相和生物体相,石油类污染物在土壤中的行为受到这四相之间分配趋势的制约。有机污染物在土壤环境系统中的迁移行为属于跨介质迁移,污染物不仅随着地下水流迁移转化,同时,在土壤固体颗粒-水界面上发生吸附和降解附行为,也与土壤中微生物发生降解过程。

有机污染物在地下环境系统中的迁移与转化过程是复杂的物理、化学及生物综合作用的结果。当污染物从泄漏点进入地下环境系统时,一般都要经过包气带而进入地下含水层,其中包气带不仅对污染物具有输送和储存功能,而且具有延续或衰减污染的效应。污染物在地下环境中的迁移转化,包括挥发、吸附、渗滤、沉淀、非生物降解、水解、氧化还原、化学与生物降解等过程,涉及有机污染物本身的物理、化学、生物特性与包气带和含水层结构,地层中黏粒及有机质含量,孔隙特征,地下水的埋深、流向、流速以及地下水所处的环境条件等多种因素,过程十分复杂,其中吸附、解吸附和微生物降解是控制有机污染物迁移转化的两个主要控制因素。

输油管道破裂一次性泄漏量大,对环境造成的影响较大。因此,模拟中采用的事故源强为管道破裂情况下的泄漏量。管道泄漏后地下水预测估算的泄漏量如表 11-1 所示,成品油密度为 0.847 kg/m³。

表 11-1 地下水预测泄漏量估算

水源保护区	输油量/(×10⁴ t/a)	管径/mm	泄漏长度/m	泄漏总量/m³	泄漏总量/kg
龙山镇官泉饮用水源保护区	1000	610	7100	1009.34	854.91098
扯弓塬人饮工程水源地	1000	610	11920	1431.71	1211.65837

11.1.2 龙山镇官泉地下水污染预测

1. 水源地水文地质概况

龙山镇官泉饮用水水源地出露第四系下降泉，供水量为 85.6 m^3/d，供水人口为 1027 人。官泉饮用水水源保护区地下水为黄土潜水。黄土潜水广泛分布于黄土覆盖的丘陵带，地下水赋存于黄土孔隙裂隙中。该类型地下水水量贫乏，分布不匀，但水质较好，可以作为人畜饮水的主要水源。官泉村供水泉所在的冲沟和八杜沟谷各自成为一个独立的水文地质单元，其潜水的分布、埋深受新近系隔水底板埋深的控制，通常在梁顶埋深 15～25 m，山坡和坡脚较浅。潜水的富水性与汇水面积、地形平缓程度、黄土厚度等因素有关，区内黄土覆盖区属水量贫乏区，地下水径流模数为 0.1～1 $L/(s \cdot km^2)$，单泉流量为 3 m^3/d。庙村河和八杜沟沟谷潜水也存在，单井涌水量达到 30～100 m^3/d。黄土潜水水质良好，矿化度为 0.35～0.87 g/L，水化学类型为 CO_3-Ca-Mg-Na 或 HCO_3-Mg-Na型。

黄土潜水的唯一补给来源是大气降水。降水除部分沿地表流失和蒸发外，另一部分顺着黄土节理裂隙、盲沟陷穴等通道向下渗入补给地下水。黄土潜水的径流途径较短，一般只有数百米，多则 1～2 km。潜水排泄方式有两种，一种是在沟脑源头黄土与隔水泥岩的接触面上以下降泉的方式渗出；另一种是沟谷切穿潜水水位以下但未到底板，潜水沿沟边溢出或沟谷切到隔水泥岩，潜水沿沟边基岩面溢出。

区内地下水可分为松散岩类孔隙水和碎屑岩类孔隙裂隙水两类，前者进一步分为黄土孔隙裂隙潜水和河谷潜水。黄土潜水广泛分布于黄土覆盖的丘陵山区，以新近系泥岩为底板。地下水埋深 15～25m，地下水补给主要为大气降水。河谷区潜水主要分布在河流一级、二级阶地，底板为新近系泥岩，含水层主要为砂砾层。二级阶地地下水埋深 5.8～15 m，一级阶地地下水埋深 2～5m，地下水较丰富，单井出水量为 100～300 m^3/d。研究区地下水为潜水，地下水补给主要为大气降水(多年平均降水量为 564.7 mm)、山区上游地下水侧向径流补给，地下水开采量为 923 m^3/d。

管道穿越地下水源二级保护区，穿越长度为 2 km，管道与泉眼最近距离约

1000 m。该水源保护区为工程施工结束后新区划的水源地保护区。对研究区监测井 16 口井进行了地下水位观测、水样采集和水质分析。

2. 地下水流模型

根据水文地质条件，该区可概化成单层潜水含水层，可以按照平面二维地下水流模拟分析，其地下水流数学模型为

$$\begin{cases} \dfrac{\partial}{\partial x}\left(Kh\dfrac{\partial h}{\partial x}\right)+\dfrac{\partial}{\partial y}\left(Kh\dfrac{\partial h}{\partial y}\right)+W=\mu\dfrac{\partial h}{\partial t}, t\geqslant 0,(x,y)\in\Omega \\ h(x,y)=h_0(x,y),(x,y)\in\Omega,t=0 \\ h(x,y)=h_1(x,y),(x,y)\in\Gamma_1,t>0 \\ \dfrac{\partial h}{\partial n}=0,(x,y)\in\Gamma_2,t>0 \end{cases} \tag{11-1}$$

运用有限元数值方法对式(11-1)进行数值离散化，进行地下水流数值模拟分析。研究区含水层空间离散与水流边界条件如图 11-1 所示。将研究区含水层空间离散成 1217 个节点、2284 个三角单元，图中黑色圆点之外的黑色叉线为隔水边界，黑色圆点为定水头边界(上游为补给边界，下游为排泄边界)。

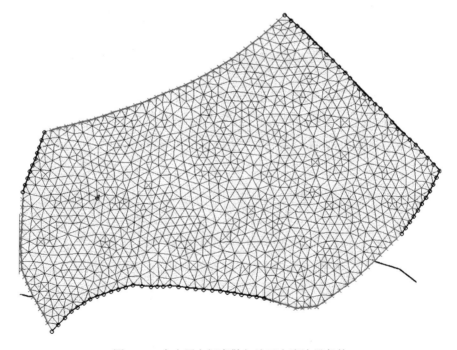

图 11-1　含水层空间离散与地下水流边界条件

3. 地下水环境数值模拟与预测

运用 FEFLOW 地下水环境模拟软件，进行研究区地下水流和溶质运移数值模拟，获得潜水含水层地下水流流场，再依据地下水流场与溶质运移模型，预测输油管泄漏对地下水源地地下水质量的影响，预测时间分别为 100 天和 1000 天，计算模型为二维非稳定地下水流和溶质运移模型，边界和初始条件、含水层参数按实际调查资料和模型校正确定。初始流场根据现场地下水位监测数据进行克里金(Kriging)插值确定，图 11-2 为实测地下水位等值线图，作为初始地下水流场。

在研究区潜水含水层岩性分析的基础上，通过地下水流模型校正，获得研究区水文地质参数，其含水层渗透系数分布如图 11-3 所示，图 11-4 为地下水流场拟合图，计算流场与实际流场趋势基本相同。

在地下水流分析的基础上，构建潜水含水层地下水溶质运移模型(对流-弥散模型)，其潜水地下水溶质运移数学模型为

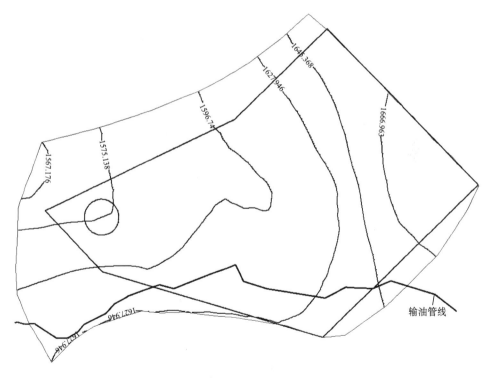

图 11-2　研究区初始地下水位等值线(单位：m)

粗线框线为地下水源二级保护区边界；圆圈为地下水源一级保护区；粗折线为输油管线，输油管线穿越地下水源二级保护区

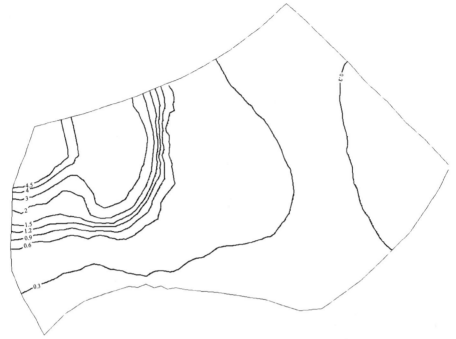

图 11-3　研究区含水层渗透系数等值线(单位：10^{-4} m/s)

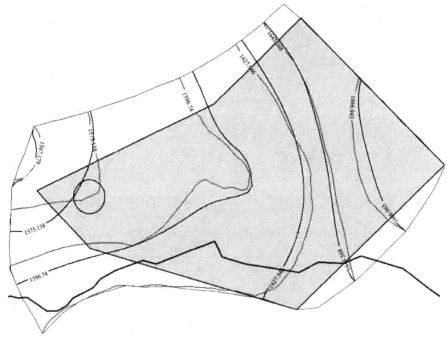

图 11-4　研究区计算地下水流场与实测流场拟合图

细线为实测地下水位等值线；粗线为计算地下水位等值线

$$
\begin{cases}
\dfrac{\partial}{\partial x}\left(D_L \dfrac{\partial C}{\partial x}\right)+\dfrac{\partial}{\partial y}\left(D_T \dfrac{\partial C}{\partial y}\right)-\dfrac{\partial}{\partial x}\left(u_x \dfrac{\partial C}{\partial x}\right)-\dfrac{\partial}{\partial y}\left(u_y \dfrac{\partial C}{\partial y}\right)+W=\dfrac{\partial C}{\partial t}, \\
t\geqslant 0,(x,y)\in\Omega \\
C(x,y)=C_0(x,y),(x,y)\in\Omega, t=0 \\
C(x,y)=C_1(x,y),(x,y)\in\Gamma_1, t>0 \\
\dfrac{\partial}{\partial x}\left(D_L \dfrac{\partial C}{\partial x}\right)+\dfrac{\partial}{\partial y}\left(D_T \dfrac{\partial C}{\partial y}\right)-\dfrac{\partial}{\partial x}\left(u_x \dfrac{\partial C}{\partial x}\right)-\dfrac{\partial}{\partial y}\left(u_y \dfrac{\partial C}{\partial y}\right)=0, \\
(x,y)\in\Gamma_2, t>0
\end{cases}
\tag{11-2}
$$

初始时刻研究区内输油管线无泄漏，其区内溶质浓度定义为 0。根据水文地质条件定义研究区内溶质运移边界条件，水头边界定义为零溶质浓度边界，隔水边界定义为溶质运移通量零边界。输油管线泄漏为污染物源项，污染源的位置为距离水源最近的点，污染物强度根据输油管线可能泄漏情况确定，根据表 11-1 所示的管线泄漏总量作为源强(854.91098 kg)，17min 泄漏油的总量，之后关闭。分析输油管线渗漏对水源地地下水环境的影响，输油管线泄漏作为地下水污染源强，以污染源项加入潜水含水层之上。研究区四周无污染物交换边界，仅在输油管线渗漏处加污染源强。根据含水层特性，以经验给出较大地下水溶质运移参数，即地下水纵向水动力弥散系数为 10 m²/d，横向水动力弥散系数为 1.0 m²/d。预测一级水源保护区三个观测孔的污染物浓度。

通过运行地下水溶质运移数值模型，预测观测孔污染物浓度随时间变化情况如图 11-5 所示。预测 100 天、1000 天后研究区地下水流场和污染物空间扩散状况，分别如图 11-6、图 11-7、图 11-8 和图 11-9 所示。从图中可以看出，当输油

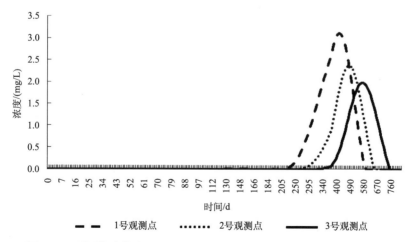

图 11-5　预测输油管线泄漏下研究区观测孔地下水污染物随时间变化图

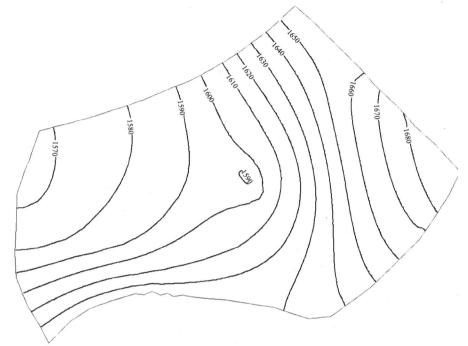

图 11-6　预测 100 天输油管线泄漏下研究区地下水位等值线（单位：m）

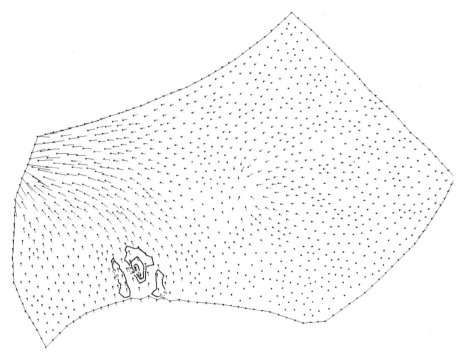

图 11-7　预测 100 天输油管线泄漏下研究区地下水污染物扩散状况（单位：mg/L）

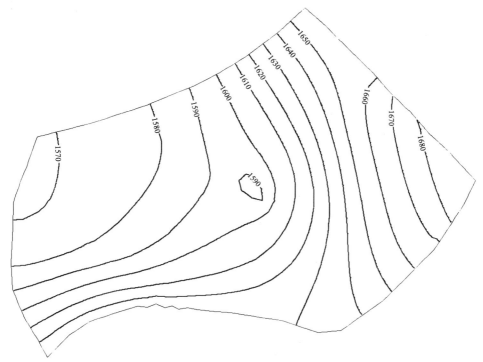

图 11-8　预测 1000 天输油管线泄漏下研究区地下水位等值线(单位：m)

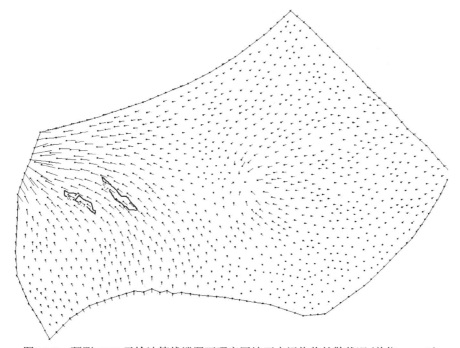

图 11-9　预测 1000 天输油管线泄漏下研究区地下水污染物扩散状况(单位：mg/L)

管线泄漏 200 天，污染物进入到一级地下水源保护区；420 天一级地下水源保护区污染物浓度达到最大值，其值为 3.12 mg/L；760 天后污染物扩散到一级地下水源保护区之外；1000 天后地下水源保护区污染物扩散到研究区外，由于边界效应，出现 0.176～–0.14mg/L 的计算误差。

从上述地下水环境数值模拟分析结果看，输油管线泄漏对地下水源水质影响大，输油管线泄漏 200 天开始影响一级水源保护区地下水质，420 天达到最大浓度值 3.12 mg/L，760 天后污染物扩散到一级地下水源区外。从输油管线长期运营来看，为防止输油管线泄漏对地下水环境的影响，应在输油管线穿越的地下水源二级保护区管线附近设立地下水环境长期监测井。

11.1.3 扯弓塬地下水污染预测

1. 水文地质条件

扯弓塬地下水类型为第四纪松散岩类孔隙潜水。松散岩类孔隙潜水主要赋存于第四纪地层中，为河(沟)谷冲洪积层孔隙水，主要分布于甘渭子河谷以及两侧支流和沟岔中。含水层由松散砂卵砾石构成。河(沟)谷潜水主要接受大气降水入渗补给，其次接受来自山区基岩裂隙水的侧向补给和上游的地下径流补给以及地表径流、渠系和灌溉水的入渗补给，补给模数为 30×10^4～50×10^4 m³/(a·km²)，河谷潜水水位埋深为 1.0～2.0 m，含水层厚度为 8～12 m，富水性强，单井涌水为 100～1000 m³/d。

研究区丘陵山区第四系分布厚度较大，出露第四纪晚更新世马兰黄土、全新世风积和坡积黄土，马兰黄土构成山脊骨架地层，厚度约为 50～80 m。

河谷区地层自上而下依次为黄土状粉土、砂砾碎石层、第四纪全新世黏土，河谷潜水埋深为 6～7 m，丘陵山区潜水埋深一般为 75～85 m。

水源地含水层平均厚度为 4 m，下层为红土隔水层，修建大口井条件较好，含水层砂砾母岩为石英砂砾岩，粒径组成 2 mm 以下各粒径占 40%，2～20 mm 粒径占 40%，20 mm 以上粒径组占 20%。

研究区地下水为潜水，地下水补给主要为大气降水、山区基岩裂隙水补给以及上游地下水侧向径流补给。人工开采为大口井，地下水开采量为 226 m³/d。

管线未穿越水源保护区，管线紧临水源二级保护区外边界外侧通过，与水源井的最近距离约 40m。

本次在研究区设 10 个监测井，进行地下水位测量和水样采集。根据潜水含水层监测井水位绘制地下水位等值线，作为研究区地下水位初始流场。

2. 地下水流模型

根据研究区水文地质条件，该区可概化成单层潜水含水层，可以按照平面二维地下水流模拟分析，其地下水流数学模型为

$$
\begin{cases}
\dfrac{\partial}{\partial x}\left(Kh\dfrac{\partial h}{\partial x}\right)+\dfrac{\partial}{\partial y}\left(Kh\dfrac{\partial h}{\partial y}\right)+W=\mu\dfrac{\partial h}{\partial t}, t\geqslant0,(x,y)\in\Omega \\
h(x,y)=h_0(x,y),(x,y)\in\Omega, t=0 \\
h(x,y)=h_1(x,y),(x,y)\in\Gamma_1, t>0 \\
\dfrac{\partial h}{\partial n}=0,(x,y)\in\Gamma_2, t>0
\end{cases}
\tag{11-3}
$$

运用有限元数值方法对式(11-3)进行数值离散化，进行地下水流数值模拟分析。研究区含水层空间离散、边界条件如图 11-10 所示。研究区离散成 2587 个节点、4975 个三角单元，图中叉线为隔水边界，圆点为地下水头边界(上游为补给边界，下游为排泄边界)，带箭头圆圈为水源地地下水开采井，开采量为 226 m³/d。

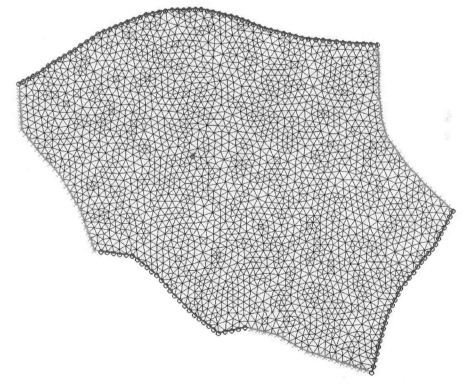

图 11-10　扯弓塬人饮工程水源地含水层空间离散图

圆圈为水源一级保护区观测井

3. 地下水环境数值模拟与预测

运用 FEFLOW 地下水环境模拟软件，进行研究区地下水流和溶质运移数值模拟，获得潜水含水层地下水流流场，再依据地下水流场与溶质运移模型，预测输油管泄漏对地下水源地地下水质量的影响，预测时间分别为 100 天和 1000 天，计算模型为二维非稳定地下水流和溶质运移模型，边界和初始条件、含水层参数按实际调查资料和模型校正确定。研究区初始流场根据地下水调查数据，用 Kriging 插值确定。在水文地质报告和研究区潜水含水层岩性分析的基础上，通过地下水流模型校正，获得研究区水文地质参数，流场拟合如图 11-11 所示，含水层渗透系数分布如图 11-12 所示。

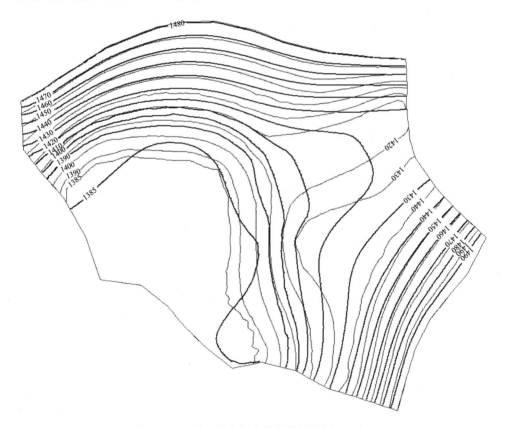

图 11-11 地下水位拟合等值线图(单位：m)

细线为实测值；粗线为计算值

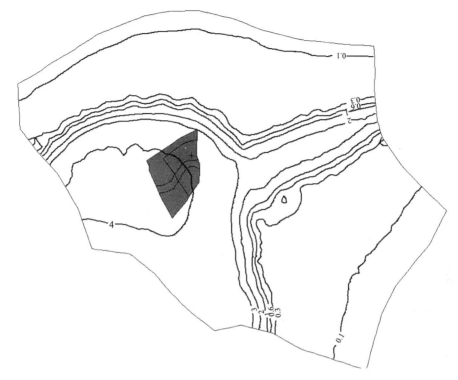

图 11-12　含水层渗透系数等值线(单位：10^{-4}m/s)

在地下水流基础上，构建潜水含水层地下水溶质运移模型(对流-弥散模型)，其潜水地下水溶质运移数学模型为

$$
\begin{cases}
\dfrac{\partial}{\partial x}\left(D_L\dfrac{\partial C}{\partial x}\right)+\dfrac{\partial}{\partial y}\left(D_T\dfrac{\partial C}{\partial y}\right)-\dfrac{\partial}{\partial x}\left(u_x\dfrac{\partial C}{\partial x}\right)-\dfrac{\partial}{\partial y}\left(u_y\dfrac{\partial C}{\partial y}\right)+W=\dfrac{\partial C}{\partial t}, \\
t\geqslant 0,(x,y)\in\varOmega \\
C(x,y)=C_0(x,y),(x,y)\in\varOmega,t=0 \\
C(x,y)=C_1(x,y),(x,y)\in\varGamma_1,t>0 \\
\dfrac{\partial}{\partial x}\left(D_L\dfrac{\partial C}{\partial x}\right)+\dfrac{\partial}{\partial y}\left(D_T\dfrac{\partial C}{\partial y}\right)-\dfrac{\partial}{\partial x}\left(u_x\dfrac{\partial C}{\partial x}\right)-\dfrac{\partial}{\partial y}\left(u_y\dfrac{\partial C}{\partial y}\right)=0, \\
(x,y)\in\varGamma_2,t>0
\end{cases}
\tag{11-4}
$$

初始时刻研究区内输油管线无泄漏，其区内溶质浓度定义为 0。根据水文地质条件定义研究区内溶质运移边界条件，水头边界定义为零溶质浓度边界，隔水边界定义为溶质运移通量为零边界。输油管线泄漏为污染物源项，污染源的位置为距离水源最近的点,污染物强度根据输油管线可能泄漏的情况确定,根据表 11-1

所示的管线泄漏总量作为源强(1212.65837 kg)，17 min 泄漏总油量，之后关闭。
分析输油管线渗漏对水源地地下水环境的影响，输油管线泄漏作为地下水污染源
强，以污染源项加入潜水含水层之上，其潜水含水层溶质运移边界条件如图 11-13
所示。

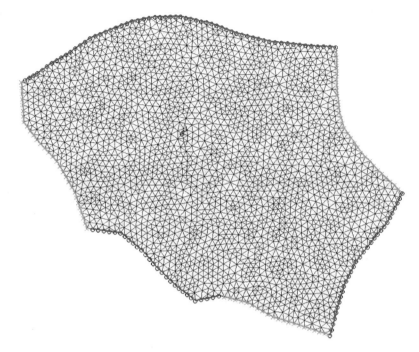

图 11-13　研究区地下水溶质运移数值模型边界条件

　　根据研究区含水层性质，经验给出较大的地下水溶质运移参数，地下水纵向
水动力弥散系数为 10 m^2/d，横向水动力弥散系数为 1m^2/d。预测一级水源保护区
三个观测孔污染物浓度，其观测孔分布如图 11-14 所示。

　　通过运行地下水溶质运移数值模型，预测 100 天和 1000 天后研究区含水层
地下水污染物空间扩散状况，预测观测孔污染物浓度随时间变化情况如图
11-15(a)所示。从图中可以看出，输油管线泄漏 28 天污染物进入到一级地下水源
保护区；152 天一级地下水源保护区污染物浓度达到最大值，其值为 19.19 mg/L；
1500 天后污染物扩散到一级地下水源保护区之外。不同时间研究区地下水流场和
污染物扩散状况分别如图 11-15(b)～图 11-15(e)所示。

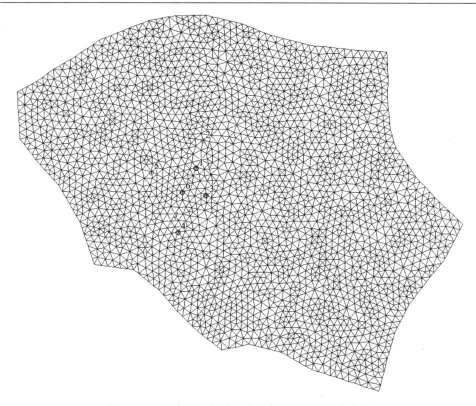

图 11-14 研究区一级地下水源保护区观测孔分布图

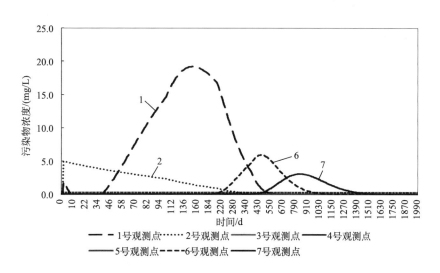

(a) 预测输油管线泄漏下研究区观测孔地下水污染物随时间变化图

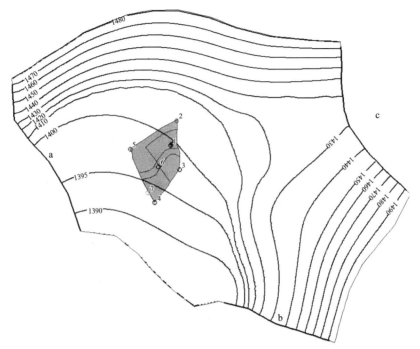

(b) 预测100天输油管线泄漏下研究区地下水位等值线（单位：m）

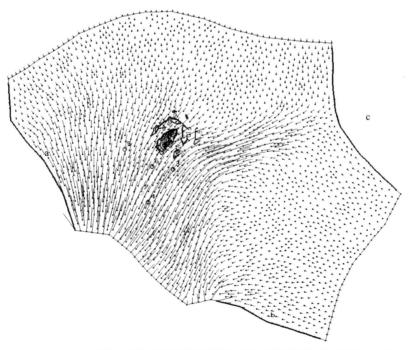

(c) 预测100天输油管线泄漏下研究区地下水污染物扩散状况（单位：mg/L）

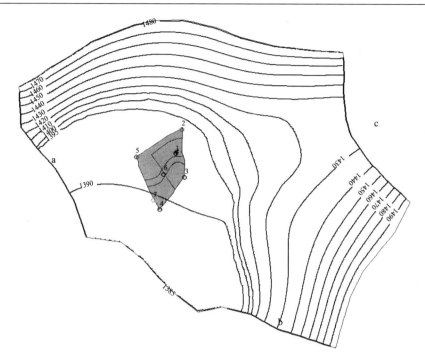

(d) 预测1000天输油管线泄漏下研究区地下水位等值线（单位：m）

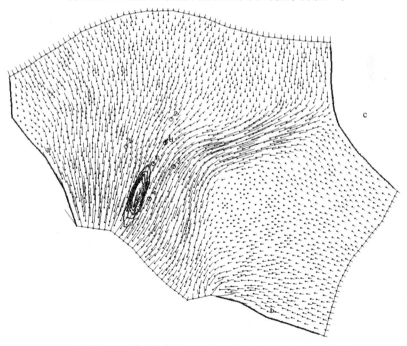

(e) 预测1000天输油管线泄漏下研究区地下水污染物扩散状况（单位：mg/L）

图 11-15　预测不同时期输油管线泄漏下研究区地下水污染物扩散状况图

通过地下水环境数值模拟分析，结果显示，当输油管线泄漏 28 天时污染物进入到一级地下水源保护区，152 天一级地下水源保护区污染物浓度达到最大值，其值为 19.19 mg/L，1500 天后污染物扩散到一级地下水源保护区之外。因此，需要在水源保护区边界建立一个地下水环境监测井，定期进行地下水质监测；同时对输油管线距离水源保护区较近的管线段设立隔离防护防渗带与截流池，并安排专人巡防，一旦发现输油泄漏，立即启动应急预案进行处理。

11.2　地下水六价铬污染修复工程模拟设计[110]

常见的地下水中重金属污染物包括六价铬、二价镉、二价铜、二价锌、二价铅、五价砷、汞等。作者课题组研发的聚乙二醇(PEG400)作为交联剂合成的新型交联壳聚糖材料作为试验材料，用该材料吸附地下水重金属 Zn^{2+}、Pb^{2+}、Cu^{2+}、As^{5+}、Cr^{6+}，探讨其静态和动态吸附性能。吸附材料筛选研究显示，比例为 1.1:2.1 的 PEG-CTS[①]，即 CTS:PEG=1:2、印迹的 Zn^{2+} 量是 0.1%的交联壳聚糖对重金属 Zn^{2+} 去除率最大；比例为 1.1:1.4 的 PEG-CTS，即 CTS:PEG=1:1、印迹的 Cr^{6+} 量是 1.6%的交联壳聚糖对重金属 Cr^{6+} 去除率最大。红外光谱分析研究显示，重金属 Zn^{2+}、Cr^{6+} 与交联壳聚糖发生反应的基团稍有不同。重金属 Zn^{2+} 同 PEG-CTS 的氨基位、羟基位以及—C—O—C—均发生了反应；重金属 Cr^{6+} 同 PEG-CTS 的—CONH—以及—C—O—C—均发生了反应。

静态等温非平衡吸附研究显示，①PEG-CTS 对 Zn^{2+} 在 20 h 后基本接近吸附饱和；②溶液中的重金属 Cr^{6+} 在 0.5 h 后就已快速吸附到吸附剂上，在 4 h 后吸附基本达到平衡。两者都遵循准二级动力学模型，Cr^{6+} 吸附速率大于 Zn^{2+}。

静态等温平衡吸附研究显示，交联壳聚糖对 Zn^{2+}、Cr^{6+}吸附均符合 Langmuir 吸附等温模型，在 20℃、溶液 pH 为 7 的条件下，PEG-CTS 对 Zn^{2+}的最大吸附容量为 18.2 mg/g，对 Cr^{6+}的最大吸附容量为 14.8 mg/g。

材料重复利用性研究显示，Zn^{2+}、Cr^{6+}模板材料重复利用 4 次后的平衡吸附容量分别下降了 15%和 6%，并没有太大改变，说明 PEG-CTS 重复利用性较好。

动态吸附研究显示，①连续输入方式下，砂柱中的重金属溶液从开始渗出到达到或接近初始浓度，所需时间比 NaCl 要长。②通过模型计算，锌的最大吸附量下降为 0.895 mg/g，约为静态最大吸附量的 5%左右；铬的最大吸附量下降为 6.5 mg/g，约为静态最大吸附量的 44 %左右。

六价铬作为地下水污染的代表重金属，在室内进行了批试验、砂柱试验和大型砂箱试验，这里，主要依据砂柱试验和大型砂箱试验结果，研究地下水六价铬

---

① CTS 为壳聚糖(chitosan)，PEG-CTS 为采用印迹技术获得的改性壳聚糖。

迁移与修复的数学模型和数值模拟方法，用于地下水六价铬原位修复工程的设计和评估。

11.2.1　地下水六价铬污染修复试验[110]

为了提高普通壳聚糖对六价铬的吸附能力，先将普通壳聚糖(CTS)和聚乙二醇 400(PEG400)交联，然后用质量分数为 1%的三价铬硝酸盐溶液印迹交联后的壳聚糖。采用三价铬硝酸溶液除以相应 CTS 和 PEG 总质量为指标形成了六种不同的改性材料，质量百分比分别为 0、0.1%、0.5%、0.9%、1.6%和 4%，将这六种改性壳聚糖依次命名为 PEG-CTS#1、#2、#3、#4、#5 和#6。对六种材料进行吸附筛选试验，结果显示 PEG-CTS#5 拥有 71%的最高去除率。利用 PEG-CTS#5 作为吸附剂完成了如图 11-16 所示的砂柱试验，在出口处测定了六价铬浓度随时间的变化过程。最后将 PEG-CTS#5 应用于如图 11-17 所示的砂箱试验中，构成吸附去除六价铬的渗透性反应墙(PRB)，测定观测点 Obs1、Obs2 和 Obs3 的浓度变化过程。

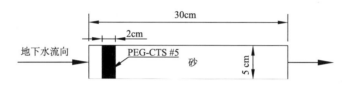

图 11-16　砂柱六价铬吸附试验图

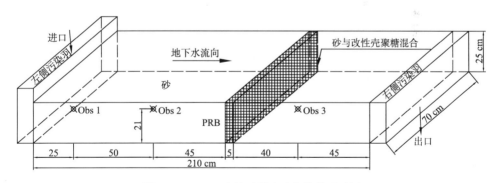

图 11-17　PRB 砂箱吸附去除六价铬试验图

11.2.2　地下水六价铬迁移与污染修复数学模型

在如图 11-16 所示的砂柱六价铬吸附试验中，PEG-CTS#5 填充区类似于 PRB 修复区，六价铬在地下水中的迁移修复数学模型可表述为

$$\begin{cases} \text{PRB区域}: R\dfrac{\partial C}{\partial t} = \dfrac{\partial}{\partial x}\left(D_x \dfrac{\partial C}{\partial x}\right) - \dfrac{\partial}{\partial x}(u_x C) \\[3mm] \text{非PRB区域}: \dfrac{\partial C}{\partial t} = \dfrac{\partial}{\partial x}\left(D_x \dfrac{\partial C}{\partial x}\right) - \dfrac{\partial}{\partial x}(u_x C) \end{cases} \tag{11-5}$$

式中，R 为阻滞因子。一般来说，在地下水污染物迁移过程中，经常采用以下三种瞬态等温吸附模式：等温线性吸附、等温 Freundlich 吸附和等温 Langmuir 吸附，这三种等温吸附模式及相应的阻滞因子表达式可表述为

$$\begin{cases} \text{线性}: \overline{C} = K_{\text{d}}C,\ R = 1 + \dfrac{\rho}{\phi}\dfrac{\partial \overline{C}}{\partial C} = 1 + \dfrac{\rho}{\phi}K_{\text{d}} \\[3mm] \text{Freundlich}: \overline{C} = K_{\text{f}}C^a,\ R = 1 + \dfrac{\rho}{\phi}\dfrac{\partial \overline{C}}{\partial C} = 1 + \dfrac{\rho}{\phi}aK_{\text{f}}C^{a-1} \\[3mm] \text{Langmuir}: \overline{C} = \dfrac{K_{\text{l}}S_0 C}{1 + K_{\text{l}}C},\ R = 1 + \dfrac{\rho}{\phi}\dfrac{\partial \overline{C}}{\partial C} = 1 + \dfrac{\rho}{\phi}\left[\dfrac{K_{\text{l}}S_0}{\left(1 + K_{\text{l}}C\right)^2}\right] \end{cases} \tag{11-6}$$

式中，C 为地下水中六价格的浓度，$[\text{ML}^{-3}]$；$\overline{C}$ 为吸附相六价铬浓度，$[\text{ML}^{-3}]$；K_{d} 为分配系数，$[\text{L}^3\text{M}^{-1}]$；$K_{\text{f}}$ 为 Freundlich 常数，$[\text{L}^3\text{M}^{-1}]$；$\phi$ 为孔隙率；a 为 Freundlich 指数；K_{l} 为 Langmuir 常数，$[\text{L}^3\text{M}^{-1}]$；$S_0$ 为最大吸附量，$[\text{MM}^{-1}]$。

如图 11-17 所示具有 PRB（填充 PEG-CTS#5 吸附材料）的大型砂箱，作为三维含水层系统地下水六价铬迁移与修复的数学控制方程表述为

$$\begin{cases} \text{PRB区域}: R\dfrac{\partial C}{\partial t} = \dfrac{\partial}{\partial x_i}\left(D_{ij} \dfrac{\partial C}{\partial x_j}\right) - \dfrac{\partial}{\partial x_i}(u_i C) \\[3mm] \text{非PRB区域}: \dfrac{\partial C}{\partial t} = \dfrac{\partial}{\partial x_i}\left(D_{ij} \dfrac{\partial C}{\partial x_j}\right) - \dfrac{\partial(u_i C)}{\partial x_i} \end{cases} \tag{11-7}$$

式中，PRB 区域包括对流项、弥散项和吸附项，而非 PRB 区域仅包括对流和弥散两项。方程（11-7）的求解可以采用有限差分法 MODLFOW-2005 Version 1.7/MT3DMS Version 5.2 进行数值模拟计算。

11.2.3　砂柱试验吸附六价铬的参数估计

砂柱由内径 5 cm、长度 30 cm 的玻璃管构成，在出口设置取样口（图 11-16）。砂柱由 2 cm 厚的纯 PEG-CTS #5 和 28 cm 厚的普通河砂均匀填充而成，2 cm 厚的 PEG-CTS#5 可近似为一个简单的 PRB 结构。首先，执行以 NaCl 溶液为示踪剂的示踪试验，目的是为了确定砂柱中的水动力弥散系数和渗透速度，结果如表 11-2 所示。其次，使用预先配制好的重铬酸钾溶液以 13.75 mg/L 的恒定浓度从左侧入

口缓缓流入，在出口处的六价铬浓度随时间的变化如图 11-18 所示。

表 11-2　砂柱中的参数

参数	值	参数	值
孔隙率	0.49	渗透速度/(cm/min)	0.2606
河砂密度/(g/cm³)	1.41	水动力弥散系数/(cm²/min)	0.08193
通入污染物浓度/(mg/L)	13.75		

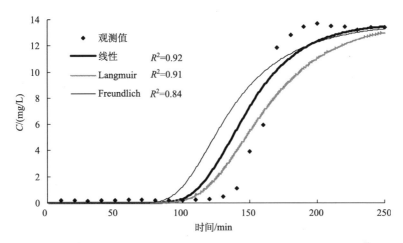

图 11-18　砂柱试验中模拟和观测的出口浓度对比[111]

采用数学模型计算与试验六价铬浓度进行拟合，其中 PRB 的吸附作用分别采用线性、Langmuir、Freundlich 三种等温吸附模式进行计算。图 11-18 给出了三种吸附模式下的最佳拟合结果，其反演参数：线性分配系数为 $K_d = 2.0 \times 10^{-6}$ L/mg；Langmuir 常数为 $K_1 = 1.0 \times 10^{-3}$ L/mg，最大吸附容量为 $S_0 = 2.7$ mg/g；Freundlich 常数为 $K_f = 2.0 \times 10^{-7}$ L/mg；Freundlich 指数为 $a = 1.8$。根据判定系数大小可知，等温线性平衡吸附模式能最好地拟合试验数据。可以认为 PEG-CTS#5 吸附六价铬特性符合等温线性吸附模式。

11.2.4　砂箱六价铬吸附试验参数校正

如图 11-17 所示，砂箱长 210 cm、宽 70 cm、高 25 cm，由 1.3 kg 的 PEG-CTS#5 和 12 kg 的河砂共同构筑了一个 PRB 反应墙，共布设了 3 个观测点（Obs1、Obs2、Obs3），用于监测六价铬在砂箱中的浓度变化过程。砂箱左右两侧为稳定的供水和出水水槽，可设定为第一类边界，左侧水头为 27.1 cm，右侧水头为 25 cm。首先进行 NaCl 溶液为示踪剂的示踪试验，估算出砂箱中的弥散和渗透系数，如表 11-3 所示。其次在进水槽中连续注入 3 天的重铬酸钾溶液，其浓度为 50 mg/L(恒定)。注入的六价铬将随水流从左侧向右侧缓慢迁移，试验共进行 28 天，3 个观测点的浓度变化如图 11-19 所示。

表 11-3　砂箱中系统参数

参数	值	参数	值
孔隙率	0.36	初始纵向弥散度/cm	1.81
砂密度/(g/cm³)	1.41	初始分配系数*/(L/mg)	2.0×10^{-6}
Cr(VI) 溶液通入时间/d	3	PRB 区域初始渗透系数/(cm/d)	3.78×10^{2}
总试验周期/d	28	最终纵向弥散度/cm	1.0
污染源浓度/(mg/L)	50	最终分配系数/(L/mg)	4.0×10^{-6}
渗透系数/(cm/d)	3.78×10^{2}	PRB 区域最终渗透系数/(cm/d)	56.7

注：*标记参数为砂柱试验参数反演计算结果。

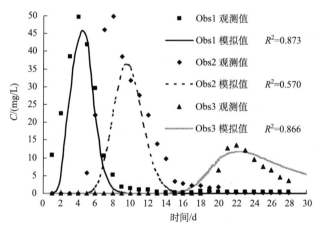

图 11-19　砂箱试验中观测点的模拟与观测值对比[112]

以砂柱试验确定的吸附模式和参数为基础，对砂箱中 PRB 的吸附能力进行校正，采用 MODFLOW/MT3DMS 对其进行数值模拟校正。整个区域被划分为 2940 个单元，每个单元为 5 cm×5 cm×5 cm。在整个计算过程中，吸附模式为线性等温瞬态模式，以砂柱试验反演估算的分配系数为初值。研究区域的上、下、前和后四个边界可认为是隔水边界。研究区域内的介质为各向同性的均匀介质，相应的参数如表 11-3 所示。由于在前期试验过程中发现 PEG-CTS#5 当遇到水时会发生膨胀，因此砂箱实验中 PRB 区域内的渗透系数可能会减小。因此，通过"试算法"

人为不断调整如下参数直至模拟和观测值之间的误差最小：PRB 区域的渗透系数、弥散度和吸附分配系数。最后校正结果如表 11-3 所示，拟合的最佳曲线如图 11-19 所示。结果显示，纵向弥散度由初始的 1.8 cm 下降为 1.0 cm，吸附分配系数由 $2.0×10^{-6}$ mg/L 增加到 $4.0×10^{-6}$ mg/L，PRB 区域的渗透系数由初始的 378 cm/d 下降到 56.7 cm/d，降幅达 85%。三个观测点 Obs1、Obs2 和 Obs3 拟合结果的判定系数分别为 0.874、0.571 和 0.865，可能是由于基本假设的不准确以及模型计算的误差致使判定系数偏低。因此，参数识别在实际工程中是一个非常复杂的过程。此外，为了避免"绕坝渗流"现象的发生，用 PEG-CTS #5 作为反应材料构筑 PRB 时，其渗透性应该慎重考虑。

11.2.5　地下水六价铬污染修复的 PRB 结构优化设计

在砂箱试验吸附参数校正的基础上，为了设计出满足一定地下水质标准的 PRB 修复方案，选择了一个六价铬污染的地下水模型，该模型尺寸为 210 cm×70 cm × 40 cm，地下水从左向右流动，如图 11-20 所示，左侧边界为定水头边界 42.1 cm；右侧边界为定水头边界 40 cm；其余四边界为隔水边界。在左边界附近存在一个为期 3 天的六价铬污染源，其浓度为 1 mg/L，PRB 填充河砂和 PEG-CTS#5 的混合材料，在砂箱中设计了两个典型性截面(剖面 1-1 和剖面 2-2)和一个观测点(Obs)，其位置如图 11-20 所示。研究区域剖分为 4704 个单元，每个单元为 5 cm ×5 cm ×5 cm，模型计算中用到的参数如表 11-4 所示。

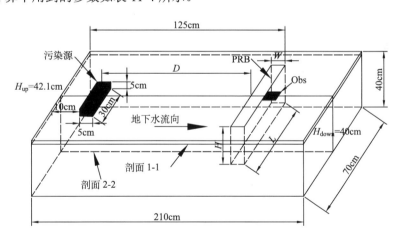

图 11-20　模型计算图

我国现行的《地下水质量标准》(GB/T 14848—2017)中规定满足工农业之用的地下水六价铬标准为 0.1 mg/L。PRB 设计处理标准采用 0.1 mg/L。设计了横向和垂向弥散度不同的三种工况，具体的弥散度大小如表 11-5 所示，采用

MODFLOW/MT3DMS 对其修复方案进行数值模拟设计。

表 11-4　系统参数

参数	值	参数	值
渗透系数/(m/d)	3.78	PRB 区域渗透系数/(m/d)	18.9
孔隙率	0.36	纵向弥散度* /cm	1.0
介质密度/(g/cm³)	1.41	线性吸附分配系数*/(L/mg)	4.0×10^{-6}
污染源浓度/(mg/L)	1	横向弥散度与纵向弥散度比率	0.1, 0.2, 0.3
污染时间/d	3	垂向弥散度与纵向弥散度比率	0.05, 0.1

注：*标记的参数为砂箱试验参数校正的计算结果。

表 11-5　三个工况的优化结果

工况	α_{TH}/α_L	α_{TV}/α_L	W/cm	H/cm	L/cm	D/cm
1	0.1	0.05	20	7.5	35	90
2	0.2	0.1	15	10	40	95
3	0.3	0.15	10	12.5	45	100

注：α_L 为纵向弥散度；α_{TH} 为横向弥散度；α_{TV} 为垂向弥散度；W、H、L 和 D 分别为 PRB 的宽度、深度、长度和到污染源的距离。

假设 PRB 在长度和深度方向贯穿整个横断面 70 cm×40 cm，设计了以下四种不同宽度的方案：5 cm、10 cm、15 cm 和 20 cm。每一种方案都用 MODFLOW/MT3DMS 进行模拟计算，在观测点(Obs)处的穿透曲线如图 11-21 所示。根据穿透曲线可以确定三种不同工况下 PRB 最佳宽度分别为 20 cm、15 cm 和 10 cm，具体如表 11-5 所示。

三种工况的 PRB 宽度确定之后，再确定长度和深度。首先，对比不同时刻的六价铬浓度为 0.1 mg/L 的轮廓线，确定第 10 天六价铬浓度轮廓线 0.1 mg/L 所包含的污染羽范围最大，作为确定最佳长度和深度的标准。绘制出两个典型性截面(剖面 1-1 和剖面 2-2)的轮廓线，如图 11-22 所示。其次，根据最大污染羽的范围确定出最佳的长度和深度，如表 11-5 所示。

从上述可以看出，横向和垂向弥散性的增加引起了相应 PRB 宽度的减小以及长度和深度的增加。含水层弥散的各向异质性对设计 PRB 的尺寸结构是至关重要的因素。

11.2.6　地下水六价铬的 PRB 修复方案优化

为了对设计的最佳 PRB 方案进行是否满足 0.1 mg/L 水质标准的评估，采用 MODFLOW/MT3DMS 对该方案进行了数值模拟计算。首先，当三种工况下 PRB 的宽度分别等于最佳宽度 20 cm、15 cm 和 10 cm 时，比较了最佳和最大长度与深

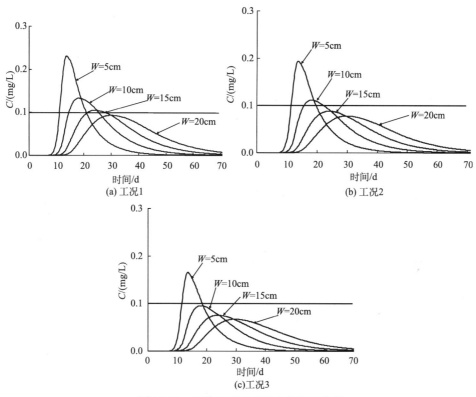

图 11-21　三种工况下观测点的穿透曲线

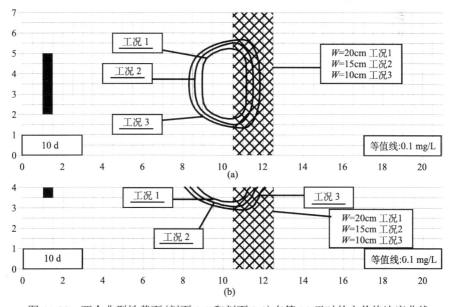

图 11-22　两个典型性截面(剖面 1-1 和剖面 2-2)在第 10 天时的六价铬浓度曲线

度下观测点(Obs)的穿透曲线,如图 11-23 所示。其次,给出了三种工况在最佳修复方案下运行 10 天、15 天和 20 天后典型界面的浓度分布(图 11-24~图 11-26)。

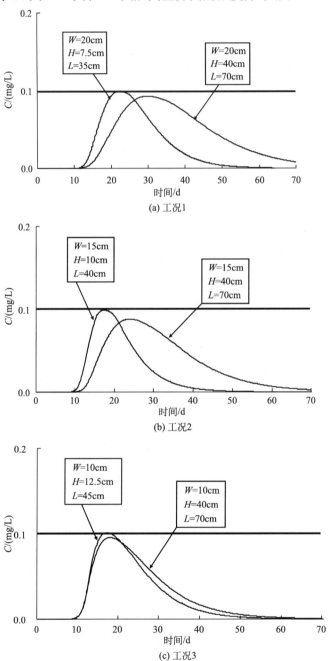

图 11-23　三种工况下优化方案前后的穿透曲线

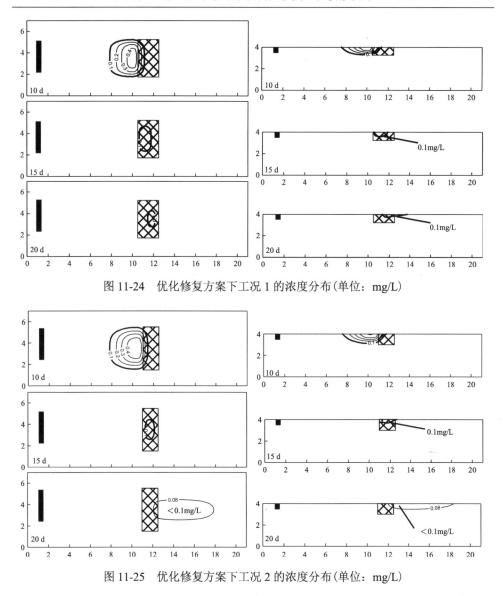

图 11-24　优化修复方案下工况 1 的浓度分布(单位：mg/L)

图 11-25　优化修复方案下工况 2 的浓度分布(单位：mg/L)

从图 11-23 可以看出，优化方案下的浓度峰值与等宽度最大横断面的 PRB 方案相比，浓度峰值略有升高，但均能满足 0.1 mg/L 的水质标准。图 11-24～图 11-26 的结果表明，优化方案可以满足预先设定的水质标准。因此，该设计方法对 PRB 的宽度、长度和深度的确定是合适的。最为合适的 PRB 尺寸应该等于该优化尺寸乘以安全系数。然而，安全系数的确定需要更多的监测数据和研究工作。

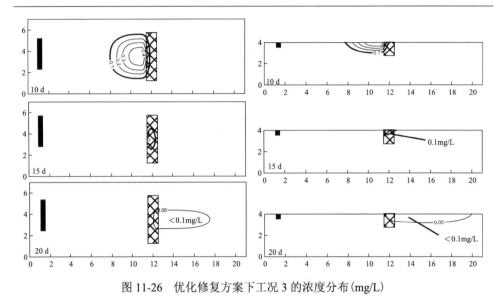

图 11-26　优化修复方案下工况 3 的浓度分布(mg/L)

11.3　地下水四氯乙烯污染修复工程模拟设计[113]

四氯乙烯(PCE)及其降解中间产物(TCE、DCE、VC、TCA 等)作为非水相重质液体(DNAPL)的典型代表，由于其密度大于水，因此分析 PCE 泄漏到地下水后的溶解过程便成为研究其在地下水中迁移规律的首要问题。当泄漏的 PCE 足够多时，其首先垂向穿透非饱和带，然后继续向下迁移直到隔水含水层为止。在此迁移过程中，一部分 PCE 可能被捕捉到饱和带的介质孔隙中，这些被捕捉的四氯乙烯将形成一个长期的污染源，逐渐溶解到水相中。进入饱和含水层中的四氯乙烯，将在对流弥散作用下随水流迁移，并在化学生物等作用下发生一级母-子连锁反应，不断被降解。

数值模拟技术是有效避免地下水修复设计方案中不足之处的工具。这里，在 MODFLOW/MT3DMS 基础上，开发一个没有组分数目限制的母-子连锁反应模型。首先研究四氯乙烯在一维含水层中的溶解过程，然后建立和开发 PCE 的一级母-子链式反应模型,应用铁粉和微生物组合(FeMB)为反应材料的多级 PRB 修复 PCE 污染的地下水。

11.3.1　地下水 PCE 迁移的一维数学模型及数值模拟

假设：①孔隙率保持恒定；②非水相 PCE 是不动相；③非水相 PCE 浓度定义为 PCE 的质量除以相应的孔隙体积；④在数值模拟计算过程中仅考虑对流和弥散作用。

一般来讲，非水相流体进入到水相中的质量通量可以用一阶质量转化模型表示[114]：

$$J = k_1 \cdot a_{nw} \cdot (C_s - C) \tag{11-8}$$

式中，J 是非水相流体进入水相中的质量通量；k_1 为固有质量转化系数，$[LT^{-1}]$；a_{nw} 为非水相流体与水相之间的接触面积，$[L^2L^{-3}]$；C 为水相中污染物浓度，$[ML^{-3}]$；C_s 为水相中平衡浓度或溶解度，$[ML^{-3}]$。

对于天然孔隙介质，固有质量转化系数 k_1 和接触面积 a_{nw} 的值很难确定，这两个参数值至少需要依赖 10 多个不同量纲的参数才可确定[115]。通常将二者定义为一个集中参数，即

$$K_{La} = k_1 \cdot a_{nw} \tag{11-9}$$

式中，K_{La} 为集中质量转化系数，$[T^{-1}]$。

于是，一维非水相物质溶解过程的数学模型为

$$\begin{cases} \dfrac{\partial C}{\partial t} = \dfrac{\partial}{\partial x}\left(D \dfrac{\partial C}{\partial x} \right) - \dfrac{\partial}{\partial x}(uC) + K_{La} \cdot (C_s - C) \\ \dfrac{dC_{NAPL}}{dt} = -K_{La} \cdot (C_s - C) \end{cases} \tag{11-10}$$

式中，C_{NAPL} 为非水相 PCE 的浓度，$[ML^{-3}]$。

数学模型 (11-10) 可以用有限差分法计算，其有限差分法的中心格式可表示为

$$\begin{cases} \dfrac{C_j^{n+1} - C_j^n}{\Delta t} = L(C^n) + L(C^{n+1}) + (1-\omega) \cdot K_{La} \cdot (C_s - C_j^n) + \omega \cdot K_{La} \cdot (C_s - C_j^{n+1}) \\ \dfrac{C_{NAPL}^{n+1} - C_{NAPL}^n}{\Delta t} = -K_{La} \cdot (C_s - C) \end{cases} \tag{11-11}$$

式中，n 是当前时间步；$n+1$ 是下一时间步；$L(C^n)$ 是在当前时间步 n 时对流和弥散的差分格式；ω 是时间权重因子。

假设 C_{NAPL}^0 为非水相 PCE 的初始浓度，对地下水来说，它是一个长期存在的污染源，将逐渐溶解减少直至完全溶解到含水层中。根据式 (11-11) 的有限差分格式，开发一维非水相污染物迁移过程的程序。

算例： 20m 长的砂柱，渗透速度为 10cm/d，水动力弥散系数为 100cm²/d。非水相 PCE 污染源位于左侧进口附近，观测点位于源下游 5m 处，如图 11-27 所示。

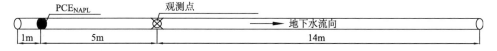

图 11-27　模型示意图

将该砂柱离散成 200 个单元，每个单元尺寸为 0.1m，时间步长为 1d，模拟时间为 100d，误差精度为 1.0×10^{-5}，PCE 的溶解度为 150 mg/L。假设两种污染源情景：①PCE 污染源浓度为 2000 mg/L；②PCE 污染源浓度为 8000 mg/L。情景质量转化系数分为三种情景：$K_{La} = 1.0 \ d^{-1}$、$K_{La} = 0.5 \ d^{-1}$ 和 $K_{La} = 0.8 \ d^{-1}$，详细参数如表 11-6 所示。

表 11-6　系统参数

参数	值	参数	值
渗透速度/(cm/d)	10	水动力弥散系数/(cm²/d)	100
单元尺寸/cm	10	剖分单元总数	200
时间步长/d	1	模拟期/d	100
误差精度	1.0×10^{-5}	污染源位置	Cell #11
观测点位置	Cell #61	空间权重因子	0.5
时间权重因子	0.5	PCE 溶解度/(mg/L)	150
质量转化系数 K_{La} /d⁻¹	1.0, 0.8, 0.5	PCE 浓度/(mg/L)	2000, 8000

为了解不同质量转化系数的敏感性，对工况 1 在 3 种不同质量转化系数下的情景进行模拟，结果如图 11-28～图 11-30 所示。

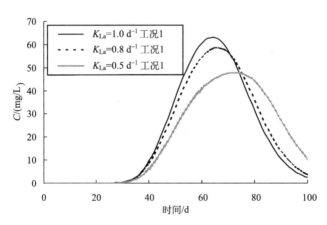

图 11-28　当 $K_{La} = 0.5 \ d^{-1}$、$0.8 \ d^{-1}$、$1.0 \ d^{-1}$ 时工况 1 在观测点处的穿透曲线

从图 11-28 可以看出，质量转化系数由 $1.0 \ d^{-1}$ 减小到 $0.8 \ d^{-1}$ 后，观测点浓度峰值减小了 8%，而且峰值出现的时间滞后 2 天；质量转化系数再由 $0.8 \ d^{-1}$ 减小到 $0.5 \ d^{-1}$ 后，观测点浓度峰值减小了 18%，相应的峰值出现时间滞后 9 天。在模拟期 100 天结束时，从沿水流方向的浓度分布图 11-29 可以看出，质量转化系数 $0.8 \ d^{-1}$ 的情况与 $1.0 \ d^{-1}$ 相比，最大浓度降低了 5%；当质量转化系数由 $0.8 \ d^{-1}$ 减小为 $0.5 \ d^{-1}$

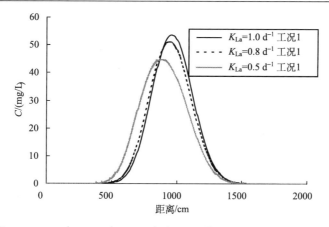

图 11-29　当 K_{La} =0.5 d^{-1}、0.8 d^{-1}、1.0 d^{-1} 时工况 1 情况下 100 d 后不同距离的浓度变化

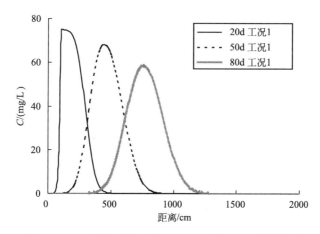

图 11-30　当 K_{La} =1.0 d^{-1} 时工况 1 在 20d、50d 和 80d 不同距离的浓度变化

相比时，最大浓度又减小了 12%。图 11-30 给出了工况 1 在质量转化系数 1.0 d^{-1} 下不同时间沿水流方向的浓度分布，结果显示，第 20 天与第 50 天相比，浓度峰值从 75 mg/L 降低为 68.03 mg/L，降幅为 9.3%；第 50 天与第 80 天相比，浓度峰值又从 68.03 mg/L 降低为 58.49 mg/L，降幅为 14%。由此可见，质量转化系数越小，污染物进入水相的速率会放慢，污染源存在时间会变长，相应的污染物浓度峰值越低，出现浓度峰值的时间也会越晚；在相同的质量转换系数下，随着时间的延长，沿水流方向的污染物浓度峰值会越低，弥散作用更加明显。

非水相 PCE 初始浓度对溶解过程的影响如图 11-31 和图 11-32 所示。图 11-31 的结果显示在相同质量转化系数 1.0 d^{-1} 的条件下，在开始一段时间(约 55 天)内，两种工况下的非水相污染源质量均"足够多"，进入地下水中 PCE 的浓度主要由质量转化系数来控制，因此观测点处开始一段时间两种工况下的浓度穿透曲线趋于重合。

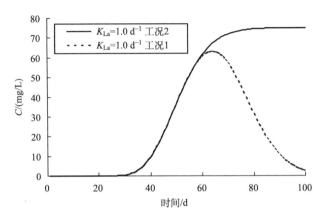

图 11-31　当 $K_{La} = 1.0\ d^{-1}$ 时工况 1 和 2 情况下观测点的穿透曲线

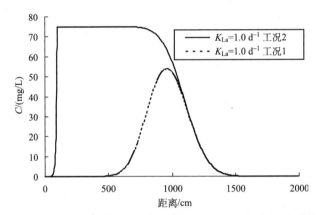

图 11-32　当 $K_{La} = 1.0\ d^{-1}$ 时工况 1 和 2 情况下 100 d 后不同距离的浓度变化

图 11-31 的结果显示,在 100 天后,工况 2 中的非水相 PCE 还在源源不断地向地下水中转化,而工况 1 中的非水相 PCE 则已经完全溶解到含水层中,并逐渐向下游扩散直至完全迁移出研究区域。

当非水相 PCE 污染源质量均"足够多"且质量转化系数一定的情况下,进入地下水中 PCE 的浓度最大值相同,两种工况唯一的区别仅为二者污染源持续的时间不同。相同的水流状态、相同的弥散作用、相同的浓度最大值,最终导致 100 天后下游 1100 cm 以及更远处的浓度曲线趋于重合,如图 11-32 所示。由此可见,非水相 PCE 初始浓度越高,地下水中污染源保持的时间越长。

为了分析非水相 PCE 的溶解过程,给出了工况 1 在质量转化系数为 1.0 d^{-1} 的情况下非水相 PCE 的浓度变化过程,如图 11-33 所示。图中显示,在污染源处的非水相 PCE 逐渐减少直到完全溶解。

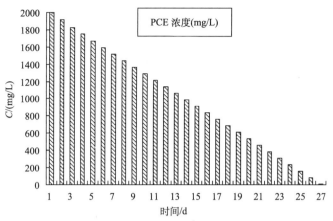

图 11-33　工况 1 在质量转化系数为 1.0 d^{-1} 时非水相 PCE 的浓度变化过程

对工况 1 来说，不同质量转化系数下非水相 PCE 完全溶解所需时间如表 11-7 所示，其中，质量转化系数为 0.5 d^{-1} 的情况所需溶解时间最长(40 天)；质量转化系数为 0.8 d^{-1} 的情况所需溶解时间为 30 天；质量转化系数为 1.0 d^{-1} 的情况所需溶解时间最短(26 天)。

对工况 2 来说，在 100 天模拟期结束时，非水相 PCE 并未完全溶解，不同质量转化系数下的剩余浓度如表 11-8 所示，其中，质量转化系数为 0.5 d^{-1} 的方案剩余量最多(2979.14 mg/L)；质量转化系数为 0.8 d^{-1} 的方案剩余量为 1300.70 mg/L；质量转化系数为 1.0 d^{-1} 的方案剩余量最少(462.45 mg/L)。由此可见，质量转化系数决定着非水相 PCE 的溶解过程。

表 11-7　工况 1 中非水相 PCE 所需溶解时间

K_{La} /d^{-1}	1.0	0.8	0.5
所需溶解时间/d	26	30	40

表 11-8　工况 2 在模拟期 100 天结束后剩余的非水相 PCE 浓度

K_{La} /d^{-1}	1.0	0.8	0.5
剩余 PCE 浓度/(mg/L)	462.45	1300.70	2979.14

11.3.2　地下水 PCE 迁移与污染修复的三维数学模型

为了获取更佳的 PCE 降解过程和效果，尝试将快速反应的零价铁还原脱氯和反应速率偏慢的厌氧微生物降解结合起来[116]，设计了五个反应器，逐个放入以下反应材料：零价金属锌粉单独作用(Zn)、零价金属铁粉单独作用(Fe)、锌粉与微生物联合作用(ZnMB)、铁粉与微生物联合作用(FeMB)、微生物单独作用(MB)。

在试验开始时，放入一定浓度和质量的 PCE 溶液，25 天后试验结束。通过取样分析显示，FeMB 拥有了 99%的去除效率，明显优于其他反应材料，并通过对中间过程的产物构成、反应速率的计算分析显示，使用零价铁和微生物组合体(FeMB)降解四氯乙烯的主要降解路径为 PCE→TCE→1, 1-DCE→ethylene→ethane[116]。这种降解反应类型被称之为多组分一级母–子连锁反应[117]。这条反应路径有效减少了氯乙烯(VC)的产生，是一条理想的降解路径。

假设 FeMB 降解 PCE 的吸附过程满足 Langmuir 模型，生物化学反应过程满足一级动力学模型，则地下水中多组分污染物迁移转化方程为

$$R\frac{\partial C_m}{\partial t} = \frac{\partial}{\partial x_i}\left(D_{ij}\frac{\partial C_m}{\partial x_j}\right) - \frac{\partial}{\partial x_i}(u_i C_m) - \lambda C_m \tag{11-12}$$

采用 FeMB 作 PRB 的反应材料，具有渗透性反应墙(PRB)修复 PCE 污染的地下水污染物迁移与修复的研究区域分为 PRB 区和 Non-PRB 区。PRB 区包括对流(ADV)、弥散(DSP)、吸附(ADS)和生物化学反应(BCR)；而 Non-PRB 区包括ADV、DSP 和 ADS 三项。因此，一个 PCE 及其降解中间产物在多级 PRB 修复作用下的溶质迁移数学模型可描述为

$$\text{Non-PRB}: R_m\frac{\partial C_m}{\partial t} = \frac{\partial}{\partial x_i}\left(D_{ij}\frac{\partial C_m}{\partial x_j}\right) - \frac{\partial}{\partial x_i}(u_i C_m), m = \text{PCE,TCE},\cdots,\text{ethane} \tag{11-13a}$$

$$\text{PRB}\begin{cases}\text{PCE}: R_{\text{PCE}}\frac{\partial C_{\text{PCE}}}{\partial t} = \frac{\partial}{\partial x_i}\left(D_{ij}\frac{\partial C_{\text{PCE}}}{\partial x_j}\right) - \frac{\partial}{\partial x_i}(u_i C_{\text{PCE}}) - \lambda_{\text{PCE}} C_{\text{PCE}} \\[2mm]
\text{TCE}: R_{\text{TCE}}\frac{\partial C_{\text{TCE}}}{\partial t} = \frac{\partial}{\partial x_i}\left(D_{ij}\frac{\partial C_{\text{TCE}}}{\partial x_j}\right) - \frac{\partial}{\partial x_i}(u_i C_{\text{TCE}}) + Y_{\text{PCE/TCE}}\lambda_{\text{PCE}} C_{\text{PCE}} - \lambda_{\text{TCE}} C_{\text{TCE}} \\[2mm]
1,1-\text{DCE}: R_{1,1\text{-DCE}}\frac{\partial C_{1,1\text{-DCE}}}{\partial t} = \frac{\partial}{\partial x_i}\left(D_{ij}\frac{\partial C_{1,1\text{-DCE}}}{\partial x_j}\right) - \frac{\partial}{\partial x_i}(u_i C_{1,1\text{-DCE}}) + Y_{\text{TCE/1,1-DCE}}\lambda_{\text{TCE}} C_{\text{TCE}} - \lambda_{1,1\text{-DCE}} C_{1,1\text{-DCE}} \\[2mm]
\text{Ethylene}: R_{\text{ethylene}}\frac{\partial C_{\text{ethylene}}}{\partial t} = \frac{\partial}{\partial x_i}\left(D_{ij}\frac{\partial C_{\text{ethylene}}}{\partial x_j}\right) - \frac{\partial}{\partial x_i}(u_i C_{\text{ethylene}}) + Y_{1,1\text{-DCE/ethylene}}\lambda_{1,1\text{-DCE}} C_{1,1\text{-DCE}} - \lambda_{\text{ethylene}} C_{\text{ethylene}} \\[2mm]
\text{Ethane}: R_{\text{ethane}}\frac{\partial C_{\text{ethane}}}{\partial t} = \frac{\partial}{\partial x_i}\left(D_{ij}\frac{\partial C_{\text{ethanee}}}{\partial x_j}\right) - \frac{\partial}{\partial x_i}(u_i C_{\text{ethane}}) + Y_{\text{ethylene/ethane}}\lambda_{\text{ethylene}} C_{\text{ethylene}}\end{cases} \tag{11-13b}$$

式中，R_m 为阻滞因子，可表述为

$$R_m = 1 + \frac{\rho}{\phi} \frac{\partial \overline{C_m}}{\partial C_m} = 1 + \frac{\rho}{\phi} \left[\frac{K_1^m S_0^m}{\left(1 + K_1^m C_m\right)^2} \right] \tag{11-14}$$

式中，$\overline{C_m}$ 为吸附相的污染物浓度，$[ML^{-3}]$；K_1^m 为 Langmuir 常数，$[L^3M^{-1}]$；S_0^m 为最大吸附量，$[MM^{-1}]$；$Y_{m-1/m}$ 代表 $Y_{\text{PCE/TCE}}$、$Y_{\text{TCE/1,1-DCE}}$、$Y_{\text{1,1-DCE/ethylene}}$ 和 $Y_{\text{ethylene/ethane}}$。产量系数一般需要通过试验来确定。但氯代溶剂在厌氧还原去氯和 15℃ 的典型地下水温条件下，其产量系数经常假设保持恒定。因此，按照每个组分的化学反应方程式可以计算出 $Y_{\text{PCE/TCE}}$、$Y_{\text{TCE/1,1-DCE}}$、$Y_{\text{1,1-DCE/ethylene}}$ 和 $Y_{\text{ethylene/ethane}}$ 分别为 0.79、0.74、0.29 和 1.07[117,118]。

在 PRB 区域，组分 m 中 BCR 因子由两部分组成：当前组分 m 的降解项 $-\lambda_m C_m$ 和母组分 $m-1$ 向子组分 m 的转化项 $Y_{m-1/m}\lambda_{m-1}C_{m-1}$。但是，PCE 仅包括降解项，ethane 仅包括转化项。当前的 MT3DMS V5.3 未包含转化项。为了求解具有 PRB 的反应迁移方程，在 MODFLOW -2005 V1.7/MT3DMS V5.2[119,120]基础之上，开发了相应的程序代码。涉及的 FeMB 的吸附和生化降解参数通过柱试验参数反演来获取。

11.3.3　PCE 降解材料的参数反演

砂柱试验示意图如图 11-34 所示。采用进口通入 KCl 溶液的示踪试验获取弥散系数和平均渗透流速，这两个参数可通过 CXTFIT2.1 软件直接反演计算获得。在相同砂柱和平均渗透流速的条件下，从左侧进口连续注入浓度 $C_0 = 65.2$ mg/L 的 PCE 溶液，在右侧出口处监测其降解后浓度，出口处 PCE 浓度实测值与模拟值拟合曲线，如图 11-35 所示。相应的参数如表 11-9 所示，作为参数反演计算的基础数据。

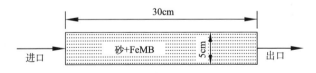

图 11-34　砂柱试验示意图

表 11-9　砂柱试验中参数[121]

参数	值	参数	值
介质密度/(g/cm³)	1.45	柱子长度/cm	30
有效孔隙率	0.41	进口 PCE 浓度/(mg/L)	65.2
渗透速度/(cm/d)	16.75	水动力弥散系数/(cm²/d)	2.034×10^2

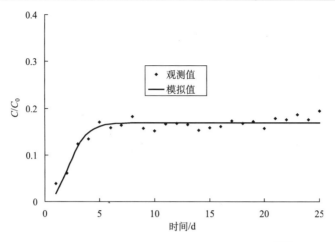

图 11-35　模拟 PCE 浓度值和实测值拟合曲线[121]

根据上述柱试验，利用 FeMB 降解 PCE 过程满足 Langmuir 吸附模型和一级动力学生物化学反应模型。一维砂柱 FeMB 修复地下水中 PCE 方程为

$$R_{PCE} \frac{\partial C_{PCE}}{\partial t} = \frac{\partial}{\partial x}\left(D \frac{\partial C_{PCE}}{\partial x}\right) - \frac{\partial}{\partial x}(uC_{PCE}) - \lambda_{PCE}C_{PCE} \tag{11-15}$$

式中，u 是渗透流速，$[LT^{-1}]$；λ_{PCE} 是 PCE 的一级反应速率，$[T^{-1}]$；R_{PCE} 是 PCE 的阻滞因子，可表示为

$$R_{PCE} = 1 + \frac{\rho}{\phi} \frac{\partial \overline{C_{PCE}}}{\partial C_{PCE}} = 1 + \frac{\rho}{\phi}\left[\frac{K_1^{PCE} S_0^{PCE}}{\left(1 + K_1^{PCE} C_{PCE}\right)^2}\right] \tag{11-16}$$

式中，ρ 为介质密度，$[ML^{-3}]$；$\overline{C_{PCE}}$ 为 PCE 被吸附相的污染物浓度，$[ML^{-3}]$；K_1^{PCE} 是 Langmuir 常数，$[L^3 M^{-1}]$；S_0^{PCE} 为最大吸附量，$[MM^{-1}]$。

式(11-15)和式(11-16)中存在参数 K_1^{PCE}、S_0^{PCE} 和 λ_{PCE}。采用遗传算法，利用 FORTRAN 语言编写相应的程序代码，进行参数反演计算，目标函数为模拟值和实测值之差的平方根最小化。将式(11-15)变成有限差分数值方程，再将该有限差分数值方程作为子程序提供给遗传算法调用，计算目标函数最小状态下的最佳参数组合。

在遗传算法计算过程中给出了 100 个染色体群落，自然进化 1000 代，用到的相关参数如表 11-9 所示。根据目标函数、K_1^{PCE} 和 S_0^{PCE}、λ_{PCE} 随自然进化代数的变化来判断。图 11-36～图 11-38 分别给出了目标函数和三个估计参数随进化代数的变化过程。从图 11-36 可以看出，目标函数在前 180 代快速下降，然后缓慢下降，直到 600 代以后逐渐稳定下来。图 11-37 显示一级反应速率在前 600 代上下波动，然后才稳定下来。从图 11-38 可以看出，最大吸附量在开始 200 代快速增加，然后逐渐收敛，Langmuir 常数在开始 400 代有升有降然后稳定下来。模拟值和实测值拟合曲线如图 11-35 所示，获得的三个估计参数如表 11-10 所示。

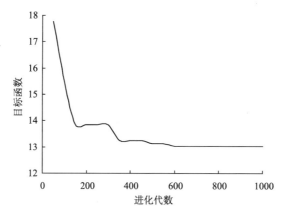

图 11-36　目标函数随进化代数的变化过程

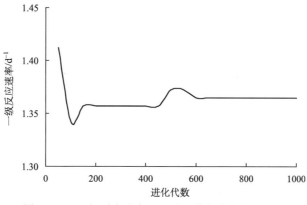

图 11-37　一级反应速率 λ_{PCE} 随进化代数的变化过程

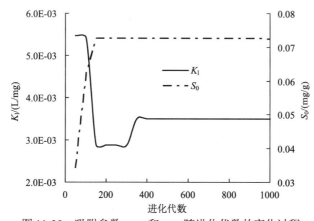

图 11-38　吸附参数 K_1^{PCE} 和 S_0^{PCE} 随进化代数的变化过程

表 11-10　砂柱试验的吸附降解参数

参数	K_l^{PCE} /(L/mg)	S_0^{PCE} /(mg/g)	λ_{PCE} /d^{-1}	线性相关系数	有效性系数
值	3.5×10^{-3}	7.24×10^{-2}	1.365	0.95	0.90

11.3.4　地下水 PCE 迁移与污染修复的三维数值模拟

　　研究区域尺寸为 80 cm×150 cm×210 cm 的承压含水层。地下水的流向为从左向右缓慢流动,如图 11-39 所示。左侧和右侧边界为恒定水头边界,分别为 82 cm 和 80 cm,其余四个边界为隔水边界。在左侧边界附近设定了一个 PCE 的污染点源,点源 PCE 浓度为 65.2 mg/L(恒定),泄漏时间 20d,之后停止。为了去除四氯乙烯及其附属产物,设计采用 3 级渗透性反应墙(PRB)结构修复 PCE 污染地下水。渗透性反应墙体内的反应材料采用 FeMB 填充,墙体厚度设计为均一厚度 10 cm。左右两边界假设为零弥散通量边界,其余四边界为零对流-弥散通量边界。整个研究区域离散成 2520 个单元,每个单元尺寸为 10 cm×10 cm×10 cm。模拟时间为 50 d,研究区各种参数如表 11-11 所示。设计了两个水平剖面 1-1,2-2 和一个观测点,具体位置如图 11-39 所示。

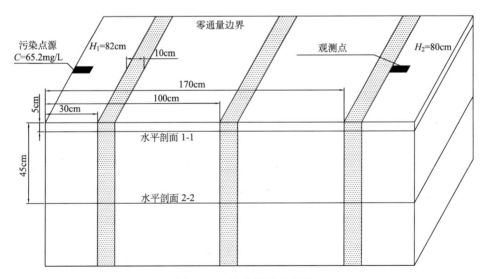

图 11-39　计算模型示意图

　　1)污染物迁移物理、化学和生物过程的贡献分析

　　污染物迁移物理、化学和生物过程考虑对流作用(ADV)、弥散作用(DSP)、吸附作用(ADS)和生物化学反应(BCR)等作用。先后计算以下三种工况:仅考虑

对流和弥散作用(ADV+DSP)，考虑对流弥散吸附作用(ADV+DSP+ADS)和考虑对流弥散吸附生物化学反应作用(ADV+DSP+ADS+BCR)。模拟结果如图 11-40 和图 11-41 所示。

表 11-11　系统参数

参数	值	参数	值
水平向渗透系数/(cm/d)	6.8675	垂向弥散度/cm	$0.3\alpha_L$
垂向渗透系数/(cm/d)	0.1	Langmuir 常数*/(L/mg)	3.5×10^{-3}
PRB 区域水平向渗透系数/(cm/d)	13.735	最大吸附量*/(mg/g)	7.24×10^{-2}
PRB 区域内垂向渗透系数/(cm/d)	0.2	一阶反应速率/d^{-1}*(5 个组分)	1.365
介质密度/(g/cm^3)	1.45	初始浓度(5 个组分)	0.0
有效孔隙率	0.41	PCE 点源浓度/(mg/L)	65.2
纵向弥散度/cm	12.1433	PCE 源的持续时间/d	20
横向弥散度/cm	$0.3\alpha_L$	总模拟期/d	50

注：*标识参数为砂柱试验参数反演结果。

图 11-40 显示 ADS 作用能够延迟 PCE 的迁移，BCR 作用使 PCE 污染羽范围得到有效控制。从图 11-41 可以看出，ADV+DSP+ADS 与 ADV+DSP 相比，PCE 浓度峰值下降 12%；ADV+DSP+ADS+BCR 与 ADV+DSP+ADS 相比，PCE 浓度峰值又降低 75%。从图 11-41 还可看出，在 BCR 作用下，穿透曲线第 26 天达到峰值；而没有 BCR 作用下，在第 30 天才到达峰值，这可能是由于考虑 BCR 作用时 PRB 区域的高渗透性所致。因此，BCR 作用拦截了污染羽的扩散并去除了一定质量的污染物。

2)不同级数的 PRB 修复效果对比分析

分别对 1 级、2 级和 3 级 PRB 结构修复 PCE 及其中间产物的修复效果进行模拟。PCE 在第 30 天的浓度分布曲线如图 11-42 所示，在观测点处的穿透曲线如图 11-43 所示。此外，在三个不同级数 PRB 修复方案下，5 个组分在观测点的浓度峰值柱状图如图 11-44 所示。

图 11-42 中修复后的地下水中 PCE 浓度高低依次为 1 级>2 级>3 级。从图 11-43 可以看出 PCE 在观测点的峰值，2 级 PRB 与 1 级相比从 2.09 mg/L 降到 1.32 mg/L，下降 37%；3 级与 2 级相比再从 1.32 mg/L 降到 0.85mg/L，下降 36%。从图 11-44 中可以看出在 3 级 PRB 修复方案下，PCE 有一个比较低的浓度，其余 4 个中间产物则有较高浓度。这些结果表明，3 级 PRB 能够使更多的母组分降解为子组分，即更多的有毒有害组分降解为毒性小或无毒组分。当然 3 级 PRB 的修复成本也最高，因此在设计 PRB 过程中应该考虑修复费用和修复效果之间的优化问题。

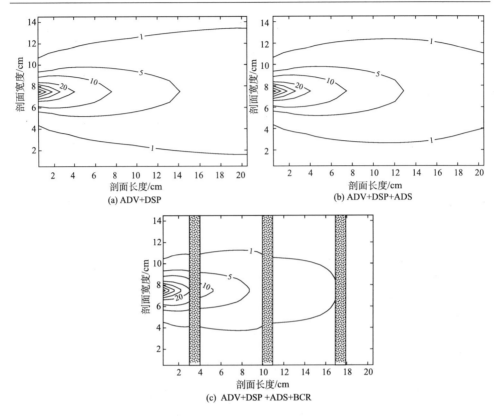

图 11-40 PCE 第 20 天在剖面 1-1 的浓度分布（单位：mg/L）

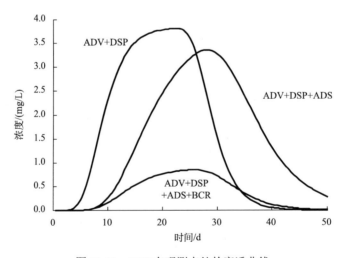

图 11-41 PCE 在观测点处的穿透曲线

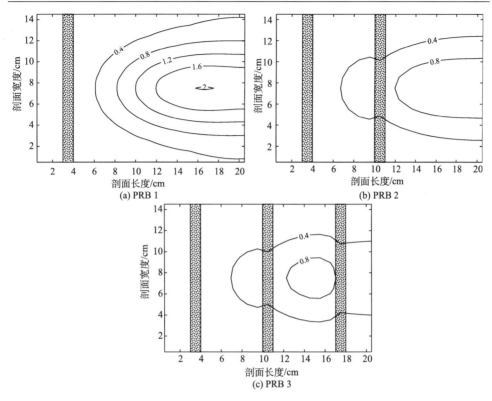

(a) PRB 1　　(b) PRB 2

(c) PRB 3

图 11-42　PCE 第 30 天在剖面 1-1 的浓度分布(单位：mg/L)

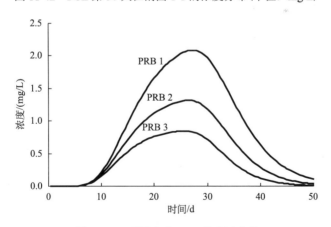

图 11-43　观测点处 PCE 的穿透曲线

3) 3 级 PRB 方案下修复效果分析

对 3 级 PRB 修复方案下 PCE 及其中间产物共 5 个组分的迁移规律进行了模拟计算。图 11-45～图 11-49 分别给出了 5 个组分在水平剖面 1-1 和 2-2 不同时刻的浓度分布曲线，相应的观测点穿透曲线如图 11-50 所示。

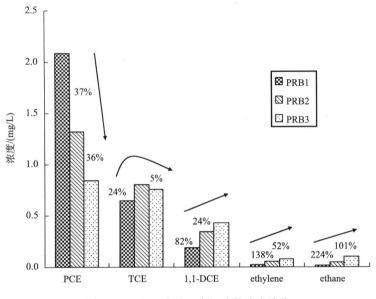

图 11-44　观测点处 5 个组分的浓度峰值

在图 11-45～图 11-49 中，PCE 的浓度轮廓线由于 PRB 修复区的降解作用而呈现向内凹的趋势，其余 4 组分由于同时存在降解和前组分的转化作用，其轮廓线呈现在 PRB 修复区逐渐变凸的趋势。尤其对于第 5 个组分 ethane，由于在 PRB 修复区没有降解作用存在，其向外凸的趋势非常明显。简言之，"凹"代表着该组分在此处减少，"凸"代表该组分在此处增加，即母组分越来越少，子组分越来越多，污染羽的面积在不断减小。从图 11-50 可以看出，前 4 个组分峰值依次减小，但对第 5 个组分其峰值在第 30 天以后已经超过了第 4 个组分（其母组分），这正是修复的目的所在。

4）PRB 反应区和渗透性降低的敏感性分析

在采用生物化学方法修复被污染的含水层时，由于微生物和化学沉淀引起的淤堵现象，从而引起含水层介质渗透性减小，进而影响地下水的流动走向和修复效果。因此，假设在 3 级 PRB 修复区域内一级降解速率和渗透性同时减小 30% 或 50% 两种情况下，对其修复效果进行模拟计算。从图 11-51 可以看出，反应区降解性能和渗透性减小 30% 时，观测点浓度峰值上升了 36%；反应区降解性能和渗透性减小 50% 时，观测点浓度峰值上升了 71%。因此，反应材料降解性能的衰减和渗透性的减小会引起修复效果的减弱，在修复方案设计过程中应引起足够重视。

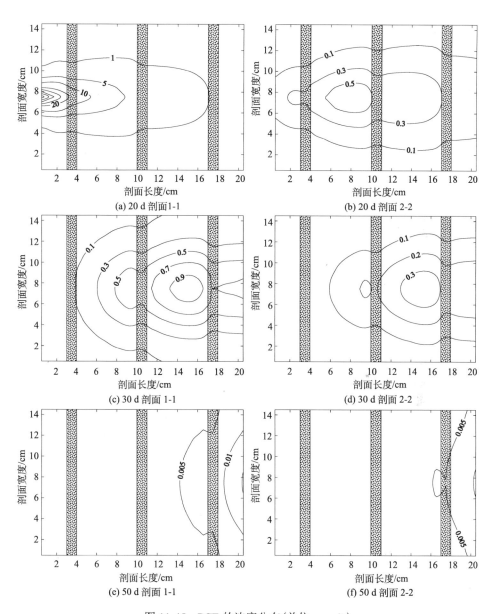

(a) 20 d 剖面1-1　　　　　　　　　　　(b) 20 d 剖面 2-2

(c) 30 d 剖面 1-1　　　　　　　　　　　(d) 30 d 剖面 2-2

(e) 50 d 剖面 1-1　　　　　　　　　　　(f) 50 d 剖面 2-2

图 11-45　PCE 的浓度分布(单位：mg/L)

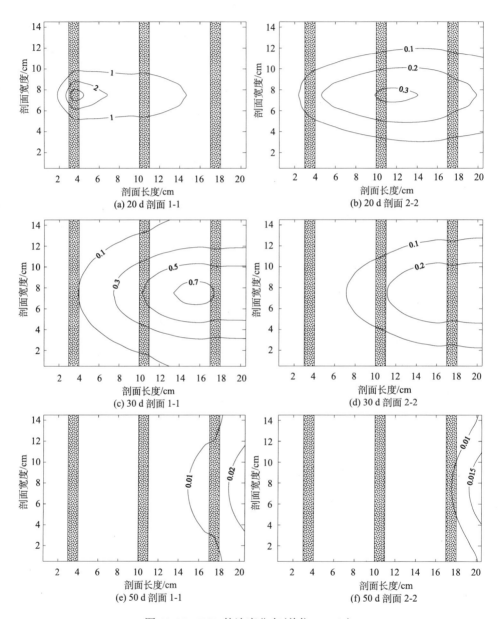

图 11-46 TCE 的浓度分布(单位：mg/L)

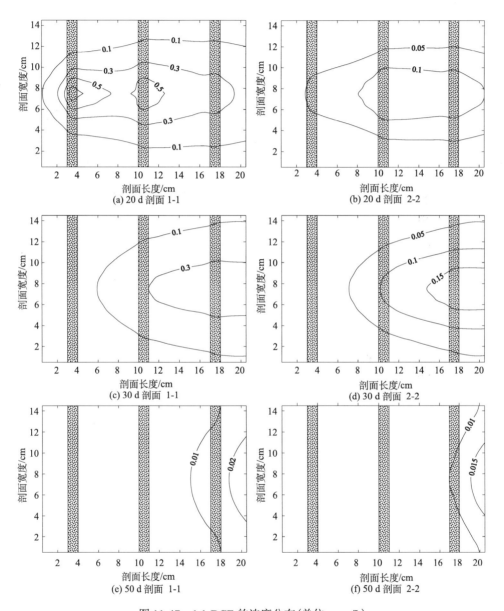

图 11-47　1,1-DCE 的浓度分布(单位：mg/L)

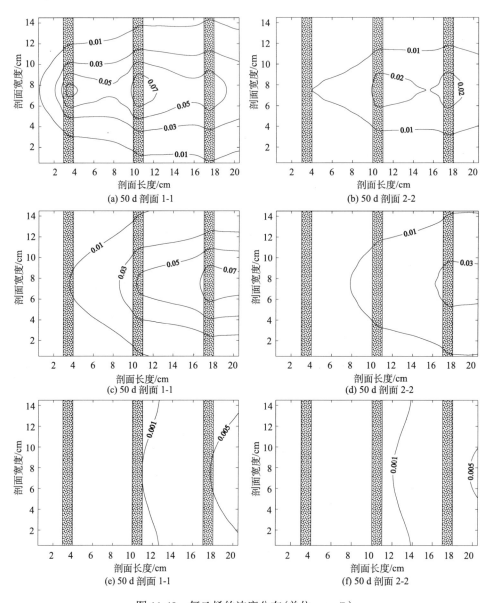

图 11-48　氯乙烯的浓度分布(单位：mg/L)

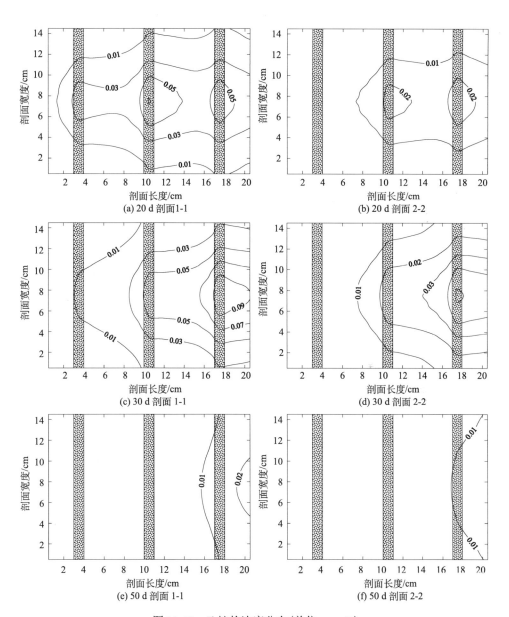

图 11-49　乙烷的浓度分布(单位：mg/L)

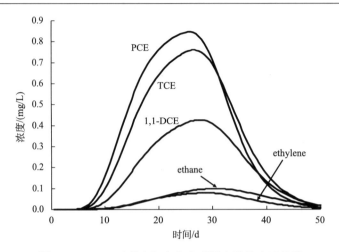

图 11-50   PCE 及其中间产物在观测点处的穿透曲线

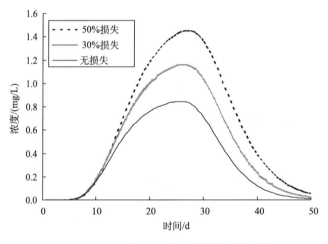

图 11-51   观测点 PCE 穿透曲线敏感性分析

11.4   地下水苯污染修复工程模拟设计[122]

苯属于非水相轻质液体(LNAPL)的一种,由于其密度小于水,一般汽油中含有苯系物,现场调查发现,多数污染场地的地下水中苯污染大多来源于石油管线和储油罐的泄漏。汽油泄漏后,垂向穿过非饱和带,进入地下潜水面附近,形成一个饱和含水层的长期污染源,随地下水流迁移。对于苯系污染物,好氧微生物修复会比厌氧降解过程具有更高的去除效率,但地下水中溶解氧(DO)的含量相对匮乏。原位生物修复技术常常用于含苯系物的地下水修复,该技术利用缓慢释氧

(直接向地下水中注入氧气)的办法,增强地下水中溶解氧的含量,或者在 PRB 区域内填充释氧物质(如过氧化钙(CaO_2)、过氧化镁(MgO_2)等),以增加地下水中溶解氧的含量,增加地下水中微生物的活力,达到微生物降解苯系物的目的。苯系物的生物降解过程一般采用莫诺动力学反应模型来描述。数值模拟作为一个很好的工具,常常用于地下水污染修复工程设计和评估,可以有效避免地下水修复工程中的设计缺陷。这里构建地下水系统中苯、溶解氧和微生物三个组分的迁移数学模型,并在 MODFLOW/MT3DMS 基础上编写相应程序代码,然后对缓慢注氧(slow-release oxygen source, SOS)技术修复二维苯污染含水层和采用 PRB 缓慢释氧(oxygen-releasing compounds, ORC)技术修复三维非饱和-饱和苯污染含水层两个案例进行数值模拟分析。

11.4.1　地下水苯迁移与污染修复的数学模型构建

这里仅考虑两个溶质组分(苯和溶解氧)和一个微生物组分。假设其反应过程符合多元莫诺动力学模型。构建地下水中苯污染物迁移的对流-弥散-生物降解耦合方程和地下水中溶解氧方程[123,124]:

$$\begin{cases} 苯: R_B \dfrac{\partial C_B}{\partial t} = \dfrac{\partial}{\partial x_i}\left(D_{ij} \dfrac{\partial C_B}{\partial x_j} \right) - u_i \dfrac{\partial C_B}{\partial x_i} - \dfrac{M}{n Y_{M,B}} \mu \\[4mm] 溶解氧(DO): R_{DO} \dfrac{\partial C_{DO}}{\partial t} = \dfrac{\partial}{\partial x_i}\left(D_{ij} \dfrac{\partial C_{DO}}{\partial x_j} \right) - u_i \dfrac{\partial C_{DO}}{\partial x_i} - \dfrac{M}{n Y_{M,DO}} \mu \end{cases} \tag{11-17}$$

式中,R_B 为地下水中苯的阻滞因子;C_B 为地下水中苯的浓度;t 为时间变量;$x_i (i=1,2,3; x_1=x, x_2=y, x_3=z)$ 为空间变量;D_{ij} 为水动力弥散系数张量;u_i 为地下水平均孔隙流速;R_{DO} 为地下水中溶解氧的阻滞因子;C_{DO} 为地下水中溶解氧的浓度;M 为微生物组分的活性生物量浓度,$[ML^{-3}]$;$Y_{M,B}$ 和 $Y_{M,DO}$ 分别为每利用单位质量苯(或溶解氧)与所产生的生物量比率;μ 为利用电子给体和受体的微生物群体单位生长率,$[T^{-1}]$,可以表述为

$$\mu = \mu_{max}\left(\frac{C_B}{K_{M,B} + C_B} \right)\left(\frac{C_{DO}}{K_{M,DO} + C_{DO}} \right) \tag{11-18}$$

式中,μ_{max} 为微生物群体的最大生长率,$[T^{-1}]$;$K_{M,B}$ 和 $K_{M,DO}$ 分别为电子给体和受体的半饱和系数,$[ML^{-3}]$。

此外,微生物群体的生长和死亡质量平衡方程可以描述为

$$\frac{dM}{dt} = (\mu - B)M \tag{11-19}$$

式中,B 为微生物群体的单位死亡率,$[T^{-1}]$。

式(11-17)～式(11-19)构成了苯、溶解氧和微生物三个组分的地下水污染物迁移耦合模型。利用有限差分法进行偏微分方程离散化，在 MT3DMS V5.3 的基础上再开发，编制 FORTRAN 程序代码。利用该程序对两个苯污染含水层算例进行数值模拟分析。其中一个为二维苯污染含水层的迁移与污染修复过程模拟，利用缓慢注氧井技术进行修复，对不同注氧井的井位、注氧速率等进行分析；另一个为三维非饱和-饱和苯污染含水层的迁移与污染修复过程模拟，利用 PRB 缓慢释氧技术进行修复，分析汽油突然泄漏后，先经过非饱和带垂向迁移，然后迁移至饱和带表面形成一个长期污染源，最后在饱和含水层中的迁移修复过程。

11.4.2　地下水苯迁移与污染修复的二维数值模拟

如图 11-52 所示，假定研究区域尺寸为 10 m×5.1 m×0.1 m，水流梯度为从左向右，左右两边界为恒定水头边界，上下两边界为隔水边界，渗透速度为 0.1 m/d。在左侧边界附近设定一个污染连续排放的点源，污染物为苯，浓度为 50 mg/L。研究区内苯的初始浓度为 0，DO 的初始浓度为 4 mg/L，微生物群体的初始浓度为 0.2 mg/L。为了加速微生物对苯的降解过程，采用缓慢注氧技术(SOS)对苯进行修复，相关参数如表 11-12 所示。研究区域离散成 5100 个单元，每个单元尺寸为 0.1 m×0.1 m×0.1 m。

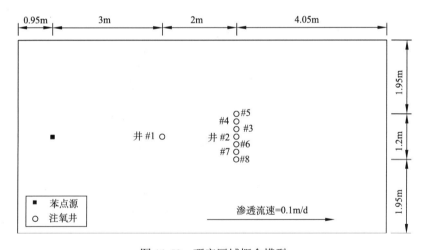

图 11-52　研究区域概念模型

表 11-12　系统参数

参数	值	参数	值
渗透速度/(m/d)	0.1	介质密度/(g/cm³)	1.45
纵向弥散度/cm	5	分配系数/(L/kg)	0.297

续表

参数	值	参数	值
横向弥散度/cm	1.5	微生物群体的最大单位生长率/d^{-1}	0.002
微生物群体的单位死亡率/d^{-1}	0.0	微生物的初始浓度/(mg/L)	0.2
苯的半饱和系数/(mg/L)	5	DO 的半饱和系数/(mg/L)	15
苯的产出系数	0.01	DO 的产出系数	0.01

1. 沿水流方向不同注氧井位的修复效果对比

如图 11-52 所示，分别在#1 和#2 注氧井连续注氧 10 mg/L。对这两个方案进行了数值模拟，图 11-53 显示了运行 1200 天后，#1 和#2 注氧井连续注氧量为 10 mg/L 情境下研究区地下水中苯的浓度分布。图 11-53(a) 显示了在#1 井连续注氧量为 10 mg/L 情境下研究区地下水污染羽分布；图 11-53(b) 显示了在#2 井连续注氧量为 10 mg/L 情境下研究区地下水污染羽分布。从图 11-53(a) 和图 11-53(b) 中等值线 5 mg/L 的范围可以明显看出，#1 井连续注氧量和#2 井连续注氧量相同情况下，#1 井地下水苯羽状物扩散范围明显小于#2 井地下水苯羽状物扩散范围，这说明注氧井布设接近污染源的位置比较好，距离污染源越远，需要的注氧量越大，注氧井数量越多。

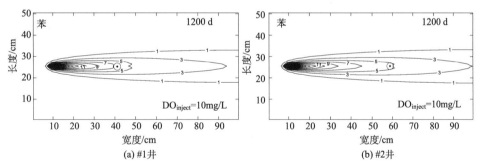

图 11-53　1200 天#1 和#2 注氧井连续注氧量 10 mg/L 研究区地下水苯浓度分布(单位：mg/L)

2. 不同注氧量的修复效果对比

如图 11-52 所示，在#2 井位连续注氧量分别为 10mg/L 和 7 mg/L。对这两个方案进行了数值模拟。图 11-54 显示了不同注氧量研究区地下水中苯浓度分布图，对比结果显示，相同井位，注氧量大会增强微生物的降解效果。

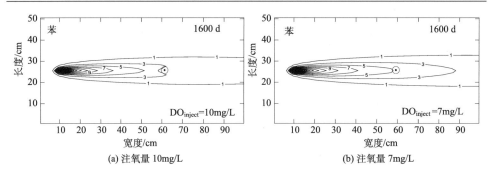

(a) 注氧量 10mg/L (b) 注氧量 7mg/L

图 11-54 1600 天连续注氧量 10mg/L 和 7 mg/L 研究区地下水苯浓度分布（单位：mg/L）

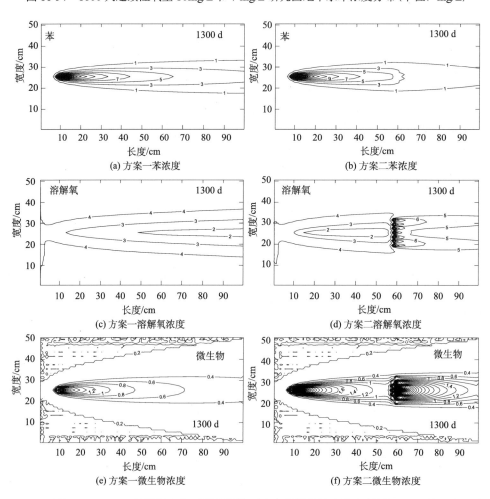

(a) 方案一苯浓度 (b) 方案二苯浓度

(c) 方案一溶解氧浓度 (d) 方案二溶解氧浓度

(e) 方案一微生物浓度 (f) 方案二微生物浓度

图 11-55 1300 天两种方案下研究区地下水中各组分浓度分布（单位：mg/L）

3. 沿水流横向 7 口井同时注氧的修复效果分析

设计了两种注氧修复地下水中苯的方案,一种仅考虑天然溶解氧背景值情况下的微生物降解过程;第二种沿地下水流横向布设 7 口注氧井(井#2～井#8)(图 11-52),每口井连续注氧量为 10 mg/L。图 11-55(a)为天然状态下 1300 天研究区地下水中苯的浓度分布;图 11-55(c)为天然状态下 1300 天研究区溶解氧的浓度分布;图 11-55(e)为天然状态下 1300 天研究区微生物的浓度分布。图 11-55(b, d, f)给出了 7 口井同时注氧修复技术下各组分的浓度分布。结果表明,地下水中苯污染羽在 7 口井同时注氧修复技术下得到了有效控制(图 11-55(b));溶解氧浓度在井位下游明显增加(图 11-55(d));微生物组分在溶解氧充足的区域生长非常好(图 11-55(f))。结果表明充足的溶解氧可以加速微生物的生长,使更多的苯在微生物生长中被消耗掉。

11.4.3 非饱和-饱和带中苯迁移与污染修复的三维数值模拟

非饱和-饱和带苯污染概念模型如图 11-56 所示,研究区域尺寸为 10 m× 15 m×20 m,其中,非饱和带层厚 5 m,饱和带层厚 10 m。在地表左侧附近有一汽油点源泄漏,其初始直径为 0.2 m,泄漏速率 0.4 m³/(d·m²),连续泄漏 18 h 后停止,共泄漏汽油体积为 9.42 L,汽油中苯的含量为 1.15%。泄漏的汽油首先垂向穿过非饱和带,然后漂浮在地下水潜水面随地下水迁移。采用地下水渗透性反应墙技术修复汽油污染物,在 PRB 区填充释氧物质的方法增加其溶解氧的含量,释氧物质由 CaO_2 或 MgO_2、黏合物和砂子混合构成。假设 PRB 区的释氧速

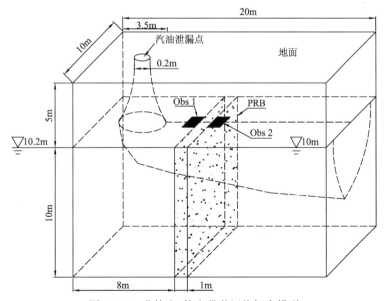

图 11-56 非饱和-饱和带苯污染概念模型

率恒定为 10 mg/L 或 15 mg/L 两种情况。首先计算汽油泄漏事件发生后非饱和带的苯迁移过程，然后以汽油中溶解到饱和含水层中的苯为研究对象，模拟苯在饱和带中的迁移修复过程。

汽油在非饱和带的迁移采用 USEPA 开发的 HSSM 软件进行模拟分析，也可以用 VLEACH 和 Hydrus-1D 软件计算。所需参数如表 11-13 所示。

表 11-13　系统参数

参数	值	参数	值
砂子密度/(g/cm³)	1.51	van Genuchten's α /m⁻¹	14.5
汽油密度/(g/cm³)	0.75	van Genuchten's n	2.68
水的动力黏度/(Pa·s)	1.0×10^{-3}	垂向渗透系数/(m/d)	7.1
汽油的动力黏度/(Pa·s)	0.45×10^{-3}	水的饱和度	0.35
水的表面张力/(10^{-5}N/cm)	65.0	剩余水的饱和度	0.105
汽油的表面张力/(10^{-5}N/cm)	26	含水层中剩余汽油饱和度	0.15
孔隙率	0.43	非饱和带剩余汽油饱和度	0.1
苯的溶解度/(mg/L)	1750	非水相流体与水之间的分配系数	312
砂子与水之间的分配系数/(L/kg)	0.083	在"圆饼"中最大非水相流体饱和度	0.326

非饱和带苯迁移模拟结果显示，泄漏的汽油大部分被非饱和带所截留，这将对其周围的土壤生态环境造成很大的影响，如表 11-14 所示。

表 11-14　非饱和带迁移过程主要结果

参数	值	参数	值
源面积/m²	0.03142	"圆饼"的最大半径/m	0.5569
总泄漏汽油质量/kg	7.069	汽油中所含苯的总质量/g	81.29
进入地下水中的汽油质量/kg	0.3735	进入地下水中的苯质量/g	21.9

对于饱和带的研究区域 10 m×10 m×20 m 进行单元网格划分，共剖分为 10×10×20=2000 个单元，每个单元尺寸为 1 m×1 m×1 m。假设左右两边界为恒定水头边界，其中左边界水头为 10.2 m，右边界水头为 10 m。地下水流场稳定，饱和带达西流速为 7.1 cm/d。假定反应过程中吸附作用满足线性吸附模式，分配系数为 0.297 L/kg。相关参数如表 11-15 所示。

1. 不同释氧量对修复效果分析

图 11-57 为自然降解(无释氧，天然地下水中溶解氧的浓度为 4 mg/L)和 PRB 中分别人工释氧量 10 mg/L 和 15 mg/L 三种情况下，观测点 Obs 2(PRB 后端)

表 11-15　系统参数

参数	值	参数	值
孔隙率	0.43	介质密度/(g/cm^3)	1.45
纵向弥散度/m	1	线性吸附中的分配系数/(L/kg)	0.297
横向弥散度/m	0.3	微生物群体最大单位生长率/d^{-1}	0.002
垂向弥散度/m	0.1	溶解氧初始浓度/(mg/L)	4
微生物群体单位死亡率/d^{-1}	0.0	微生物群体的初始浓度/(mg/L)	0.2
苯的半饱和系数/(mg/L)	0.25	溶解氧的半饱和系数/(mg/L)	7.5
苯的产出系数	0.01	溶解氧的产出系数	0.01

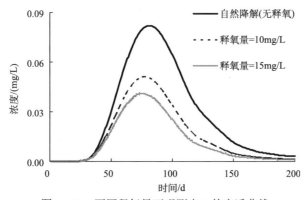

图 11-57　不同释氧量下观测点 2 的穿透曲线

处的穿透曲线。从图 11-57 中可以看出，相对苯的自然降解，人工在 PRB 中释氧量为 10 mg/L 时，Obs 2 处地下水苯浓度峰值降低了 38%；人工在 PRB 中释氧量为 15 mg/L 时，Obs 2 处地下水苯浓度峰值降低了 50%。这说明在 PRB 中释氧量增加，微生物的活力增强，地下水中苯的降解效果提高。

图 11-58 为 PRB 释氧量为 15 mg/L 时，在 PRB 前、后两点（Obs1 和 Obs2）处地下水苯的浓度穿透曲线。由图可见，经过释氧的 PRB 之后，苯的浓度峰值降低 80%。

2. PRB 释氧修复苯的效果分析

图 11-59 和图 11-60 分别为自然降解值和释氧修复方案下沿饱和带顶部横剖面、经过污染源中心沿水流方向纵剖面上的苯浓度分布情况。图 11-59 显示了 PRB 修复后下游地下水（图 11-59(b)）与天然溶解氧背景下地下水（图 11-59(a)）相比，苯污染羽的范围得到了一定的控制。图 11-60 显示在纵剖面上污染羽主要集中在距离地下水面较近的区域。因此，采用 PRB 修复地下水的过程中，对 PRB 的垂向尺寸设计尤其重要。

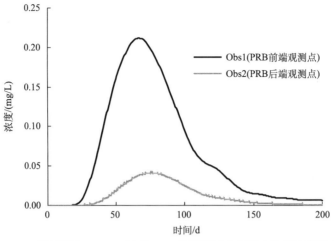

图 11-58 释氧量为 15mg/L 时在 PRB 前后端两个观测点处苯浓度的曲线

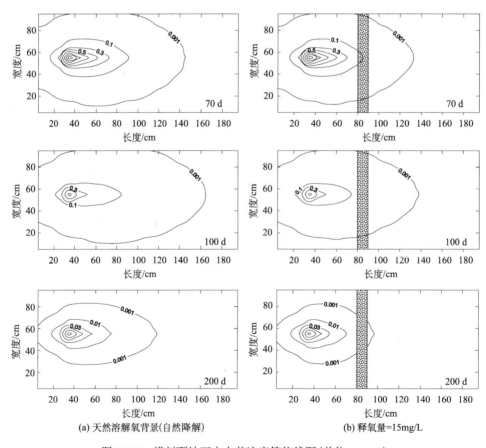

图 11-59 横剖面地下水中苯浓度等值线图(单位:mg/L)

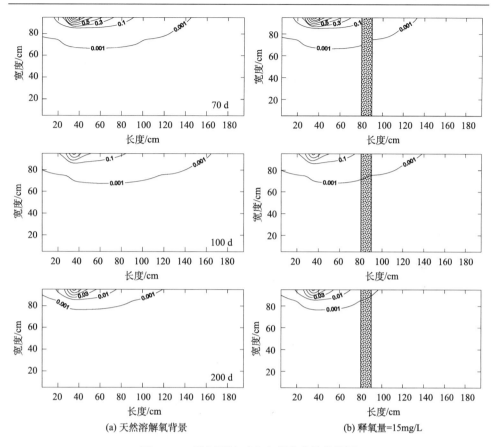

(a) 天然溶解氧背景　　　　　　　　　　　　　　(b) 释氧量=15mg/L

图 11-60　纵剖面地下水中苯浓度等值线图

　　综上所述，地下水苯污染修复方案的制定，可以用地下水污染物迁移模型进行数值试验，设定不同情景进行修复目标评定，通过多种备选方案的对比分析，确定最终地下水修复工程的设计方案。对于地下水污染原位修复来说，采用数值模拟方法进行修复工程方案设计，成本低、效果好。

第12章 土壤与地下水污染相关问题

传统的环境工程针对污染源和污染物进行处理，也就是"水（水处理）、气（废气净化）、渣（固体废弃物处理和处置）"的处理技术；现代环境工程拓展到对环境介质的污染修复，即对大气介质污染的修复、地表水体介质污染的修复、污染生态系统的修复、土壤与地下水介质污染的修复。对污染物和污染源的处理和处置，污染源和污染物清楚且人工可控；而对环境介质的污染修复，存在复杂的自然过程和复杂的污染源类型及污染物类型，环境介质受自然过程和人类活动的影响，是不断变化的。污染物进入环境介质中，不仅改变环境介质内的环境状况，而且变化的环境介质使得污染物的性质、价态、形态发生变化。因此，环境介质的污染处理处置人工不可控。大气污染、地表水污染、土壤与地下水污染相互影响，需要系统考虑。从环境的角度研究污染物在土壤与地下水介质中迁移转化规律、土壤与地下水环境调查、监测、采样和修复技术的思路，不同于以往环境工程的研究思路，也不同于从资源角度研究地下水问题。从资源角度研究地下水关心的是从地下岩土介质中提取足够量的水和符合水质标准的水，饱和黏土层定义为隔水层（尽管含有大量水，但难以提取足够量的水）；但从环境角度，污染物可以穿过黏土层（尤其 DNAPLs 和放射性物质），就不能按隔水层处理，如上海地区大部分潜水层为黏土层。从地下水资源的角度，只要溶解在地下水中的有害物质没有超过某种用途标准，就不认为地下水受到了污染；但从环境角度，大多数有机污染物难于溶解在地下水中，这些有机污染物进入地下环境中存在溶解态、吸附态、挥发态和自由态四种形态，如果对少部分溶解态地下水修复达标，并没有彻底解决问题，其他形态的污染物还会不断释放到地下水中。因此，传统的从资源角度调查、采样、监测、修复地下水的技术不适合地下水环境的调查、采样、监测、评估和污染修复。

对于土壤与地下水环境介质来说，由于土壤的成因不同、形成的气候背景不同，土壤的性质、结构、物质组成、厚度等具有鲜明差异；含水层的成因、岩（土）性质、物质组成和结构、孔隙性、渗透性、水文地质条件等不同，地下水环境存在较大差异。全球任何一处的土壤与含水层介质没有完全相同的，地下环境中不同深度的某种环境要素，承受的水文、力学、物理、化学、生物状况的不同，我们采集出的土壤和地下水样品，事实上已经改变了原有的土壤与地下水的自然状态。土壤与地下水自然环境状况受地下环境中水-岩（土）物质、能量和信息的相互作用的影响、地下环境中生物化学过程的影响、局地气候条件(包括大气污染物干湿沉降)的影响、地表水体(包括地表水污染)的影响、地表植被生态系统的影响以及地质过程的影响等。人类工程活动改变生态系统、地表水系统和地下环境系统,从而影响地下环境状况,改变水-岩相互作用过程,使得土壤与地下水中的物质组成发生变化,如地下污水回注,不仅增加地下水污染,而且改变地下水文地球化学循环,使得地下环境中固液平衡被破坏;滨海地区过量开采地下水,导致海水入侵,使得原本地下的淡水环境变成咸水环境,不仅水质咸化,同时改变地下水文地球化学循环。

　　土壤与地下水污染处于地表以下,人们不能直观看到,需要设置监测钻孔,监测孔平面位置和剖面深度的设置尤为重要(监测点的代表性),而监测点毕竟是离散点,需要用数学模型模拟将离散点上的信息变为研究区的土壤与地下水环境要素的变化,只有通过数学模拟才能了解整个研究区(场地)土壤与地下水环境要素的变化信息,因此,土壤与地下水环境研究最基础的问题是监测网的最佳设置、土壤与地下水环境数值模拟问题。

　　土壤与地下水环境的变化性、结构的复杂性、污染物时空分布的高度离散性、隐蔽性、长期积累性、低剂量毒性释放性以及去除的缓慢性,使得人们对土壤与地下水污染的感知程度不如大气和地表水体污染。这也使得土壤与地下水污染的调查、监测和污染修复困难和经费投入巨大。请切记,土壤与地下水污染是长期的污染累积的结果,因而污染修复不是一朝一夕能彻底解决的,应该认识到它的复杂性。

12.1　土壤与地下水污染一体化修复问题

　　土壤与地下水处于地表以下环境之中,土中有水,水中有土,地下环境中水-土(岩)不断相互作用。土壤属于非饱和带,而地下水属于饱和带,饱和带与非饱和带由于农业灌溉和大气降水、抽水和工程排水而交替变化。因此,土壤与地下水中污染物相互转换,尤其对土壤渗透性强的地区和南方地下水位埋深较浅的地区,土壤与地下水中物质交换密切。除人工制造的有机污染物外,天然岩土介质中存在各种重金属、放射性物质和无机污染物,土壤与地下水环境的改变会引起水-土相互作用发生变化,导致土壤和含水层固相物质溶出,富集到地下水中,使地下水中有害物质超标。因此地下水污染不同于地表水,应该同土壤一体进行污染过程研究和污染一体化修复。

　　在土壤污染修复过程中,不合适的修复工程也可能引起地下水污染,如土壤原位热脱附处理石油类和有机污染物时,减少了污染物的黏滞性,增加了污染物的迁移性,可能会使土壤中污染物迁移到地下水中,污染地下水。土壤中重金属和放射性物质可能处于固化或络合状态，由于工程活动使得这些重金属和放射性物质溶出，一方面可能被地表植被吸收，另一方面可能迁移到地下水中。因此，土壤与地下水环境调查、评估和污染修复，应该一体化系统考虑。

12.2　地下环境的复杂性问题

地下环境复杂性表现为岩土介质类型、性质、成因和结构的复杂性；地质构造的复杂性如地层层位、节理、裂隙、断层等。

岩土介质类型有松散沉积物、沉积岩、变质岩和火山岩。松散沉积物包括坡积物、洪积物、冲积物、风积物等，以及基岩裂隙地区的风化松散物、沉积盆地的松散物。松散沉积物的成因不同，物质组成和结构不同。另外不同地区气候条件的不同，土壤的性质、物质组成、结构和土壤生态系统特征、水分循环以及水文地球化学过程也不同。

从地下水特性角度，将含水层分为孔隙型、裂隙型和岩溶型含水层介质，砂岩具有孔隙型含水层介质，砂岩的渗透性能与砂岩胶结物有关，泥质胶结的砂岩渗透性差，钙质胶结的砂岩渗透性好，硅质胶结的砂岩渗透性一般。变质岩和火山岩为裂隙型含水层介质，玄武岩柱状节理发育，垂向渗透性强，其他岩石的渗透性取决于裂隙、节理、断层的分布，地下水主要沿着裂隙通道运动，污染物在水流作用下同样沿着裂隙迁移或储存。岩溶型含水层介质复杂，存在溶洞、暗河、溶蚀性裂隙。我国北方岩溶地区，溶洞和暗河不发育，南方溶洞和暗河发育强烈，地下水污染物迁移转化十分复杂。

地下岩土性质和结构，通过有限的钻孔资料和有经验的水文地质人员分析，可揭示研究区含水层的分布，尽管这样，也难以准确表述地下环境的结构，更难以准确地描述污染物在地下的时空分布状况。因此，在地下水环境调查中，可以将地球物理勘探技术和地质勘探技术结合，综合分析地下环境的结构。

由于地下环境的非均质各向异性，需要进行现场地下水试验，如抽水试验、注水试验、示踪试验、自流盆地放水试验以及环境同位素试验等，以解释复杂地下环境的水力学性质、地球化学性质等。

由于地下环境的复杂性，污染物进入地下环境中形态、价态、迁移、转化和归趋的不同，其在地下的存在位置也不同，如重金属在土壤中存在铁-锰氧化物络合态、硫化物络合态、有机物络合态、碳酸盐络合态、残渣态以及离子交换态，这些形态在土壤环境变化时会发生变化。有机污染物进入地下环境存在四种形态，即溶解态，溶解在地下水中且随地下水流迁移；吸附态，吸附在土壤颗粒表面；挥发态，变成气态物质向土壤和地表扩散；自由态，也称为非混溶态，比水密度小的有机污染物(LNAPLs)，如 BTEX，在地下水潜水面附近随地下水流扩散，对于比水密度大的有机污染物（DNAPLs），少量溶解在地下水中的 DNAPLs 随地下水流迁移（地下水中的 DNAPLs 浓度是溶解在水中的 DNAPLs）；大部分以自由态随重力方向向地下深处迁移，这部分 DNAPLs 和吸附态的 DNAPLs 存在于含水层中，从地下水中采样，难以获得这部分 DNAPLs。因此，土壤与地下水污染的采样方法、监测点布设、修复技术选择需要科学考虑。

12.3　土壤与地下水污染修复问题

目前在土壤与地下水污染修复中，只关注目标污染物的修复，而忽略目标污染物修复过程产生的中间产物，如修复三氯乙烯污染物，其中间产物有二氯乙烯、氯乙烯等，氯乙烯的毒性远远大于三氯乙烯，就是说通过修复去除了目标污染物，但产生的中间产物毒性更大。目前采用的化学氧化修复有机污染土壤，没有考虑化学氧化后的产物及其是否对土壤产生二次污染问题。对于异位土壤污染修复，需要化学药剂与土壤充分混合，如没有充分混合土壤，是否还有残留污染物？对于土壤中重金属的调查评价，仅关注重金属的总量，没有考虑重金属的价态和形态，如五价砷的毒性远远小于三价砷，在土壤重金属稳定化过程中，也可能将毒性低的重金属修复后变成毒性更高的重金属。天然土壤中重金属的形态可能比人工稳定化后的形态更稳定。

在土壤与地下水污染修复工程实施过程中，施加的药剂进入污染土壤或地下水中，一方面会改变土壤与地下水环境，改变地下环境水-岩(土)相互作用过程，使得本应固化(矿物状态重金属)或稳定化(络合状态重金属)的物质溶出，富集于地下环境中，污染土壤与地下水；另一方面修复的目标污染物会产生毒性更大的中间产物，尤其是有机污染物，应做到绿色修复。

在重金属和有机污染物土壤异位修复过程中，如果先稳定化重金属污染土壤，再高级氧化处理有机污染物，就会使稳定化的重金属变得不稳定；如果先高级氧化有机污染物，后稳定化土壤中重金属，会改变土壤的环境，使得稳定化重金属的土壤环境与实验室稳定化重金属的土壤环境大大不同（这是由于化学氧化在已经处理了土壤中的有机物的同时，也改变了土壤环境），因此，实验室的土壤重金属实验配方不能直接用于现场稳定化土壤重金属的配方，稳定化药剂和稳定化时间需要重新考虑。

在有机污染物污染土壤异位修复中，采取现场基坑开挖方法，将挖出的土壤堆放在场地内混合后，加入高级氧化剂进行氧化处理，之后进行采样检测，如果达到修复目标值，则修复结束。事实上，调查点的土壤污染物超过健康风险控制值，但不等于场地内所有土壤污染物均超过健康风险控制值，因为经过场地挖出土壤的混合之后，污染物可能被稀释了，以致不会超过修复目标值。

　　目前土壤与地下水污染修复的时间过短,城市场地土壤与地下水污染修复期一般为 3～6 个月。因此,采用的修复技术过于简单,对有机污染物大多采用异位化学氧化修复、化学氧化原位注入技术、热脱附技术等,对重金属采用化学钝化稳定化技术,缺乏对修复技术的后评估以及污染物的转化、形态和价态变化等。土壤与地下水污染是一个长期的累积过程,在很短的时间内完成修复,难以达到效果。

12.4　土壤与地下水污染修复经费问题

　　土壤污染修复分为城市场地土壤与地下水污染修复、农田土壤污染修复和矿山土壤污染修复三种类型。土壤与地下水污染修复的经费是制约修复顺利实施的关键。城市场地污染修复经费来源于土地出让费,最终转嫁到房价中,没有体现谁污染谁付费的原则;农田污染修复由政府出资,经费来源有限;矿山土壤修复纳入流域管理中,经费来源也有限。因此,应该借鉴国外经验,建立土壤与地下水污染修复超级基金,基金来源于潜在污染企业的污染税、污染罚款以及政府的资助等,这样才能保证土壤与地下水污染修复事业的健康发展。在管理过程中,不要把土壤污染与固体废弃物管理等同,固体废弃物属于污染物,而土壤属于污染介质,污染物在地下环境中是时刻变化的,它与地下水、地表水和地表植被(包括农作物)不断进行着物质交换。

12.5　土壤与地下水污染风险评估问题

　　土壤与地下水污染防治的原则是风险控制。目前在城市污染场地修复前,通常采用人体健康风险评估方法确定风险控制值。将该风险控制值作为场地污染修复的目标值,对挥发性污染物的评价和修复比较适合,但对非挥发性污染物的评价不适合,比如《上海市场地土壤环境健康风险评估筛选值(试行)》规定,敏感用地土壤中筛选值石油烃 TPH C>16 为 381mg/kg,石油烃 TPH C<16 为 517 mg/kg。经过人体健康风险评估后变成 5500 mg/kg 或 8628 mg/kg 等,作为土壤修复的目标值。这里要注意两个问题:一是在人体健康风险评估时由于表层土和深层污染物暴露途径不同,导致风险控制值不同,对于土壤污染异位修复工程,深层污染土和表层污染土开挖过程的暴露途径一样,而且与人接触更近,健康风险更大;二是土壤污染修复目标值远远大于筛选值,修复后的土壤又回填进入场地,如果再调查监测,土壤中的环境要素还是高于筛选值,必须进行详细调查和风险评估,再进行修复,形成一个死循环,这说明人体健康风险评估方法存在一定缺陷。

　　场地污染风险评估忽略了污染物对生态环境的影响以及通过地下水流扩散

对其他水体和生态系统的影响。同时，在人体健康风险评估中各种参数的确定人为性太大，导致不同人得出的结果相差甚大。如上海市某工业场地，地下水中砷、苯、乙苯、氯仿和四氯化碳的人体健康风险评估后的风险控制值（作为修复目标值）分别为 127 μg/L、174 μg/L、507 μg/L、99.6 μg/L 和 74.9 μg/L，而地下水中砷、苯、乙苯、氯仿和四氯化碳的Ⅲ类水质标准分别为 10 μg/L、10 μg/L、300 μg/L、60 μg/L 和 2 μg/L，计算出的风险控制值与标准值差异甚大。

土壤与地下水污染评估要考虑污染物的迁移，导致下游水体、湿地、保护区生态系统(生境、植物、动物)的健康风险，需要进行污染物迁移模型和生态健康风险评估。

12.6　土壤与地下水评估和修复标准问题

目前，土壤与地下水污染评价标准采用人体健康风险筛选值，修复标准采用人体健康风险控制值标准。应结合土壤与地下水用途制定不同标准，如深层土壤污染对人体健康影响较小，但对地下水污染影响大，如果将地下水作为饮用水，对人体健康影响大(直接用饮用水标准评价地下水的污染状况，不需要再用人体健康风险评估)；若不作为饮用水，可能作为农用水，应考虑农业灌溉用水水质标准，或考虑地下水与地表水转换关系，因为地下水污染会影响地表水水质，地表水又作为饮用水水源。如土壤作为农田用途，应用农田土壤环境质量标准。因此，土壤与地下水污染评价和修复标准不应唯一，应该考虑其用途、人体健康风险、环境健康风险、生态健康风险以及污染物迁移转化对相邻环境介质的影响风险等。

目前，土壤重金属稳定化处理的验收标准采用固体废物处理的浸出液标准。土壤是变化的环境介质，不同于固体废物，因此，不应采用固体废物浸出液标准。地下水抽出处理采用纳管排放标准，将处理后的地下水通过污水管道排入城市污水处理厂，由于严重污染的地下水水质浓度远远小于纳管污水的水质浓度，所以几乎不用处理污染地下水就能达到纳管排放水质标准。例如，上海某场地地下水中砷浓度为 0~908 μg/L(地下水Ⅲ类水质标准为 10 μg/L，纳管水质标准为 300 μg/L)，苯浓度为 0~492 μg/L(地下水Ⅲ类水质标准为 10 μg/L，纳管水质标准为 2500 μg/L)，乙苯浓度为 0~1484 μg/L(地下水Ⅲ类水质标准为 300 μg/L，纳管水质标准为 2500 μg/L)，氯仿浓度为 0~1203 μg/L(地下水Ⅲ类水质标准为 60 μg/L，纳管水质标准为 1000 μg/L)，四氯化碳浓度为 0~145 μg/L(地下水Ⅲ类水质标准为 2 μg/L，纳管水质标准为 500μg/L)。

抽出处理技术适用于强渗透均质含水层中污染地下水的处理。目前我国大多数场地污染地下水采用该技术，没有考虑水文地质条件，如上海地区潜水含水层大多为黏土层，采用该技术难以彻底抽出地下水，即使井筒水被疏干，井壁外含水层地下水位下降很少。

12.7　土壤与地下水环境调查问题

目前土壤与地下水环境调查，根据现场踏勘、访谈和场地历史土地用途，制定监测方案，监测点的设计(平面和剖面)大多按照等网络间距布点、深度上按照规定的深度布点。土壤与地下水环境调查的关键是监测点的布设，能够客观监测场地污染源。在监测点布设之前，应用地球物理勘探技术对场地进行无损探测，可初步探测地下管线、潜在埋藏的污水池、暗浜(填埋的河渠)、地层结构和可能的污染物平面与剖面分布，再依据地球物理勘探结果布设钻孔，尽可能找到污染源和污染物在地下的空间分布，避免盲目钻孔导致污染物的人为扩散。城市工业场地初步环境调查监测点的布设十分重要，应该依据工业场地调查获得的有关工业生产活动信息，判断潜在污染物的分布，依据该分布按照专业判断布设监测点；再根据调查结果分析监测点布设的合理性，分析污染源与初步潜在污染源分布的匹配性。

12.8　土壤与地下水采样问题

目前，在土壤与地下水环境调查中采用的平面布点和深度采样方法，未考虑污染源分布和污染物在地下环境中的变化和空间分布状况，尤其是有机污染物进入地下环境，在不同土层性质的迁移和滞留状况不同，有机污染物的历史不同，污染物在地下的存在位置和污染物的种类(由于长时间土壤微生物的降解作用，可能目标污染物已经降解，但产生中间产物)不同。因此，对平面采样点的布设，一定要考虑污染源和污染物的扩散状况，不能均匀布点；深度采样一定要考虑地层岩土性质和地层结构，不能统一深度采样；对于有机污染地下水的采样深度，要考虑 LNAPLs 和 DNAPLs，这些有机污染物难溶解在地下水中，目前采集地下水样测得的有机污染物浓度只是很少的溶解在地下水中的有机物浓度，非溶解的大量有机物存在于地下环境中，部分在扰动采样过程中变成挥发物挥发掉，大部分以吸附在含水层颗粒上的吸附态或自由态残留在含水层中。因此，除取水样外，还要考虑取饱和土壤样品(饱和土壤采集要考虑土层性质和结构，在 DNAPLs 可能滞留的地方采集土壤样)，在水中采集 DNAPLs 与采样深度关系不大，因为溶解在水中的 DNAPLs 基本上混合充分，应该在较深部位采集饱和土样；对于 LNAPLs，它富集在潜水面附近，随地下水流迁移，在潜水面附近非扰动采样就可以采集到挥发态、自由态和溶解态的 LNAPLs。

本书试图传递一种思想，土壤不是简单的固体而属于环境介质：环境介质具有复杂性、变化性、隐蔽性和高度的离散性、污染物类型多样性、污染源类型多样性、污染物进入到环境介质后多形态与多价态性、污染物的迁移转化性、污染物在土壤中空间位置滞留的变化性等。①土壤环境的复杂性表现在其岩性、结构、含水量、生物和矿物组成等的复杂性。②土壤环境的变化性表现在其 pH 与 Eh、大气系统影响(降水、蒸发、沉降、气温)、地表水系统影响(河流、湖泊)、生态系统影响(地表植被)、土地利用变化影响以及工程活动影响等方面。③土壤污染的隐蔽性和高度的离散性表现在土壤为处于地表以下的地质体，难以直接观测，必须通过地球物理勘探和钻孔分析揭示土壤的地下结构和岩性组合，因而土壤平面和剖面监测点的选择尤为重要。④污染物和污染源的多样性：有机和无机污染物、重金属；点源、面源、线源等；大气沉降进入土壤中的污染物、地表水体进入土壤中的污染物；污染物进入土壤中的形态、价态发生变化。⑤污染物的迁移转化性表现在污染物进入土壤中，随着时间空间位置发生变化，在土壤中毛细力、重力的作用下，污染物不断运动，由于土壤的非均质性以及裂隙的存在，污染物进入土壤中迁移的变异性，导致空间分布的高度离散性。⑥污染物在土壤中空间位置滞留的变化性表现在由于土壤对污染物的吸附性和对重金属的各种络合特性，导致污染物在土壤中滞留的变化性；由于土壤颗粒的非均质性和结构的复杂性，也导致污染物进入土壤中滞留的变化性。⑦土壤中存在大量微生物，污染物在微生物的作用下会发生降解作用、还原作用等，从而发生转化。

地下水不同于地表水，存在于土壤层(非饱和地下水)和含水层(饱和地下水)中，污染物进入地下环境中，其时空分布、存在形式以及迁移转化等极其复杂。①地下环境介质高度非均质性：地下水通过砂和砾之间的孔隙空间或坚硬的岩石的裂隙运动，由于这些裂隙或孔隙的分布极不均匀，地下环境中污染物迁移通道往往极难预测。②非水相液体(NAPLs)存在：非水相液体(NAPLs)通过地下土壤和含水层迁移，一部分非水相液体像一个不移动的小球体被圈闭在含水层中难以被抽出，但可以溶解并污染路过地下水。进一步去除 DNAPLs 是很复杂的，由于 DNAPLs 具有高的密度，向地下深处迁移，很难采样监测到，它们可以留在含水层慢慢溶于地下水而长期污染地下水。③污染物迁移到难以接近的区域：污染物由分子扩散迁移到地下水流难以接近的区域，这些区域可能是微孔隙层或黏土层，一旦出现在这些层位，污染物能够作为长期的污染源，慢慢扩散到清洁的地下水中。④污染物吸附到土壤与含水层颗粒表面：多数污染物常常黏附在地下固体材料上，这些污染物能够保持在地下很长时间，当地下水中污染物浓度减小时，在浓度梯度作用下再次释放到地下水中。⑤地下环境难以描述：地下材料和结构难以完整看到，通常通过有限数量的钻孔观测，由于土壤与含水层的高度非均质性和污染物浓度的空间变异性，依据采样点观测不容易外推，因此，难以完整描述地下环境。⑥地下环境的变化，会改变水-岩(土)相互作用过程变化，打破了水-

岩(土)中物质平衡,可能使得岩土中有害物质富集到地下水中。

传统的环境工程针对污染物处理的技术,土壤与地下水是环境介质,污染物进入环境介质中,与变化的环境介质发生多种作用和过程,污染物在环境介质的时空分布、物质形态和价态等随时发生着变化;另一方面,土壤与地下水受气候条件、生态系统、地表水系统、地质过程、人类活动以及地下岩土介质性质和结构的影响,污染物的迁移转化十分复杂,对于土壤与地下水污染的调查、监测、评估与污染修复,一定要充分论证,系统考虑土壤与地下水污染的特殊性,以地层的岩土物理、化学、生物性质以及地层结构为基础,充分考虑污染物种类和污染源的类型、污染物的性质以及污染历史(有机污染物进入土壤之后,在土壤微生物的作用下,随着时间推移,可能目标污染物被降解掉,而产生大量中间产物,可能某些中间产物的毒性大于目标污染物)。以寻找污染源为目的的土壤与地下水环境调查和监测,无论是平面布点还是剖面布点采样,一定要考虑污染源和水文地质条件,通过点的调查和监测,构建定量数学模型,分析整个场地污染物的分布;针对污染物的类型、地层结构和水文地质条件,进行污染物的人体健康风险、环境风险和生态风险评估;提出经济技术可行的土壤与地下水污染物修复方案,并进行较长时间的后续监测,建立场地修复的后评估机制。

本书主要介绍土壤与地下水污染综合整治问题,这是一种末端处理方法。由于土壤与地下水环境的复杂性,土壤与地下水一旦被污染,处理难度大,时间长,投入费用大。因此,土壤与地下水环境管理重在前端防控,污染源的管理至关重要,同时,在土壤与地下水开发利用之前,充分论证、周密稳妥规划,将人类活动的负面作用考虑充分,做好前端环境保护措施,避免后续造成土壤与地下水污染;建立长期土壤与地下水监测系统,发现问题及时处理。

参 考 文 献

[1] 中华人民共和国环境保护部和国土资源部. 全国土壤污染状况调查公报. (2014-4-17). http://www. zhb. gov. cn/gkml/hbb/qt/201404/t20140417_270670. htm.

[2] 国务院关于印发土壤污染防治行动计划的通知. 土壤污染防治行动计划: 国发〔2016〕31 号. (2016-9-23). http://www. gov. cn/zhengce/content/2016-05/31/content_5078377. htm.

[3] 中华人民共和国环境保护部. 2016 中国环境状况公报. (2017-6-5). http://www. zhb. gov. cn/gkml/hbb/qt/201706/W020170605812243090317. pdf.

[4] 中华人民共和国环境保护部. 2015 中国环境状况公报. (2016-6-2). http://www. zhb. gov. cn/gkml/hbb/qt/201606/t20160602_353138. htm.

[5] 中华人民共和国水利部. 2016 年中国水资源公报. (2017-7-12). http://www. mwr. gov. cn/sj/tjgb/szygb/201707/t20170711_955305. html.

[6] 国家技术监督局. 地下水质量标准: GB/T 14848—1993. (1993-12-30).

[7] 中华人民共和国国家质量监督检验检疫总局, 中国国家标准化管理委员会. 地下水质量标准: GB/T 14848—2017. (2017-10-14).

[8] 中国地质调查局地质环境监测院. http://www. cigem. cgs. gov. cn/sghdzcg/stdzhj_4883/.

[9] 中华人民共和国环境保护部. 关于印发《全国地下水污染防治规划(2011—2020 年)》的通知: 环发〔2011〕128 号. (2011-10-28). http://www. zhb. gov. cn/gkml/hbb/bwj/201111/t20111109_219754. htm.

[10] Darcy H. Les fontaines publiques de la ville de Dijon: exposition et application. Victor Dalmont, 1856.

[11] Jacob C E. On the flow of water in an elastic artesian aquifer. Transactions of the American Geophysical Union, 1940, 21: 574-586.

[12] Richards L A. Capillary conduction of liquids through porous mediums. Physics, 1931, 1(5): 318-333. doi: 10. 1063/1. 1745010.

[13] Scheidegger A E. Statistical hydrodynamics in porous media. J. Appl. Phys., 1954, 25: 994-1001.

[14] De Josselin De Jong G. Longitudinal and transverse diffusion in granular deposits. Transactions, American Geophysical Union, 1958, 39(1): 67-74. doi: 10. 1029/TR039i001p00067.

[15] Ogata A, Banks R B. A solution of the differential equation of longitudinal dispersion in porous media. USGS Numbered Series, 1961, 411-A: A1-A7.

[16] Clough R W. The finite element method in plane stress analysis//Second Conference on Eletronic Computation, Amer. Soc. Civil Eng., The Pittsburg Section, 1960: 345-377.

[17] Bear J. The transition zone between fresh and salt waters in coastal aquifers. University of California at Berkeley, 1960: 139.

[18] Freeze R A. A stochastic conceptual analysis of one-dimensional groundwater flow in non-uniform homogeneous media. Water Resource Research, 1975, 11(5): 725-741. doi: 10. 1029/WR011i005p00725.

[19] Powers S E, Loureiro C O, Abriola L M, et al. Theoretical study of the significance of nonequilibrium dissolution of nonaqueous phase liquids in subsurface systems. Water Resource Research, 1991, 27(4): 463-477.

[20] Geller J T, Hunt J R. Mass transfer from nonaqueous phase organic liquids in water-saturated porous media. Water Resource Research, 1993, 29(4): 833-845.

[21] Imhoff P T, Miller C T. Dissolution fingering during the solubilization of nonaqueous phase liquids in saturated porous media: 1. model predictions. Water Resource Research, 1996, 32(7): 1919-1928.

[22] Imhoff P T, Thyrum G P, Miller C T. Dissolution fingering during the solubilization of nonaqueous phase liquids in saturated porous media: 2. experimental observations. Water Resource Research, 1996, 32: 1929-1942.

[23] Grant G P, Gerhard J I. Simulating the dissolution of a complex dense nonaqueous phase liquid source zone: 2. experimental validation of an interfacial area-based mass transfer model. Water Resource Research, 2007, 43: 1-18. W12409. doi: 10. 1029/2007WR006039.

[24] Pope G A, Nelson R C. A chemical flooding compositional simulator. Society of Petroleum Engineers Journal, 1978, 18(5): 339-354.

[25] Bhuyan D, Lake L W, Pope G A. Mathematical modeling of high pH chemical flooding. SPE Res. Eng., 1990, 5(2): 213-220.

[26] Bacon D H, White M D, McGrail B P. Subsurface Transport Over Reactive Multiphases (STORM): A Parallel, Coupled, Nonisothermal Multiphase Flow, Reactive Transport, and Porous Medium Alteration Simulator, Version 3.0. User's Guide, Pacific Northwest National Laboratory, 2004.

[27] Pruess K. TOUGH2: A General Numerical Simulator for Multiphase Fluid and Heat Flow. Lawrence Berkeley Laboratory Report LBL-29400, Berkeley, California, 1991.

[28] Pruess K, Oldenburg C, Moridis G. TOUGH2 User's Guide, Version 2.0. Lawrence Berkeley Laboratory Report LBL-43134, Berkeley, California, 1999.

[29] Xu T, Sonnenthal E L, Spycher N, et al. User's Guide of TOUGHREACT: A Simulation Program for Non-isothermal Multiphase Reactive Geochemical Transport in Variably Saturated Geologic Media. Lawrence Berkeley National Laboratory Report LBNL-XXXX, Berkeley, California, 2003: 200.

[30] Barbash J, Roberts P V. Volatile Organic Chemical Contamination of Groundwater Resources in the U. S. Water Pollution Control Federation. 1986, 58(5): 343-348.

[31] Moran M J. Occurrence and Status of Volatile Organic Compounds In Ground Water From Rural, Untreated, Self-supplied Domestic Wells In the United States, 1986-99. Rapid City, SD: U. S. Department of the Interior, U. S. Geological Survey, 2002.

[32] Zoftman B C J. Persistence of organic contaminants in groundwater // Duivenboodne W V (ed.).

Quality of Groundwater. Netherlands: Elsevier Scientific Publishing Company, 1981: 464-480.

[33] Wang H, Liu S, Du S. Chapter 4: The Investigation and Assessment on Groundwater Organic Pollution, Environmental Sciences//Organic Pollutants-Monitoring, Risk and Treatment, Nageeb Rashed M, 2013. doi: 10. 5772/53549.

[34] Geophysics Study Committee, Geophysics Research Forum, Commission on Physical Sciences, Mathematics, and Resources, and National Research Council. Groundwater Contamination, Washington, D. C. : National Academy Press, 1984.

[35] 仵彦卿. 多孔介质渗流与污染物迁移数学模型. 北京: 科学出版社, 2012.

[36] Aller L, Bennet T, Hehr L J, et al. DRASTIC: a standardized system for evaluating groundwater pollution potential using hydrologic setting. USEPA Report, 600/2-87/035, Robert S. Kerr Environmental Research Laboratory, Ada, OK, 1987.

[37] Goldscheider N. Karst groundwater vulnerability mapping: application of a new method in the Swabian Alb, Germany. Hydrogeology Journal, 2005, 13(4): 555-564.

[38] Foster S S D. Fundamental concepts in aquifer vulnerability, pollution risk and protection strategy//TNO Committee on Hydrological Research, the Hague, Proceedings and Information, van Duijvenbooden W, van Waegeningh G H, 1987, 38: 69-86.

[39] Doerflinger N, Zwahlen F. Groundwater vulnerability mapping in karstic regions(EPIK). Practical Guide, Swiss Agency for the Environment, Forest and Landscape, Berne, 1998: 56.

[40] Vias J M, Andreo B, Perles M J, et al. Proposed method for groundwater vulnerability mapping in carbonate(karstic)aquifers: the COP method: Application in two pilot sites in Southern Spain. Hydrogeol. J. , 2006, 14: 912-925.

[41] Stempvoort D V, Ewert L, Wassenaar L. Aquifer vulnerability index: A GIS-compatible method for groundwater vulnerability mapping. Canadian Water Resources Journal, 1993, 18(1): 25-37.

[42] Kavouri K, Plagnes V, Tremoulet J, et al. PaPRIKa: a method for estimating karst resource and source vulnerability application to the Ouysse karst system(southwest France). Hydrogeol. J. , 2011, 19(2): 339-353.

[43] Civita M. Le carte di vulnerabilit`a degli acquiferi all'inquinamento: teoria e pratica. Quaderni di tecniche di protezione ambientale, Pitagora ed. , 1994: 326.

[44] Porcher E. Ground Water Contamination Susceptibility in Minnesota. Minnesota Pollution Control Agency, 1989: 29.

[45] Todd D K. Annotated bibliography on artificial recharge of ground water through 1954: U. S. Geological Survey Water-Supply Paper 1477, 1959: 115.

[46] Brown K W. Review and Evaluation of the Influence of Chemicals on the Conductivity of Soil Clays. EPA/600/2-88/016(NTIS PB 88-170808), 1988.

[47] Brown D K, Thomas J C, Lytton R L, et al. Quantification of Leak Rates through Holes in Landfill Liners. EPA/600/2-87/062(NTIS PB 87-227666), 1987.

[48] Daniel D E, Estornell P M. Compilation of Information on Alternative Barriers for Liner and Cover System. EPA/600/2-91/002(NTIS PB91-141846), 1991.

[49] Brown D K, Shackelford C D, Liao W P, et al. Rate of Flow of Leachate through Clay Soil

Liners. EPA/600/2-91/021 (NTIS PB91-196691), 1991.

[50] 沈照理, 朱苑华, 钟佐燊, 等. 水文地球化学. 北京: 地质出版社, 1999: 55-56.

[51] Forchheimer P. Wasserbewegung durch boden Zeit. Ver. Deutsch. Ing. , 1901, 45: 1781-1788.

[52] Geertsma J. Estimating the coefficient of inertial resistance in fluid flow through porous media. Soc. Petrol. Eng. J., 1974, 14(5): 445-450.

[53] Zeng Z, Grigg R B, Gupta D B. Laboratory investigation of stress-sensitivity of non-Darcy gas flow parameters, SPE 89431 // Proceedings of the SPE/DOE Fourteenth Symposium on Improved Oil Recovery Conference, Tulsa, Oklahoma, USA, 2004.

[54] Lombard J M, Longeron D G. Influence of connate water and condensate saturation on inertial effect. Paper SCA 9929 presented at 2000 Intl. Symposium of Core Analysts, 2000.

[55] Tek M R, Coats K H, Katz D L. The effects of turbulence on flow of natural gas through porous reservoirs. J. Petroleum Technology, Trans AIME, 1962, 222: 799-806.

[56] Brooks R H, Corey A T. Hydraulic properties of porous media, Hydrol. Paper No. 3, Colorado State Univ., Fort Collins, CO, 1964.

[57] van Genuchten M Th. A closed-form equation for predicting the hydraulic conductivity of unsaturated soils. Soil Sci. Soc. Am. J. , 1980, 44: 892-898.

[58] Vogel T, Císlerová M. On the reliability of unsaturated hydraulic conductivity calculated from the moisture retention curve. Transport in Porous Media, 1988, 3(1): 1-15.

[59] Kosugi K. Lognormal distribution model for unsaturated soil hydraulic properties. Water Resource Research, 1996, 32(9): 2697-2704.

[60] Durner W. Hydraulic conductivity estimation for soils with heterogeneous pore structure. Water Resource Research, 1994, 30(2): 211-223.

[61] Mualem Y. A new model for predicting the hydraulic conductivity of unsaturated porous media. Water Resource Research, 1976, 12(3), 513-522.

[62] Olsen S R, Kemper W D, van Schaik J C. Self-diffusion coefficients of phosphorus in soil measured by transient and steady-state methods. Proceedings of the Soil Science Society of America, 1965, 29(2): 154-158.

[63] Wagenet R J. Principles of modeling pesticide movement in the unsaturated zone // Garner W Y, Honeycutt R C, Nigg N H (Editors). Evaluation of Pesticides in Ground Water. Am. Chem. Soc. Symp. Series 315, Washington D C, 1986: 330-341.

[64] Gerke H H, van Genuchten M Th. A dual-porosity model for simulating the preferential movement of water and solutes in structured porous media. Water Resource Research, 1993, 29: 305-319.

[65] Huyakorn P S, Thomas S D, Thompson B M. Techniques for making finite element competitive in modeling flow in variably saturated porous media. Water Resources Research, 1984, 20(8): 1099-1115.

[66] Chen Y M, Abriola L M, Alvarez P J J, et al. Modeling transport and biodegradation of benzene and toluene in sandy aquifer material: comparisons with experimental measurements. Water Resource Research, 1992, 28(7): 1833-1847.

[67] Millington R J, Quirk J P. Permeability of porous solids. Trans. Faraday Soc., 1961, 57: 1200-1207.

[68] Gelhar L W, Mantoglou A, Welty C, et al. A review of field scale solute transport processes in saturated and unsaturated porous media. Rep. EPRI EA-4190, Electr. Power Res. Inst., Palo Alto, Calif., 1985: 116.

[69] Gelhar L W, Welty C, Rehfeldt K R. A critical review of data on field-scale dispersion in aquifers. Water Resource Research, 1992, 28(7): 1955-1974.

[70] Mollington R J. Gas as diffusion in porous media. Science, 1959, 130: 100-102.

[71] Bear J. Hydraulics of Groundwater. New York: Mcgraw-Hill, 1979.

[72] Zheng C. MT3DMS v5. 3 Supplemental User's Guide. Department of Geological Sciences University of Alabama, 2009.

[73] 中华人民共和国环境保护部. 地下水污染模拟预测评估工作指南(试行). 2014.

[74] Committee on Ground Water Cleanup Alternatives. Alternatives for Ground Water Cleanup. Washington D C. : National Academy Press, 1994.

[75] Herzog B L, Griffin R A, Stohr C J, et al. Investigation of failure mechanisms and migration of organic chemicals at Wilsonville, Illinois. Ground Water Monitoring Review, 1989, 9(2): 82-89.

[76] Tessier A, Campbell P G C, Bisson M. Sequential extraction procedure for the speciation of particulate trace metals. Analytical Chemistry, 1979, 51(7): 844-851.

[77] Ure A M, Quevauviller P, Muntau H, et al. Speciation of heavy metals in soils and sediments – an account of the improvement and harmonization of extraction techniques undertaken under the auspices of the BCR of the Commission of the European Communities. Int. J. Environ. Anal. Chem., 1993, 51: 135-151.

[78] Davison C M, Ferreira P C S, Ure A M. Some sources of variability in application of the three-stage sequential extraction procedure recommended by BCR to industrially-contaminated soil. Fresenius Journal of Analytical Chemistry, 1999, 363(5-6): 446-451.

[79] Perez-Cid B, Lavilla l, Bendicho C. Speeding up of a three-stage sequential extraction method for metal speciation using focused ultrasound, Analytica. Chimica Acta, 1998, 360(1-3): 35-41.

[80] Davidson C M, Duncan A L, Littlejohn D, et al. A critical evaluation of the three-stage BCR sequential extraction procedure to assess the potential mobility and toxicity of heavy metals in industrially-contaminated land. Analytica Chimica Acta, 1998, 363(1): 45-55.

[81] Islam F S, Gault A G, Boothman C, et al. Role of metal-reducing bacteria in arsenic release from Bengal delta sediments. Nature, 2004, 430: 68-71.

[82] Smedley P L, Zhang M, Zhagn G. Mobilization of arsenic and other trace elements influviolacustrine aquifers of the Huhhot Basin, Inner Mongolia. Applied Geochemistry, 2003, 18(9): 1453-1477.

[83] Gupta S K, Chen K Y. Arsenic removal by adsorption. J. Water Pollut. Control Fed., 1978, 50: 493-506.

[84] Ferguson J F, Gavis J. A review of the arsenic cycle in natural waters. Water Research, 1972,

6(11): 1259-1274.

[85] Smedley P L, Kinniburgh D G. A review of the source, behaviour and distribution of arsenic in natural waters. Applied Geochemistry, 2002, 17(5): 517-568.

[86] 中国地质科学院地质科学数据共享网. 中国水文地质图集(1979 年版). http: //www. geoscience. cn.

[87] Schwille F. Migration of organic fluids immiscible with water in the unsaturated zone // Pollutants in Porous Media: The Unsaturated Zone between Soil Surface and Groundwater, Yaron B, Dagan G, Goldschmidt J, Berlin: Springer-Verlag, 1984: 27-48. doi: 10. 1007/978-3-642-69585-8_4.

[88] 上海市环境保护局. 上海市场地环境调查技术规范, 2016.

[89] 上海市环境保护局. 上海市场地环境监测技术规范, 2016.

[90] 中华人民共和国环境保护部. 地下水环境状况调查评价工作指南(试行). 2014.

[91] 国家环境保护局, 国家技术监督局. 土壤环境质量标准: GB 15618—1995. (1995-7-13).

[92] 中华人民共和国国土资源部. 地下水水质标准: DZ/T 0209—2015. (2015-10-26).

[93] 中华人民共和国环境保护部. 土壤污染风险管控标准 农用地土壤污染风险筛选值和管制值(试行): 征求意见稿. (2017-8-31).

[94] 上海市环境保护局. 上海市场地土壤环境健康风险评估筛选值(试行). (2015-10-1).

[95] 上海市环境保护局. 上海低效工业用地复垦场地环境保护技术指南(草案). 2017.

[96] Crump K. A new method for determining allowable daily intakes. Fundamental and Applied Toxicology, 1984, 4(5): 854-871.

[97] 上海市环境保护局. 上海市污染场地风险评估技术规范. 2016

[98] Ranjan D, Talat M, Hasan S H. Biosorption of arsenic from aqueous solution using agricultural residue 'rice polish'. Journal of Hazardous Materials, 2009, 166(2-3): 1050-1059.

[99] Kumar U, Bandyopadhyay M. Sorption of cadmium from aqueous solution using pretreated rice husk. Bioresource Technology, 2006, 97(1): 104-109.

[100] Tarley C R T, Arruda M A Z. Biosorption of heavy metals using rice milling by products. Characterisation and application for removal of metals from aqueous effluents. Chemosphere, 2004, 54(7): 987-995.

[101] Wong K K, Lee C K, Low K S, et al. Removal of Cu and Pb by tartaric acid modified rice husk from aqueous solutions. Chemosphere, 2003, 50(1): 23-28.

[102] Dada A O, Ojediran J O, Olalekan A P. Sorption of Pb^{2+} from Aqueous Solution unto Modified RiceHusk: Isotherms Studies. Hindawi Publishing Corporation Advances in Physical Chemistry, 2013, Article ID 842425, 6.

[103] Roy D, Greenlaw P N, Shane B S. Adsorption of heavy metals by green algae and ground rice hulls. J. Environ. Sci. Health., 1993, A28(1): 37-50.

[104] Taha M F, Kiat C F, Shaharun M S, et al. Removal of Ni(II), Zn(II) and Pb(II) ions from single metal aqueous solution using activated carbon prepared from rice husk. World Academy of Science, Engineering and Technology, 2011: 60.

[105] Okafor P C, Okon P U, Daniel E F, et al. Adsorption capacity of coconut (*cocos nucifera*

L.) shell for lead, copper, cadmium and arsenic from aqueous solutions. Int. J. Electrochem. Sci., 2012(7): 12354-12369.

[106] Cohen R M, Mercer J W. DNAPL Site Evaluation. EPA/600/R-93/002(NTIS PB93-150217). R. S. Kerr Environmental Research Laboratory, Ada, OK. [Also published by Lewis Publishers as C. K. Smoley edition, Boca Raton, FL. 1993: 384.

[107] Eastern Research Group. Pump-and-Treat Ground-water Remediation, A Guide for Decision Makers and Practitioners, EPA/625/R-95/005. US Environmental Protection Agency, Washington D C., 1996.

[108] Udell K S. Thermally enhanced removal of liquid hydrocarbon contaminants from soils and groundwater, Chapter 16 // Subsurface Restoration. Ward C H, Cherry J A, Scalf M R. Ann Arbor, Mich. : Ann Arbor Press, 1977.

[109] Palmer C D, Fish W. Chemical Enhancements to Pump-and-Treat Remediation. Ground Water Issue Paper. EPA/540/S-92/001. R. S. Kerr Environmental Research Laboratory, Ada, OK. 1992: 20.

[110] Xu Z, Wu Y, Xu H. Optimization of a PRB structure with modified chitosan restoring Cr(VI)-contaminated groundwater. Environmental Earth Science, 2013, 68(8): 2189-2197.

[111] 余宙. 改性壳聚糖对地下水重金属吸附性能研究.上海: 上海交通大学. 2010.

[112] 徐慧, 仵彦卿. 六价铬在具有渗透性反应墙的渗流槽中迁移实验研究. 生态环境学报. 2010, 19(8): 1941-1946.

[113] Xu Z, Wu Y, Yu F. A three-dimensional flow and transport modeling of an aquifer contaminated by perchloroethylene subject to multi-PRB remediation. Transport in Porous Media, 2012, 91(1): 319-337.

[114] Cho J. Characterization of spatial NAPL distribution, mass transfer and the effect of cosolvent and surfactant residuals on estimating NAPL saturation using tracer techniques. Gainesville: University of Florida. 2001.

[115] Miller C T, Poirier-McNeill M M, Mayer A S. Dissolution of trapped non-aqueous phase liquids: Mass transfer characteristics. Water Resources Research. 1990, 26(11): 2783-2796.

[116] Ma C, Wu Y. Dechlorination of perchloroethylene using zero-valent metal and microbial community. Environmental Geology. 2008, 55(1): 47-54.

[117] Zheng C, Bennett G D. 地下水污染物迁移模拟. 2 版. 孙晋玉, 卢国平, 译. 北京: 高等教育出版社, 2009.

[118] Clement T P. RT3D v2. 5 Updates to User's Guide. Washington: Pacific Northwest National Laboratory, 2003.

[119] http://water. usgs. gov/nrp/gwsoftware/modflow2005/ modflow2005. Html.

[120] http://hydro. geo. ua. edu/

[121] 马长文. 地下水中四氯乙烯迁移归宿与修复技术研究. 上海: 上海交通大学, 2007.

[122] Xu Z, Chai J, Wu Y, et al. Transport and biodegradation modeling of gasoline spills in soil‐aquifer system. Environmental Earth Science, 2015,74(4): 2871-2882.

[123] Mohamed M M A, Hatfield K, Hassan A E. Monte Carlo evaluation of microbial-mediated

contaminant reactions in heterogeneous aquifers. Advances in Water Resources, 2006, 29 (8):
1123-1139.

[124] Mohamed M, Saleh N E, Sherif M. Modeling in situ benzene bioremediation in the
contaminated Liwa aquifer (UAE) using the slow-release oxygen source technique.
Environmental earth sciences, 2010, 61 (7): 1385-1399.

后 记

土壤与地下水是一种环境介质,不同于传统环境工程处理的"水、气、渣",这是由于土壤与地下水环境是变化的,土壤与其中的水、矿物、生物、有机质及污染物发生各种物理过程(对流、弥散、吸附和解吸附)、化学过程(氧化还原、水解、沉淀和溶解、络合等)和生物过程(植被吸收、生物降解和转化)。地下水不仅仅是液体,其与岩土不断发生物质交换,污染物进入地下水中,也发生物理过程、化学过程和生物过程。来自多种污染源(点源、面源、线源)以及通过多种途径进入土壤和地下水中,污染物不仅形态和价态发生变化,而且在地下环境的空间分布也不断发生变化。由于地下环境岩土性质的差异、岩土结构的不同,污染物类型不同,污染物在地下环境的存在位置差异很大。因此,土壤与地下水环境调查方法、监测方法、评估方法和污染物修复方法等,不能采用一个标准。应根据地质及水文地质实际条件和污染物的类型,合理布置采样点、科学采集样品,选择合理的评估方法进行风险评估,选择最佳的污染修复技术科学合理地设计修复工程(对于地下水污染原位修复,尽可能通过数值模拟进行方案设计),做到绿色修复,同时做到修复工程与地下环境的兼容(不因工程活动破坏地下环境)。

本书是在总结作者近十年来的研究成果和硕士生课程教学的基础上,参阅了国内外大量的文献和规范,试图从土壤与地下水环境的科学问题(基本概念和基本原理)出发,介绍土壤与地下水环境调查、监测、评估和污染修复的方法。本书的主要思想是将土壤与地下水看成动态的环境介质,而不是具体的污染物质,一定要结合水文地质实际条件,辩证处理问题,定量化分析污染物在土壤与地下水中的迁移转化、定量化评估土壤与地下水的污染风险、定量化进行监测点的布设与污染源的解析、定量化进行地下水原位修复方案的设计。

发达国家开展了 40 多年的土壤与地下水污染修复工作,取得了重要成果,同时也总结了修复技术的失败原因。我国土壤与地下水污染修复工作刚刚开始,在借鉴国外经验的基础上,一定要结合我国不同地区的实际,尤其是我国任何一个地区的地质和水文地质条件都不同,不能简单地借用。同时,要加强修复工程的后续监测与评估,总结经验教训,提出我国不同地区土壤与地下水污染物的迁移规律和污染修复技术,为美丽中国、宜居中国、生态中国作出"环境人"应有的贡献。